# 构造-矿床地质学理论与实践

徐旃章　邹灏　方乙　陈远巍　编著

U0315577

北　京

冶金工业出版社

2018

# 内 容 提 要

本书由两部分组成，第 1 部分为地质构造与成矿，第 2 部分为矿床成因类型与成矿构造环境。本书系统论述了不同类型、不同尺度、不同构造环境和不同构造运动程式及不同构造动力学条件与环境对不同类型矿床的控制作用与构造-成矿机理。

本书可供地质专业相关高校师生，科研机构、矿山企业等从事科研、技术及管理的人员阅读参考。

**图书在版编目（CIP）数据**

构造-矿床地质学理论与实践/徐旃章等编著 . —北京：
冶金工业出版社，2018.2
ISBN 978-7-5024-7707-3

Ⅰ.①构… Ⅱ.①徐… Ⅲ.①构造地质学 ②经济地质学
Ⅳ.①P54 ②P61

中国版本图书馆 CIP 数据核字（2017）第 322595 号

出 版 人 谭学余
地 址 北京市东城区嵩祝院北巷 39 号 邮编 100009 电话 (010)64027926
网 址 www.cnmip.com.cn 电子信箱 yjcbs@cnmip.com.cn
责任编辑 徐银河 王梦梦 美术编辑 吕欣童 版式设计 孙跃红
责任校对 王永欣 责任印制 李玉山
ISBN 978-7-5024-7707-3
冶金工业出版社出版发行；各地新华书店经销；三河市双峰印刷装订有限公司印刷
2018 年 2 月第 1 版，2018 年 2 月第 1 次印刷
169mm×239mm；22.25 印张；435 千字；349 页
79.00 元
冶金工业出版社 投稿电话 (010)64027932 投稿信箱 tougao@cnmip.com.cn
冶金工业出版社营销中心 电话 (010)64044283 传真 (010)64027893
冶金书店 地址 北京市东四西大街 46 号(100010) 电话 (010)65289081(兼传真)
冶金工业出版社天猫旗舰店 yjgycbs.tmall.com
（本书如有印装质量问题，本社营销中心负责退换）

# 前　　言

　　构造–矿床地质学实质是研究构造运动及构造变形程式、构造变形特征和规律与岩石、岩层、岩体、成矿组分地球化学之间时空上、物质运动方式上、方向上和能量上各种相关因素的相关性和规律性，是一门遵循自然规律的构造与成矿、理论与实践密切联系的基础学科。我国著名的地质学家、中国科学院院士涂光炽教授和前辈科学家都有一个共识："一门学科要站得住脚，不能只靠人为的支持，重要的是这门学科能适应生产发展的需要，给生产以力所能及的推动，本身有一定的理论和方法作为支柱……"这也是本书论述和研究的主体内容和核心指导思想。

　　不同尺度、不同强度、不同类型的构造变形过程中，受变形的不同含矿性的岩石与岩层，必然导致原岩结构、构造和组分的再调整、再分配、迁移和富集或贫化，尤其在构造变形过程中同步有流体和热流体参与的条件下，有用元素或成矿组分的再调整、再分配的特征与规律就更加明显，并在三维不同温度、压力、介质条件下时空定位、富集成矿或相关矿产资源的形成。因此，构造活动与构造变形是各类矿床形成的重要前提与条件，各类矿床或成矿组分的调整、迁移、富集的过程也客观地揭示着控矿构造发生、发展和演变的过程，两者依控关系清晰、三维空间分带对应特征明显。

　　穷究于理、成就于工，实践出真知、理论明实践是自然界和自然科学的辩证—逻辑真理。自然科学自20世纪以来，随着量子理论和相对论的诞生与发展，自然科学呈现惊人的进展，地质科学与其他自然科学一样，也同步由定性的描述性阶段逐步迈入到定量-半定量的理论研究新领域，登上了理论指导实践，实践丰富、充实理论的理论找矿新阶段，拓宽了视域，加深了实践与理论研究的深度与广度，大幅度地促进了矿业开发和矿业经济的高速发展，客观地揭示了矿产资源综合评价理论与实践的互动性和相关性。

客观的成矿地质事实表明，地壳上各类矿产资源无不严格地受构造和建造的双重因素或条件控制，仅因矿产资源种类和矿床成因类型的不同，构造和建造对成矿的控制作用与地位各有差异而已，而各类建造又明显受控于不同的大地构造环境、构造运动程式与构造变形机制，因此构造动力学条件与环境及相应的构造运动程式对成矿的主控作用，是不容置疑的事实，它不但是各类含矿建造和矿产资源形成的主要构造前提，也是成矿-导矿、赋矿的重要空间，更是壳-幔物质组分不断调整、迁移、富集成矿的构造地球化学主控因素。

但值得注意的是：尽管地壳物质以多种运动的形式存在，地壳物质（各类建造，包括成矿建造）物理、化学的时空演变与相应矿产资源的形成，无不直接、间接地受演变着的构造动力、发展中的构造程式及相应的构造变形所控制、所制约；因此，地质科学的构造与组分的相关性和动态研究是不变的前提，也是构造-矿床学研究的重心所在。

全书由徐旃章、邹灏、方乙执笔撰写，文图编排、清绘由陈远巍完成。

本书是在众多学者和专著系列研究成果的基础上探索结果的总结，不妥之处在所难免，敬请批评指正。

作　者

2018 年 1 月

# 目　　录

## 第 1 部分　地质构造与成矿

**1　褶皱构造与成矿** ……………………………………………………………………… 1

　1.1　褶皱构造的主要类型及其形成的力学机制 ……………………………… 1

　　1.1.1　褶皱构造的几何形态特征分类 ……………………………… 1

　　1.1.2　褶皱构造的成因分类 ……………………………………… 5

　　1.1.3　褶皱的力学性质分类与鉴别 ……………………………… 9

　1.2　叠加褶皱与成矿 …………………………………………………… 11

　　1.2.1　横跨褶皱与成矿 …………………………………………… 12

　　1.2.2　限止褶皱与成矿 …………………………………………… 14

　　1.2.3　重褶褶皱与成矿 …………………………………………… 14

　　1.2.4　横跨、限止、重褶褶皱形成的力学机制 ………………………… 16

　1.3　叠加褶皱的室内-野外判析与厘定 …………………………………… 29

**2　断裂构造与成矿** ……………………………………………………………………… 33

　2.1　断裂（层）构造的主要分类及其变形的力学机制 ……………………… 33

　　2.1.1　断裂（层）构造的几何分类及其受力机制 …………………… 33

　　2.1.2　断裂（层）构造的力学分类及其受力机制 …………………… 34

　2.2　断裂力学性质的综合识别信息与标志 ………………………………… 36

　2.3　断裂构造的复合叠加变形与成矿 …………………………………… 52

　　2.3.1　重叠式复合叠加断裂 ……………………………………… 52

　　2.3.2　交切式复合叠加断裂 ……………………………………… 54

　2.4　断裂形成时代的厘定与识别 ………………………………………… 57

　　2.4.1　控矿断裂相对地质年代的判析与厘定 ……………………… 64

　　2.4.2　控矿断裂绝对年龄的测定与判断 …………………………… 68

　　2.4.3　成矿前、成矿期、成矿后断裂的识别方法与标志 ……………… 69

　2.5　断裂构造的导矿、布矿、容矿与成矿作用 ……………………………… 73

　　2.5.1　断裂构造导矿、布矿、容矿作用的构造-地球化学前提 ………… 74

　　2.5.2　断裂构造多级控矿与导矿、布矿和容矿 …………………… 83

2.6　控矿断裂的三维空间分带与成矿三维空间分带时空关系 ············ 92

2.7　推覆构造与成矿 ····································· 102

　　2.7.1　腾冲地块巨型高黎贡山推覆构造体系与控岩、控矿 ········· 103

　　2.7.2　川、黔、湘西巨型推覆构造体系与成矿 ··············· 109

2.8　控岩、控矿构造系统的综合识别信息与标志 ················· 113

　　2.8.1　地质研究的方法与思路 ······················· 113

　　2.8.2　地球物理方法的信息与标志 ···················· 114

　　2.8.3　地球化学测量方法的信息与标志 ·················· 130

　　2.8.4　遥感技术方法的信息与标志 ···················· 141

# 第 2 部分　矿床成因类型与成矿构造环境

3　矿产资源分类及成因类型与成矿 ······················· 146

3.1　矿产资源分类概述 ································· 146

　　3.1.1　按产出状态分类 ························· 146

　　3.1.2　按矿产性质及工业用途分类 ·················· 146

3.2　矿产资源的成因分类与成矿构造 ······················ 147

　　3.2.1　沉积矿床 ··························· 147

　　3.2.2　岩浆与岩浆期后热液矿床 ···················· 168

　　3.2.3　变质矿床 ··························· 196

　　3.2.4　层控矿床及其典型矿床剖析 ·················· 208

4　地幔柱和腾冲地块地幔柱活动与成矿 ····················· 249

4.1　地幔热柱 ···································· 249

4.2　地幔热柱活动与成矿 ······························ 250

　　4.2.1　腾冲地块地慢热柱构造活动与成矿 ················· 252

　　4.2.2　黑龙江依兰地区慢枝构造活动与成矿 ··············· 265

5　结语 ········································ 311

参考文献 ········································ 337

# 第1部分　地质构造与成矿

地质构造是在构造运动发生、发展过程中，不同类型的岩石和地层受力变形的产物。尽管产生于不同类型岩石和不同时代、不同岩层和岩层组合中的地质构造形态各异，变形机理不一，但纵观全局仍以褶皱和断裂为主，褶皱和断裂是最基本、最主要的地质构造类型和研究对象。

# 1　褶皱构造与成矿

## 1.1　褶皱构造的主要类型及其形成的力学机制

褶皱构造是岩石和岩层受力变形的主要类型，而作为三维变形的地质构造实体，又各具不同的几何形状和形态特征。它们分属不同成因、不同受力条件下变形的产物，因此，褶皱几何形态特征与分类的研究，是褶皱成因分类和力学性质分类的基础与前提。

### 1.1.1　褶皱构造的几何形态特征分类

#### 1.1.1.1　褶皱构造的纵向几何形态特征分类

褶皱构造的纵向几何形态特征有：（1）水平褶曲（背斜~向斜）如图 1-1 (a) 所示；（2）倾伏褶曲（背斜~向斜）如图 1-1 (b) 所示。

#### 1.1.1.2　褶皱构造的横向几何形态特征分类

褶皱构造的横向几何形态特征有：（1）直立褶曲；（2）斜歪褶曲；（3）倒转褶曲；（4）平卧褶曲。

其中直立褶曲、斜歪褶曲多发生于宽缓褶皱区，而倒转、平卧褶曲多产于强变形和强区域变质区（见图 1-2）。

背斜、向斜作为三维地质实体，其几何形态特征直接表征着各褶曲要素的空

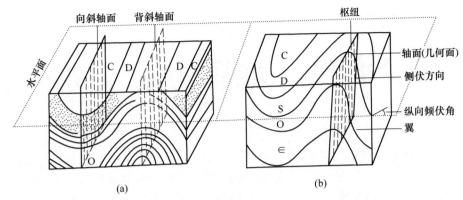

图 1-1　水平褶曲与倾伏褶曲在平面-剖面上的表现特征

（a）水平褶曲（背斜~向斜）；（b）倾状褶曲（背斜~向斜）

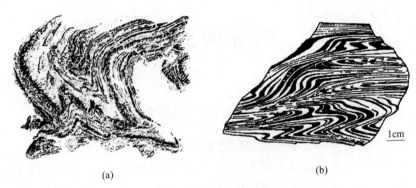

图 1-2　褶皱的宏观与微观表现

（a）航空照片上的褶皱素描；（b）手标本上的褶皱素描（北京，奥陶纪灰岩）

（据构造地质学，宋鸿林、张长厚、王根厚，2013）

间定位特征与规律。

岩石和岩层的成层性，是褶曲或褶皱形成的必需的岩石学条件，岩层的层间滑动是褶皱构造形成或岩层受力失稳塑性变形的岩石力学和变形力学的基础与前提。块状各类侵入岩体，当发育有层状、似层状密集的构造劈理、节理和裂隙时，在后期受侧向挤压或压扭受力条件下，同样可以形成褶皱变形（见图 1-3）。我国东部大部分燕山-喜山期钾长-二长花岗岩中的次生石英岩-石英脉型钼矿（$MoS_2$）均产于花岗岩产状平缓的层裂隙（L 裂隙）的沿裂面滑动的裂隙破碎带中（见图 1-4 和图 1-5），构成了我国钼矿（$MoS_2$）重要的成因类型与工业类型。

但值得注意的是，不同物理-化学性质的岩石和岩层的组合特征，对矿体的产出部位、形态变化、矿石特征均有着明显的控制作用或依控关系，也是深部成矿预测的重要信息标志（见图 1-6）。

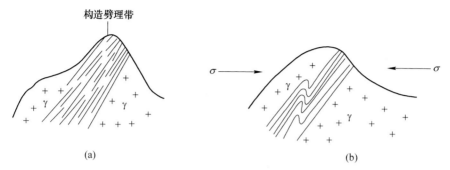

图 1-3　花岗岩体中发育的先成构造劈理带牵引褶皱

（a）构造劈理带；（b）在后期压或扭压应力作用的条件下所形成的牵引褶皱

图 1-4　浙江青田钼矿（$MoS_2$）

（沿花岗岩层（L）裂隙破碎带发育的缓产状次生石英岩型钼矿（成矿Ⅰ阶段），

并可见成矿Ⅱ阶段沿"层"和穿"层"的含钼石英脉）

（据徐旆章，2001）

图 1-5　浙江雅溪钼矿（$MoS_2$）

（沿花岗岩层（L）裂隙破碎带发育的缓产状次生石英岩型钼矿（成矿Ⅰ阶段），

并可见成矿Ⅱ阶段沿"层"和穿"层"的含钼石英脉）

（据徐旆章，2001）

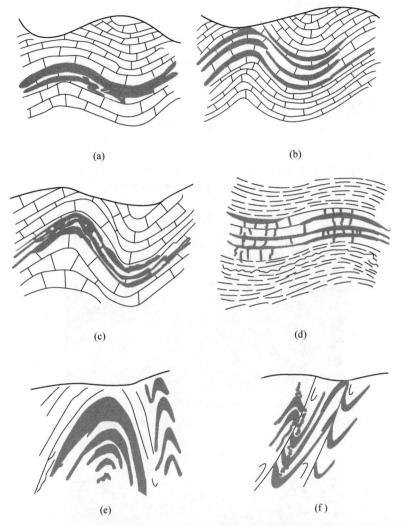

图 1-6　不同物理-化学性质岩石和岩（层）石组合条件下，褶（曲）皱的控矿特征

（a）厚层灰岩夹薄层灰岩的赋矿特征；（b）薄层灰岩夹厚层灰岩的赋矿特征；

（c）厚层灰岩夹薄层泥页岩的赋矿特征；（d）薄层泥质页岩夹灰岩的赋矿特征；

（e）强变形褶皱中的多层状叠置式鞍状矿体；（f）压性-压扭性断裂旁侧牵引褶皱鞍状矿体

　　在褶皱岩层中，岩石和岩石组合的物理力学性质和化学性质是褶皱构造中矿体空间定位的重要控制因素。例如，成矿有利岩体之上，覆盖具有一定厚度的低孔隙度、低渗透率的泥质岩层时，由于上覆隔水岩系作为物理、化学屏障，阻挡了含矿热流体的向上侵位，而在其下有利岩层和岩体的有利组合部位中富集、堆积成矿。这种成矿实例很多，如云南个旧锡矿、川东南萤石-重晶石矿、黔东湘西汞矿等（见图 1-7）。

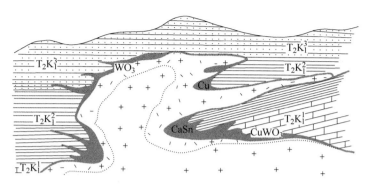

图 1-7　云南个旧侵入体形态与矿体赋存部位关系剖面图

（据翟裕生等，1984）

此外，必须说明的是，地壳中普遍发育的假整合（面）带和角度不整合（面）带，尤其是后者，其既记录了地层-岩石沉积历史的间断，又显示了区域性层状构造薄弱带的物理力学性能与特征。在褶皱运动过程中，角度不整合（面）带既可直接赋矿，往往又构成了区域性的成矿热流体场，而成为成矿热流体的构造集-散源部与赋矿构造空间（见图1-8~图1-10）。

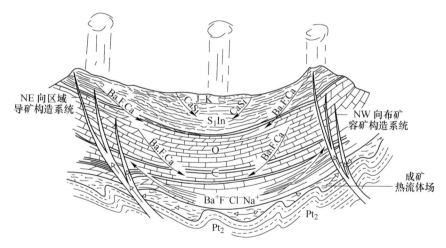

图 1-8　川东南 Zn/Pt$_2$ 区域角度不整合（面）带与萤石-重晶石成矿热流体场关系模式图

（据徐旃章，2012）

## 1.1.2　褶皱构造的成因分类

褶皱构造按其形成原因可分为六类，由于不同成因的褶皱，其形成条件和形态特征各异，因此其控矿特征也各不相同。

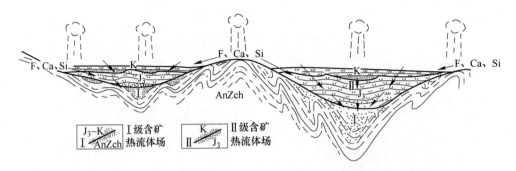

图 1-9　浙江省 J-K/AnZch 区域角度不整合（面）带与萤石成矿热流体场关系模式图

（据徐旃章，2013）

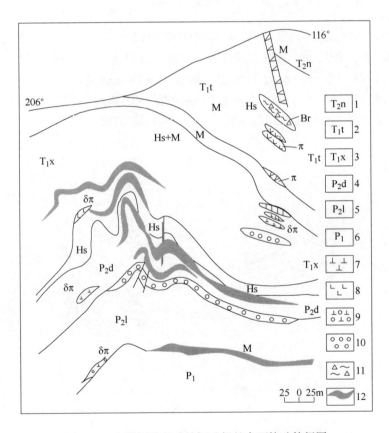

图 1-10　安徽铜陵老鸦岭铜矿假整合面控矿特征图

1—南陵湖组；2—塔山组；3—小凉亭组；4—大隆组；5—龙潭组；

6—孤峰组；7—闪长斑岩；8—煌斑岩；9—矽卡岩化闪长岩；

10—透辉石石榴石矽卡岩；11—角砾岩；12—铜矿体

（据安徽 321 队，1983）

### 1.1.2.1 纵弯褶皱

成层岩层在侧向挤压应力作用条件下形成的纵弯褶皱，是自然界最常见的一种褶皱类型。在纵弯褶皱发生、发展和形成过程中，由于层间滑动的结果，在褶皱的枢纽部分，常形成鞍状的剥离空间和鞍状矿体（见图1-11），这种矿体在岩层组合有利的条件下，常形成少则一层至数层，多达十层至数十层的鞍状矿体，是一种常见而重要的褶皱控矿构造类型。

### 1.1.2.2 横弯褶皱

横弯褶皱是在垂向作用力作用的条件下，形成的一种褶皱构造类型，其既可是由构造岩块上隆而形成，也可是由深层侵入岩体向上侵位、上冲压力而导致的（见图1-12）。

### 1.1.2.3 压柔褶皱

压柔褶皱是在侧向水平挤压条件下，层间滑动不明显的状况下而形成的褶皱剥离空间，是成矿有利的构造空间（见图1-13）。

### 1.1.2.4 底辟（刺穿）褶皱

底辟（刺穿）褶皱是在横弯曲条件下，穹形褶皱形成时产生的一种特殊褶皱，是地下岩盐、石膏、黏土等低黏性、易流动的物质，在构造力或浮力的作用下，向上流动，以致刺穿或部分刺穿上覆岩层，并使其拱起而形成的构造。核部由盐类组成的构造，称盐丘或盐丘底辟。由岩浆强力侵位而形成的称为岩浆底辟。盐丘核部常形成具有经济价值的盐类矿床，其上部的穹状构造则是有利的储油构造（见图1-14和图1-15）。

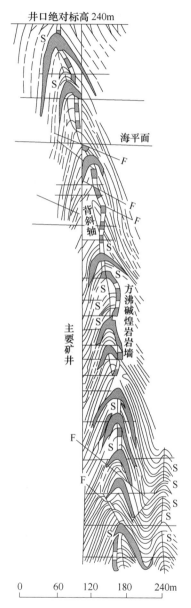

图 1-11 本迪哥矿床鞍状
矿体垂向变化
（据 R. W. Boyle，1979）

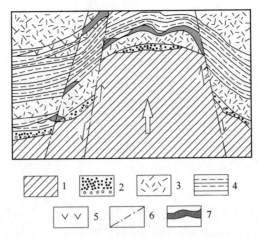

图 1-12 鲁德内阿尔泰断块上隆形成的断块褶皱虚脱部位的金属矿体

1—早古生代变质岩；2~5—泥盆纪火山-沉积岩（2—砂岩和两翼；3—石英钠长斑岩及凝灰岩；

4—页岩、粉砂岩；5—辉绿岩、玢岩及其凝灰岩）；6—断裂；7—矿体

（据 Г. Ф. 雅科夫列夫，1985）

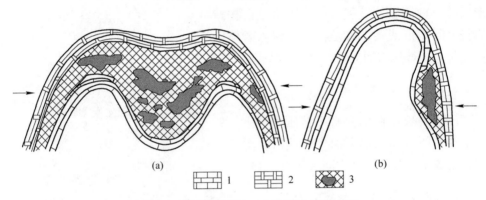

图 1-13 压柔褶皱剥离空间中的含汞锑矿体

（a）在背斜轴部的矿化压柔褶皱；（b）在背斜翼部的矿化压柔褶皱

1—薄层状灰岩；2—顶盘页岩；3—含锑汞浸染状矿石和矿巢的角砾岩

（据 В. И. 沃尔弗松，1955）

图 1-14 底辟刺穿褶皱构造破碎带
的矿体定位特征

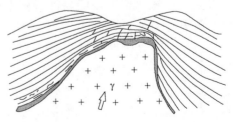

图 1-15 岩浆底辟及其成矿特征示意图

### 1.1.2.5 流褶皱

流褶皱实际上是一种固态流变条件下的褶皱作用，尤其在高温、高压条件下，深层岩石发生塑性变形而形成的褶皱，是深变质岩和混合岩化岩石中常见的一种褶皱类型。在该类褶皱形成的晚阶段，常出现剪切面，并促使变形岩石进一步位移或滑动，因此又称剪切褶皱（见图1-16），与此同时，塑性物质或成矿组分由翼部向核部迁移、聚集，从而使核部矿体厚度增大，形成厚大矿体。

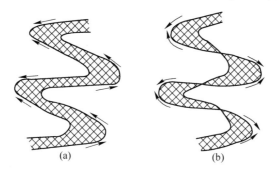

图1-16　流褶皱变形特征与物质迁移
（a）相似褶曲变形物质由两翼向核部迁移，形成核部加厚、翼部变薄；
（b）物质进一步由翼部向核部迁移，甚至在翼部缺失
（据翟裕生、林新多，1993）

### 1.1.2.6 热流变褶皱

热流变褶皱是一种接触热动力变质构造，在岩浆侵位过程中，由于岩浆的热动力作用，使围岩具有高塑性特征，并变形形成热流变褶皱。热流变褶皱多分布于中、深成岩浆活动的前缘地带，该带往往又是矽卡岩矿床或接触交代型矿床的主要产出地带与部位，因此热流变褶皱又是间接找矿的一种重要标志。

## 1.1.3　褶皱的力学性质分类与鉴别

褶皱是成层岩石在侧向水平挤压或以压为主兼扭的受力条件下塑性变形的产物。因此，根据褶皱形成的受力条件，褶皱又有压性和压扭性之分（见表1-1）。

由此可见，受力的对称性直接决定着变形的对称性与规律性，为褶皱力学性质的厘定提供了重要的科学依据。

褶皱控矿的实际地质事实表明，褶皱的转折端和翼部的虚脱或剥离空间部位，是各类矿体的主要赋存部位。但压性和压扭性褶皱，由于受力对称性的差异，直接决定着赋矿剥离空间三维定位的差异性：前者（压性）由于受力的斜方

## 表 1-1　褶皱的力学性质分类与鉴别

| 鉴定特征 | 压　　性 | 压　扭　性 |
|---|---|---|
| 1. 单个褶曲的平面形态、轴面、轴线和两翼岩层产状 | 褶曲往往呈直线状，特别是水平褶曲，轴面比较平直，轴线也呈直线状，两翼岩层走向与轴线大体平行延伸，如稍有局部变化，其总体趋势不变 | 褶曲常呈弧形弯曲，其轴面、轴线和两翼岩层走向一般也跟着发生弧形弯转，岩层分布往往呈一端收敛，另一端撒开，与伴生的褶曲分布规律一致 |
| 2. 褶曲枢纽起伏变化和高点的排列方式镜像对称（斜方对称型） | 枢纽可以是水平的或高低起伏的，枢纽高低起伏时，其高点呈串珠状直线排列，都反映出是由于单向挤压作用引起的褶曲，不过是由于挤压不均匀所致 | 单斜对称（反镜像对称）<br>枢纽往往呈弧形倾斜或高点起伏，然而其上的高点及其延展方向不成直线形，而是斜鞍相接，雁形排列，弧形展布 |
| 3. 褶皱的组合形式 | 背斜、向斜相间排列，纵有参差不齐，但总体互相平行延展 | 褶皱大多呈弧形展布，并呈一端收敛，另一端撒开，显示扭动作用所造成 |
| 4. 褶曲两翼岩层层面上擦痕的产状 | 由于挤压，当岩层褶皱时，沿着层面发生上下错移，产生的擦痕与褶曲的枢纽垂直，或阶步与枢纽平行，显示上覆岩层往上冲移 | 其所产生的擦痕和阶步，往往与褶曲的枢纽是斜交的，显示上覆岩层斜向上冲 |
| 5. 褶曲两翼岩层层间小构造与层面之交线的产状（层间破劈理、拖拽褶皱、张性裂隙、旋扭构造等） | 褶曲上的滑移交线（低级序构造与层面的交线或旋扭轴线）或滑移轴线近水平或平行枢纽产出，上覆岩层向上滑移 | 褶曲上的滑移交线或滑移轴线呈倾斜或与轴线斜交产出，上覆岩层向斜上方滑移 |

续表1-1

| 鉴定特征 | 压　性 | 压　扭　性 |
|---|---|---|
| 6. 与褶曲有关的断裂面特征 | 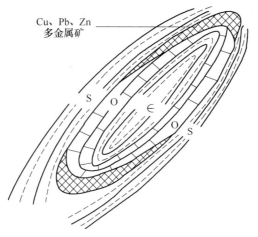与褶曲轴线平行的冲断层和二次纵张断裂，分别显示压性和张性破裂面特征；与褶曲轴线垂直的横张断裂，显示张性破裂面特征；与褶曲轴线斜交的两组扭裂面，显示扭性破裂面特征。因而，在这种情况下的褶曲为压性结构面 | 与褶曲轴线平行的冲断面显示斜冲，为以压为主的压扭性破裂面特征；二次纵张断裂显示斜落，显示以张为主的张扭性破裂面的特征；与褶曲轴线斜交的两组扭裂面，一组示斜落，一组为斜冲，分别显示以扭为主的扭张性或扭压性断裂特征，且常一组发育，另一组不甚发育 |

（据徐旆章，1978）

对称性（镜像对称），剥离赋矿空间和矿体在三维空间上均呈串珠状排列与产出；而压扭性褶皱，由于受力的单斜对称性（反镜像对称性），则决定着赋矿剥离空间和矿体定位的单斜对称性特点（见图1-17）。

图1-17　河北某地Cu、Pb、Zn多金属矿赋矿剥离空间和矿体的单斜对称型展布特征
（据徐旆章，1978）

## 1.2　叠加褶皱与成矿

叠加褶皱又称重褶皱，是指已经褶皱的岩层再次弯曲变形而形成的褶皱。叠

加褶皱是两次或两次以上构造运动褶皱变形叠加的产物。两者既可斜交叠加，也可正交叠加。唯前者叠加部分多留下斜向压剪活动的痕迹，尽管叠加褶皱由于先后期褶皱强度、受力方向和褶皱岩石的力学性质的差异，叠加褶皱形态各异，但归纳基本可分为横跨、限制、重褶三种叠加褶皱构造类型。

### 1.2.1　横跨褶皱与成矿

横跨褶皱是指一组形成较早的褶皱被另一组形成较晚的不同方向的褶皱所穿插、跨越的现象，并各自保持着固有的轴向（见图 1-18～图 1-20），叠置部位常导致流体资源的汇聚。

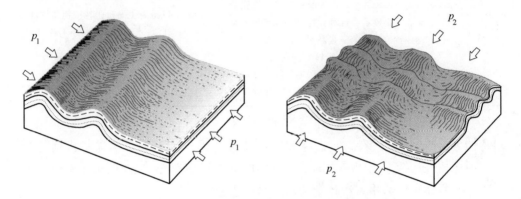

图 1-18　横跨褶皱形成过程示意图

（据乐光禹，1975）

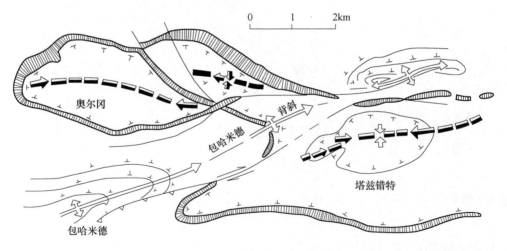

图 1-19　北非高阿特拉斯包哈米德背斜斜跨奥尔冈-塔兹错特向斜的斜交横跨现象

（据 L.U. 迪赛特尔）

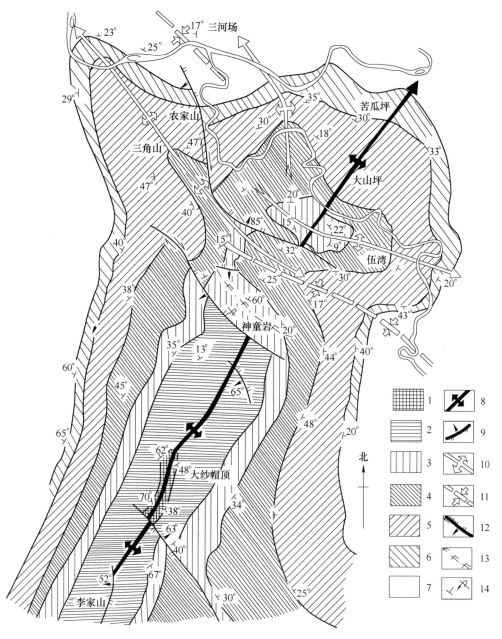

图 1-20  川东北北东向大黑峡背斜被北西向背斜的直交横跨现象

1—中三叠统；2—上三叠统；3—下侏罗统；4—中侏罗统；5—上侏罗统下沙溪庙组；
6—上侏罗统上沙溪庙组下段；7—上侏罗统上沙溪庙组上段；8—北北东构造带背斜轴；
9—北北东构造带逆断层；10—北西构造带背斜轴；11—北西构造带向斜轴；
12—背斜构造带逆断层；13—陡带；14—岩层产状（正常及倒转）

（据乐光禹、蒋炳权，1974）

### 1.2.2 限止褶皱与成矿

两组不同方向的褶皱叠加时，形成较早的一组褶皱常限制形成较晚的一组褶皱，并在其一侧发育褶皱叠加现象（见图 1-21～图 1-23），是流体矿产资源的重要构造屏障。

### 1.2.3 重褶褶皱与成矿

重褶褶皱通常发育于先期高角度、紧闭褶皱发育地区，该类褶皱在再次不同方向褶皱叠加时，其再变形强度明显低于宽缓先期褶皱区。

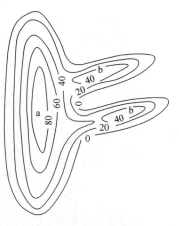

图 1-21　限制褶皱示意图

（据乐光禹，1974）

图 1-22　川东北通江-宣汉地区褶皱的限制现象

（据乐光禹，1974）

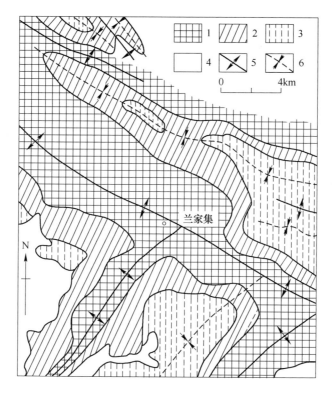

图 1-23　湖北兰家集一带的褶皱限制现象
1—志留系；2—泥盆系至二叠系；3—三叠系；
4—第四系；5—背斜轴；6—向斜轴
（据湖北地质图"钟祥幅"编制）

　　叠加褶皱是经受两次或两次以上不同方向、不同方式构造变形的产物，其不但改变-改造先成褶皱控制的剥离构造和矿体的空间定位，而且也同步促使了先成矿体的矿石特征和矿石品位的贫富变化，辽宁鞍山市铁矿就属其例。更由于不同方向、不同方式构造活动的多次叠加，也同步改变了原有褶皱赋矿剥离空间定位，而且不同程度地加剧了构造的破碎程度与规模，为后期成矿热流体沿层间破碎带的运移、富集与沉淀提供了更有利的赋矿空间（见图 1-24）。

　　在通常情况下，成矿热流体在构造动力和流体热动力驱动下，总是沿层间构造破碎带，从相对高压的翼部向相对低压或负压的转折端鞍状剥离空间和褶皱的仰起端迁移，并聚集成矿，若经纵弯叠加，则形成双轴或多轴式叠加穹窿，从而产生良好的闭合环境或新的穹窿状剥离空间，成矿热流体就会从多通道层间构造破碎带向穹窿顶部剥离空间运移、聚集并沉淀成矿，也即由纵弯褶皱的单拱型卷

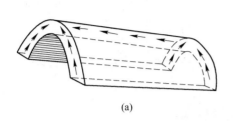
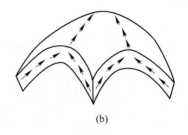

(a)　　　　　　　　　　　　　　(b)

图 1-24　纵弯褶皱和纵弯叠加褶皱的成矿热流体运移趋势

(a) 纵弯褶皱；(b) 纵弯叠加褶皱

(据乐光禹，1996)

入晚期叠加褶皱的双拱型（见图 1-25），成矿热流体则沿双向层间构造破碎带运移，并于双拱型鞍状层间剥离空间充填，富集成矿，贵州万山汞矿就属其例（见图 1-26）。

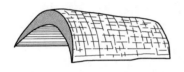
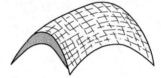

图 1-25　三种类型的鞍状矿

(据乐光禹，1996)

　　贵州万山汞矿主干构造为轴向北北东向的凤晃背斜和玉铜向斜，控制着矿带的区域展布，而凤晃背斜西翼的中下寒武系碳酸盐含矿层中发育着一组横跨褶皱，并叠加于主干背斜西翼的倾斜层内，导致其枢纽统一地向北北西方向侧伏，汞矿床各矿体均定位于各倾伏叠加褶皱的穹形背斜轴部和陡翼层间剥离带中。

## 1.2.4　横跨、限止、重褶褶皱形成的力学机制

### 1.2.4.1　褶皱形成基本条件的分析

　　褶皱是重要而常见的构造现象之一。尽管褶皱大小悬殊、形态各异，但其形成则主要由下述两个基本条件所决定。

　　（1）褶皱的岩层必须具有良好的成层性，以促使岩层的层间面，尤其是不同岩性或岩性组合的分界面之间的相对滑动和流动。正由于这种层间剪切滑动面和褶皱岩层上部一面临空自由空间的存在，为各种类型褶皱的形成，提供了重要的构造前提。

　　（2）成层的岩石必须在一定方式、方向外力作用的条件下，当由外力所决

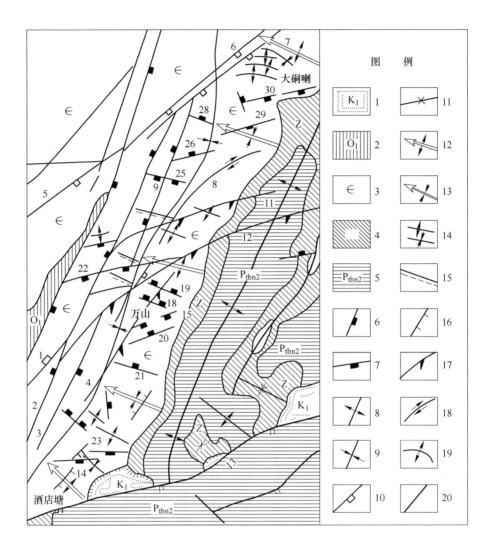

图 1-26 贵州万山汞矿构造图

1—下白垩统；2—下奥陶统；3—寒武系；4—震旦系；5—上板溪群；6—新华夏系主干断裂；

7—新华夏系伴生断裂；8—新华夏系背斜轴；9—新华夏系向斜轴；10—华夏系断裂；

11—东西向构造断裂；12—"横跨褶皱"半背斜轴；13—"横跨褶皱"半向斜轴；

14—"横跨褶皱"背、向斜轴；15—"横跨褶皱"褶曲带；16—"横跨褶皱"

伴生张裂带；17—帚状构造张扭性断裂；18—帚状构造扭断裂；

19—帚状构造弧形背斜；20—未归属断裂，图中数字为断裂编号

（据李继茂，1978）

定的侧向压应力超过岩层的临界力（或临界载荷屈服强度）$p_K$ 值时，受力的成层岩石才会发生弯曲，并发生顺层的塑性流动而形成褶曲或褶皱（见图 1-27）。

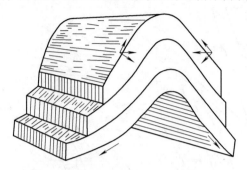

图 1-27　褶皱形成过程力学分析示意图

A　岩块几何形状是褶皱形成的一个重要影响因素

在上述条件下，具有一定弹塑性的成层岩石，在受力变形过程中，是否首先发生弯曲变形而形成褶皱，这在一定程度上决定于岩块的几何形状。因为层状岩石在侧向挤压条件下，随着岩层本身几何尺寸的改变，岩层是否失稳，从而形成褶皱的条件和状况也会随之而发生相应的变化。

如果取一几何尺寸：$L$（长）= 100cm、$B$（宽）= 10cm、$H$（厚）= 1cm，$\sigma_B$（抗压强度）= 74MPa，$E$（弹性模量）= 50000MPa 的层状砂岩进行简略的计算（见图 1-28）则得：

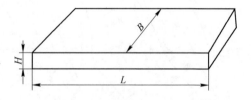

图 1-28　岩块的几何尺寸示意图

（1）因岩层处于平衡状态，根据强度校核得：极限载荷（$p_B$）= $\sigma_B \cdot F$

因为 $F = B \cdot H$

所以 $p_B = \sigma_B \cdot B \cdot H = 740 \times 10 \times 1 = 740$MPa

这就意味着，砂岩层一旦受力达到 740MPa 时，砂岩首先发生断裂而并非褶皱。

（2）当岩层的长度（$L$）很大，而厚度（$H$）相对较小的情况下，岩层容易失稳而形成褶皱，$L$-$H$ 与破裂强度和屈服强度之间的关系是岩石或岩层塑性变形与破裂变形的重要参数。这时，可根据两端铰支条件下压杆的欧拉公式进行计算。因临界载荷 $p_K$ 值是标志岩层失稳与否的临界数值。

$$p_K（临界载荷）= A \cdot \frac{\pi^2 \cdot E \cdot J}{L^2} \quad (A = 1)$$

式中，$L$ 为杠杆（或岩层）的长度；$J$ 为杠杆（或岩层）的轴惯性矩；$E$ 为杠杆

（或岩层）的弹性模量。

根据稳定校核：
$$p_K = \frac{\pi^2 \cdot E \cdot J}{L^2}$$

但由于绕 $Z$ 轴和 $Y$ 轴的岩层失稳是 $B$ 值和 $H$ 值的对置关系（见图 1-30），所以绕 $Y$ 轴和 $Z$ 轴的轴惯性矩分别为：

$$J_Y = \frac{HB^3}{12} = \frac{1 \times 10^3}{12} = 83\text{cm}^4$$

$$J_Z = \frac{BH^3}{12} = \frac{10 \times 1^3}{12} = 0.83\text{cm}^4$$

所以绕 $Z$ 轴转动而使层状砂岩发生弯曲所需的临界载荷（$p_K$）为：

$$p_K = \frac{\pi^2 \cdot E \cdot J_2}{L^2} = \frac{\pi^2 \cdot E \cdot \frac{BH^3}{12}}{L^2} = \frac{9.8 \times 500000 \times 0.83}{100^2} = 406.7\text{MPa}$$

绕 $Y$ 轴转动而使层状砂岩失稳形成褶皱所需的临界载荷（$p_K$）为：

$$p_K = \frac{\pi^2 \cdot E \cdot J_Y}{L^2} = \frac{\pi^2 \cdot E \cdot \frac{HB^3}{12}}{L^2} = \frac{9.8 \times 500000 \times 83}{100^2} = 40670\text{MPa}$$

从上述的概略计算不难看出，在侧向挤压的条件下，层状砂岩绕 $Z$ 轴转动要远比绕 $Y$ 轴转动容易失稳而形成褶皱。可见，层状砂岩一定是沿 $H$ 值最小的方向首先失稳发生褶皱。且在同一外力作用下，断裂产生的极限载荷（740MPa）也远比绕 $Y$ 轴失稳所需的临界载荷（406.7MPa）值要小得多。因此，断裂的产生尽管晚于绕 $Z$ 轴转动褶皱的产生，但却远比绕 $Y$ 轴失稳而形成褶皱容易得多。另从上列欧拉公式也明显可见，$p_K$ 值的大小与 $H^3$ 呈正比，而与 $L^2$ 呈反比，所以当 $H$ 值越小，而 $L$ 值越大时，越容易失稳而发生褶皱，可见岩层几何尺寸的变化对控制岩层失稳而形成褶皱的意义重大。

正由于上述原因和沉积岩、侵入岩地区岩块几何参数的特定规律，在沉积岩区褶皱是普遍现象，且一般褶皱形成在前而断裂形成在后；侵入岩地区断裂是主要构造现象。

B　地层产状对褶皱形成的控制作用

固然，水平产状的岩层在侧向挤压的条件下，当其力超过岩层的临界载荷（$p_K$）值时，岩层就会失稳而形成褶皱。但首先是失稳形成褶皱，还是首先超过极限载荷（$p_B$）值而发生断裂呢？这主要取决于岩层的几何尺寸和几何参数

（$H$、$L$、$B$）。但是当地层的几何参数不变，而地层产状变化的条件下，对地层失稳与褶皱的形成又有什么控制作用呢？这可通过同一岩块在不同的地层产状条件下，地层的 $L$、$H$、$B$ 值在空间位置上的互置关系及其所导致的 $Z$ 轴与 $Y$ 轴空间位置的变化关系得以说明。

（1）当岩层水平时（见图 1-29）：

$$L = 原长，\quad H = 原高$$

（2）当岩层倾斜，倾角 $\alpha = 30°$ 时（见图 1-30）：

$$L_1 = L \cdot \cos 30° = \frac{\sqrt{3}}{2} L$$

$$H_1 = L \cdot \sin 30° = \frac{1}{2} L$$

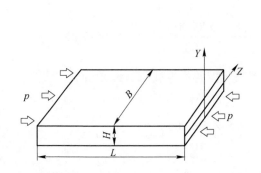

图 1-29　岩块的几何参数与转动轴
（$ZY$）的关系示意图

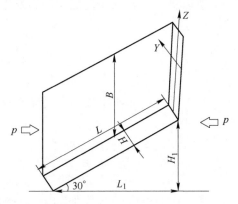

图 1-30　当岩层倾斜倾角 $\alpha = 30°$ 时，岩块的
几何参数与转动轴（$ZY$）的关系示意图

（3）当岩层倾斜，倾角 $\alpha = 45°$ 时（见图 1-31）：

$$L_1 = L \cdot \cos 45° = \frac{\sqrt{2}}{2} L$$

$$H_1 = L \cdot \sin 45° = \frac{\sqrt{2}}{2} L$$

（4）当岩层倾斜，倾角 $\alpha = 60°$ 时（见图 1-32）：

$$L_1 = L \cdot \cos 60° = \frac{1}{2} L$$

$$H_1 = L \cdot \sin 60° = \frac{\sqrt{3}}{2} L$$

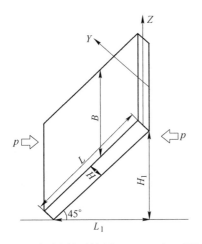

图 1-31 当岩层倾斜倾角 $\alpha = 45°$ 时，岩块的
几何参数与转动轴（$ZY$）的关系示意图

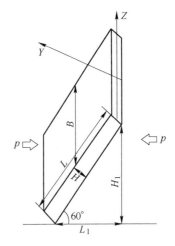

图 1-32 当岩层倾斜倾角 $\alpha = 60°$ 时，岩块的
几何参数与转动轴（$ZY$）的关系示意图

（5）当岩层直立时（见图 1-33）：

$$L_1 = L \cdot \cos 90° = 0 \text{ 故 } L_1 = H$$

$$H_1 = L \cdot \sin 90° = 1 \text{ 故 } H_1 = L$$

上述概略计算清楚地表明随着岩层倾角的变大，在水平方向上 $L$ 值不断的变小，而 $H$ 值却相应地增大，$L$ 和 $H$ 两参数呈明显的互置现象，就促使原来绕 $Z$ 轴转动的失稳现象变为绕 $Y$ 轴转动的失稳问题。所以在东西向侧向挤压的条件下，随着岩层倾角由小到大的变化，岩层失稳而形成褶皱的可能性也就随之而减小。至岩层直立状态时，除使岩层进一步压紧外，决不会出现失稳而形成褶皱的现象。除非在另一方式、方向的构造运动影响下，绕 $Y$ 轴转动而发生褶皱的现象才可能出现。上述现象的出现，主要是由于地层产状的变化，而导致 $J_Z$ 与 $J_Y$ 空间方位改变的结果。

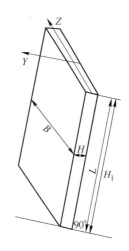

图 1-33 当岩层倾斜倾角 $\alpha = 90°$ 时，
岩块的几何参数与转动轴（$ZY$）
的关系示意图

### 1.2.4.2 褶皱横跨、重褶和限止复合现象形成的力学分析

A 褶皱横跨现象的力学分析

两组褶皱相跨越时，在跨越的部分，形态上有一些改变，但总体却各自保持固有的轴向，是反接复合现象中的一种特殊类型（见图 1-34）。

当层状岩层遭受南北向侧向挤压的条件下，同一套原始产状的层状岩层，在构造变动前，$E$ 值、$H$ 值和 $L$ 值都保持了该岩层最大或最小的几何参数的基本特点，岩层易于失稳而形成东西方向的褶皱。但当褶皱出现后，随着变形的加强，褶皱两翼岩层的倾角也相应逐渐变大。这时，尽管外力 $p_1$ 继续作用，但由于 $J_Z$（$J_{min}$）与 $J_Y$（$J_{max}$）空间方位的变化，变形的性质也相应要发生变更，岩层由稳定问题而转变为强度问题，当其力超过该岩层的极限载荷（$p_B$）值时，随之会产生断裂而破坏其连续完整性。

但当东西向褶皱幅度不大，岩层倾角比较平缓的条件下，由于褶皱岩层一面临空，所以当遭受另一方向侧向挤压时，尤其是遭受与褶皱轴向相平行的东西向侧向挤压时，促使岩层失稳而发生褶皱的临界载荷（$p_K$）值要比与褶皱轴向斜交的任意方向要小。所以，在相同大小的侧压力作用下，直交横跨穿插或跨越先成褶皱的能力要比

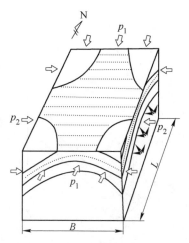

图 1-34　横跨褶皱的力学
分析示意图

斜交者强，且随着斜交角度的变小，其穿插或跨越先成褶皱的能力也随之而变小。因此，前者穿插、跨越的先成褶皱的幅度一般要比后者大（见图 1-35 和图 1-36）。

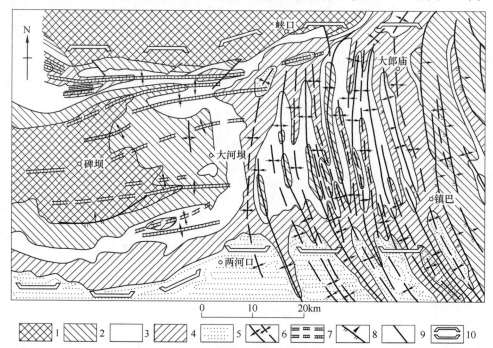

图 1-35　大巴山构造带横跨米仓山构造带

（东西延伸，顶部宽缓的箱状高背斜带（米仓山），被紧密的线状大巴山褶皱带直交横跨的复合现象）

1—前震旦系；2—震旦系至志留系；3—二叠系；4—三叠系；5—侏罗系；6—大巴山构造带褶皱轴；
7—米仓山构造带褶皱轴；8—逆断层及逆掩断层；9—横断层；10—米仓山带的范围

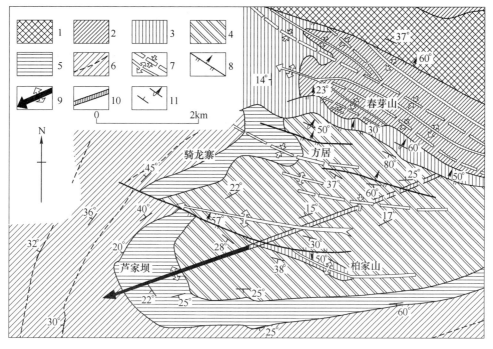

图 1-36　沙罐坪构造北段的斜跨褶皱

（东侧延伸到春芽山南坡的北北东向芦家坝背斜，由于背斜顶部平缓，两翼岩层倾角较小，
被北西西向褶皱横跨后，原来的北东东向褶皱轴部被改造而淹没不显）

1—须家河组（$T_3$）；2—自流井组中、下段（$J_1^{1-2}$）；3—自流井组上段（$J_1^3$）；

4—下沙溪庙组（$J_2^1$）；5—上沙溪庙组下段（$J_2^2a$）；6—上沙溪庙组上段（$J_2^2b$）；

7—晚期褶皱轴；8—晚期逆断层；9—早期褶皱轴；10—早期褶皱被湮没部分；

11—岩层产状（正常和倒转）

（据乐光禹，1996）

但由于岩层的失稳和褶皱的形成，是由原始的直线平衡状态变为曲线平衡状态的一个变形过程，所以：

$$\frac{L}{R(x)} = \frac{M(x)}{EJ} \qquad J = \frac{M(x)R(x)}{E}$$

式中，$R(x)$ 为曲率半径；$M(x)$ 为弯矩；$J$ 为轴惯性矩。

而 $p_K = \frac{\pi^2 \cdot E \cdot J}{L^2}$，所以随着东西向褶皱的产生，由于弯矩 $M(x)$ 的增大，轴惯性矩（$J$）也随之增大。此时 $E$ 值和 $H$ 值也相应增大，而 $L$ 值则相反地缩小。由于 $p_K$ 值与 $H^3$ 成正比，与 $L^2$ 成反比，所以当 $H$ 值或 $L$ 值稍有增加或减少，就直接影响临界载荷（$p_K$）值的整数倍的增大。所以，这就要求褶皱横跨现象的产生，先成褶皱要相对比较宽缓，两翼岩层倾角相对较小，否则会导致后期构造变动的临界载荷（$p_K$）值大于极限载荷（$p_B$）值现象的出现，并促使断裂的趋先出现而不易因失稳而形成褶皱。

因此，尽管横跨褶皱和被横跨褶皱，从形态而言，它们的构造强度很可能相当或近于一致，但从临界载荷（$p_K$）值而言，横跨褶皱却远大于被横跨褶皱。所以，横跨褶皱和被横跨褶皱的构造强度与岩层失稳时所需施加的临界载荷（$p_K$）值的大小，无论是量级上，还是概念上都是讨论问题的两个不同的方面。前者是变形的结果，后者是促使构造变形产生的力的大小和原因。

B　褶皱重褶现象的力学分析

褶皱的重褶现象，是指早期褶皱在后期另一方式、方向构造运动的影响下，使先成褶皱明显得以改造，并改变了早期的褶皱方向，而卷入晚期不同方向褶皱中的一种复合现象（见图 1-37）。

长期的地质实践表明，在紧闭的线状褶皱展布地区，尤其在构造变动强烈，褶皱紧闭，岩石塑性显著的变质岩地区，重褶现象较为常见（见图 1-38）。

所以，较之褶皱的横跨现象而言，重褶的形成又有着自身不同的几何的和力学上的要求。

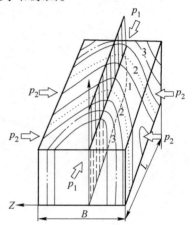

图 1-37　重褶现象的力学
分析示意图

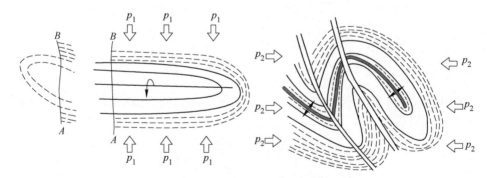

图 1-38　重褶皱的力学机制示意图

在紧闭的线状褶皱展布地区，由于岩层褶皱，两翼压紧，岩层的几何参数 $H$、$B$ 值明显增大，$L$ 值相应变小，所以轴惯性矩（$\tau$）也随之增大，并导致 $\tau_Z$ 与 $\tau_Y$ 在空间位置上的互置，而且岩层层面两面受压，所以这时通常不会发生垂直 $p_1$ 方向或绕 $Z$ 轴的继续褶皱。

当两翼紧闭，陡立的线状褶皱，受到另一方向，尤其是受到与褶皱相平行的强烈的侧向挤压的条件下，只要当东西向挤压应力的数值，达到或超过陡立褶皱岩层的临界载荷（$p_K$）值，而小于极限载荷（$p_B$）值的情况下，绕 $Y$ 轴最易失稳，在先成褶皱的基础上形成轴向南北、轴面陡立的重褶皱现象。

固然，两翼紧闭的线状褶皱地区，尤其是褶皱显著的变质岩类地区，在另一方式、方向构造运动的强烈影响下，较易导致重褶现象的出现。但随着二次构造运动所决定的侧向挤压方向与先成褶皱轴向交角的不同和先成褶皱轴面产状的差异，沿 $Y$ 轴转动并使岩层失稳而形成重褶的概率也各不相同，其主要因为：

（1）尽管先成褶皱两翼紧闭，轴面直立，但当二次构造变动的挤压力属非轴向压力，而是与构造面斜交的斜向挤压力时，由于作用在斜面上的力要分解为与面平行的剪切力和与传力面正交的挤压力，所以在构造力大小相等的前提下，作用于传力面上的挤压分力一定要小于非轴向的构造力。因此，随着二次构造力与传力面交角的变化，先成褶皱的失稳可能性也随着减小，重褶皱现象为断层的产生所取代。

（2）先成褶皱如两翼紧闭，轴面直立，且在一面侧向临空的特定古地貌条件下，易绕 $Y$ 轴失稳而形成重褶现象。但如果两翼岩层倾向相反或轴面倾斜的条件下，这时随着轴面倾斜角度的变小，绕 $Y$ 轴转动造成岩层失稳而形成重褶的可能性也就逐渐减小，这主要是由几何参数（$H$、$B$、$L$）的变化重又导致 $\tau_Y$ 与 $\tau_Z$ 空间方位的对置所引起、所决定的。

C 褶皱限止现象的力学分析

（1）新老两套地层以明显的角度不整合关系条件下的褶皱的限止现象。

1）当老地层褶皱紧闭，而新地层产状平缓或近于水平条件下的褶皱的限止关系（见图 1-39）。在轴向挤压条件下，由于新的沉积地层具有 $H$ 值小而 $L$ 值很大的岩层几何参数的普遍特点，所以不整合面以上的新地层，在轴向挤压的条件下，易于绕水平或近水平的 $Z_1$ 轴失稳而形成褶皱。而先成的紧闭褶皱，由于两翼地层陡立，随着岩层几何参数 $H$ 值的增大和 $L$ 值的变小，临界载荷（$p_K$）值也随之而迅速增长，所以当新地层失稳而发生褶皱时，老背斜则远未达到岩层失稳所需求的临界载荷（$p_K$）。且这时绕 $Z_1$ 轴失稳而形成的重褶的临界载荷（$p_K$）值一定要大于极限载荷（$p_B$）值。所以，这时对老背斜而言，岩层的失稳已被断裂的发生所取代。此外，老背斜的一侧或两侧，由于新地层的堆积又给予老背斜的失稳以一种力学上的限止。且新地层褶皱以后，由于岩层绕轴转动失稳的稳定性明显增强，褶皱轴向对老背斜而言又发生了显著的改变，这时对老背斜而言，明显的又给予一种空间上和力学上的限止，因而形成了新地层所形成的褶皱限止在老背斜一侧或两侧的构造复合现象。

2）当老地层褶皱紧闭，而新地层产状陡峻条件下的褶皱的限止关系（见图 1-40）。由于新、老地层虽以角度不整合关系接触，但鉴于两者岩层产状陡峻，所以

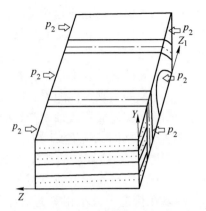

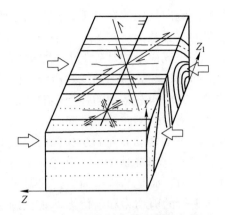

图 1-39　当上覆地层产状比较平缓的条件下，
褶皱限制关系形成的受力示意图

图 1-40　当上覆地层产状陡峻的条件下，
断裂产生的受力示意图

岩层的几何参数 $H$ 值就明显增大，$L$ 值相应变小，这就导致了两者在轴向压力作用下，促使岩层失稳而形成褶皱的临界载荷（$p_K$）值的明显增长和岩层失稳而形成褶皱所需达到的临界载荷（$p_K$）值大于极限载荷（$p_B$）值的普遍现象。所以在新、老两套地层产状比较陡峻的情况下，首先发生的应是断裂而不是褶皱。因此褶皱的限止现象一般很难出现，而仅仅是新、老两套地层在空间上和力学上是相互限止而已。

　　3）当老地层褶皱宽缓，新地层产状平缓的条件下（见图 1-41），由于两者的几何参数都一致地反映了 $H$ 值较小而 $L$ 值仍相对较大的特点，所以两者失稳所要求的临界载荷（$p_K$）值，尽管比岩层处于水平状态下要大，但毕竟此时岩层失稳要求的临界载荷（$p_K$）值比极限载荷（$p_B$）值相对要小，所以只要当临界载荷（$p_K$）值超过老背斜的失稳条件，就有可能两者先后失稳形成褶皱。

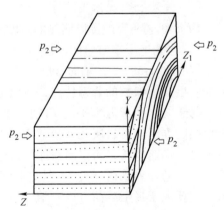

图 1-41　当老地层褶皱宽缓，新地层
产状平缓的条件下，褶皱限制
关系形成的受力示意图

　　尽管新、老两套地层产状平缓，差别不大，但毕竟由于先成背斜的客观存在，其失稳时所需达到的临界载荷（$p_K$）值一定要大于新地层失稳时所需求的临界载荷（$p_K$）值，从而导致了新地层褶皱趋于先出现。所以新地层组成的褶皱在一定程度上还会给予平缓老背斜的失稳以一定的力学上的限止。所以新地层形成的褶皱仍限止于老背斜的一侧或两侧。

　　（2）当地层条件相同情况下的褶皱限止现象（见图 1-42 和图 1-43）。

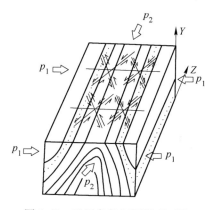

图 1-42 地层条件相同情况下的
褶皱限止现象（一）

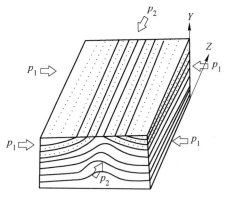

图 1-43 地层条件相同情况下的
褶皱限止现象（二）

前期构造运动形成的褶皱，在后期另一次不同方式、方向的构造运动影响下，在先成褶皱的一侧或两侧能否出现褶皱的限止现象，主要决定于岩层失稳的基本条件和先成褶皱的剥蚀深度及两翼岩层产状沿倾斜的变化状况。

如褶皱属于两翼岩层产状陡峻、褶皱紧闭的线状相似褶皱，且两翼岩层产状在倾斜方向上基本一致，在背斜轴部剥蚀很浅的情况下，当遭受另一方向轴向挤压时，不是绕 $Y$ 轴失稳形成重褶现象，就是受力达到极限载荷（$p_B$）值而发生断裂，而不会出现褶皱的限止现象。当两翼岩层产状平缓的宽缓褶皱，在受到另一方向的轴向挤压时，一旦其力超过临界载荷（$p_K$）值，则易形成褶皱的横跨现象。

所以在先成褶皱的基础上，在另一方向轴向挤压的条件下，要出现褶皱的限止现象，就要求先成背斜或褶皱长期处于外营力剥蚀的条件下，使背斜或褶皱两翼的岩层失去其连续完整性，在一面临空的受力条件下，褶皱两翼岩层产状迅速变缓的地段，由于其几何参数符合岩层失稳的基本要求，所以容易形成限于主背斜一侧或两侧的，与主背斜垂直或以一定角度相交的另一方向的褶皱构造，从而导致了褶皱的限止复合现象的出现。

通常，当两翼岩层产状沿倾斜方向有明显变缓的梳状褶皱等"过渡型"褶皱或褶皱带两缘产状变缓的地带和宽缓型褶皱两侧产状明显变缓的部位，尤其是前两者，是产生褶皱限止复合现象最为有利的构造条件和受力条件，这已为大量的地质事实所证实（见图 1-44）。

综上所述，褶皱形成的条件和影响因素尽管很多，但岩层的成层性和促使成层岩层发生弯曲变形的动力条件却是褶皱产生的最基本条件。

但在岩层的变形过程中，岩层的几何参数和产状却是影响褶皱形成的重要因

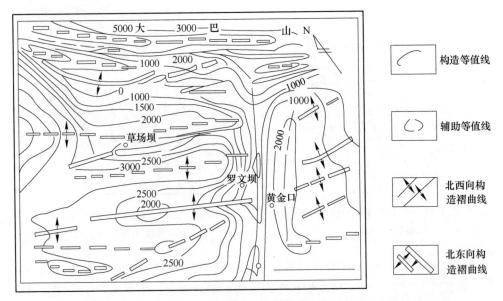

图 1-44　北东向黄金口背斜在大巴山前缘受强烈褶皱的大巴山限止和大巴山
前缘地带的北西向低褶带又受到黄金口背斜所限止的褶皱限止复合现象

（据乐光禹，1996）

素。除部分地层保持原始的水平或近水平的地层产状外，很大一部分地层的产状，是以不同角度的倾斜产状产出。所以这就要求对倾斜地层的褶皱可能性予以研究。随着倾斜地层的岩层倾角变化，岩层的几何参数（$H$、$L$、$B$）也要随之发生改变。但由于临界载荷 $p_K = \dfrac{\pi^2 \cdot E \cdot \tau}{L^2}$，所以岩层受力失稳形成褶皱的可能性也相应要发生变化。岩层产状缓者，易绕 $Z$ 轴失稳形成褶皱；岩层产状陡峻者，在一侧临空的受力条件下，易绕 $Y$ 轴失稳而形成褶皱。

当褶皱出现以后，岩层已由原始的直线平衡状态变为曲线平衡状态和弯矩 $M_{(x)}$ 的客观存在及 $\tau = \dfrac{R_{(x)} \cdot M_{(x)}}{E}$、$p_K = \dfrac{\pi^2 \cdot E \cdot \tau}{L^2}$，所以随着弯矩 $M_{(x)}$ 增大和岩层几何参数的变化，$p_K$ 值也随之而迅速增长，在先成褶皱的基础上岩层再次失稳而形成另一方向褶皱的可能也骤然减小。所以褶皱横跨现象的产生就要求先成褶皱的幅度较小，且强烈的、二次构造运动的侧向挤压力与褶皱轴越趋近一致者，越易失稳而形成褶皱的横跨现象。

当岩层紧闭、两翼陡峻，尤其是两翼同倾斜的陡立褶皱，在一侧临空的受力条件下，当受到二次轴向挤压时，因上述原因决不会形成褶皱的横跨现象，而出现绕 $Y$ 轴失稳的重褶复合现象。

在先成背斜或褶皱的一侧或两侧，以角度不整合的接触关系盖以另一套产状平缓的相对较新的地层或两翼产状明显由陡迅速变缓并深度剥蚀的先成褶皱，在遭受另一方向轴向挤压时，由于产状平缓的上覆地层或失去连续完整性的褶皱的两翼地层，一方面在空间上和力学上都给予先成背斜或褶皱的失稳以一定的限止；另一方面，由于产状相对较平缓而易于失稳并趋先出现褶皱，因而在构造上却形成了后成的褶皱被限于先成褶皱一侧或两侧的褶皱的限止复合现象。

## 1.3 叠加褶皱的室内-野外判析与厘定

鉴于叠加褶皱是多期次强烈地壳运动过程中岩层或层状岩石受力变形的产物，因此，通常情况下，随着时序的由老到新或由早到晚，褶皱的变形强度、叠加褶皱的发育程度也相应由强到弱、由高到低的变化趋势与规律。因此，叠加褶皱在古老或相对古老的地层发育区，尤其是结晶基底和褶皱基底出露区更显常见、更为发育。

值得说明的是，褶皱构造经过两次或两次以上的褶皱叠加变形，先成褶皱的形态特征与产状变化，通常制约或影响着第二次叠加褶皱的几何形态特征，而第二次叠加褶皱又对早期褶皱进行了改造，使赋矿剥离空间的空间定位变得复杂，但却增强了其后再叠加褶皱的变形强度，从而导致了新的构造格局的基本定型。叠加褶皱强变形地区，由于岩层层序的复杂化，提高了叠加褶皱判析的复杂程度和难度，因此在实际判析与研究过程中，必须遵循动态的三维空间的变化与规律来分析与厘定，只有这样才能得到接近实际地质情况的判析与结果，鉴于构造变形复杂多样，因此其识别标志众多，主要为：

（1）褶皱轴面的再次变形是叠加褶皱的常见现象，也是叠加褶皱厘定的重要标志，如图 1-45 所示，早期近南北向排列的 $S_1$ 轴面面理被后期北西向褶皱的 $S_2$ 劈理所叠加、切割，不但导致了 $S_1$ 轴面的弯曲再变形，同时又决定着 $S_1$ 褶皱的右列展布，客观地揭示了两组不同方向、不同时期褶皱的复合叠加裂隙。

（2）褶皱枢纽产状的强烈起伏与变化和褶皱几何图像的畸变。通常情况下，褶皱枢纽是从一个方向沿走向向另一方向侧伏，由高向低依次按序变化的，点阵式有规律排列的，但当褶皱群枢纽产状在三维空间上变化大，褶皱枢纽呈 S 状、反 S 状、V 形、W 形正弦曲线状等，且枢纽"高点"、"低点"变化急剧的构造变形图像时，则多属叠加褶皱（见图 1-46）。

（3）与褶皱同时形成的面理（劈理、片理）和断裂面的再变形、再弯曲

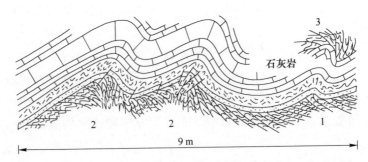

图 1-45　苏格兰马尔岛罗斯区莫英统中被褶皱的劈理（面向南看）

1—正常的劈理和层理关系；2—劈理被扭曲并被挤入背斜核部；3—劈理弯曲-紧密的背斜褶曲

（据 G. 威尔逊，1961）

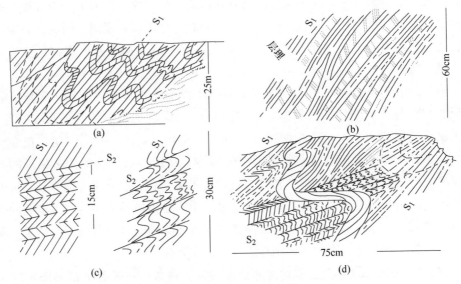

图 1-46　北威尔士安格尔西郡南垛统中的重叠变形

（a）硬砂岩和板岩的初期褶皱，形成轴面劈理 $S_1$；

（b）成劈理片状的板岩和硬砂岩，其原始层理纹仍能看出，并有平行于 $S_1$ 的剥理形成；

（c）具有剥理的硬砂岩和板岩（$S_1$），同（b），为沿 $S_2$ 方向的运动所切割、所褶皱；

（d）具破劈理 $S_1$ 的硬砂岩与具片理 $S_1$ 的板岩的互层，一起为二次运动（$S_2$）所褶皱

（据 G. 威尔逊，1961）

（见图 1-47）。

（4）两种不同受力变形条件下形成的片理和裂隙系统有规律的交切或穿插（见图 1-48）。

（5）各类脉体（岩脉、矿脉、石英脉等）的褶皱或弯曲变形（见图 1-49）。

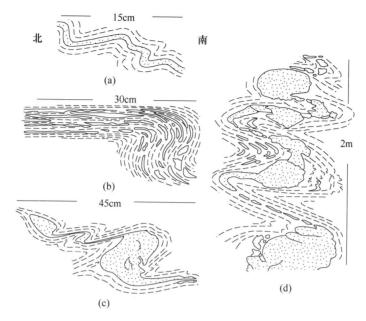

图 1-47 苏格兰·胡提格山石英杆剖面图

（a）与层理平行并与层理一同褶皱的石英脉；（b）由砾岩中的砾石形成的与层理平行的被拉长并被褶皱的
石英透镜体；（c），（d）由寄生褶曲枢纽部分中的分凝石英发育而成的较大的石英杆

（据 Wilson，1953）

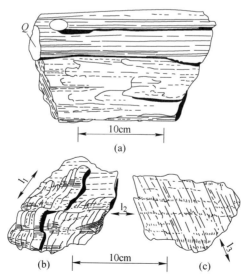

图 1-48 两种不同受力变形条件下形成的片理和裂隙系统有规律的交切或穿插示意图

（a）硅质片岩中未被变形的石英杆（Q）（苏格兰萨德兰郡，本·胡提格山）；

（b），（c）重叠小构造、杆状构造，小褶皱和三个世代的线状构造（$l_1 l_2 l_3$）

（苏格兰因否内斯郡（Inverness）阿尼斯代尔（Arnisdale）莫英统）

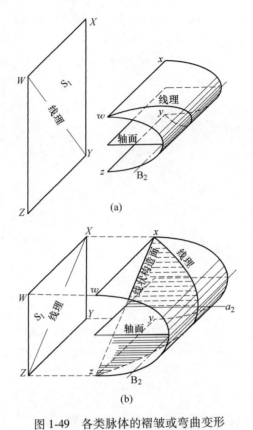

图 1-49　各类脉体的褶皱或弯曲变形

（a）$S_1$ 面上的早期线状构造 $l_1$ 为弯褶曲 $B_2$ 所褶皱；（b）$S_1$ 面上的早期线状构造 $l_1$ 为剪切褶曲 $B_2$ 所褶皱

（据 Weiss，1959 和 Ramsay，1960）

# 2  断裂构造与成矿

断裂构造是指具有明显位移特征的断层和无明显位错但具有不同几何形态特征的裂隙，但通常的断裂构造，实际上指的就是断层。断层是地壳中最重要的破裂性构造，常常构成了区域性地质构造格局，不同规模的断层常常构成了区域性的导矿-布矿-容矿构造系统，控制着各类矿田、矿带、矿床和矿体的空间定位和规律，以及有序产出与展布。

但值得注意的是，地壳表层岩石和岩层均处于低围压环境中，岩石通常表现为脆性，但断层在变形过程中，尤其是具有一定规模的压性-压扭性的断层，随着断层向深部延拓，温度和压力也随之相应升高，岩石也由脆性向脆韧性、韧性转变，导致了断层在不同深度及岩石力学性质和构造变形的差异性，以及构造-成矿的垂向分带的规律性。

## 2.1  断裂（层）构造的主要分类及其变形的力学机制

### 2.1.1  断裂（层）构造的几何分类及其受力机制

不同几何形态和三维空间位移特征的断裂构造，是受不同力学条件破裂、位移变形的产物（见图 2-1），可分为：（1）正断层；（2）逆断层；（3）平移断层；（4）平移逆断层；（5）平移正断层。

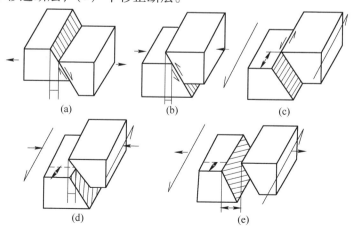

图 2-1  断层的几何分类及其受力-变形机制示意图
（a）正断层；（b）逆断层；（c）平移断层；（d）平移逆断层；（e）平移正断层

## 2.1.2　断裂（层）构造的力学分类及其受力机制

断层是岩石和岩层受到不同方向、方式和受力条件，超过岩石破裂强度后并具明显位错特征的一种构造现象。由于受力性质的不同，断层的力学性质和相应的断层破裂特征也随之而异（见图 2-2）。

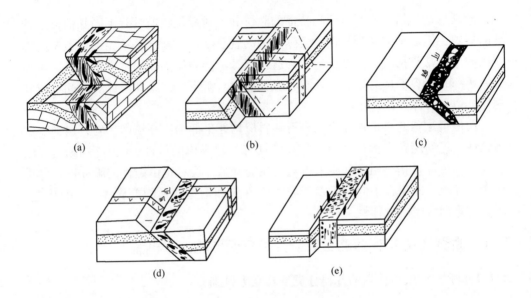

图 2-2　断层的力学性质分类

（a）压性；（b）压扭性；（c）张性；（d）张扭性；（e）扭性

### 2.1.2.1　压性断裂（层）构造及其受力机制

压性断层是岩石或岩层在斜方对称型侧向水平挤压受力条件下，超过岩石或岩层抗压强度而产生的一种压缩变形的断裂构造。由于该类断层近地表时，围压逐减，常出现仰翘现象而呈现上盘下掉的正断层现象（见图 2-3）。

### 2.1.2.2　张性断裂（层）构造及其受力机制

张性断层是岩石或岩层在斜方对称型侧向水平拉伸受力条件下，超过岩石或岩层抗拉强度而产生的一种拉伸变形的断裂构造（见图 2-4）。

### 2.1.2.3　扭性断裂（层）构造及其受力机制

扭性断层是岩石或岩层在不同方向、方式受力条件下，变形岩石或岩层超过剪切破裂强度，并发生明显水平位错变形的断裂构造（见图 2-5）。

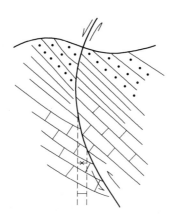

图 2-3 压性断层近地表的正断层现象

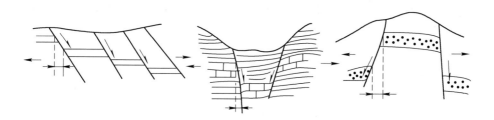

图 2-4 侧向水平拉伸条件下形成的正断层

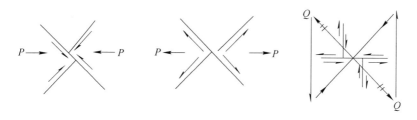

图 2-5 不同方向、方式受力条件下形成的扭性断层

#### 2.1.2.4 压扭性断裂（层）构造及其受力机制

压扭性断层是在压-扭应力同时作用的前提下，显示上盘斜冲特征，并具有显著逆冲和水平位错的斜向逆冲断裂构造。如平移逆断层、一部分压扭性弧形断层和一部分平移断层等（见图 2-6）。

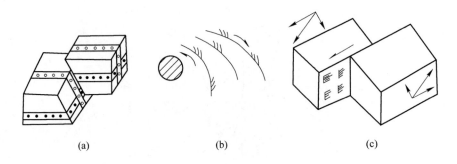

图 2-6　压扭性断层

（a）平移逆断层；（b）压扭性弧形断层；（c）平移断层

### 2.1.2.5　张扭性断裂（层）构造及其受力机制

张扭性断层是张应力与扭应力同时作用条件下，具有明显斜落位错的断层，如平移正断层、一部分旋扭断层、平移断层等（见图 2-7）。

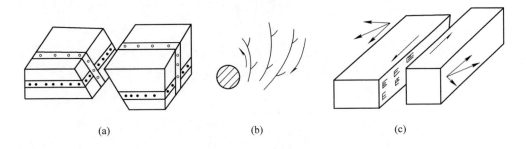

图 2-7　张扭性断裂（层）

（a）平移正断层；（b）旋扭断层；（c）平移断层

## 2.2　断裂力学性质的综合识别信息与标志

在一定方向和方式的地应力作用下，在组成地壳的岩块或地块中，从构造变形到物质组分变化、从宏观到微观，必然会留下与其相适应的构造-物质组分痕迹。它们可以是连续性的构造面，也可以是非连续性的断裂面，即各种断裂力学性质和排列形式，必然由产生它们的地应力性质、作用的方式和方向所决定。因此，根据这种力与形变的关系，从现象着手对各种性质断裂进行力学性质的鉴定（见表 2-1 和表 2-2）。

表 2-1　断层的力学性质鉴定（一）

| 鉴定特征　　力学性质 | | 压性断裂构造面 |
|---|---|---|
| 断盘在空间上的相对位移特征及其所产生的构造现象 | 断盘在空间上的相对位移特征 | 上盘上冲，下盘俯冲，两盘压紧的相对位移特征。<br><br>在侧压力 p—p 的作用下，当岩块达到极限平衡状态时，必然会产生一组剪切面，在这一剪切面发生的瞬间，岩块是统一完整的整体，剪切出现后，就作为一个分划性的构造面，把统一的岩块分成两个断盘。继续作用的侧压力 p—p 就沿着断裂面分解。分力 p′ 垂直断面，为压力，使两盘岩块沿断裂面压紧，因而产生断裂面的一系列压性结构面；分力 q 与断面平行，为逆时针剪力，使两盘发生相对仰冲和俯冲，形成逆断层。<br><br>逆断层面在剖面上应是一组剪切面，但由于其在水平方向上的明显缩短，且其走向又与压应力方向垂直，加之断面及两侧一系列的压性构造面的存在，所以本类断面应属压性构造面。<br><br>但从物理和力学概念上来说，所以断层走向垂直面走的上冲或垂直位移是向上冲和垂直位移的结果。从材料力学上来说，当物体受力超过破裂强度以后，只可能发生张裂和剪裂，而没有压性构造面的存在。这主要是力学上的伸长和缩短是受正应力和垂直应力作用产生了压应力直接反映了压应力的作用方式和性质。当破裂出现就告变形终止。而地质上岩体受力超过破裂强度超过其破裂强度后就会发生张裂或剪裂，由于地质上的构造变形是长期的、反复多次的变形，反复多次破裂，持续的，所以早期出现的扭裂的扭应力面在压应力作用下发生变化而转化为压性构造面，如某些结构面，鉴定结构面的挤压构造带。 |
| | 断层擦痕 | 擦痕阶步发育，擦动方向与断面走向一致，阶步逆冲，上盘逆冲，但压性构造面由于裂面舒缓波状（且又沿着两组扭裂面组裂面发育），在弯曲的外凸和内凹岩块和内凹侧岩块的运动方向或应力状态的特点，尤其是态是不相一致的，故压性结构面的特点，尤其是擦痕发育比较差者，综合进行分析，所以在野外工作中要注意断面倾向与应力作用方向的关系，应用擦痕鉴定结构面的性质时要慎之又慎。 |

续表 2-1

| 鉴定特征<br>力学性质 | 压 性 断 裂 构 造 面 |
|---|---|
| （一）<br>断层在<br>空间上<br>的相对<br>位移特<br>征及其<br>所产生<br>的构造<br>现象 | 断面<br>两侧岩<br>层产状<br>的变化<br>特征和<br>派生的<br>次级构<br>造（羽<br>状裂隙、<br>拖拽<br>褶曲、<br>劈理、<br>叶理、<br>片理<br>及构造<br>透镜<br>构造等） | 1. 断面两侧或断裂带带内，由于应力最易集中，所以在其两侧两侧地部性的现象与区域性现象之间的区别，级别，序次均不相同。<br>层陡立、倒转、褶皱显著，拖拽属逆冲式，因前者属派生构造，后者属<br>与断裂同时生成的伴生构造。<br>2. 断面两侧常见派生的低级次成水平，但派生构造与主断面的交<br>线呈水平，旋卷构造轴也呈水平，上盘逆冲。<br>3. 常见压性劈理、片理和叶理，在走向上，平面上平行主断面，在<br>剖面上与主断面可以有不大的交角，但它们的宽度要视断层的规<br>模，岩性和应力作用的时间长短而定 |
| | <br>河北蓟县压性断裂带中<br>的挤压片理 | 断层沿走向倾向均呈舒缓波状、产状不稳定，断面总体倾角一般较缓，断<br>层舒缓波状带与常的成因主要为：<br>1. 断层上盘或逆冲体，在前进过程中，由于断层一面压紧，一面错动，所以当切过不同岩<br>相的地层时，当遇到硬而陡立的岩层时或应力近于消失阶段时，不能克服前进中的阻力，就<br>形成波状断面或前段，形成仰翘现象。<br>2. 断裂在萌芽阶段已片段的存在，每个片段一面向前逆冲，一面向两端伸长，这时每个弧<br>形片段串联起来，就形成了波状断面。<br>3. 追踪两组先成扭裂面，并使之压扁而成，在变形发展的过程中，跟着岩层一起褶皱而成，<br>可形成复合复曲而的背斜、向斜形态，这种情况在两个构造体系的复合部位比较常见 |
| （二）<br>断面及<br>组合特<br>征 | 断面<br>的形态<br>特征 | 4. 早期出现的平缓的断层面，在变形发展过程中，或先成的断层，由于受到另一方向应力作用时，就<br>可形成复曲折的背斜、向斜形态，这种情况在两个构造体系的复合部位比较常见 |

沙湾灰岩沟

续表 2-1

| 鉴定特征<br>力学性质 | | 压性断裂构造面 |
|---|---|---|
| （二）<br>断面及组合特征 | 断面的组合形态特征 | 断裂成群出现，走向大体平行，组成挤压带或常冲断带，常具分而合、合而分的现象，中夹透镜状岩块。<br><br>在剖面上，走向平行，倾向和仰冲平行一致的冲断带组成叠瓦式构造和对冲、反冲断裂带<br> |
| | 脉体特征 | 单脉厚度较大，沿走向、倾向多呈舒缓波状，具分而合、合而分的现象或呈尖灭再现象出现；剖面上脉体，矿体在缓处往往增厚变富，在陡处则变薄或尖灭。<br><br>在产状变缓部位要注意张性破碎带出现<br> |
| （三）<br>断裂构造岩 | 不同力学性质断裂构造岩的基本特征 | 常具压裂岩、压碎岩、压扁角砾岩（压性角砾岩）、糜棱岩、断层泥等。<br><br>1. 压裂岩（无显著位移的压性破裂面）：<br>(1) 微具压扁现象，压碎面平行断裂面。<br>(2) 有时可见与压扁面相斜交的压、张、扭裂。<br>(3) 虽无明显位移，但由于挤压作用，垂直挤压方向，有时面部常呈光滑滑动面或应力矿物。<br>2. 压碎岩（压性碎裂岩）：产生于岩石在挤压扭力组动过程中：<br>(1) 岩石受力破碎，组成岩石的矿物颗粒和大矿物颗粒的边缘，均被压成细小颗粒，并发生各种扭曲变形，形成碎裂岩，主要是压性构造面的产物。<br><br>压碎结构 |

续表2-1

| 鉴定特征 | | 压性断裂构造面 |
|---|---|---|
| 力学性质 | （三）断裂构造岩 | （2）碎粒本身有压扁、拉长和圆粒化的现象，具定向排列。 |
| | 不同力学性质断裂构造岩的基本特征 | 3. 断层角砾岩（压性角砾岩）：<br>（1）压性角砾岩有时呈棱角状，但其长轴一般仍垂直挤压方向，斜方对称特征明显，且角砾间的泥质破碎物常具带状构造，是压性断裂早期的产物。<br>（2）压性角砾岩是断盘错动过程中，角砾经研磨，压扁而成，扁头体长轴平行断面，破碎基质具有断续的带状构造，沿滑动面常有绿泥石、绢云母等片状应力矿物产生。<br>（3）由于是在挤压封闭条件下形成，所以胶结物多为原岩破碎后的粉末，外来物质较少。 |

四川渡口攀枝花北东向断裂构造岩

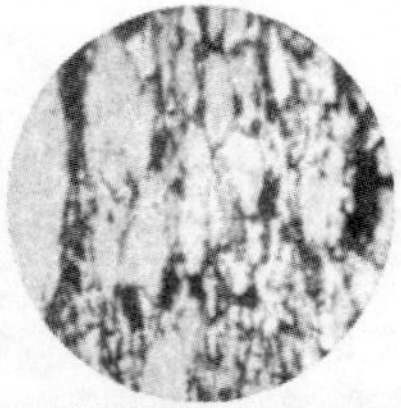

岩石受强烈挤压，矿物颗粒被压扁并表现出明显定向排列的平行排列构造

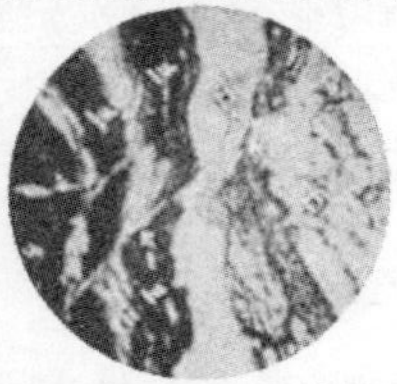

岩石受强烈挤压，新生的应力矿物绿泥石与其他糜棱物质呈条带状构造，显微鳞片变晶结构，外观为浅色，碎粒定向排列，隐晶质（0.2~0.5mm以下），有明显的带状和层纹状构造

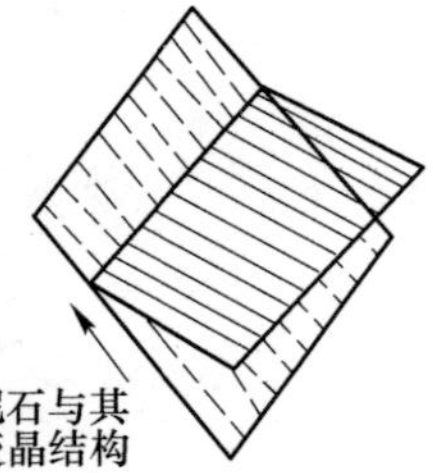

4. 糜棱岩：岩石及其组成矿物大部分被粉碎，肉眼已难以鉴定，糜棱岩碎基常经重结晶作用，产生绢云母、白云母、绿泥石、滑石、蛇纹石等新矿物。

5. 超糜棱岩：极度粉碎糜棱岩

续表2-1

| 力学性质＼鉴定特征 | | | 压性断裂构造面 |
|---|---|---|---|
| （三）断裂构造岩 | | 构造岩的定向排列特点及其断面在三维空间上的几何关系 | 在具体分析时，除根据构造岩的定向排列与断面产状的关系来确定断层的力学性质外，还应根据相伴生的形成两组裂隙与张裂在平面上或剖面上的发育情况，判断在断裂断裂变形过程中，并以此来推断构造岩的形成属于断裂变形的哪个阶段的产物，这在矿田构造的分析中，具有重要的实践意义和理论意义。分析见图解，a，b，c三个变形轴的形变可见到张裂在平面上或剖面上，但由于c轴不变，所以平面应力场也相应不变 |
| （四）交代与重结晶现象 | 压熔重结晶现象 | | 压熔重结晶现象是因石英和方解石，在压应力的作用下，具有比较高的溶解度，因而在低温高压下，便可促使这些矿物溶解、分泌、迁移，在断裂附近沉淀、重结晶，所以石英、方解石晶片、晶块也呈不规则的性状产出，由于主要集中于断裂带中，所以远离断裂则逐渐减少或消失。由于压熔现象系压应力作用下的矿物重结晶现象，所以在压性断面附近时常可见到 四川峨眉挖断山 P₂B |
| | 硅化等交代现象、层理消失现象 | | 其是钙硅质岩石在挤压应力作用下，有时并不一定以晶片或晶块晶块的形式结晶析出，而以渗透、交代作用的方式出现为主，同样沿断裂带由于应力集中，故沿断裂带及其两侧常见钙硅质物质分布，并使断裂两侧附近的岩层理等原始结构，构造清失或变得模糊 |
| | 矿物的结晶状态 | | 方解石 |

续表 2-1

| 鉴定特征 | | |
|---|---|---|
| 力学性质 | 鉴定特征 | |
| （五）显微构造 | 岩组分析 | 压性断裂构造面 |

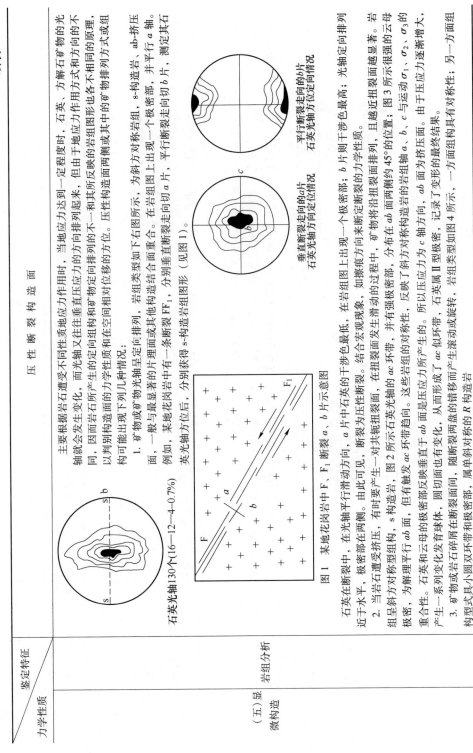

主要根据岩石遭受不同性质地应力作用时，当地应力达到一定程度时，石英、方解石矿物的光轴就会发生变化，而光轴又往往垂直压应力方向排列起来，但由于地应力作用方向不同，因而岩石所产生的定向组构和矿物定向排列的不一和其所反映的岩组图形也各不相同的原理，以判别构造面两侧的力学性质和在空间相对位移的方位。压性构造面两侧的矿物排列方式或组构可能出现下列几种情况：

1. 矿物或矿物光轴呈定向排列，岩组类型如下右图所示，为斜方对称岩组，s-构造岩组，并平行 $a$ 轴。在岩组图上出现一极密部，平行断裂走向切 $a$ 片，垂直断裂走向切 $b$ 片，测定其右石英光轴方位后，分别获得 s-构造岩组图形（见图 1）。

例如，某地花岗岩中一条断裂 FF₁，分别垂直断裂 $F_1$，

石英光轴 130 个(16-12-4-0.7%)

平行断裂走向切的 $b$ 片
石英光轴方位定向情况

垂直断裂走向切的 $a$ 片
石英光轴方位定向情况

图 1 某地花岗岩中 F，$F_1$ 断裂 $a$，$b$ 片示意图

石英在断裂中，在光轴平行滑动方向，$a$ 片中石英的干涉色最低，近于水平，极密部在两侧。由此可见，断裂为压性断裂。

2. 当岩石遭受挤压，有时要产生一对共轭组裂面，在扭裂面的 $ac$ 面，并有强极密部，分布在 $ab$ 面两侧约 45°的位置；图 3 所示很强烈的 $a$，$b$，$c$ 与运动的云母，为解理平行 $ab$ 面，但有触发 $ac$ 面弯曲趋向。这些岩组反映力应力所产生的，所以压应力方向为 $c$ 轴方向，$ab$ 面为扭动面，由于压变形，记录了变形的最终结果。石英和云母的极密部反映压应力所产生的。石英是 II 型极密，岩组属于滚动或旋转，岩组类型如图 4 所示，一方面组构具有对称性；另一方面组产一系列变化球体，圆切面也有变化，随断裂两侧面间，从而形成了 $ac$ 似环带，石英滚动的碎部产生滚移而产生滚动或旋转，属单斜对称对称的 R 构造岩

3. 矿物或岩石碎屑在断裂密部，反映了斜对称岩组产生的岩组轴 $a$，$b$，$c$ 的 $\sigma_1$、$\sigma_2$、$\sigma_3$ 的位置；且越近挤扭裂面越显著。岩组类型如下右图所示，岩组图上出现一个极密部；$b$ 片则与光轴定向排列，石英光轴方向定向情况

| 鉴定特征 | 压 性 断 裂 构 造 面 |
|---|---|
| 力学性质 | 压性构造面岩组图特点为： |

(1) ab 面为挤压面，c 为主压应力方向。

(2) 由于挤压作用逐渐加强，应变椭球体圆切面也逐步变位。岩组图上出现环带，但其中的极密部同样显示垂直于 ab 面为压应力作用方向，即 c 轴，ab 面为压性结构面。

(3) 矿物晶面的定向排列，如图 5 所示，中长石（010）晶面呈北西向定向排列，为 s 构造岩；同时，宏观及镜下所见，闪长岩中的斜长石变石破碎和碎粒化，双晶弯曲和波状消光等，一致显示闪长岩是曾受北东-南南西方向的压应力作用所形成的。

(4) 断面间岩石碎屑或矿物颗粒，由于断裂两盘错移而发生滚动或旋转，其滚动轴或旋转轴为 b，反映丁上盘 b-R 轴向上冲移，如图 6 所示

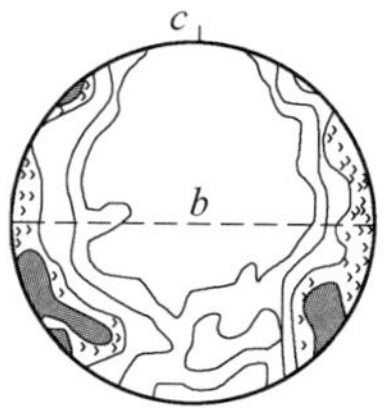

**（五）显微构造 岩组分析**

图 2 石英光轴 250 个（5-4-3-2-1%）

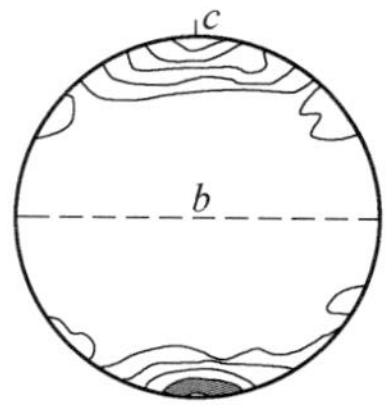

图 3 白云母 250 个解理极点 20-15-10-5-1%

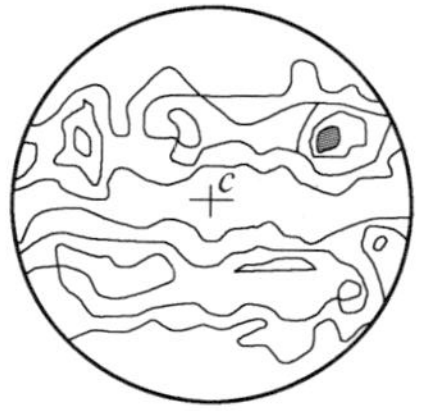

图 4 152 个英光轴方位

图 5

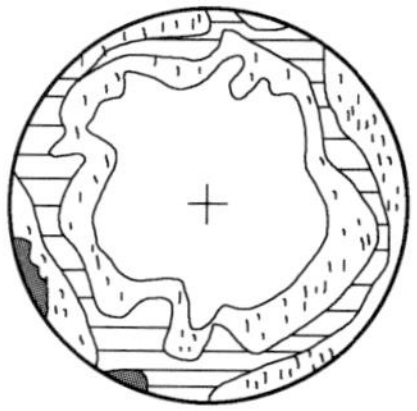

图 6 方解石 100 个

(0.7-0.7-2%；2-3.5%；3.5-4.6%；4.6-6%；76%）<1-3-5-7%）

续表 2-1

| 鉴定特征 力学性质 | 压 性 断 裂 构 造 面 |
| --- | --- |
| 应力矿物（指矿石遭受地应力作用和在应力作用下发生变形、内部结构、构造变化（指矿石、矿物颗粒的形变和破裂）产生新矿物，都称为应力矿物）<br><br>（五）显微构造 | 1. 压应力作用下矿物的形变和破裂特征。<br>（1）压力影：是软硬不同的矿物或砾石，在同一压应力作用下，由于软硬矿物的抗变形强度不一，压缩和伸展不等，便在压偏硬矿物的两端，出现压力影。小的部位，这种部位为压力影。而实际上压力影是通过挤压硬矿物和砾石时被压熔的物质迁移至压力小的部位充填而显示出来的，压性者压力影具三个对称面的斜方双晶律。<br>（2）双晶：是指在压应力作用下所产生的机械双晶，例如，断裂带中斜长石所出现的有钠长石双晶律。<br>（3）沙钟构造等：是压应力或压应力强烈作用面，矿物的晶粒发生成分或方位上的变更，在晶粒中或晶粒形体形成形如古代沙钟模样的构造。<br>2. 矿物成分方面的变化或产生新矿物。<br>（1）环带状石英。在封闭压力的条件下，水分进入石英所致而形成的环带状石英，属压性压力条件下的产物。<br>（2）新生矿物。在压力作用下，可使灰质岩变成石墨；泥质岩变为绢云母；含钾长石岩产生绢云母、白云母；含 Fe、Mg 岩变为蛇纹石、绿泥石、绿帘石等；断裂带是一个氧化性地带，如有定向磁铁矿分布，则说明是应力作用面。<br>3. 光性变化或产生新矿物。<br>（1）光性变化。如：绿泥石的 I 级灰变为 II 级蓝干涉色；方解石、磷灰石、刚玉一轴晶负光性变为二轴晶。<br>（2）物性变化。如：磁性变化、磁化率多为压应力分布地带，反之亦然。其他如：矿物的比重、电性等，由于受到应力的作用也会发生变化。<br>4. 片状或柱状矿物在平面上与主断面平行，在剖面上平行或成有一个较小的交角，二者交线平行 |

片岩

石英

Ca 质胶结

珠峰压力影标本

显微构造斜方对称矿物为主（具三个对称面）

压性者压力影具三个对称面的斜方对称性。压性者压力影标本。

断裂带中斜晶粒形体形成形如古代沙钟模样的构造。

金刚石是 $TiO_2$ 中矿物密度最大、体积最

## 表2-2 断层的力学性质鉴定（二）

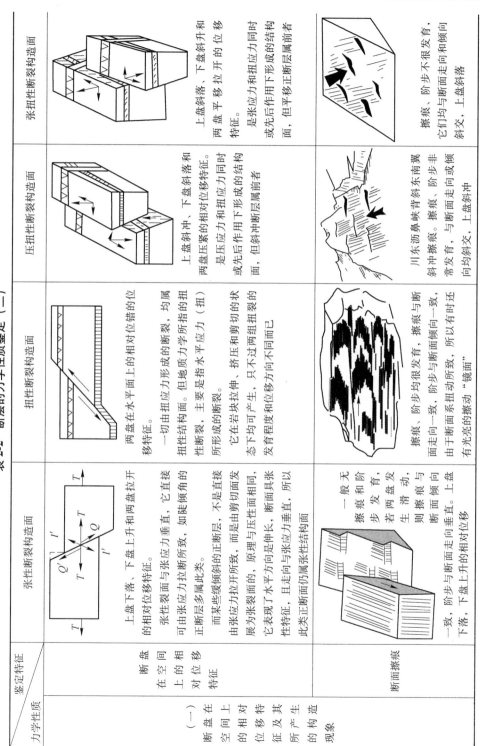

| 力学性质 | 鉴定特征 | 张性断裂构造面 | 扭性断裂构造面 | 压扭性断裂构造面 | 张扭性断裂构造面 |
|---|---|---|---|---|---|
| （一）断盘在空间上的相对位移特征及其所产生的构造现象 | 断盘在空间上的相对位移特征 | 上盘下落、下盘上升和两盘拉开的相对位移特征。张性裂隙与张应力垂直，它直接可由张应力拉断所致，如陡倾角的正断层多属此类。而某些缓倾斜的正断层，不是直接由张应力拉断所致的，而是由剪切压性面发展为张裂面的，原理与压性面相同，它表现了水平方向是伸长，且走向与张应力垂直，所以此类正断面仍属张性结构面 | 两盘在水平面上的相对位错的位移特征。一切由扭应力形成的断裂，均属扭性结构构造面。但地质力学所指的扭性断裂，主要是指水平应力（扭）所形成的断裂。它在岩块剪切和剪切的状态下均可产生，只不过两组扭裂的发育程度和位移方向不同而已 | 上盘斜冲、下盘斜落的相对位移特征。是压应力和扭应力同时或先后作用下形成的结构面，但属冲斜断层属前者 | 上盘斜落、下盘斜升开的位移特征。是张应力和扭应力同时或先后作用下形成的结构面，但平移正断层属前者 |
| | 断面擦痕 | 一般无擦痕和阶步发育，若两盘发生滑动，则擦痕与断面倾向一致，阶步与断面走向一致，上盘下落、下盘上升的相对位移 | 擦痕、阶步均很发育，擦痕与断面走向一致，阶步与断面倾向一致，由于断面系扭动所致，所以有时还常发育和倾向，有光亮的"镜面"的擦动 | 川东沥鼻峡背斜东南翼斜冲擦痕、擦痕、阶步非常发育，与断面走向斜交，上盘斜冲向斜 | 擦痕、阶步不很发育，它们均与断面走向和倾向斜交、上盘斜落 |

续表 2-2

| 力学性质 ＼ 鉴定特征 | | 张性断裂构造面 | 扭性断裂构造面 | 压扭性断裂构造面 | 张扭性断裂构造面 |
|---|---|---|---|---|---|
| （一）断面两盘在空间上的相对位移特征及其所产生的构造现象 | 断层两侧岩层产状的变化和派生的次级构造（羽裂、拖拽褶曲、劈理、片理、叶理及卷入构造等） | 1. 因压应力最小，断面两侧一般无地层陡立现象，拖拽褶曲属下落式拖拽。<br>2. 派生构造与主断层交线水平，上盘下落。<br>3. 一般不见片理和叶理，很少有上述各种派生构造。 | 1. 由于扭应力可派生挤压应力，所以断面两侧岩层产状常有变化，但一般少见，拖拽褶曲和倒转褶曲属水平拖拽。<br>2. 派生构造与主断层的交线和断层倾斜线一致，旋卷褶曲轴直立，属水平扭动。<br>3. 见有压性劈理、片理、叶理。 | 1. 断裂两侧岩层产状常变为陡立、倒转、揉皱，拖拽褶曲属斜冲式拖拽。<br>2. 派生构造的倾向与主断面的交线和断层走向交，上盘斜冲。<br>3. 压性劈理、片理、叶理发育。 | 1. 断层两侧一般无地层陡立、倒转等拖拽。派生构造与主断层倾向或走向斜交，上盘斜落。<br>2. 派生构造与主断层倾向或走向斜交，上盘斜落。<br>3. 少见压性劈理、片理、叶理。 |
| （二）断面及组合特征 | 断面的形态特征 | 断面粗糙不平，参差不齐呈折线状、锯齿状，连续性差，断面倾角一般较陡，其状变化大。断层原因为：常因张裂带绕岩石颗粒而过，在两侧拉伸的情况下，反之亦然，断面越粗糙，粒裂隙较粗糙，以至呈扭裂片理不易区别，但可以从以下特征区别：<br>（1）断层与岩石的产状关系，一为垂直，一为斜交。<br>（2）有无擦痕。 | 裂面光滑平直，产状较稳定，连续性好，倾角一般较陡。当为弧形裂面时，曲率一般较均匀，或状或反复弯曲，较少呈波状。由于强烈的构造剪切作用，往往可切穿砾石，同剪应力断面挤压所致。 | 裂面略具舒缓波状或均匀的弧形产出，产状较稳定，连续性较好，但弧形断裂在剖面上同样可出现反倾向的现象。 | 裂面一般比较平直，但不光滑，有时为锯齿状，但锯齿既不对称，产状也不稳定，连续性差。 |

续表2-2

| 鉴定特征 \ 力学性质 | 张性断裂构造面 | 扭性断裂构造面 | 压扭性断裂构造面 | 张扭性断裂构造面 |
|---|---|---|---|---|
| 断面的组合形态特征 | 成群出现，走向大致平行，组成张裂带，且常呈交错排列。在剖面上组成阶梯状地堑、地垒构造 | 成群出现，平行产出或雁形排列组成扭裂带。在平面上或剖面上两组共轭扭裂，常组成网格状或雁形排列。早期：平直扭组面平行产状。应力持续作用的条件下的倾角 | 常呈雁形或弧形产出。呈雁形者，首尾相接，重叠部分较少，一般在1/5左右，与主断面或扭动方向的交角也较小，且一般小于30° | 常呈雁形或弧形产出，呈雁形者，首尾相接，重叠部分分较多，一般在2/3左右，与断面的交角也较大，且一般小于45° |
| (二) 断面及组合特征 — 脉体特征 | 脉体厚度变化大、形态复杂、脉壁粗糙，脉体常集聚大膨大或尖灭呈反复曲折形，一般规模小 | 脉体形态简单，平直光滑，产状稳定，延伸远。常具尖灭再现现象或两组脉体互相交切成网格状，在平面上产现变化地段常增大 | 常呈雁形排列，重叠带主体部分，与扭性断裂带走向夹角较小，一般延伸长，延深深 | 单脉特征类似张性，群体呈雁形排列，首尾相接的重叠带分多，与破裂带的总体走向间的夹角较大 |

续表 2-2

| 鉴定特征<br>力学性质 | 张性断裂构造面 | 扭性断裂构造面 | 压扭性断裂构造面 | 张扭性断裂构造面 |
|---|---|---|---|---|
| （三）断裂构造岩　不同力学性质断裂构造岩的基本特征 | 常具张性破碎岩、张性角砾岩；张性碎裂岩少见，一般见不到糜棱岩与构造岩。<br><br>1. 张裂岩（张性破碎岩）：<br>(1) 由于引张作用产生的张裂隙或张裂纹，使岩石分隔成宽窄不等的条状岩块，但长条块状块体的方向与引张方向一致。<br>(2) 裂面粗糙不平，不具光滑感或应力矿物。<br><br>2. 张性角砾岩：<br>(1) 角砾大小混杂，棱角明显，无定向性。<br>(2) 角砾内部无裂面，表面无擦痕、镜面及应力矿物。<br>(3) 在张性的条件下，开放成，所以胶结物多为外来物，如：次生的质，钙，泥，硅质等物质。<br><br>3. 碎裂岩（张性碎裂岩）：一般少见。<br>4. 不见糜棱岩。 | 常具扭性破碎岩、碎裂岩、角砾岩。<br><br>1. 扭裂岩（扭性破碎岩）：<br>(1) 由于扭动作用面而形成岩石多分割成方棱形，以与压裂岩的扁棱形相区别。<br>(2) 裂面一般较平直，显光滑感。<br><br>2. 碎裂岩（扭性碎裂岩）：<br>(1) 是岩石受扭应力作用而形成圆粒化现象明显，可见多硅白云母，近裂面处有时可见球体消光，呈定向排列。<br>(2) 有时外形和砂岩相似，但常具有粗不等的极细的扭条纹。<br><br>3. 扭性角砾岩：<br>(1) 破碎程度较高，角砾大小均匀，当经强烈研磨后，角砾石等应力矿物较好。<br>(2) 胶结物多为原石破碎物质，基质中常有绿泥石、绿帘石等应力矿物。<br>(3) 角砾角砾和基质多呈定向排列。<br>(4) 常见此类构造要明显得多，但圆粒化现象显与构造之间的定向排列与断面之间的关系，也与压棱岩的，且一般而言，糜棱岩、断层泥的厚度一般较压性者小。 | 构造岩的种类与特征和压扭性断裂构造面相近似。 | 构造岩的种类与特征和张性断裂构造面基本类似，唯角砾被磨圆而成次棱角状，且显示一定的定向特征。 |

续表 2-2

| 鉴定特征\力学性质 | 张性断裂构造面 | 扭性断裂构造面 | 压扭性断裂构造面 | 张扭性断裂构造面 |
|---|---|---|---|---|
| （三）断裂构造岩<br>构造岩的定向排列特点及其与断面三维空间上的几何关系 | <br>构造岩无定向排列 | <br>构造岩的定向排列与断面的关系是：平面上斜交，剖面上倾斜线一致，与走向线垂直，反镜像像水平扭动 | <br>在具体分析时，除根据构造岩的定向排列与断裂的力学性质外，还应根据断裂两组和张裂在平面和剖面上的发育情况，以推断裂构造变形的哪个阶段 | <br>关系是：在平面和剖面上均呈斜交产出，二者交线与断面的走向或倾向线斜交，上盘斜落 |
| （四）交代与重结晶现象　压熔重结晶现象 | 一般不见压熔结晶现象，仅部分分张性构造面系由扭裂构造面发育而成，这时才可能见有方解石、石英、绢云母、滑石等的重结晶现象 | 尽管压应力中等，但由于强烈碾磨，所以有时见有石英、方解石薄膜紧贴断面产出，这主要与扭性断裂以扭为主，压力较小所致 | 常见有方解石、石英团块充填或硅质薄膜出现 | 偶见方解石、石英薄膜 |
| 硅化钙化等层理消失现象 | 一般不见 | 偶见 | 有时出现层理层理模糊和层理消失现象 | 偶见 |
| 矿物的结晶状态 |  |  |  |  |

续表 2-2

| 鉴定特征　力学性质 | 张性断裂构造面 | 扭性断裂构造面 | 压扭性断裂构造面 | 张扭性断裂构造面 |
|---|---|---|---|---|
| (五)显微构造　岩组分析 | 张性构造面由于引张所产生，岩石和矿物的内部产生一般未显示定向排列，而等密线图也没有规律性，等密图一般都小于 3.5%，而且没有集密集中心 | 按地质力学分析主要从平面应力场出发，其扭动是指沿水平面作相对位移。某些矿物颗粒、矿物光轴或岩石碎屑等定向排列，呈水平或平行于 $a$ 轴，斜列子裂面间向；或者在扭裂面间发生滚动或旋转，其滚动轴或旋转轴平行于断裂面的极密倾向，如图所示，黑云母的极密部位，说明沿 $s$ 面的运动，垂直于断裂 $s$ 面近于平行石英光轴 $s$，多数石英组也平行 $a$ 排列，则 $ab$ 面为扭动，扭动方向为顺时针。这可由黑云母极密部及环带对 $bc$ 面的不对称分布特点解释 | 是指压、扭应力同时作用产生的那些构造面。如斜冲断层，裂隙等。图 A 所示，石英和白云母岩方对称的 $s$ 面的压应力构造。是由垂直于 $s$ 面的压应力所引起，平行 $ab$ 面错扭。图 B 所示，这种错移是沿 $ab$ 面的斜向冲移，但未引起云母的 (001) 解理片绕 $b$ 轴旋转，而仅是沿 $ab$ 面的斜向滑移，$ab$ 面为压扭性构造面 | 是指张、扭应力同时作用所产生的那些构造面。如斜向滑落断层、裂隙等。如图所示，主断面走向北 310°～340° 西，倾向北东，倾角 75°～90°，滑动镜面上残留的擦痕表明：错动方向为南东向北倾斜 50°～60°，向下斜向滑落。南半部有一个最大值（密度 5%），它向北西面倾斜 50°～60°，这种的定向排列可帮助证实英断裂主断面发生斜向滑落，其力学性质为张性扭性 |
| | 黑云母 140 个，解理极点 4-2-1% | | 200 个石英 76-4-2-1% | 1045 个石英 5-4-3-2-1% |

续表 2-2

| 力学性质 | 鉴定特征 | 张性断裂构造面 | 扭性断裂构造面 | 压扭性断裂构造面 | 张扭性断裂构造面 |
|---|---|---|---|---|---|
| （五）显微构造 | 应力矿物（指应力作用下遭受地应力作用，使岩石矿物发生形变和应力地作用下，产生新的都应力矿物称为应力矿物）由于地应力作用所引起的岩石内部结构、构造和化学性质变化（指岩石的矿物颗粒变形和破裂，引起光性改变、物理性质改变和产生新矿物等） | 一般无应力矿物，部分由剪裂面发育的断面上，才偶见有应力矿物的存在。<br>1. 被完整应力矿物所特有的一种后期胶结和充填现象。在沉积岩中，砾石和砂砾外围常有被壳圈层。通常玉髓、褐铁矿等也常有这种现象，构成不同的圈层。张性构造矿成不同来源的物质和断裂充填细脉、新矿物等，发展有关。<br>2. 显微构造不对称。<br>3. 应力矿物或柱状矿物在任何方向都与应力矿物垂直，在剖面方向与主断面与应力矿物的解理面一致，与应力矿物的被拉断，石榴石的不具对称性。 | 应力矿物可见，但发育程度相对要比压性、压扭性者要少。以单斜对称为主（一个对称面）或呈三斜对称（无对称面）。<br>1. 应力影、压扭影。<br>　显微构造单斜对称性<br>2. 多种白云母是白云母平行底面发生层层旋转的结果而形成。<br>3. 沙钟构造是在扭应力作用下，石英顺扭裂面破裂而形成。<br>4. 雪球状构造。例如，石榴子石边生成，边旋转滚动而形成的石榴石雪球状构造。<br>5. 扭性条件下，一般没有应力矿物形成的矿物。<br>6. 片状、柱状矿物与断面在平面上斜交，在剖面上平行。二者交线与断面倾斜线一致 | 应力矿物与压性者类似。<br>1. 应力矿物或平面上应力矿物与断面均呈压性。<br>2. 在剖面或平面上应力矿物与断面均呈斜交产出，故二者交线与主断面走向交倾向或斜冲。 | 应力矿物偶见。<br>1. 应力矿物偶见或平面。<br>2. 在剖面或平面上应力矿物与断面均呈斜交产出，故二者交线与主断面走向交倾向或斜落。 |

（据徐肇章，1978）

## 2.3　断裂构造的复合叠加变形与成矿

断裂构造的复合叠加变形与成矿关系是断裂控矿的重要内容，主要研究成矿期断裂，当其以不同方式、不同方向复合于成矿前断裂构造时的控矿特征与成矿富集的规律性。

断裂构造的复合叠加，是指成矿期控矿断裂复合叠加于成矿前不同方向、不同力学性质断裂时的构造复合叠加现象，根据成矿前-成矿期断裂复合的方向性和重叠性，又可分为重叠式复合控矿断裂和交切式复合控矿断裂两类，但前者的控矿性能和成矿概率明显高于后者，而复合叠加型断裂的控矿概率和成矿性能更高于、好于非复合叠加型控矿断裂（见表 2-3），这一断裂控矿现象与规律已被大量的成矿地质事实所证实。

**表 2-3　浙江省断裂构造的复合叠加关系与萤石矿成矿**

| 构造类型 | | | 矿床规模/个 | | | | | | 成矿概率 | |
|---|---|---|---|---|---|---|---|---|---|---|
| | | | 特大型 | 大型 | 中型 | 小型 | 矿点 | 矿化点 | 总个数 | 百分率/% |
| 复合叠加型断裂 | 重叠式复合 | 压·压扭 | 8 | 16 | 100 | 89 | 126 | 16 | 355 | 49.10 |
| | 交切式复合 | 压扭-扭、压-扭 | 5 | 8 | 8 | 71 | 67 | 9 | 168 | 23.24 |
| 非复合叠加型断裂 | 压性 | | | | | | 8 | 24 | 32 | 4.42 |
| | 压扭性 | | | | 3 | 2 | 70 | 34 | 109 | 15.08 |
| | 张扭性 | | | | | | 13 | 16 | 29 | 4.01 |
| | 扭性 | | | | | | 12 | 18 | 30 | 4.15 |
| 合计 | | | 13 | 24 | 111 | 162 | 296 | 117 | 723 | 100 |

（据徐旃章，1991）

### 2.3.1　重叠式复合叠加断裂

重叠式复合叠加断裂是指不同时期、不同构造动力作用下形成的不同力学性质的断裂在成矿期均沿同一方向断裂带的断裂复合叠加现象（据徐旃章，1991）。

实际的成矿地质事实表明：成矿前的主构造带多属舒缓波状的压性或压扭性构造带，破碎空间形态特征相似，作为成矿构造先成的几何边界，一定程度上影响并控制着矿体赋存空间的几何形状、产状和空间展布。但由于成矿期力学性质、运动方式和位错距离的差异，当其复合叠加于成矿前、显示不同变形强度或不同曲率半径的弧形和波状弯曲的挤压构造破碎带之上时，不但促使先成构造破碎空间的进一步扩大、迁移和新的破碎空间的出现，而且由于成矿期构造力学性质和位错距离的差异，常导致赋矿空间形态特征和空间展布规律的变化（见图 2-8～图 2-10）。

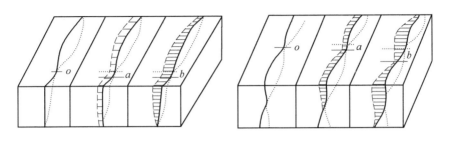

图 2-8 成矿期不同错距的水平扭动，叠加于成矿前不同曲率半径的
压性断层破碎带时，赋矿空间的变化特征

（据徐旃章，1991）

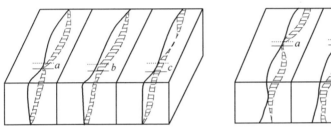

图 2-9 成矿期不同错距的反时针斜向逆冲，叠加于成矿前不同曲率
半径的压性断层破碎带时，赋矿空间的变化特征

（据徐旃章，1991）

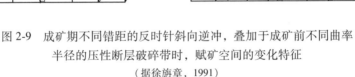

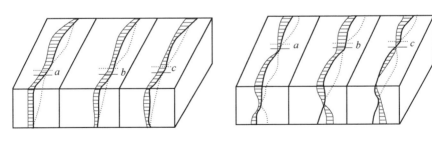

图 2-10 成矿期不同错距的顺时针斜向逆冲，叠加于成矿前不同曲率
半径的压性断层破碎带时，赋矿空间的变化特征

（据徐旃章，1991）

该类复合叠加型断裂，带状复合叠加距离长，成矿组分来源多元化，规模大，是成矿最重要的断裂控矿类型。

## 2.3.2　交切式复合叠加断裂

　　断裂交切复合叠加现象，是自然界发育普遍的断裂复合叠加现象，其既可是同期、同构造体系或构造系统不同方向断裂的复合，也可是不同时期、不同构造体系或构造系统的不同方向、不同力学性质断裂的交切复合叠加。但明显以后者为主，其构成了重要的断裂交切复合叠加型的控矿构造形式（见图2-11~图2-19），矿体多富集于成矿期断裂与被复合叠加的成矿前断裂的交切复合叠加处，但远离主控矿断裂则逐渐尖灭、消失。

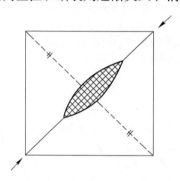

图 2-11　复合、被复合构造正交复合，规模和变形强度大于后者时矿体形态特征

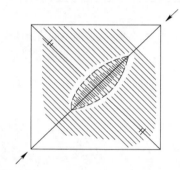

图 2-12　被复合构造强度、规模大于复合构造时，则由细网脉组成透镜体

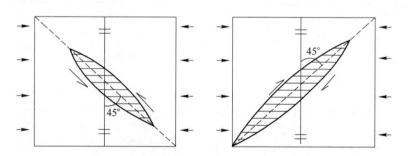

图 2-13　南北向主控矿断裂与北东、北西向构造复合时矿体形态

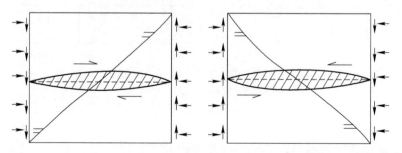

图 2-14　北东向、北西向主控矿断裂与东西向构造复合时的矿体形态特征

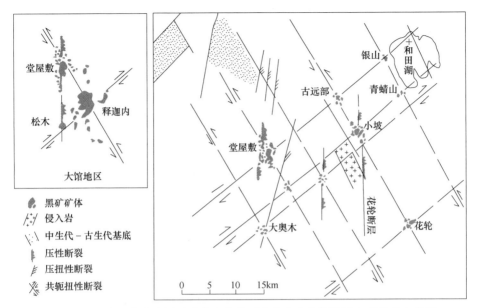

图 2-15 日本北鹿盆地黑矿矿床中北北西和北东向共轭构造与矿体分布关系

（据 S. D. Scott）

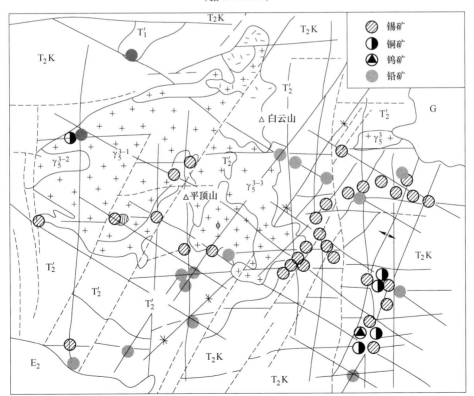

图 2-16 云南个旧不同方向断裂系统交切复合控制的矽卡岩型锡、铜矿床空间分布规律

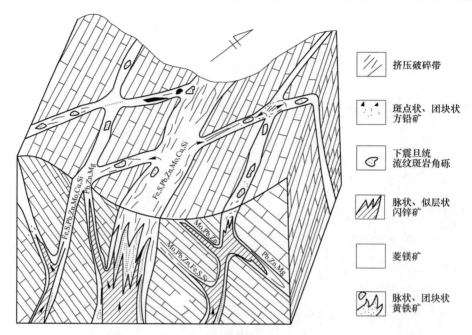

图 2-17 团宝山铅锌矿，不同方向断裂系统交切复合控制的构造控矿模式示意图

（据徐旃章、张寿庭等，1993）

图例：
- 挤压破碎带
- 斑点状、团块状方铅矿
- 下震旦统流纹斑岩角砾
- 脉状、似层状闪锌矿
- 菱镁矿
- 脉状、团块状黄铁矿

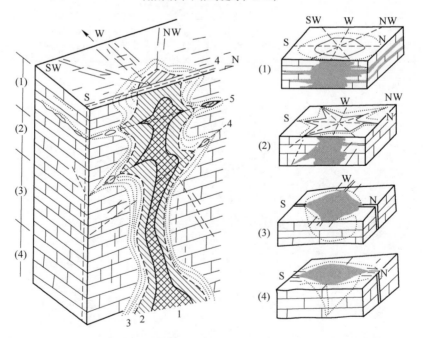

图 2-18 四川汉源团宝山火石岗多方向陡倾角断裂交切复合控制的柱状铅锌矿体

1—铅锌富矿体；2—铅锌矿化带；3—菱镁矿化带；4—断裂、裂隙构造；5—层间破碎带

（据张寿庭、徐旃章等，1993）

图 2-19　呈反接复合关系的两组压性交叉断裂中的柱状矿体形态特征

（据 K. Ф. 库兹涅佐夫略改）

重叠式复合叠加型断裂，叠加与被叠加控矿断裂属同一断裂，方向不变，但变形强度和构造破碎程度明显增强和变迁，成矿组分的多元化特征更加明显，而且属同步、同构造的带状构造复合叠加，通常情况下其延伸长度达数千米至十余千米，甚至几十千米，延伸长度大而稳定，矿床规模大，多属大中型、大型、特大型-超大型矿床。例如，华蓥山锶矿带、川东南重晶石-萤石矿带、浙江各萤石矿田的各萤石矿带、云南宁蒗树扎铁矿带和重晶石矿带等均属其例，矿体、矿床均呈带状产出。

交切式复合叠加型断裂所控制的矿体或矿床，其单体多呈透镜状、扁头状和柱状，其总体通常呈棋盘格状，常控制着小型、中小型、中型、大型矿体和矿床的产出与空间定位，它们常构成大型-特大型的工业矿田。

## 2.4　断裂形成时代的厘定与识别

国内外同位素年龄的测定结果表明，自地壳形成以来，已有将近 40 亿年的历史，历经了太古代、元古代、古生代、中生代、新生代各期构造强烈运动影响，后期次构造不断地反复叠加、置换、继承，改造先期各类、各期次构造并产生新生的构造及成矿组分的再调整、再分配、再迁移、再富集。随着构造时代的变新，成矿组分的来源也逐渐向多元化演化，成矿也逐渐复杂化、富集化，多矿种伴生和共生特征也逐渐普遍化。成矿概率、矿种、矿床类型、规模及其富集程度也相应多样化、聚集化、规模化。而世界不同时代的成矿概率也统一表明，随着构造运动和相应成矿时代（吕梁运动→晋宁运动→加里东运动→华力西运动→印支运动→燕山运动→喜山运动）的按序变新，成矿概率也依次增高。其中，喜山期形成的矿产资源不但矿种、矿床类型多，而且成矿概率也约占各时代成矿概率总量的 50%。因此，断裂控矿时代的厘定，不仅是基础理论问题，也是成矿远景评价的重要内容之一。

成矿作用与成矿系统是地球物质运动的一种特殊形式，大量的成矿地质事实表明：随着地球的地核、地幔、岩石圈、水圈、大气圈、生物圈各圈层的形成和发展，成矿作用随着时间的推移，也同步发展着、演化着，决定着全球地质历史时期的成矿作用演化趋势与规律。

（1）成矿组分来源由少到多。

从太古宙到显生宙，地壳中的成矿组分（元素及其化合物）随着时间的推移，构造运动的发生、发展与演化，也相应由简单变为复杂，矿种也相应由少变多。例如，太古宙主要由 Fe、Ni、Cr、Cu、Zn 等少数几种元素成矿，而发展到中-新生代时，则有几十种元素富集成矿，除 Fe、Cu、Ni、PGE、Cr、Cu、Zn外，还新增了一大批有色金属、稀有金属、放射性金属等矿产资源，而一些低丰度、高分散度的碲、锗等元素，从作为金属矿床的伴生元素或伴生有益组分，至中-新生代，由于成矿环境的改变与发展，从而高度富集形成独立矿床。例如，四川石棉县的燕山期大水沟碲矿；云南省临沧新近系和第四系煤系中的锗矿；内蒙古锡林郭勒盟煤田的锗矿等就属其例（见表 2-4）。

**表 2-4　全球主要成矿时期与矿种和矿床类型**

| 序号 | 主要成矿期/Ma | 大地构造背景和重要地质事件 | 主要矿种 | 主要矿床类型 |
|---|---|---|---|---|
| 1 | 太古宙成矿期（>2500） | 地球降温，陆核形成；原始地壳薄，成分偏基性，表层热流值高；镁质火山活动强烈，绿岩带发育 | 铁、铬、镍、铜、锌、金 | 绿岩型金矿，阿尔果马型铁矿，火山岩型铜、锌矿，科马提岩型镍（铜）矿，含金铀砾岩型矿 |
| 2 | 古元古代成矿期（2500~1800） | 富钾花岗岩发育，硅铝质陆壳增生加厚，花岗质及玄武质层圈形成；原始地台形成，大陆架宽广，杂砂岩、砾岩层发育 | 金、铀、银、铜、锌、铬、镍 | 含金铀砾岩型，苏必利尔型铁矿，层状火成杂岩型铬铂钒钛矿，VMS 型铜锌铅矿 |
| 3 | 中元古代成矿期（1800~1000） | 稳定地台形成，出现宽阔盆地及狭长地槽；长期古陆风化剥蚀；大气和水圈中 O$_2$ 剧增，氧化还原状态急剧变化，红层出现，1600~1400Ma 地球膨胀明显 | 稀土、铅、铁、锰、铜、铀、钒、钛 | SEDEX 型铅锌（铜）矿，红层铜矿，赤铁矿床，岩浆熔离型铜镍矿，奥林匹克坝铜铀金矿，白云鄂博稀土铁矿，斜长岩型钒钛铁矿 |

| 序号 | 主要成矿期/Ma | 大地构造背景和重要地质事件 | 主要矿种 | 主要矿床类型 |
|---|---|---|---|---|
| 4 | 新元古代成矿期（1000~543） | 超大陆形成（Pangea，850Ma）；生命活动显著增长，沉积物中有机碳增加，全球性造山及褶皱带，其后发育震旦纪盖层 | 锰、磷、铀、铜、铅、锌、钨、锡、铁 | 海相沉积锰、磷、铁矿，砂岩型铜矿，碳酸盐型铅锌矿，火山岩型铜矿，与花岗岩有关的钨、锡矿 |
| 5 | 早古生代成矿期（543~410） | 显生宙开始，板块构造活动明显；高等生物大量发育（生物大爆发）；黑色岩系、硅质岩、含磷岩系发育；台地型礁灰岩广布 | 锰、磷、铁、铜、钼、钒、铅、锌、石油、盐类 | 黑色页岩型铜钒铀矿，火山岩型铜铅锌矿，生物成因磷矿，海相沉积铁、锰、磷矿，碳酸盐岩中的铅锌矿 |
| 6 | 晚古生代及三叠纪成矿期（410~200） | 大陆扩张，生命活动大量由海登陆，陆上高等生物剧增，陆相及海相交互相沉积岩发育；地球膨胀明显（290~230Ma），裂谷发育 | 铅、锌、铜、铀、钒、铝、铁、锡、银、石油、煤、盐类 | SEDEX型铅锌银矿；陆缘浅海铁、铝矿，煤田、油气田、盐类矿床 |
| 7 | 晚中生代-新生代成矿期（200至今） | 陆内造山带，盆地系统，线性构造带；地中海、环太平洋挤压-俯冲带；大洋底中脊及转换断层；花岗岩类有陆内碰撞型和陆缘俯冲型；大陆风化壳，稳定海岸带 | 钨、锡、钼、铜、铅、锌、稀土、铌、钽、汞、锑、砷、锗、碲、铝、镍、铬、锰、钛、锆、盐类、石油、煤等 | 斑岩铜（钼、金）矿，浅成低温热液金矿，黑矿型，花岗岩型钨锡、钼矿，砂岩型铅锌矿，塞浦路斯型锡矿，蒸发盐湖，现代洋底热水型硫化物矿床，红土型镍矿，滨海砂矿 |

（据翟裕生，成矿系统理论，2010）

（2）矿床类型由简到繁。

太古宙仅有绿岩型金矿、火山岩型铜-锌矿、阿尔累马型铁矿和科马提岩型镍矿等少数几种矿床类型，客观地反映了其时代成矿环境和成矿组分或含矿介质种类的单一性。但随着时间的推移，成矿环境、含矿介质（热液和大气降水等）、成矿组分的多元化，成矿逐次复杂化、多样化，至中-新生代时，矿床成因类型已多达数十种。其中，生物成因矿床（金属、非金属和能源矿床）只在显生宙以来，由于生物的大量繁衍，才逐渐增多、显著发育、富集成矿，而多成因复杂叠加矿床，不但叠加类型众多，矿床类型也逐渐增多，复杂程度也依次增高。

（3）成矿概率由低到高。

成矿概率是指单位地质时期内发生成矿作用的次数。据叶锦华统计，中国 631
个大中型金属矿床（包括铁、锰、铬、钛、铜、铝、铅、锌、锡、钨、锑、汞、
钼、镍、金和稀土共 17 个矿种）各成矿时代的成矿概率也随着成矿时代的变新而
逐次增高，成倍或数倍增长（见图 2-20），这一变化趋势与规律的呈现，显然是与
成矿环境的改变、成矿组分的多元化、成矿介质及其浓度的增高密切相关。

（4）聚矿能力由弱到强。

聚矿能力或矿化强度是随着时间的推移、地质历史的演化而增强，而多元化
的，其直观的辨认标志是矿床的规模、品位和成矿概率。裴荣富（2009 年）等
资料的统计结果表明：已知超大型矿床的数量，从太古宙至新生代是不断增加
的，新生代达到了高峰（见图 2-21），各时代已知的大型-超大型矿床数量如以
10 亿年为单位核算，则太古宙为每 10 亿年 9 个，中生代为 589.2 个，至新生代
则高达 2507.7 个。这一事实客观地表明：随着地球演变和各圈层的发育和发展，
成矿系统动态推进、拓展，成矿强度显著增强，导致大型-超大型矿床数量从太
古宙到新生代，呈近似等比级数增长。李人澎（1991 年）将各地质时期金的储
量作了统计、对比、分析，统计分析结果表明：从太古宙、古生代、中生代至新
生代单位地质时期产金率或成矿强度之比为 1：1：3.8：6.9，表明金矿的成矿强
度是随着地质时代的变新而增强的，特征清晰、趋势明显。

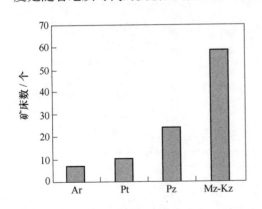

图 2-20　中国金属矿床的形成时代与成矿概率
（据叶景华，1998）

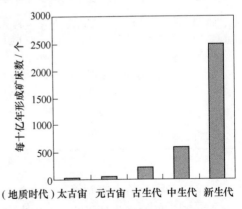

图 2-21　全球不同地质时代的成矿强度
（据裴荣富，2009）

综上可知，随着地球自太古宙早期（约自 38 亿年前，发现有铬、铜等的成
矿作用）至今的演化过程，成矿物种、矿床类型、成矿概率和成矿强度都统一地
显示了由少到多、由小到大、由弱到强的发展趋势与规律，但这一演化趋势与规
律同步受到下述地质因素的控制、制约。

1）成矿元素的地球化学性质制约因素。

化学元素在地幔和地壳中的丰度和化学活性，直接影响着成矿的物源前提和时空演化的趋势与规律。例如，一些 Fe、Al、Ti 等大丰度元素，只要成矿地质作用将其丰度提高、富集十倍至几十倍，就可达到矿石品位，并形成具一定规模的矿床；而一些小丰度元素，如 Hg、Sb、As、Ag 等则要富集到上万倍至十万倍，才能形成工业矿床。因此，前一类元素，经过 1~2 次地质浓集作用即可成矿；而后一类元素，则需要经历多次成矿地质作用的反复浓集，才能富集成矿。其中 Fe 为大丰度元素，在太古宙基性火山喷发广泛发育时，Fe 的地壳丰度值应高于现代地壳丰度值（据李志鹄估算太古宙 Fe 丰度值为 8.6%，1987），其富集比明显小于现代值，因此，就构成了前寒武纪广泛发育的铁矿，与 Fe 类似的 Cr、Ti、Co、Ni、PGE 等元素也多在地史早期富集成矿，而 W、Sn、Be、Hg、Sb、As、Ag、Mo、Bi 等元素，则多在地史较晚时期（中-新生代）形成数量多、规模大的矿床。

元素化学活性的差异性，也同步制约着不同元素的演化轨迹，稳定元素成矿后较易保存、不易活化，并参与到新的地球化学循环中去；而化学活动性大的元素，一般易受热动力扰动，较易参与到新的地球化学循环环境中，经历多重富集作用而成矿。

2）水圈、大气圈、生物圈的演化制约因素。

地球表面的海平面变化、海水化学成分、大气和大气降水成分及生命活动等因素，直接制约着地表的物理-化学状态和不同类型矿床的形成与时空分布。如以古元古代至中元古代间（1800Ma）突变事件为例：在河流-三角洲相中，通常的碎屑状黄铁矿和沥青铀矿不再出现，苏必利尔型条带状铁矿的比重也明显下降，取而代之以红层铜矿（著名的扎伊尔-赞比亚铜矿带），且基鲁纳型海相火山-沉积铁矿和克林顿（Chinton）型铁矿也相继出现。这种新旧矿床类型的更替，与变价元素 Fe、Mn、Cu、U 密切相关；与沉积环境的氧化-还原状态的急剧变化密切相关；与这一时期大气圈、水圈中自由氧的含量剧增，$CO_2$ 相对减少，生物活动在沉积过程中的显著活动密切相关。

3）地球构造运动演化的制约因素。

全球构造运动涉及核-幔作用和壳-幔作用，大陆聚散以及大陆动力学等众多方面，但陆壳演化与成矿演化的同步性是不争的事实。

①太古宙的高活动性：陆核形成，原始地壳的高热流值逐步降低，镁铁质火山活动广泛而强烈，形成了大量与火山岩和火山-沉积岩直接或间接相关的矿床和矿源层。

②元古宙稳定克拉通：在漫长的古陆形成并日趋扩大的过程中，非造山成因的富钾花岗岩提供了丰富的金属矿源，经过长期、长距离的剥蚀、风化、搬运，在古陆盆地或陆缘裂谷中形成了众多的层控型 Pb、Zn、Cu 等矿床和矿田，而在

显著增厚的陆壳中，由幔源岩浆上升、侵位而形成的层状火成杂岩体中，则分异形成巨型的 Cu-Ni、Cr-Pt 和 V-Ti-Fe 矿床系列。

　　③显生宙板块构造运动开始了大地构造演化成矿过程的新纪元。在聚离板块结合部，壳幔物质组分显著混染、交换，广泛发育构造-岩浆-成矿带，并形成火山岩型、斑岩型、花岗岩型等多种矿床类型。云南腾冲地块中-新生代构造-岩浆-成矿区就属其例（见图 2-22）：在离散板块伸展构造发育地区，幔源物质上涌，

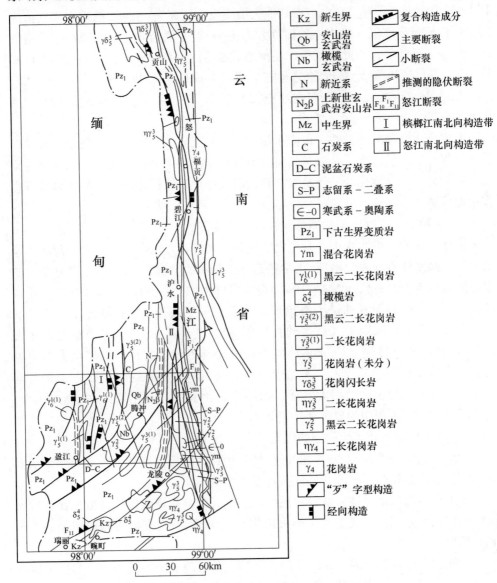

图 2-22　云南腾冲地块构造-岩浆-成矿区

（据徐旃章，2014）

地壳增生，形成了蛇绿岩套以及与海相沉积有关的成矿系列；在大陆边缘裂谷中，喷流沉积成矿作用普遍而强烈，形成了大量的大型沉积喷流（SEDEX）矿床。

　　Goldfarb 等人（2010 年）提出克拉通汇聚边缘和克拉通内主要矿床类型，在不同地质时期的成矿演化趋势（见图 2-23）、成矿强度变化趋势及不同演化阶段（汇聚阶段-稳定大陆阶段-裂解阶段）由近陆缘至远陆缘所形成的主要矿床类型与成矿系列（见图 2-24）。

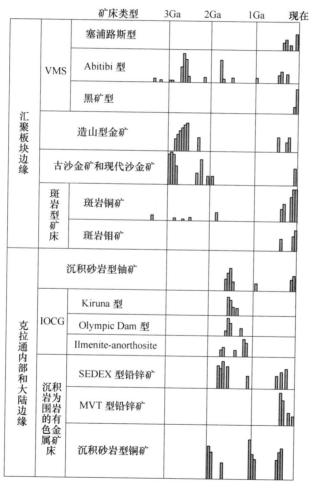

图 2-23　克拉通汇聚边缘和克拉通内成矿演变趋势图

（据 Goldfarb 等，2010）

（5）控矿断裂系剪切力学属性由弱增强。

控矿断裂构造的受力性质与方向，是成矿组分调整、迁移、汇聚、富集的主

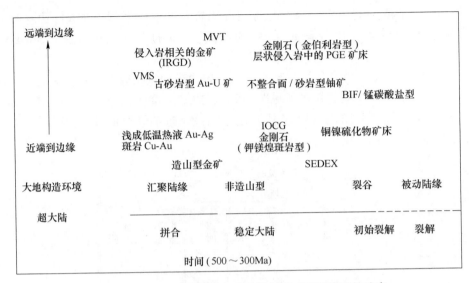

图 2-24　不同构造背景和超大陆旋回形成不同类型的矿床

（据 Goldfarb 等，2010）

控因素之一，且大量的实际成矿地质事实和流体在压、张、扭（压）受力条件下运移的定向性和汇聚性统一地表明：压剪构造活动是保证成矿流体定向运移和相应封闭-半封闭构造空间沉淀、富集的最佳受力条件和构造变形前提。

从太古宙到显生宙，随着地壳运动和构造动力的规律演变，主控矿断裂构造系统其力学性质随着时间的推移，各方向控矿断裂构造系统也多由以压为主，逐渐演化为以压扭或扭压为主的力学性质演变过程，导致聚矿能力的逐渐增强，成矿概率的按序增高（见图 2-20 和图 2-21），这也是显生宙中-新代为成矿最重要的形成时代的重要原因之一。

尤其是在成矿期压扭性构造组成不同类型的旋扭构造时，其旋扭运动更有利于不同性质、不同类型成矿组分或含矿流体的定向运移与富集成矿（见图 2-25~图 2-28）。

总之，成矿的时序演化是一个复杂、多变的过程，但又有重要科学价值和实践意义。一定类型的矿床及其时空分布规律是特定大地构造环境的信息与标志，深入研究成矿时序演化的历史轨迹所得出的丰富信息将会深化对全球历史演化过程的认识，而成矿演化过程所获得的矿床时空分布规律性又能为矿产资源远景评价和勘查指明方向，两者相互关联、互相依存。

## 2.4.1　控矿断裂相对地质年代的判析与厘定

构造世代或控矿断裂的地质年代，实际上是不同构造运动旋回和不同构造带中所形成的构造顺序。因此，控矿断裂相对地质年代的判析，主要是依据构造旋

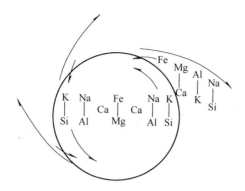

图 2-25　旋扭作用条件下元素迁移图

（由于旋扭作用对熔浆的影响，而出现压滤现象，在应力强的部位（外旋回带收敛端），
熔浆中早期晶出的辉石和基性斜长石易停留原地，而呈熔融状态的偏酸性成分（富 K、Na、Si）
的熔浆则向低应力区渗滤，即向撒开方向渗滤。箭头指 K、Na、Si 迁移方向；

元素位置为该元素含量相对增高的部位）

（据张治兆等）

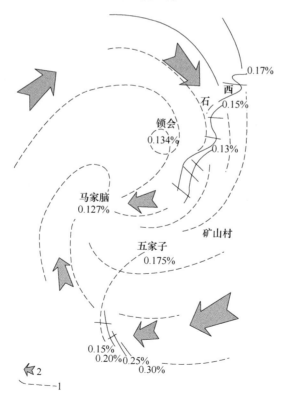

图 2-26　河北矿山村矿田矿液运移旋转运动平面示意图

1—磁铁矿 $TiO_2$ 含量及等值线；2—理想矿液流线及流向

（据天津地质研究所）

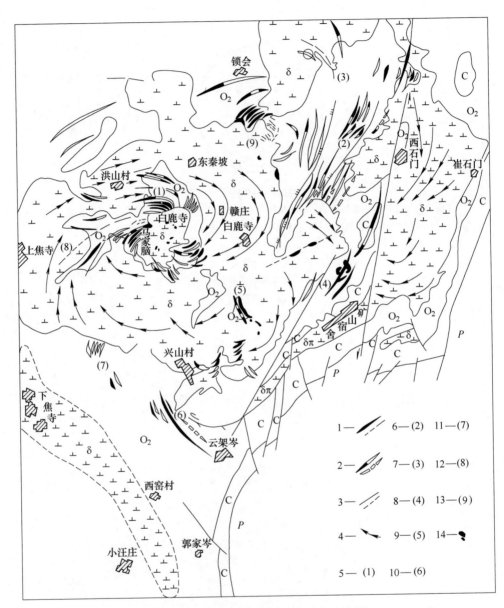

图 2-27　河北矿山村某铁矿矿体构造略图

1—实测、推测背斜；2—实测、推测向斜；3—实测、推测断层；4—岩体流线；

5—石板坡—马家脑环形褶皱群；6—西石门挤压带；7—白鹿寺—全乎帚状褶皱束；

8—矿山村褶皱；9—五家子弧形倒转向斜；10—玉石洼弧形褶皱群；11—燕山弧形褶皱群；

12—上焦寺帚状褶皱群；13—锁会"螺线"式中小型旋卷构造；14—铁矿体

（据天津地质研究所）

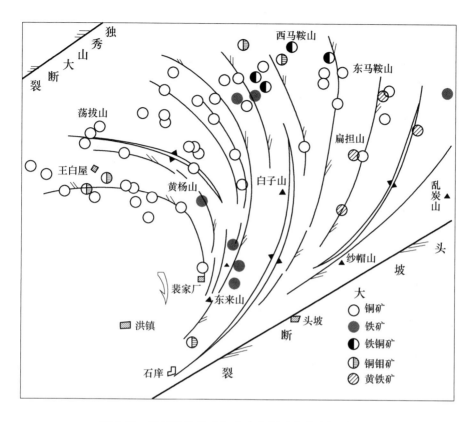

图 2-28　洪镇帚状构造与内生金属矿产分布规律略图

（据《安徽地质科技》1974，1 期，略改）

回–构造层和各类建造（沉积建造、岩浆建造、变质建造）时代与成矿关系来判析与厘定的（见图 2-29）。

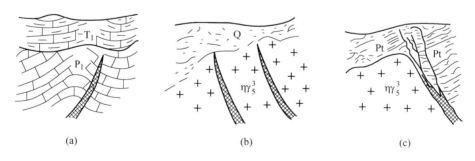

图 2-29　控矿断层相对地质年代判析示意图

（a）华力西期控矿断层；（b）喜山期控矿断层；

（c）燕山期接触带控矿断层

### 2.4.2　控矿断裂绝对年龄的测定与判断

控矿断裂相对地质年代的判析与厘定是一种简单而快速的分析方法,尽管其只能提供构造的相对新老顺序和形成的时代区间,但当某些控矿断裂,由于采样原因导致同位素测定值离散性比较大时,相对地质年代却是控矿断裂年龄判析与厘定的重要依据。

断裂构造活动的产物,实属动力变质的结果。因此,控矿断裂在成矿活动过程中所形成的蚀变矿物和所控矿体的元素和矿物组成,甚至所控岩体,多属同位素年龄测定采样的直接对象,但采集样品,必须是未受后期各种叠加改造的岩、矿样品,以保证所测定同位素年龄的准确性和可靠程度。

常用的同位素测年方法主要有 U-Pb 法、Rb-Sr 法、K-Ar 法、$^{40}$Ar-$^{39}$Ar 法、$^{14}$C 法和 Re-Os 法等。

#### 2.4.2.1　U-Pb 法

铀-铅法是根据$^{238}$U-$^{206}$Pb 和$^{235}$U-$^{207}$Pb 衰变进行测年,其样品一般采自晶质铀矿、锆石、金红石、独居石等矿物。随着分析技术灵敏度的提高,铀-铅法也由测定矿物的同位素年龄扩大到测定某些岩石(碳酸盐岩、大理岩、基性岩和片麻岩)的同位素年龄。对控矿断裂活动期间侵位的富闪深成岩类同样可采用铀-铅法测年,而难以用 Rb/Sr 法或 Sm/Nb 法进行测年。

#### 2.4.2.2　K-Ar 法和 40Ar-39Ar 法

钾-氩法和氩-氩法测年可采用的矿物种类多,包括钾长石类、云母类、角闪石类、辉石类和海绿石等,适用的地质年龄范围宽($10^4 \sim 10^8$年)、方法简单、速度快、精度较高,因此是一种常用的测年方法,是断裂活动测年的一种重要同位素方法。

#### 2.4.2.3　Rb-Sr 法

铷-锶法是根据$^{87}$Rb/$^{87}$Sr 的 $\beta$ 衰变进行测年的。铷-锶法可广泛地利用全岩进行测定(除富含铷的矿物外),还可利用钾长石、云母类矿物和铷含量达 0.01% ~ 0.001% 的酸性岩进行测年,也可用控矿断裂中的应力矿物进行测年,其中原岩样的 Rb-Sr 法测年是简便可靠的。

#### 2.4.2.4　$^{14}$C 法

$^{14}$C 法利用碳质黏土岩类和植物等样品进行测年,主要适用于活断裂和控矿活断裂(如腾冲控矿热泉型金矿)的同位素年龄测定。

### 2.4.2.5 电子自旋共振（ESR）法

Grun（1989年、1992年）对断裂活动的电子自旋共振（ESR）测年方法的研究认为：对天然断层泥的实验室试验和研究表明，用电子自旋共振确定断层活动的年龄是可行的。实际上1975年日本已开始用ESR技术进行测年。

### 2.4.2.6 Re-Os 法

铼-锇法主要应用于富铼、锇的金属矿，尤其是辉钼矿（$MoS_2$），由于其高度富含铼，用铼-锇法测年，精度极高，是辉钼矿测年的常用方法。

## 2.4.3 成矿前、成矿期、成矿后断裂的识别方法与标志

控矿断裂既是成矿流体上升的通道，也是矿体直接的赋存空间。但断裂在控矿时序上，又可分成矿前、成矿期、成矿后断裂构造，它们对各类矿产资源的形成与时、空分布又分别起着不同的建设和破坏作用。

### 2.4.3.1 成矿前断裂构造

成矿前断裂构造是指成矿作用前已经存在的不同方向、不同力学性质的断裂和断裂构造系统与格局。它对矿体、矿床、矿田的形成常常起着重要的建设性作用。例如，浙江嵊县黄双岭萤石矿床的东西向成矿前压性断裂带，成矿期由于控矿帚状旋扭构造的复合叠加和改造而形成了赋矿的东西向萤石矿带（见图2-30~图2-32）。

### 2.4.3.2 成矿期断裂构造

成矿期断裂构造是各类矿床形成过程中所发生的控矿断裂构造变动，从时序上而言，应包括成矿作用开始至成矿作用结束前的整个控矿断裂活动与过程，成矿期构造既可是继承成矿前同方向而不同力学性质的断裂构造，也可是新生的控矿断裂构造，但通常情况下，前者的控矿性能要明显优于后者，是成矿构造研究的重要构造内容。

（1）鉴于成矿期断裂通常直接控制着矿体的产出与空间定位，因此，查明控矿断裂的力学性质、规模与产状，是了解、分析成矿富集部位与空间展布规律的重要依据。控矿断裂的力学性质尽管有压性、张性、扭性、张扭性和压扭性五种之多，但实际的成矿事实表明，压扭性断裂是主要的控矿断裂或主要的控矿断裂系统（见图2-33~图2-36）。

（2）在成矿组分迁移、富集、沉淀过程中，由于构造多期次活动或脉动，导致矿体矿石特征和富集-沉淀构造空间的复杂化和规律性。因此，可以通过成

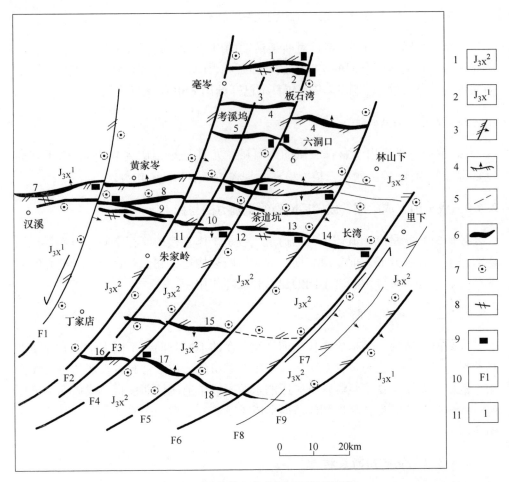

图 2-30　嵊县黄双岭萤石矿田地质略图

1—西山头组二段；2—西山头组一段；3—压扭性断裂；4—压-压扭性断裂；5—推测断裂；

6—萤石矿体；7—硅化；8—绿泥石化；9—多金属矿化；10—断裂产状；

11—断裂编号；12—矿体编号

（据徐旃章，2013）

矿期断裂活动判析矿体的形成过程和成矿演化特征。

（3）不同力学性质的控矿断裂，各自有三维构造分带特征与规律，而控矿断层的三维构造分带特征又制约着成矿组分、矿石特征三维有序的定位和按序变化，这为隐伏-半隐伏矿体的定位预测与评价提供了重要的地质依据。

（4）研究成矿期控矿断裂的时序演化特征与规律，不但一定程度上是恢复成矿过程的重要依据，而且也是矿体、矿带、甚至矿田空间贫富变化规律判析的科学依据。

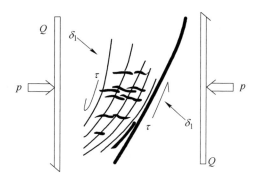

图 2-31 黄双岭萤石矿田控矿帚状旋扭构造
区域动力场与应力场特征
（据徐旃章，2013）

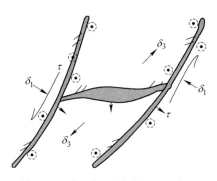

图 2-32 成矿期再活动的北北东向
弧形控矿断裂与成矿前东西向
断裂交接复合控矿特征示意图
（据徐旃章，2013）

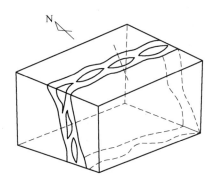

图 2-33 侧向水平挤压条件下（斜方对称型）
压性断层所控制矿体的三维定位特征示意图
（据徐旃章，2013）

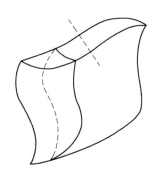

图 2-34 成矿期压扭性断层构造变形所
控制的矿体的单斜对称型形态特征
（据徐旃章，2013）

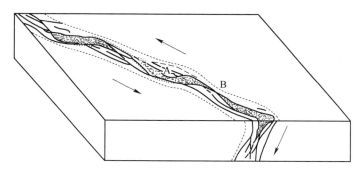

图 2-35 压扭性断层控制矿体三维定位特征示意图
（据徐旃章，2013）

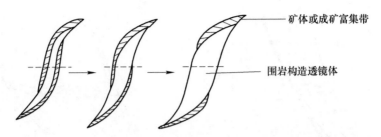

图 2-36　构造变形强度的递变性与矿体形态、规模的渐变性规律

（据徐㿟章，2013）

（5）对层控矿床和叠生矿床而言，成矿期控矿断裂的研究，有助于查明断裂中有用组分或成矿组分活化迁移机制和成矿富集过程，及原生沉积矿体和含矿岩系被改造、被叠加的过程。

（6）成矿期断裂构造系统是地壳运动的产物，也是地壳演化过程的一个重要组成部分。因此，研究成矿期断裂构造及其演化特征与规律，是恢复、重建地质演化历史与过程的重要的构造变形与物质组分依据。

### 2.4.3.3　成矿后断裂构造

成矿后断裂构造是指发生在成矿作用以后的断裂构造。成矿后断裂活动通常对已成矿体、矿床起着破坏和建设的双重作用，其经常改变着已成矿体的厚度、产状和埋藏深度，增加了找矿与勘探的难度，但有时也因矿后断裂活动的影响，把深部隐伏矿体抬升至地表或地壳浅部，从而有利于勘探工程的部署与设计（见图 2-37）。

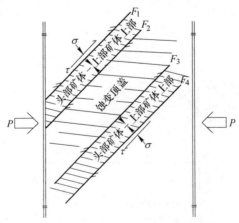

图 2-37　浙江省天台县萤石矿北东向断裂的矿后再活动特征与力学机制

（据徐㿟章，2010）

成矿后断裂活动的识别标志为：

（1）当成矿后断裂横切或斜切先成矿体时，断层两侧均能找到与其相应的矿体，在断裂破碎带中（两个被错断矿体之间）常见有矿石角砾，角砾形状与展布规律多由矿后断裂的力学性质而定（见图2-38（a））。

（2）矿脉与矿石断裂交汇处，常见有不同程度的矿脉再变形或牵引现象（见图2-38（b））。

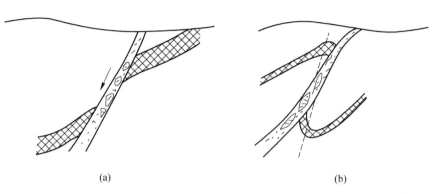

（a）                                    （b）

图2-38　不同力学性质的矿后断层活动形成的矿石角砾形态特征与矿体的牵引现象
（a）矿石角砾形态特征；（b）矿体的牵引现象
（据徐旃章，2015）

（3）矿体内可见矿后断裂滑动镜面、擦痕或矿体不同粒度的矿石构造破碎物。

（4）充填于断裂中的成矿后脉岩穿切矿体现象，则该断裂为矿后断裂。

综上可知，断裂的活动过程，也是断裂活动所涉及的岩石和岩层的元素和成矿组分再调整、再分配、再迁移与富集-贫化的过程。当深部有成矿热液体上涌、侵位参与的条件下，已有有用元素或成矿组分进一步活化进入成矿热流体，在构造-物化条件适宜的部位沉淀、富集成矿。而控矿断层的活动过程自早至晚贯穿、参与了整个成矿过程。因此，断裂形成时代和时序演化过程的研究，意义不言而喻。

## 2.5　断裂构造的导矿、布矿、容矿与成矿作用

不同尺度、不同序次的断裂构造系统，尤其是不同级序的压-压扭性断裂构造系统，既是成矿流体（岩浆、矿浆、岩浆期后热液、地下热水-热卤水、变质热液、混合岩化热液和复合热液等）在构造动力驱动下（构造应力、流体热动力、上覆岩层静压力）由深部向上运移的通道，又是成矿组分定位、沉淀、富集的空间（见图2-39）。成矿流体活动的过程，也是控矿构造系统发生、发展的过程，两者在时空上相互依存、同步发展。

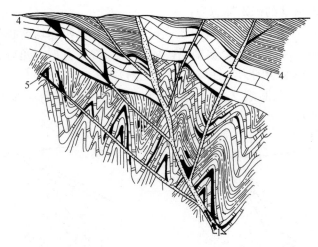

图 2-39　导矿、布矿、容矿、遮挡构造示意图

1—异矿构造；2—布矿（配矿）构造；3—容矿（储矿）构造；4—遮挡层；5—矿体

### 2.5.1　断裂构造导矿、布矿、容矿作用的构造-地球化学前提

在漫长的地质历史时期中，构造运动和不同方式、不同方向、不同量级构造动力作用，在一定的温度、压力条件下，是导致地壳岩石矿物组成发生形变、相变和化学元素迁移、聚散以及成矿组分三维空间定位、富集成矿的主控因素，甚至一定程度上影响着地幔岩石产状与岩浆组分和含矿性的演化。

在一定规模、一定强度的构造动力作用的条件下，在垂向上，由深部至浅部，由塑性变形带至脆性变形带，岩石常发生塑性流动和碎裂流动。在塑性流动阶段和部位，常导致有用元素活化，并向高应变区迁移、汇聚；当岩石向碎裂流动转变时，有用元素则进一步向应力集中区或相对扩容区富集成矿。在构造动力作用（构造应力、上覆岩层静压力、流体热动力）条件下，岩石由塑性流动向脆性流动转变的过程，实际上就是成矿元素迁移、富集成矿的过程，其可通过元素地球化学特征与赋存形式、矿物组合和矿石结构-构造等标型特征及岩石化学、岩石力学等进行研究与鉴别。王小凤、陈宣华（1994 年）所著《浙江诸暨璜山金矿》的研究成果就属于岩生发生流动的实例。

#### 2.5.1.1　岩石流动导致的形变相变机制

岩相学、岩石化学和稀土分配模式的对比研究表明：岩石在塑性流动条件下，随应变量加大往往发生相变，即由原岩向初糜棱岩、千糜岩转变。璜山金矿位于北东向绍兴-江山韧性剪切带中断，沿之有石英闪长岩体呈透镜状平行产出。该带岩体由中心带向边缘带，塑性流动的剪应变量加大，岩石随之发生相变，即由原岩向糜棱岩、千糜岩转变，形成糜棱岩、千糜岩带，并环绕石英闪长岩透镜体边缘产出，而所有的已知璜山型金矿都产在岩体边缘的糜棱岩和千糜岩带中。该石英闪长岩塑性流动的形变相变及其与金元素聚散关系如图2-40所示。

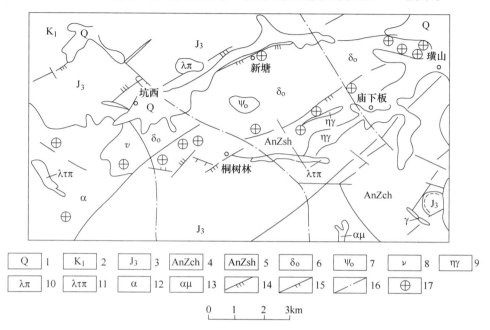

$$Q\ 1\quad K_1\ 2\quad J_3\ 3\quad AnZch\ 4\quad AnZsh\ 5\quad \delta_o\ 6\quad \psi_o\ 7\quad \nu\ 8\quad \eta\gamma\ 9$$
$$\lambda\pi\ 10\quad \lambda\tau\pi\ 11\quad \alpha\ 12\quad \alpha\mu\ 13\quad \diagup\ 14\quad \diagup\ 15\quad \diagup\ 16\quad \oplus\ 17$$

0  1  2  3km

图 2-40  璜山石英闪长岩透镜体与金矿分布关系简图

1—第四系；2—下白垩统；3—上侏罗统；4—陈蔡群；5—双溪坞群；6—石英闪长岩；

7—角闪辉石岩；8—辉长岩；9—二长花岗岩；10—流纹斑岩；11—石英霏细斑岩；

12—安山岩；13—安山玢岩；14—压性断裂；15—张性断裂；

16—隐伏及推测断裂；17—金矿点

（1）从石英闪长岩-糜棱岩系列岩石的稀土元素分布模式对比图（见表2-5和图2-41）看出，它们具有极好的相似性，都为左高右低轻稀土富集的斜线，只是依绿片岩、石英闪长岩、糜棱岩为序，稀土元素含量有降低之势。这反映出糜棱岩与石英闪长岩同源，并由之演变而成。

表2-5  诸暨璜山石英闪长岩-糜棱岩稀土元素含量  $(\times 10^{-6})$

| 元　素 | 绿片岩（6个样） | 糜棱岩（8个样） | 石英闪长岩（8个样） |
|---|---|---|---|
| La | 18.31 | 15.11 | 14.40 |
| Ce | 38.01 | 29.86 | 30.76 |
| Pr | 5.36 | 4.08 | 4.33 |
| Nd | 20.94 | 15.87 | 17.22 |
| Sm | 4.54 | 3.33 | 3.79 |

续表 2-5

| 元素 | 绿片岩（6 个样） | 糜棱岩（8 个样） | 石英闪长岩（8 个样） |
| --- | --- | --- | --- |
| Eu | 1.32 | 0.89 | 1.10 |
| Gd | 4.01 | 2.77 | 3.24 |
| Tb | 0.68 | 0.44 | 0.54 |
| Dy | 3.25 | 2.30 | 2.41 |
| Ho | 0.71 | 0.48 | 0.52 |
| Er | 2.07 | 1.42 | 1.47 |
| Tm | 0.34 | 0.23 | 0.24 |
| Yb | 1.78 | 1.39 | 1.12 |
| Lu | 0.32 | 0.21 | 0.20 |
| Y | 19.02 | 12.97 | 13.88 |
| $\sum$REE | 120.66 | 91.35 | 95.22 |

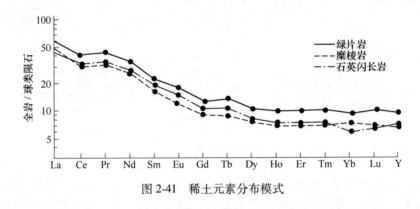

图 2-41　稀土元素分布模式

（2）石英闪长岩-千糜岩系列岩相学及岩石化学分析结果（见表 2-6 和图 2-42）表明，在金丰度较高的石英闪长岩糜棱岩化过程中，长石因发生水解作用，含量减少，粒径变小，此时可溶成分 $SiO_2$、$K^+$ 大量损耗而进入流体中，导致容积损耗（约 60%）。$K^+$ 随流体在高应变区聚集形成新生白云母，$SiO_2$ 随流体迁移至相对扩容区聚集生成微细条带状石英集合体或石英质糜棱岩（动力分异型石英脉）。金和相伴的相对不可溶元素呈残留相在糜棱岩、千糜岩中浓集，生成由载金矿物和一些暗色矿物聚集成的糜棱叶理。由于在韧性变形期间，流体、变质反应、碎裂流动和晶体塑性流动之间复杂的相互作用，造成了韧性剪切带型金矿带具有糜棱岩与石英脉相间出现的构造特征。

**表 2-6　石英闪长岩向千糜岩、糜棱岩转变过程中元素活化迁移特征**

| 序号 | 岩石类型 | $w(SiO_2)$ /% | $w(TiO_2)$ /% | $w(Al_2O_3)$ /% | $w(Fe_2O_3)$ /% | $w(FeO)$ /% | $w(MnO)$ /% | $w(MgO)$ /% | $w(CaO)$ /% | $w(Na_2O)$ /% | $w(K_2O)$ /% |
|---|---|---|---|---|---|---|---|---|---|---|---|
| 1 | 石英闪长岩 | 61.34 | 0.65 | 16.18 | 2.04 | 1.86 | 0.05 | 2.24 | 2.31 | 2.00 | 6.92 |
| 2 | 片理化石英闪长岩 | 60.13 | 0.71 | 16.03 | 3.40 | 2.77 | 0.10 | 2.90 | 4.66 | 3.04 | 2.07 |
| 3 | 糜棱化石英闪长岩 | 57.63 | 0.66 | 15.99 | 2.64 | 3.47 | 0.16 | 2.90 | 6.71 | 3.59 | 1.90 |
| 4 | 千糜岩+糜棱岩 | 49.75 | 0.88 | 12.81 | 5.65 | 3.57 | 0.10 | 2.79 | 7.67 | 0.57 | 3.37 |

| 序号 | 巴尔特成分式 | 特征元素带入（+）、带出（−）阳离子数 | | | | | | |
|---|---|---|---|---|---|---|---|---|
| 1 | $K_{78}Na_{35}Ca_{22}Mg_{20}Fe^{2+}_{14}Fe^{3+}_{14}$ $Al_{172}Ti_4Si_{554}P[O_{1444}(OH)_{156}]$ | K | Na | Ca | Mg | TFe | Al | Si |
| 2 | $K_{21}Na_{54}Ca_{45}Mg_{39}Fe^{2+}_{21}Fe^{3+}_{23}$ $Al_{172}Ti_5Si_{546}P[O_{1485}(OH)_{115}]$ | −55 | +19 | +23 | +9 | +16 | 0 | −8 |
| 3 | $K_{21}Na_{62}Ca_{64}Mg_{39}Fe^{2+}_{28}Fe^{3+}_{18}$ $Al_{188}Ti_5Si_{513}P_2[O_{1341}(OH)_{219}]$ | −58 | +27 | +42 | +9 | +16 | −4 | −41 |
| 4 | $K_{38}Na_{10}Ca_{72}Mg_{36}Fe^{2+}_{26}Fe^{3+}_{28}$ $Al_{123}Ti_6Si_{429}P_2[O_{1018}(OH)_{542}]$ | −41 | −25 | +50 | +6 | +36 | −39 | −115 |

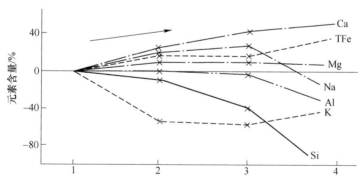

**图 2-42　石英闪长岩糜棱岩化过程中特征元素迁移曲线**

（图内坐标 1~4 与表 2-6 内序号 1~4 数据相对应）

（3）从变形显微构造古应力计测定的区域古构造应力场图（见图 2-43）和差应力值曲线图（见图 2-44）可以看出：1）在平面上的最大剪应力值区位于石英闪长岩透镜体的边缘带及缩颈区，此为石英闪长岩体的相变带即糜棱岩、千糜岩带的产出部位，也是璜山型金矿的集中区；2）在剖面上最大应力值区为糜棱岩、千糜岩带产出的部位，是金的高丰度区。可见金丰度较高的石英闪长岩发生塑性流动的最大剪应力值区，是最大相变区（相变为糜棱岩、千糜岩），亦即金的集中区。

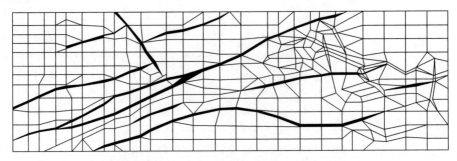

图 2-43　璜山金矿带最大剪应力高值区分布

（粗线区为最大剪应力高值区）

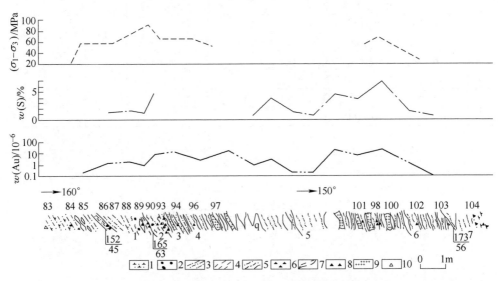

图 2-44　璜山金矿带差应力值曲线剖面图

1—石英闪长岩；2—碎斑岩；3—糜棱岩；4—断层泥；5—千糜岩；6—眼球状构造；7—石英透镜体；
8—电气石化；9—金矿体；10—采样点

### 2.5.1.2　岩石流动导致元素活化迁移聚散

通过矿物微观分析，可揭示有用元素的富集部位、赋存状态与岩石流动之间的关系，阐明岩石流动导致元素聚散的微观形变相变机制。

（1）岩石塑性流动的高应变区为金矿体赋存的部位，其相对扩容区碎裂流动的应力集中区为金矿富集的有利空间。

（2）金矿带即为糜棱岩、千糜岩带。带内矿物都发生了塑性变形，并以位错蠕变机制为特征，金元素是在岩石塑性流动条件下向其高应变区聚集的。

通过红外光谱分析和透射电镜观测发现，矿带内石英的塑性变形量越大，即位错密度越高，那么石英包体 $CO_2$ 与 $H_2O$ 的光密度比值越大，金的丰度也越高（见表2-7）。因此岩石塑性流动晶格位错是导致金元素向高应变区迁聚集的超微观机制。

表 2-7  石英包体 $CO_2$ 与 $H_2O$ 光密度比值（红外光谱测定）

| 样品号 | $H_2O$ 与 $CO_2$ 光密度比值 | | | 石英光性特征 | 岩性 | 含矿性 | 矿床 |
|---|---|---|---|---|---|---|---|
| | $D_1$（$H_2O$） | $D_2$（$CO_2$） | $D_2/D_1$ | | | | |
| 89129-1 | 3.08 | 0.38 | 0.12 | 粗粒内少量细粒重结晶 | 石英脉 | 矿体，金品位为 9.0g/t | 璜山 |
| 89129-2 | 1.69 | 0.38 | 0.22 | 亚颗粒、重结晶细粒 | | | |
| 89129-3 | 1.69 | 0.17 | 0.10 | 粗粒 | | | |
| 89129-4 | 1.70 | 0.77 | 0.45 | 粗粒、毕姆纹、亚颗粒发育 | | | |
| 8910-1 | 4.13 | 0.35 | 0.08 | | 角砾状矿石 | 矿体 | 马郦 |
| 8910-2 | 1.72 | 0.58 | 0.34 | 中细粒重结晶 | | | |
| 8925 | 1.72 | 0.56 | 0.33 | 细粒重结晶 | 千糜岩 | 近矿体 | 璜山 |
| 89131-1 | 1.84 | 0.31 | 0.17 | 拉长石英 | 千糜岩 | 矿体 | 璜山 |
| 89131-2 | 1.22 | 0.27 | 0.22 | 细粒重结晶 | | | |
| 8997-1 | 4.08 | 0.87 | 0.21 | 中粒、变形带发育 | 石英脉 | 矿体，金品位为 9.0g/t | 璜山 |
| 8997-2 | 5.96 | 0.33 | 0.06 | 粗粒 | | | |
| 89120-1 | 1.95 | 0.37 | 0.19 | 细粒重结晶 | 千糜岩夹石英脉 | 近矿体 | 璜山 |
| 89120-2 | 1.75 | 0.24 | 0.14 | 粗粒波状消光 | | | |
| 89133 | 1.82 | 0.35 | 0.19 | 变形带，其边界重结晶 | 石英脉 | 近矿体 | 璜山 |
| 8933-1 | 2.08 | 0.31 | 0.15 | 粗粒边缘重结晶 | 石英脉 | 矿体，金品位为 7.0g/t | 璜山 |
| 8933-2 | 2.24 | 0.22 | 0.10 | 波状消光 | | | |
| 89146 | 1.77 | 0.26 | 0.15 | 细粒重结晶、定向 | 石英脉+残留千糜岩 | 矿体 | 璜山 |
| 8996-1 | 4.09 | 0.29 | 0.07 | 粗粒 | 糜棱岩 | 近矿体 | 璜山 |
| 8996-2 | 2.12 | 0.22 | 0.10 | 拉长石英 | | | |
| 8996-3 | 1.94 | 0.21 | 0.11 | 拉长石英 | | | |
| 89124 | 3.15 | 0.36 | 0.11 | 拉长石英 | 千糜岩 | 近矿体，含金 2.0g/t | 璜山 |
| 89128 | 4.56 | 0.44 | 0.10 | 粗粒 | 碎斑岩 | 近矿体，含金 2.0g/t | 璜山 |
| 8958 | 8.14 | 0.74 | 0.09 | 粗粒 | 石英脉 | | 新塘 |

| 样品号 | H₂O 与 CO₂光密度比值 | | | 石英光性特征 | 岩性 | 含矿性 | 矿床 |
|---|---|---|---|---|---|---|---|
| | $D_1$（$H_2O$） | $D_2$（$CO_2$） | $D_2/D_1$ | | | | |
| 8964 | 6. 47 | 0. 36 | 0. 06 | 粗粒、亚颗粒边界 | | | 庙下畈 |
| 89110-1 | 8. 04 | 0. 35 | 0. 04 | 粗粒、亚颗粒边界 | 石英脉 | | 桐树林 |
| 89110-2 | 6. 67 | 0. 33 | 0. 05 | 粗粒 | （粗粒） | | |

（3）岩石由塑性流动向碎裂流动转变过程中，矿石结构有从条带状、透镜状向香肠状、压力影再向脉状、碎裂、碎斑、角砾状构造演变的特征（见图 2-45）。金的品位也随之有升高的趋势。

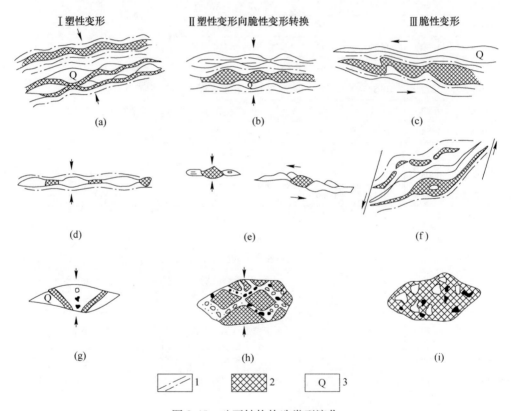

图 2-45　矿石结构构造类型演化

(a) 条带状；(b) 透镜状；(c) 扭曲状；(d) 香肠状；(e) 压力影；

(f) 拉断肠状；(g) 脉状；(h) 碎斑状；(i) 角砾状

1—千糜岩叶理；2—黄铁矿等硫化物；3—石英

（4）岩石由塑性流动向碎裂流动转变过程中，金的赋存形式也发生变化（见图 2-46）。在早期岩石塑性流动阶段，黄铁矿以条带状、条纹状细粒集合体

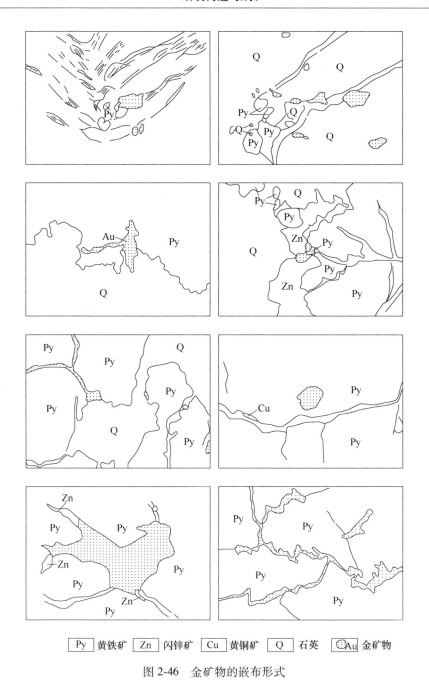

| Py | 黄铁矿 | Zn | 闪锌矿 | Cu | 黄铜矿 | Q | 石英 | Au | 金矿物 |

图 2-46　金矿物的嵌布形式

形式出现，金矿物以乳滴状、浑圆状显微金和超显微金的形式赋存于黄铁矿中。在后期岩石碎裂流动阶段，黄铁矿粒度变大，出现显微破裂纹，金矿物则以裂隙状、网脉状嵌布于载金矿物中。黄铁矿粒度越细、位错密度越高、自形程度越差、后期碎裂程度越高，金的品位就越高。

### 2.5.1.3 岩石流动与成岩成矿过程

在构造动力作用下，岩石发生流动，并相伴产生物理-化学变化，即形变与相变，这是元素活化迁移聚散和成岩成矿过程，并可分为以下五个阶段（见表2-8）。

表2-8　构造动力作用下金矿成矿过程（绍兴-江山成矿带璜山段）

| 阶段 | I | II | III | IV | V |
|---|---|---|---|---|---|
| 构造应力场 | 南北（SN）向 | 北西-南东（NW-SE）向 | 南北（SN）向 | 南北（SN）向 | 东西（EW）向 |
| 结构面力学性质 | 扭性 | 挤压型韧性剪切 | 平移型韧性剪切（左行） | 脆性平移剪切（左行） | 扭性（右行） |
| 岩石形变 | 塑性变形 | 塑性变形 | 塑性变形→脆性变形 | | 脆性变形 |
| 岩石相变 | 石英闪长岩、角闪岩、变粒岩 | 千糜岩、糜棱岩、石英质糜棱岩（石英细透镜带） | | 石英质粗糜棱岩（宽石英脉） | 石英脉 |
| 矿物相变 | | 斜长石→绢云母+石英，黑云母→绿泥石+石英，方解石化，铁白云石化，多硅白云母化 | | | |
| 黄铁矿特征 | | 细粒、细条纹、条带状 | 中细粒、半自形、透镜状、香肠状集合体 | 粒状、自形、脉状 | |
| Au矿化富集部位 | 陈蔡群、双溪坞群、岩石含Au背景值高 | 在千糜岩、糜棱岩中初步富集 | 在千糜岩、糜棱岩相对扩容部位集成矿 | 在相对拉张、碎裂变质相对强烈部位再次富集成矿 | |
| Au矿物 | | 以含Au矿物为主→含Au、Ag矿物为主 | | | |
| Au元素赋存状态 | 细分散状态 | 显微金、包金体 | 显微金，中、细粒金，包金体，间隙金，独立金矿物 | 微细脉状、树枝状裂隙金 | |
| 微量元素特征 | | 黄铁矿的Co/Ni>6，Te、Bi、Cu与Au正相关 | | 黄铁矿的Co/Ni<6，Cu、Zn、Cd与Au正相关 | |
| 矿石结构构造 | | 浸染状、条纹状、条带状 | 透镜状、香肠状、团块状 | 脉状、角砾状、碎斑状 | |
| 矿床类型 | | 璜山型→马郦、庙下畈型 | | | 火山热液型 |
| 时期 | 神功期 | 晋宁期→加里东期 | | | |
| 温度/℃ | >550 | 400~550 | 300~380 | 200± | <200 |

| 阶段 | I | II | III | IV | V |
|---|---|---|---|---|---|
| 差应力 $(\sigma_1-\sigma_2)$/MPa | | 80~150→20~40 | | | |
| 应变速率 $\varepsilon$/s | $<10^{-12}$ | $10^{-10} \sim 10^{-11} \rightarrow 10^{-10}$ | | | |
| 压力 | 高压 | 高压→中压 | | | 中低压 |
| 地壳深度/km | >15 | 10~15 | | 5~10 | <5 |

## 2.5.2 断裂构造多级控矿与导矿、布矿和容矿

不同方式、不同方向、不同规模构造动力作用条件下，岩石的塑性流动转变为碎裂流动，是决定成矿元素迁移、富集成矿的构造变形与元素活化迁移的重要过程与原因。国内外大量实际的成矿地质事实表明，不同级序的构造多级控矿是不容置疑的客观事实与规律。尽管它们均起源于同一区域动力场或区域性构造运动，但由于受力岩块或地块区域应力场有序的时空演变和岩块或地块内部先成构造格局作为受力构造几何边界条件而导致局部应力场的有序产生与变形，从而构成了依控关系清晰、多级序构造组成的构造变形图像和构造多级控矿的成矿图案。

### 2.5.2.1 大型（巨型）构造及其控岩、控矿作用与意义

大型（巨型）构造按空间尺度而言，通常是指长度为 100~1000km 或大于 1000km，深度达几十米至百余千米的地质构造，其控制着洋、陆沉积，岩浆活动，变质作用和流体的运动。

大型构造不是单一的构造形迹，而是由与其有成因联系和时空关系的伴生或派生的一系列构造要素组合而成的。

大型构造通常均具长期活动的历史，普遍经历了不同时代、不同强度、不同应力-应变体制的构造活动过程，促使了大型构造内部结构的复杂性与规律性。

大型构造通常贯通地壳，穿切地壳不同圈层，甚至深及地幔，其中地幔热柱的发生、发展与形成就属其例，其不但促进了壳-幔作用和成矿组分富集，而且还致使含矿幔源岩浆与成矿流体到达地壳浅层直接成矿。

综上可知，大型构造即大陆、大洋裂谷，同生断层，变质变杂岩构造，陆内大型推覆构造，转换断层和大型走滑断层，地幔柱，大型韧性剪切带等（见图 2-47~图 2-52）不仅是决定区域构造格局重要的构造前提与因素，而且还是岩石流动-成矿组分活化、迁移的主要通道和沉淀富集的重要空间与场所（见表 2-9）。

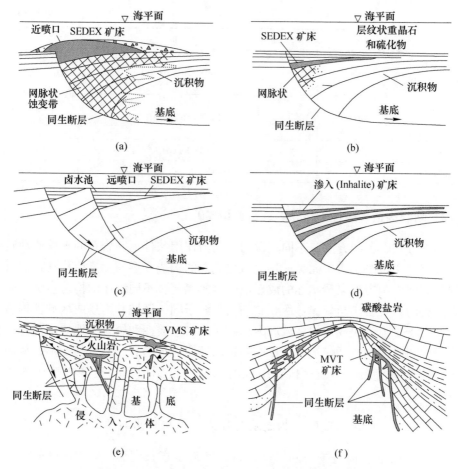

图 2-47　沉积盆地中同生断层与层控矿床的空间定位

(a) 近喷口 SEDEX 型矿床；(b) 典型 SEDEX 型矿床；(c) 远喷口 SEDEX 型矿床；

(d) 渗入充填矿床；(e) VMS 型矿床；(f) MVT 型矿床

(据 McClay 等，1991，简化)

**表 2-9　大型构造与有关大型矿床和数量**

| 构 造 类 型 | 矿床数量 | 主要成矿金属 |
| --- | --- | --- |
| 裂谷、坳拉槽、同生断层等 | 43 | Zn、Pb、Cu、Ni、REE |
| 活动陆缘构造—岩浆带 | 28 | Cu、Au、Ag、Zn、Mo、Sn、W |
| 克拉通深断裂 | 26 | Au、Cu、Fe、Ni、Ti、V |
| 大陆内部边缘盆地 | 26 | Fe、Mn、Al、Cu |
| 大陆火山岩带 | 14 | Au、Ag、V、Pb、Zn |
| 大陆花岗岩穹窿（热点） | 12 | Sn、W（Mo）、Be、Li、Nb、REE |
| 克拉通绿岩带、剪切带 | 11 | Au、Cu、Ni |

注：据中国 71 个大型、特大型金属矿床和世界 89 个大型、特大型金属矿床的资料统计分析。

(据翟裕生等，1999，《区域成矿学》)

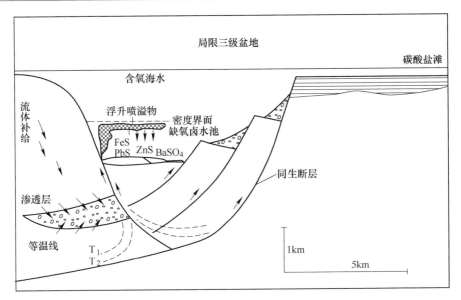

图 2-48 加拿大多科迪勒顿 Cirque 矿床的成矿模式

（据 Jason 矿床的模式，Turner，1989）

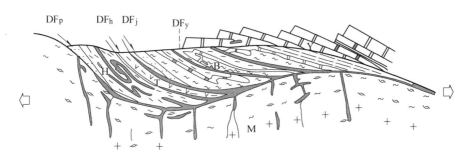

图 2-49 中条主期变形前多期变形变质带内各构造增生楔的构造关系示意图

M—花岗质变质核及其顶部正向韧性剪切带；H—横岭关构造增生楔；T—铜矿峪构造增生楔；

B—箆子沟构造增生楔；Y—余家山构造增生楔；DF$_p$—平头岭剥离断层；

DF$_h$—后山村剥离断层；DF$_j$—界牌梁剥离断层；DF$_y$—余家山剥离断层；灰色部分为基性岩体

（据傅昭仁等，1992）

### 2.5.2.2 断裂构造的导矿、布矿、容矿作用与多级序控矿

含矿流体（岩浆、矿浆、岩浆期后热液、变质热液、混合岩化热液、地下水热液、复合热液等）在深部由高温、高压向温压较低的浅部区域或空间定向上升运移、定位，是流体热动力、上覆岩层静压力和构造动力综合作用的结果。其中，尤其是构造动力既是岩石和岩层发生塑性流动、碎裂流动和成矿组分或有用元素活化迁移的重要因素，又是含矿流体上升侵位的主要通道和成矿组分沉淀、

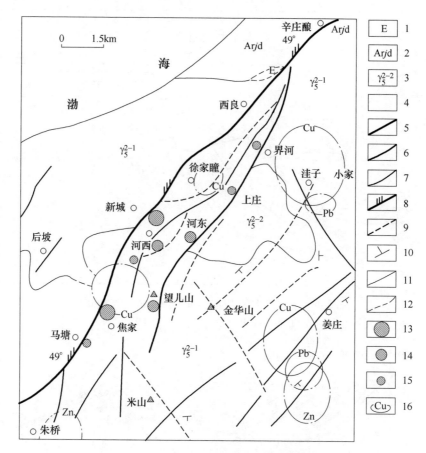

图 2-50　胶东韧性剪切带中的焦家金矿田

1—古近系和新近系；2—太古宙；3—郭家岭花岗岩；4—玲珑花岗岩；5—矿田一级断裂；
6—矿田二级断裂；7—矿田三级断裂；8—压扭性断裂；9—推测断裂；10—片麻理产状；
11—地质界线；12—推测地质界线；13—特大型矿床；14—大型矿床；15—中小型矿床；
16—矿点及矿化点；17—化探异常

（据山东省地质六队，1996，修编）

富集成矿的主要赋存空间和场所，且大型或巨型构造的不同级序的断裂构造系统
对成矿流体又分别起着导矿、布矿、容矿作用及矿体、矿床、矿田规律、有序的
时空定位与展布。

A　导矿构造与导矿作用

导矿构造多属大型或巨型构造的高级别、高序次压-压扭性断裂构造系统，
通常长数千米至数十千米，部分可达百余千米；深数百米至数千米，最深可达数
十千米，宽数米至几十米；宽者可达百余米至数百米。鉴于该系列断裂规模大，
岩石破碎程度高，有利于含矿流体的上升、运移，而不利于含矿热流体和成矿组

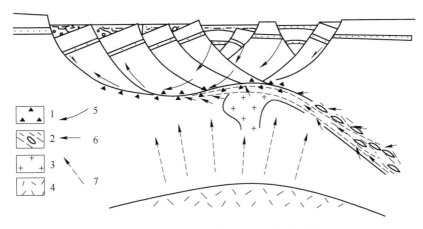

图 2-51  变质核杂岩构造流体系统示意图

1—碎裂岩化带；2—糜棱岩化带；3—同构造花岗岩；4—岩石圈地幔；

5—上盘流体系统；6—下盘变质及热液流体系统；7—幔源热及气液系统

（据翟裕生，1997）

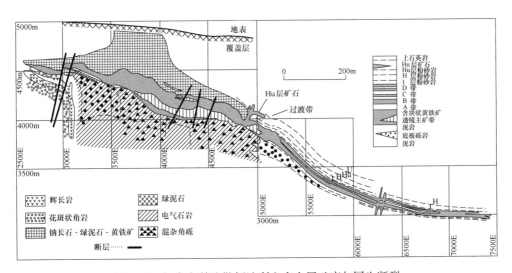

图 2-52  加拿大科迪勒顿沙利文多金属矿床与同生断裂

（据 McClay，1983）

分的分异、沉淀及富集形成工业矿体与矿床。但成矿围岩蚀变和矿化却沿断裂带定向断续分布，并控制了工业矿体、矿床，甚至矿田的沿带分布（见图 2-53 和图 2-54）。该系列断裂多属深断裂和区域性大断裂。

但值得注意的是，两相邻同方向的控矿区域性大断裂和深大断裂，是不同级别构造单元的分界断裂，而且它们产状组合的差异性，又直接影响着矿体、矿床、矿田的空间定位及其疏密程度与规律。

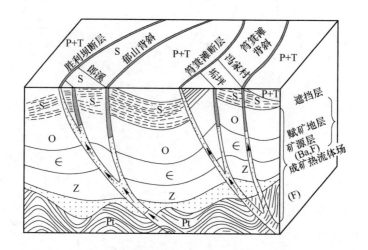

图 2-53　重庆彭水-贵州垢坪梅子坳一带重晶石-萤石矿导矿、布矿、容矿关系

(据徐旃章，2012)

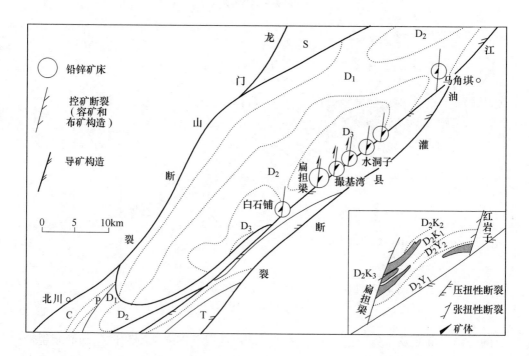

图 2-54　江油-马角坝一带不同级别、不同力学性质、序次的导矿、

布矿、容矿构造对铅锌矿产的控制作用

(据徐旃章，1973)

　　鉴于上述控矿断裂系统多属造山运动的产物，多表现为压性-压扭性的力学

属性和变形特征。因此，上述控矿断裂如两者相向外倾产出，由于压性-压扭性断裂良好的遮挡性能，就构成了对成矿极为有利的封闭-半封闭区域构造环境，促使特大型、大型、中小型工业矿床、矿田和次级矿带的沿带云集与产出，并形成大型、特大型、甚至超大型矿田和成矿带，矿体、矿床、甚至矿田则多沿带产于区域性控矿（导矿）大断裂带低级次断裂构造带中。

B 布矿-容矿构造特征与控矿

布矿-容矿构造多属不同级别导矿断裂的伴生和派生的低级序构造（见图2-55~图2-58），其直接控制着矿体和矿床的产出与分布。

布矿-容矿构造既可是成矿期新生的构造系统，也可是成矿期再活动的构造组成，但后者却是最重要的布矿-容矿构造系统（见表2-10）。

表2-10 浙江省同一构造的复合叠加关系与萤石矿成矿

| 构造类型 | | | 矿床规模/个 | | | | | 成矿概率 | |
|---|---|---|---|---|---|---|---|---|---|
| | | | 特大型 | 大型 | 中型 | 小型 | 矿（化）点 | 总个数 | 百分比 |
| 成矿期再活动控矿断裂 | 同一力源型 | 压·压扭 | 10 | 26 | 97 | 89 | 197 | 419 | 61.3 |
| | 不同力源型 | 压扭-扭·压-扭 | 7 | 11 | 17 | 53 | 76 | 164 | 24.0 |
| 成矿期新生控矿断裂 | 压性 | | | | | | 32 | 32 | 4.7 |
| | 压扭性 | | | | 3 | 2 | 48 | 53 | 7.8 |
| | 张扭性 | | | | | | 7 | 7 | 1.0 |
| | 扭性 | | | | | | 8 | 8 | 1.2 |
| 合 计 | | | 17 | 37 | 114 | 144 | 368 | 683 | 100 |

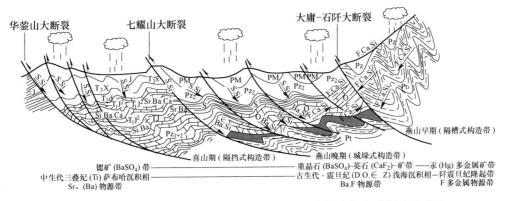

图 2-55 华蓥山-川、黔-湘西构造成矿带不同级序构造控矿示意图剖面图

（据徐旃章，2012）

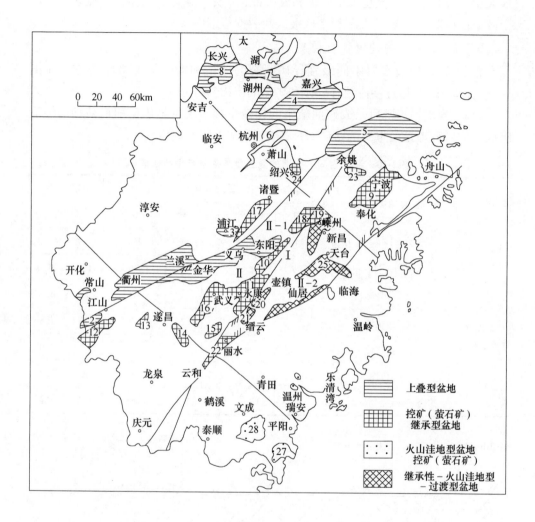

图 2-56　浙江省区域性大断裂（普陀-丽水大断裂）和深大断裂（江山-绍兴深大断裂）
与萤石矿控矿盆地（中生代构造-火山沉积盆地）空间定位依控关系图

Ⅰ—宁波-龙泉萤石矿Ⅰ级成矿带；Ⅱ-1—新昌—缙云萤石矿Ⅱ级成矿带；

Ⅱ-2—东阳-武义萤石矿Ⅱ级成矿带

（据徐旃章，2013）

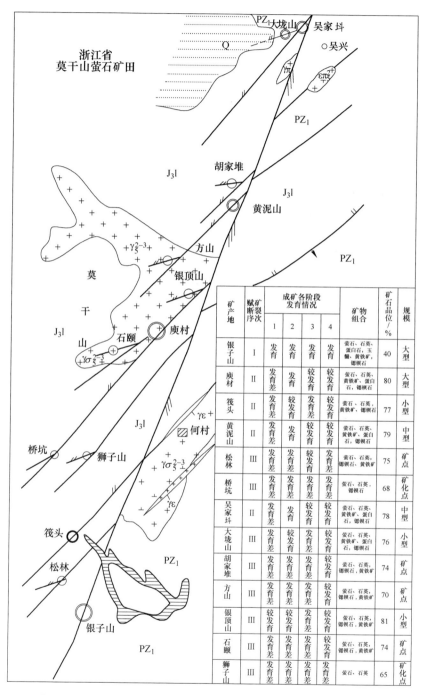

| 矿产地 | 赋矿断裂序次 | 成矿各阶段发育情况 | | | | 矿物组合 | 矿石品位/% | 规模 |
|---|---|---|---|---|---|---|---|---|
| | | 1 | 2 | 3 | 4 | | | |
| 银子山 | I | 发育 | 发育 | 发育 | 发育 | 萤石、石英、蛋白石、玉髓、黄铁矿、锶钡石 | 40 | 大型 |
| 庾材 | II | 发育 | 发育 | 较发育 | 较发育 | 萤石、石英、黄铁矿、蛋白石、锶钡石 | 80 | 大型 |
| 筏头 | II | 发育差 | 较发育 | 发育 | 较发育 | 萤石、石英、黄铁矿、锶钡石 | 77 | 小型 |
| 黄泥山 | II | 发育 | 发育 | 较发育 | 较发育 | 萤石、石英、黄铁矿、蛋白石、锶钡石 | 79 | 中型 |
| 松林 | III | 发育差 | 发育 | 较发育 | 发育 | 萤石、石英、锶钡石、黄铁矿 | 75 | 矿点 |
| 桥坑 | III | 发育差 | 发育 | 发育差 | 发育差 | 萤石、石英、锶钡石 | 68 | 矿化点 |
| 吴家坞 | II | 发育差 | 发育 | 较发育 | 较发育 | 萤石、石英、黄铁矿、蛋白石、锶钡石 | 78 | 中型 |
| 大坞山 | III | 发育差 | 较发育 | 发育差 | 较发育 | 萤石、石英、蛋白石、锶钡石 | 76 | 小型 |
| 胡家堆 | III | 发育差 | 发育差 | 发育差 | 较发育 | 萤石、石英、锶钡石、黄铁矿 | 74 | 矿点 |
| 方山 | III | 发育差 | 发育 | 发育差 | 较发育 | 萤石、石英、锶钡石、黄铁矿 | 70 | 矿点 |
| 银顶山 | III | 较发育 | 较发育 | 发育差 | 较发育 | 萤石、石英、黄铁矿 | 81 | 小型 |
| 石颐 | III | 发育 | 发育 | 发育差 | 较发育 | 萤石、石英、锶钡石、黄铁矿 | 74 | 矿点 |
| 狮子山 | III | 发育差 | 发育差 | 发育差 | 发育差 | 萤石、石英 | 65 | 矿化点 |

图 2-57  浙江省莫干山萤石矿田，不同方向、不同级序导矿、布矿、
容矿断裂对萤石矿的控制作用与规律

（据徐旃章，1991）

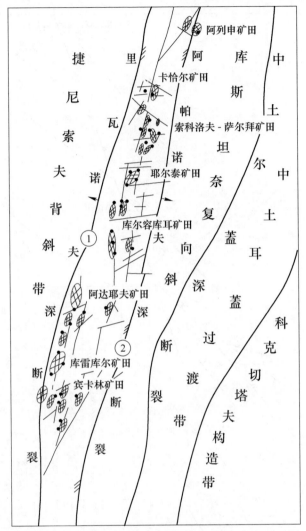

图 2-58 俄罗斯受北北东向深断裂控制的吐尔盖铁矿带

1，2—深断裂带；●—铁矿体；⬚—索科洛夫-萨尔拜杂岩的侵入体

（据地科院资料修改）

## 2.6 控矿断裂的三维空间分带与成矿三维空间分带时空关系

地壳上，构成地壳主要构造格局的区域构造带主要有东西向、南北向、北东-北北东向和北西-北北西向构造带。它们在不同时代均属压性和以压为主兼扭性的压扭性构造带，但几次经历构造运动的叠加与改造，各方向控矿断层和断层带无不带上扭动的痕迹（见图 2-59）。

因此，压扭性主控矿断裂带或压扭性断裂控矿是大陆上地壳的一个普遍的现

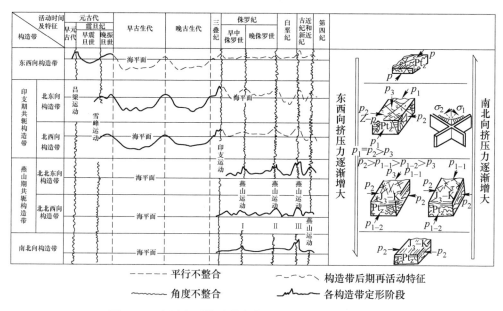

图 2-59　中国主要构造带主断层力学性质的叠加与构造

（据徐旃章，1991）

象。其中，韧性剪切带（ductile shear zone）或韧性断裂（ductile fault）就是力学性质属于压性-压扭性特征的高应变线性流变带转变至脆性变形带的一种特殊而常见的构造类型，构造垂向分带特征明显，由上而下，由弹性、脆性变形带逐渐过渡为准塑性、韧性破裂带（见图 2-60），后者主要构造岩为粒度极细的各类糜棱岩，其大幅度的增加了岩石表面积和成矿蚀变与成矿组分富集的强度，其特征主要为：

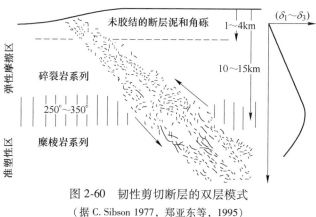

图 2-60　韧性剪切断层的双层模式

（据 C. Sibson 1977，郑亚东等，1995）

（1）韧性剪切带是地壳较深层次的构造变形带，通常长度在数十千米至数百千米，宽度数百米至几十千米，长者可达上千千米（许志琴等，1984），延深可达地壳下部或穿切岩石圈（见表 2-11 和表 2-12），常与挤压（或压扭）造山带及其逆冲推覆带相伴而生。大型、超大型韧性剪切带常控制着大型、特大型金矿，胶东西北部隆起区韧性剪切带对金矿的控制就属其例。

**表 2-11　国外某些大型韧性剪切带实例**

| 剪切带起点 | 规　模 | | 产　状 | 研究者 |
|---|---|---|---|---|
| | 长度/km | 宽度/km | | |
| 美国兰岭—南山基底韧性剪切带 | 400 | 40 | NE/SE∠缓至陡 | Mitra |
| 苏格兰北西莫因冲断层糜棱岩带 | 200 | | NNE/NW∠缓 | Christio Johnson |
| 西格陵兰森德尔斯特姆乔德德剪切带 | >300 | 40 | NE/NW. NWW∠30° | Escher |
| 法国南阿摩力克剪切带 | 300~500 | 北分支300~400m | 280°~300°/N∠陡至缓 | Je′gouzo Mattauer |
| 南部非洲 Pottader 剪切带 | <500 | | NW 走向右旋陡倾斜 | Coward |
| 东比利牛斯海西糜棱岩带 | 数十 | 数厘米~数百米 | E-W/N∠陡倾或 NEE 走向 | Carreras 等 |
| 原苏联乌拉尔变余糜棱岩带 | 数百千米（多条，每条数厘米~数百米） | | N-S 或 NE/E∠30~60° | Леяцбых 等 |

（据郑亚东等，1984）

**表 2-12　我国某些韧性剪切带实例**

| 剪切带起点 | 规　模 | | 产　状 | 研究者 |
|---|---|---|---|---|
| | 长度/km | 宽度/km | | |
| 山东沂沭断裂带中断基底剪切带 | >20~30 | 20（多条，单条由几厘米至 80~100m） | 20°~40°/NE∠60°或更陡 | 张家声 |
| 安徽省大别山北的磨子潭-晓天超覆断裂中剪切带 | 20~30 | 2~4 | NWW/N（上部）NWW/S（下部） | 朱宗沛、柴明理等 |
| 安徽省肥东县糜棱岩带 | 100 | 单条宽数十米，由多条组成 | N-S 至 NE/E 东部∠70°N-S 至 NE/E 西部缓 | 徐树桐 |
| 江西武功山东段松山-杨家桥韧性剪切带 | 数十 | 8（共 8 条） | NWW/SW 倾角缓 | 肖庆辉 汤家富 |
| 内蒙古温都尔庙地区林凯-马兰敖包韧性剪切带 | >50 | 东部 1700m西部 2200m | E-W/S∠68°E-W/N∠75° | 胡骁 牛树银 |
| 新疆阿其克库都克塑性断裂 | 20 | 200~500m | NWW/SW 倾角陡至缓 | 张治兆 |
| 北京怀柔大水峪韧性剪切带 | >12 | 1~2 | NE50~60°/SE∠30~45° | 王玉芳 |

（据郑亚东等，1984）

（2）韧性剪切变形变质带无例外地均含有高应变流变带，不均匀变形变质作用和流体作用而形成的岩石组合（见表2-13），为其主要特征与标志。

**表2-13 动力变质岩石简表**

| 岩 类 | | 组构 | 基质含量/% | 定名原则 | 岩石类型 |
|---|---|---|---|---|---|
| 脆性动力变质岩 | 构造角砾岩类 | 角砾状构造 | | | （无定向）角砾岩（略有定向）圆化角砾岩 |
| | 压碎岩类 | 碎裂组构 | | 碎裂+原岩名称 | 碎裂岩 |
| | | 碎斑组构 | | 碎斑+原岩名称 | 碎斑岩 |
| | | 碎粒组构 | | 主要矿物+碎粒岩 | 碎粒岩 |
| 脆韧性、韧性动力变质岩 | 糜棱岩类 | 残斑结构叶理发育 | <10 | 糜棱岩化+原岩名称 | 糜棱岩化变质岩 |
| | | | 10~50 | 原岩名称+初糜棱岩 | 初糜棱岩 |
| | | | 50~90 | 主要矿物+糜棱岩 | 糜棱岩 |
| | | | >90 | 超糜棱岩 | 超糜棱岩 |
| | | 具千枚状构造 | >90 | 主要矿物+千糜岩 | 千糜岩 |
| | | 具片状构造 | | 主要矿物+糜棱片岩 | 糜棱片岩 |
| | | 具片麻状构造 | | 主要矿物+糜棱片麻岩 | 糜棱片麻岩 |

（据陈曼云和刘喜山，1990）

（3）岩石在韧性剪切变形变质条件下，强烈的流动变形和重结晶而形成的叶理（糜棱叶理、剪切叶理如图2-61所示）；高应变流变带中深层次（高角闪岩相或麻粒岩相）发育的条带状构造；韧性变形变质带中，由矿物及其集合体构成的拉伸线理或伸长线理，是韧性剪切带重要的构造标志；高应变流变带中韧性剪切变质岩，因具有强烈的塑性流动性，从而导致褶皱构造的普遍发育（S形叶理弯曲、b形褶皱如图2-62所示）；韧性剪切带演化晚期的膝折带与剪切条带（见图2-63和图2-64所示）。

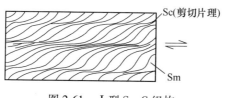

图2-61  Ⅰ型S—C组构

鞘褶皱是韧性变形-变质带高应变流变带的标志性构造（见图2-65），其轴面（XZ面上）与糜棱叶理的交角随剪应变量的增加而减小，当其与糜棱叶理平行时，其枢纽平行于拉伸线理，并与剪切运动方向一致。

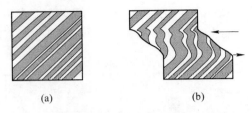

图 2-62　由被动岩层的剪切所产生的相似褶皱

（a）S 形叶理弯曲；（b）b 形褶皱

（据刘喜山等，1992）

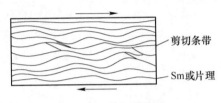

图 2-63　剪切带构造

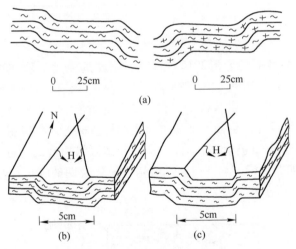

图 2-64　剪切带中的膝折构造

（据孙德育等，1989）

（4）云母鱼、压力影等细微构造（见图 2-66 和图 2-67），是韧性剪切带的重要、常见的标志构造。

韧性剪切带是地壳内普遍发育的线性高应变带，是成矿热流体活动的重要通道，也是成矿组分富集、沉淀的重要赋矿空间，在韧性剪切变形过程中，破裂封闭是成矿热流体的重要驱动力（M. A. Etheridge 等）。因每个显微破裂面上都有一

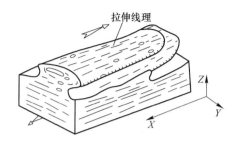

图 2-65 鞘褶皱在不同断面上的形态特征示意图

（据 Mattamer，1980）

定的压力梯度，并从围岩中加速驱动成矿热流体，把成矿组分运移到相应的破碎空间，当成矿热流体压力达到平衡时，就开始沉淀、并富集成矿。因此，韧性剪切变形的动力作用是矿物质迁移、富集的主要机理（见图 2-68）。

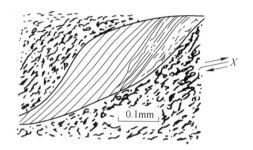

图 2-66 绢云石英糜棱岩中的白云母鱼

（据周建勋，1990）

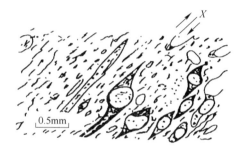

图 2-67 石英绢云母糜棱岩中长石斑的压力影

（据周建勋，1990）

图 2-68 黑龙江依兰县发育于中下元古界变质岩系中的赋金韧性剪切带

（据徐㒼章，2002）

此外，构造地球化学研究表明：在韧性变形过程中，含 Fe、Mg、Ca 的矿物在流体作用下可发生退变质作用，使 Fe、Mg、Ca 等元素，从韧性剪切带的糜棱岩带中带出，当有含金成矿热流体流入时，成矿热流体中的 $S^{2-}$、$CO_3^{2-}$、$Cl^-$ 等组分就可与剪切过程中排出的 Fe、Mg、Ca 等结合产生硫化物化、碳酸盐化、绿泥石化等成矿围岩蚀变。金（Au）在热流体中主要以硫金配合物或金氯配合物形式迁移（T. M. Seward, 1982; R. W. Henley, 1971），Cl、S 等可与 Fe 结合形成绿泥石、硫化物矿物沉淀，使 Au 的配合物分解，并导致 Au 的还原沉淀。实际的成矿地质表明：韧性剪切变形越强，排出的 Fe 等物质越多，蚀变和矿化就相应越强，其正相关特征明显。因此，韧性剪切带是金沉淀有利的地球化学屏障，且原岩含 Fe、Mg、Ca 越高的韧性剪切带，就越有利于金的沉淀及富集成矿。广东河台和丹东五龙韧性剪切带金矿就属其例（见图 2-69 和图 2-70）。

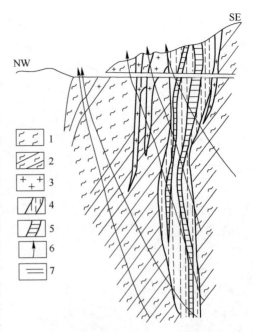

图 2-69　广东河台韧性剪切带中的金矿床
（据王鹤年等，1989）

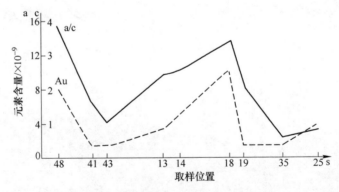

图 2-70　丹东五龙韧性剪切带中的金矿床，韧性剪切变形强度与 Au 矿化富集关系
（据张晓峰等，1989）

韧性剪切带从力学性质而言，应属压性或以压为主兼扭性的断层，而通常所谓的压性、压扭性断层，尤其是形成于一定深度的压性、压扭性断层，变形特征类似、断层空间分带特征基本一致，同属主要控矿断层系统。

地壳上各类矿产资源无不直接或间接地受不同类型断裂构造所控制，尤其是内生矿产资源。不同尺度或规模的断裂构造，不但是各类含矿岩浆（酸性、中酸性至基性、超基性）和成矿热液上升、侵位的通道，也是其重要的定位空间。尤其对热液成矿系列而言，由于控矿断层由深部至浅部，温度、压力环境和断层破裂变形特征由下而上的有序变化和差异，导致各控矿断层不同深度破裂变形特征明显而有序的规律变化。因此，决定着控矿断裂垂向不同部位矿石特征（结构、构造、品位、矿（化）体特征与类型、元素-元素组合特征等）和成矿围岩蚀变等的规律变化，是成矿露头评价和成矿深部远景评价的重要科学依据。例如，浙江萤石矿、云南老象坑铁矿、云南宁滇铜厂河铜矿-重晶石矿、四川会理龙塘铅锌矿、湖南瑶岗仙黑钨矿等均属于此类控矿构造（见图 2-71 ~ 图 2-76）。

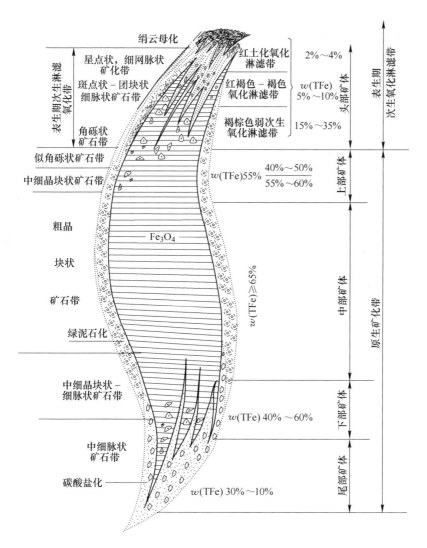

图 2-71　云南省腾冲县老象坑铁矿（$Fe_3O_4$）垂向分带模式图

（据徐旃章，2014）

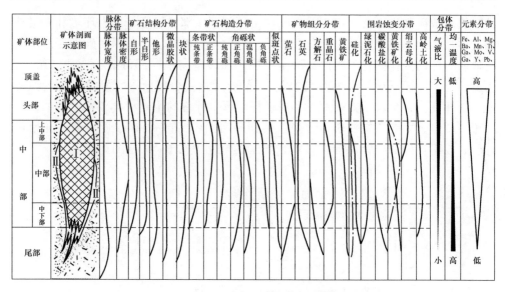

图 2-72　浙江省萤石矿矿体垂直分带模式示意图

（据徐旃章、张寿庭，1991）

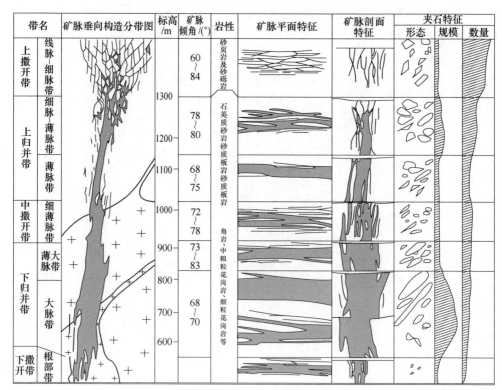

图 2-73　湖南瑶岗仙黑钨矿垂向分带图

（据林新多等，1987）

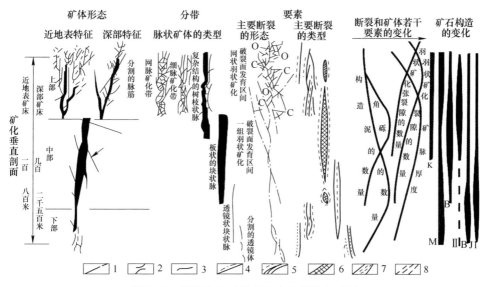

图 2-74　脉状铅锌矿垂向构造分带综合略图

1—主断裂；2—羽状裂隙：C—剪切裂隙，O—张裂隙；3—不具有摩擦泥的"干"的剪切面；4—充填有
细薄成矿前摩擦泥的剪切面；5—互相接近近于平行的剪切面系统，有的是"干"的，有的伴有摩擦泥；
6—分布于剪切面和与其伴生裂隙中的破碎带；7—充填有厚 5~10cm 成矿前构造泥的构造裂隙；8—片理化带

（据 E. M. 涅克拉索夫，1980）

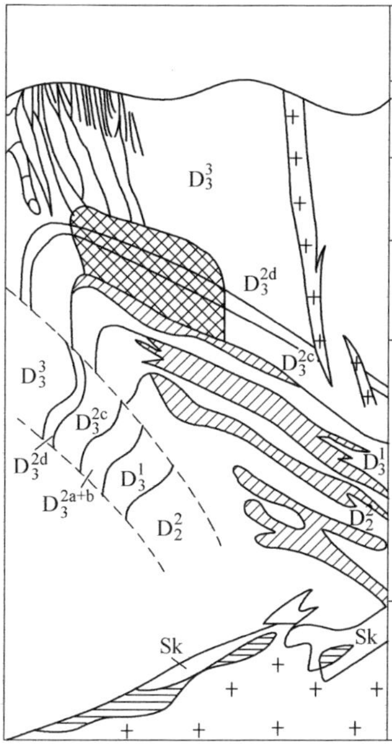

| 顺序 | 矿床类型 | 矿体形态 | 矿体中矿物、元素分布特征 | | | | | 围岩蚀变 |
|------|----------|----------|----------|----------|--------|--------|--------|----------|
| | | | 矿石矿物 | 特征元素 | Sn/% | Cu/% | Zn/% | |
| 第一层 | 找矿标志 | 微细脉 | 磁黄铁矿黄铁矿褐铁矿 | | 0.1~0.2 | | | 硅化黄铁矿化 |
| 第二层 | 裂隙脉型锡石-硫化物矿体 | 大脉 | 锡石、铁闪锌矿、黄铁矿、毒砂、脆性硫锑铅矿 | Sn、Zn、Pb、Sb、As | 2.065 | 0.063 | 4.386 | 硅化绢云母化碳酸盐化黄铁矿化 |
| 第三层 | 密集细脉交代型锡石-硫化物矿体物 | 细脉带 | 黄铁矿、铁闪锌矿、脆性硫锑铅矿、锡石、毒砂、辉锑矿 | Sn、Zn、Pb、Sb、S、As | 0.77~1.44 | 0.07 | 2.10~3.34 | 硅化黄铁矿化电气石化大理石化 |
| 第四层 | 细脉网脉浸染交代型锡石-硫化物矿床 | 层状、似层状 | 锡石、铁闪锌矿、磁黄铁矿、毒砂、黄铜矿、斑铜矿、黄铁 | Sn、Zn、Pb、Cu、Sb、S、As | 0.77~1.44 | 0.07 | 2.10~3.43 | 硅化电气石化角岩化碳酸盐化黄铁矿化局部矽卡岩化 |
| 第五层 | 矽卡岩型铜锌矿体 | 似层状透镜体 | 磁黄铁矿、铁闪锌矿、黄铜矿、锡石、斑铜矿 | Zn、Cu、Sn | 0.23 | 0.44~1.00 | 3.37 | 复杂矽卡岩化大理石化 |

图 2-75　广西大厂矿田矿床模式图

（据高志斌，1982）

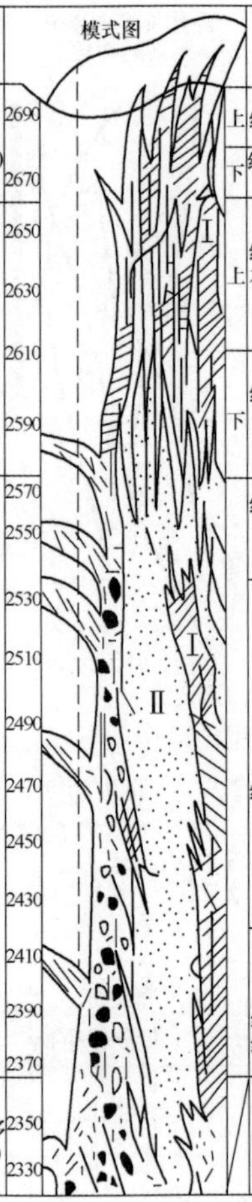

| 矿体垂直分带 | 模式图 | 脉体特征 | 矿物组合 | | 矿石结构构造 | | 围岩蚀变 | 矿石类型 |
|---|---|---|---|---|---|---|---|---|
| | | | 脉石矿物 | 矿石矿物 | 结构 | 构造 | | |
| 头部<br>(铜次生淋滤带) | 2690<br>2670 | 上 绿帘石粗脉带(Ⅰ) | 绿帘石<br>绿泥石 | 玄武岩中伴生<br>浸染状自然<br>铜、孔雀石 | 他形、胶体<br>重结晶结构 | 浸染状构造<br>脉状构造 | 绿帘石-<br>绿泥石化 | 氧化铜 |
| | | 下 绿帘石化-主脉带<br>(Ⅰ)石英细脉带 | 绿帘石<br>石英 | 孔雀石、胶体<br>铜蓝自然铜 | 他形、胶体重<br>结晶、压碎结构 | 浸染状、次生<br>网脉状细脉状 | | 氧化铜、自然铜 |
| 中部<br><br><br>(铜金属硫化物带) | 2650<br>2630<br>2610 | 上 绿帘石主脉带(Ⅰ)<br>石英细-网脉带<br>方解石细脉 | 绿帘石<br>石英<br>方解石 | 孔雀石<br>自然铜<br>赤铜矿<br>镜铁矿<br>辉铜矿 | 他形-半自形<br>结构<br>填隙结构 | 次生网脉<br>状细脉状构造 | 绿帘石化为主<br>硅化次之 | 氧化铜<br>自然铜<br>辉铜矿 |
| | 2590 | 下 绿帘石主脉带(Ⅰ)<br>石英主脉带<br>方解石细脉带 | 绿帘石<br>石英<br>方解石 | 自然铜<br>辉铜矿 | 半自形-自形<br>结构<br>填隙结构 | 细脉状构造<br>团块状构造 | 硅化<br>绿帘石化 | 自然铜<br>辉铜矿 |
| | 2570<br>2550<br>2530 | 绿帘石主脉带(Ⅰ)<br>石英主脉带<br>方解石粗脉带 | 绿帘石<br>石英<br>方解石 | 辉铜矿 | 自形-半自形<br>结构<br>填隙结构<br>压碎结构 | 团块状构造<br>角砾状构造<br>脉状构造 | 硅化<br>绿帘石化<br>碳酸盐化 | 辉铜矿 |
| | 2510<br>2490<br>2470<br>2450<br>2430 | 石英脉带<br>方解石主脉带<br>绿帘石(Ⅰ)主脉带 | 石英<br>方解石<br>绿帘石 | 辉铜矿<br>黄铜矿<br>斑铜矿 | 自形-半自形<br>结构<br>填隙结构<br>压碎结构 | 团块状构造<br>角砾状构造<br>脉状构造 | 硅化<br>绿帘石化<br>碳酸盐化 | 辉铜矿<br>黄铜矿<br>斑铜矿 |
| | 2410<br>2390<br>2370 | 石英主脉带<br>方解石主脉带<br>绿帘石(Ⅰ)主脉带<br>绿帘石(Ⅱ)细脉带 | 石英<br>方解石<br>绿帘石 | 辉铜矿<br>黄铜矿<br>斑铜矿 | 自形-半自形<br>结构<br>填隙结构<br>压碎结构<br>溶蚀结构 | 团块状构造<br>角砾状构造<br>脉状构造 | 硅化<br>绿帘石化<br>碳酸盐化 | 辉铜矿<br>黄铜矿<br>斑铜矿 |
| 下部(硫、砷多金属矿化带) | 2330 | 石英主脉带<br>方解石主脉带<br>绿帘石(Ⅰ)主脉带<br>绿帘石(Ⅱ)粗脉带<br>钠长石细脉带 | 石英<br>方解石<br>绿帘石 | 辉铜矿<br>斑铜矿<br>砷化物 | 溶蚀结构<br>残余结构<br>自形-半自形<br>结构<br>填隙结构 | 团块状构造<br>角砾状构造<br>脉状构造 | 硅化<br>绿帘石化<br>碳酸盐化<br>钠长石化 | 辉铜矿<br>黄铜矿<br>斑铜矿 |

图 2-76　铜厂河矿区西段矿体垂直分带模式及特征

(据徐旃章, 1992)

## 2.7　推覆构造与成矿

巨型推覆构造是大陆地壳或大陆板块-造山带中主要的构造变形类型，研究巨（大）型推覆构造已成为大陆动力学前沿研究领域的关键问题之一。

20 世纪 70 年代中期，利用大陆反射剖面（COCORP）-深地震反射探测等新技术在美国南阿巴拉契亚山发现了巨型推覆构造以及在落基山逆冲断层带发现了大型油田后，国内外构造地质学领域出现了研究推覆构造的又一次热潮，将推覆构造研究推进到了新的研究阶段——推覆构造成岩与成矿作用。云南腾冲地块巨型推覆构造体系的控岩、控矿和川黔湘巨型推覆构造体系的控矿范例均属其例。

### 2.7.1　腾冲地块巨型高黎贡山推覆构造体系与控岩、控矿

腾冲（微）地块历经了裂离、汇聚、增生、闭合复杂演化过程，滇-缅弧形构造系统是印度板块与欧亚板块碰撞的产物，控制了古元古代、古生代以来各类建造的时空分布，是一个长期发育、持续发展的构造系统，为腾冲地块高黎贡山巨型推覆构造体系的形成，奠定了前期的构造基础。

#### 2.7.1.1　弧形断裂构造系统形成的构造动力学前提

区域弧形断裂构造系统是控岩-控矿高黎贡山巨型推覆构造体系的主要构造组成，其形成的动力学条件，直接决定着、控制着各时代变质岩系（$Pt_1 \rightarrow Pz_2$）的弧形同步分布、定位和高黎贡山巨型推覆构造体系的发生与发展。弧形断裂构造体系形成的构造动力起源于印度板块与欧亚板块的碰撞及印度板块向东的侧向挤压（见图2-77），直接决定着腾冲地块及其西部缅甸境内恩梅开江和迈立开江弧形断裂带的同步形成与空间定位，为巨型推覆构造体系的形成提供了极为重要的先成构造前提。

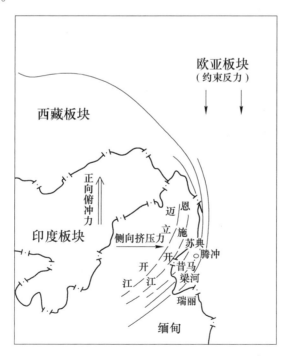

图2-77　弧形构造系统形成的动力学前提与条件

（据徐旃章，2014）

印支期后，高黎贡山巨型弧形基底滑脱构造形成，并将滇缅各级弧形构造系

统归并、改造并归属为高黎贡山巨型推覆构造体系的组成部分，而进入到新一代（中-新生代）构造-岩浆-成矿热事件的活动和成岩与成矿演化演变进程中。

### 2.7.1.2　怒江-瑞丽巨型基底滑脱构造带（弧形联合构造带）的厘定

怒江断裂是限定珠峰-腾冲型高黎贡山群（$Pt_1$）、晚石炭世铺门前组（$C_1p$）、香山组（$C_1x$）和宝山型两种冰山沉积相区的边界，但在燕山晚期-喜马拉雅期，高黎贡山-瑞丽弧形断裂带基本上是沿 SN 向怒江断裂和 NE 向龙陵-瑞丽断裂的软弱带发育（见图 2-78），因构造联合作用而形成的弧顶向 SE 突出的巨型弧形基底滑脱构造系统（见图 2-79）。基底滑脱面上形成了数百米宽的糜棱岩带，基底滑脱上盘发育有韧性剪切带、弧形整合的混合岩、"眼球状"片麻岩等具流变特征的岩类，向上过渡为韧脆性至脆性变形构造带。由西向东混合花岗岩、伟晶岩的大量同位素年龄（27.9～54.5Ma→61.5～67.4Ma→117～114Ma）数据也集中地反映了始新世-渐新世、晚白垩世末、早晚白垩世热事件的由西向东有序的演化历史与规律。其中，察隅地区的同位素年龄为 10～20Ma 这一事实，也客观地表明了构造-岩浆地质热事件的年代已持续到中上新世。

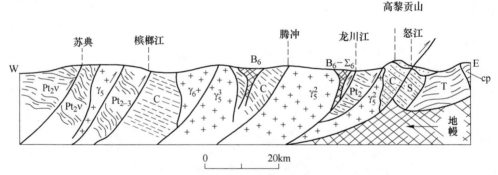

图 2-78　高黎贡山弧形基底滑脱构造与弧形推覆断裂系统

$\gamma_5^3$—东河花岗岩亚带；$\gamma_5^2$—古永花岗岩亚带；$\gamma_6$—槟榔江花岗岩亚带；$B_6$—腾冲玄武岩带；

$B_6$-$\Sigma_6$—丙闷-龙陵-潞西基性-超基性岩带

（据昆明地调院，1：25 万腾冲幅区域地质调查报告修改）

基底滑脱面之下，从畹町、道街、察瓦龙、洛龙保存着 J～K 一套弧形延展的盆地和潞西、八宿等地残存有燕山期构造的超基性岩碎片，其地层的有序性、变质程度低的建造特征，与基底滑脱的上盘形成了鲜明的对照。

上述弧形基底滑脱-推覆构造系统的发生与发展，直接决定着滇西地区主要含 W、Sn、Mo、Bi 等的腾冲-梁河花岗岩带（槟榔江亚带-古永亚带-东河亚带）自东向西，从老到新（117～143Ma→78.3～84.3Ma→51.1～59.8Ma）依次演化及岩浆源深度、侵位方式、深部分异及就地演化的相应差异。但上述花岗岩带（亚）的时空迁移与演变的规律性，均是由统一联合应力场作用条件下高黎贡山基底滑脱及其上的弧形推覆断裂系统的演化机制所制约的。

造山带是地球表面普遍发育的构造-地貌单元，是大陆表面巨大而狭长的强变形、强变质、强岩浆活动的线形构造活动带。

巨型、大型推覆构造是造山带重要区域构造变形类型之一。它们沿走向，长度可达数百千米至数千千米，宽度数十千米至数百千米，不但导致盖层的强烈变形，而且还会引起基底或更深地壳的再活动与再变形。这一事实客观地表

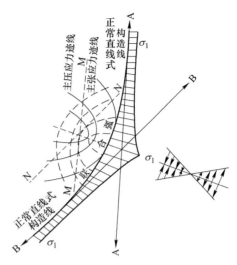

图 2-79　弧形基底滑脱-推覆构造系统
形成力学机制示意图
（据徐旃章，2014）

明巨型推覆构造或巨型逆冲推覆构造控制着构造变形与相关建造（岩浆建造、变质建造、成矿建造）的形成与发展及其空间定位（不同时代、不同岩类的岩浆建造-动力变质岩带-相关矿产资源）和时空有序的规律演变与演化。

高黎贡山巨型推覆构造系统属单向纯剪切挤压型巨型推覆构造系统，滑脱构造带以上的同产状浅部逆冲断裂或韧性剪切推覆带，向深部均消失于滑脱构造带或壳内软弱层中；滑脱构造带之下的深部主断裂面-韧性推覆剪切带与浅部主断裂面-韧性推覆剪切带倾斜方向相反，切割莫霍面的壳幔韧性剪切带，呈楔形体楔入造山带或巨型推覆体的深部，不但导致莫霍面的增厚和山根构造的发育，而且也是决定弧形推覆带前缘发育幔源基性-超基性岩带的主要原因。国外如纽芬兰阿帕拉契亚造山带、不列颠加里东造山带、比利牛斯造山带、科迪勒拉造山带等均属其例。

### 2.7.1.3　高黎贡山巨型推覆构造体系的组成与分带

推覆构造体系（nappe tectohic series）是指时空上运动学和动力学上具有密切联系的两个或两个以上推覆构造的构造组合系统，通常呈线性延展于造山带内，并构成了造山带的主体构造系统。例如，川中地块东西缘的江南巨型推覆构造体系，包括川东-湘西北滑脱构造、雪峰山推覆构造、九岭推覆构造、罗霄山推覆构造等。

推覆构造（nappe tectonics）又称逆冲推覆构造（thrust-nappe tectonics）。朱志澄（1989 年）认为推覆构造或逆冲推覆构造是由主拆离带（滑脱带）、中央逆冲-推覆体带、后缘挤压-伸展变形带和前陆逆冲-叠瓦褶断带组成。这种对推覆构造的广义理解，有利于对造山带整体变形的分析和对造山过程及成岩-成矿作用过程及分带性的认识。

A　主拆离带（怒江-瑞丽基底滑脱构造带）

主拆离带是分隔推覆构造外来岩（席）系与下伏岩系的主滑脱面或主断裂面，通常总体倾角较小，但位移显著，是推覆构造强变形构造带；也是剪切摩擦的最主要热聚带和热流体场与壳重熔花岗岩的定位带；是上、下地壳之间规模巨大的剪切拆离滑动带，常消失于软弱层中。

B　中央逆冲-推覆带（怒江-腾冲中央逆冲-推覆带）

中央逆冲-推覆带是推覆构造或逆冲推覆构造内部，由主拆离带（面）以上的外来岩系组成的构造成分，是变形、滑动最强烈的地区之一。主拆离带（面）以上，被次一级逆冲断层分隔开来，形成具有相当厚度的外来岩体称为推覆体（nappe）或逆冲岩席（thrust sheet），是逆冲-推覆带的主要组成部分。

C　后缘挤压-伸展变形带（苏典-槟榔江后缘挤压-伸展带）

包括根带在内的后缘挤压-伸展变形带，是推覆构造逆冲推覆作用起始发育部位，分布范围广，多发育在造山带的中心部位。该带前期以塑性变形为主，表现为强烈挤压，常见韧性剪切带；晚期以伸展变形为主，并在早期挤压构造上叠加伸展构造，构成先压后张的复合性构造系统。

D　前陆（缘）逆冲-叠瓦褶断带

前陆（缘）逆冲-叠瓦褶断带是主拆离带以下的下伏岩系强烈变形的地带。高黎贡山巨型推覆构造体系，同样由上述四个构造带组成（见图 2-80），其特点为：

（1）在前期构造（古特提斯陆内海槽和新特提斯弧后海盆）闭合基础上，再次强烈挤压形成大型变质基底滑脱。

（2）滑脱面上下盘均为大陆性陆壳，两者在变质程度、变形特征、地史特征上差别极大。

（3）滑脱面上盘地层和岩石，随滑脱机制的发生与发展，形成了一套时空分布规律有序的弧顶 SE 外凸的弧形逆冲断层群或推覆构造系统，并控制着壳重熔高侵位各花岗岩亚带规律的时空演化与迁移。

（4）弧形滑脱面的弧心（弧形内凹部位）构成"热点"，控制着板内基性-中性火山活动和花岗质岩浆的有序侵位，由于地壳物质的强烈变形，使典型的幔源火山岩遭受地壳物质的严重污染，并促使幔源岩浆的分异与熔离和相关成矿组

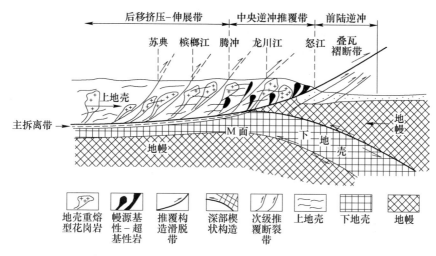

图 2-80 高黎贡山巨型推覆构造系统的变形动力学与分带模式示意图
（据徐旃章，2014）

分的迁移与富集。

（5）陆内造山带是区域壳源花岗岩发育的构造前提，并导致了滇西 Sn、W、Mo、多金属、铁、稀土等矿产资源的形成与规律有序的时空定位。

### 2.7.1.4 高黎贡山巨型推覆构造体系与花岗岩成因和成矿

造山带花岗岩的成因、运移和侵位动力学是当前大陆构造动力学和造山带研究的前沿课题。研究岩浆作用与变形作用的关系是揭露花岗岩成因、运移和侵位过程的关键。

A 花岗岩体与推覆构造的空间关系

高黎贡山推覆构造的前缘叠瓦褶断带、中央推覆体带、后缘挤压-伸展变形带均同步发育着燕山-喜山期不同时代、不同类型的岩浆侵入体和喷发岩。其由 E 至 W，按前缘叠瓦褶断带、中央推覆体带、后缘挤压-伸展带的次序演化；成岩时代按燕山早中期、燕山晚期、喜山期的次序演化。岩石类型和岩石化学特征也相应依次变化和演变，并同步导致不同推覆构造带矿床和矿床组合类型（Fe、Cu、Pb、Zn、W、Sn、Bi→W、Sn、Bi、Mo、Nb、Ta、Li 等→W、Sn、Pb、Zn）的定向有序变化。

B 花岗岩体与推覆构造的时空耦合关系

高黎贡山推覆构造是燕山期-喜山期连续活动的东西向挤压与南北向直扭联合动力场，在南北向构造与北东向构造的先成构造几何边界条件下形成的弧顶 SE 外凸的弧形推覆构造系统，由前缘推覆逆冲带、中央推覆体带、后缘挤压-伸展变形带，依次发展，并控制着相应时代弧形展布的花岗岩及矿产资源，两者形成与演变时代一致，客观地揭示了两者的高度耦合与依控关系，为探究花岗岩体形成与成因提供了重要的构造信息和岩石学、岩石地球化学依据。

　　C　花岗岩浆物质来源与推覆构造关系

　　腾冲-龙陵的燕山期-喜山期花岗岩，尽管岩石类型众多，但花岗岩浆物质主要来源于陆壳，多属陆壳重熔型花岗岩。

　　（1）陆壳重熔花岗岩浆原岩中，存在着较多的地壳岩石成分。

　　（2）从区域地球化学角度分析，腾冲-龙陵地区区域燕山期-喜山期花岗岩体的成分普遍含有该地区中上地壳的组分，这是岩浆岩成分主要来源于地壳的重要依据。

　　Taylar 和 Mclennan（1985）通过地球化学和实验岩石学的研究认为大量花岗岩形成于地壳构造环境中，不可能直接来自于地幔，这也是区别大洋地壳的重要标志。

　　Leake（1990）通过大量实验岩石学研究也同样认为陆壳以下地幔橄榄质岩石的局部熔融不可能获得地壳广为分布的巨量的花岗岩浆，岩浆的侵位空间如果没有地壳物质的参与，形成地壳巨量花岗岩体的侵位是不可能的。

　　Pitcher（1983）认为花岗岩仅大量出现于大陆地壳造山带和强变形带中，现今大洋地壳中，几乎不存在花岗岩体。

　　我国东秦岭造山带花岗岩包裹体测温和实验岩石学资料也同样表明这一观点，该区中生代花岗岩浆同样均在陆壳温压条件下形成。

　　东江口二长花岗岩体中石英包裹体爆裂法测温为 645～775℃（张国伟等 1989）；华山花岗闪长岩体中石英包裹体爆裂法测温为 550～700℃；蟒岭二长花岗岩体中石英包裹体爆裂法测温为 550～615℃；石家湾花岗斑岩熔融实验所获，在 1.5kb 条件下，花岗斑岩初熔温度为 748℃（尚瑞均等，1988）。

　　综上可知，东秦岭造山带中生代花岗岩浆主要来自于硅铝质陆壳岩石的局部熔融，大陆地壳广为发育的硅铝质岩石，为中生代花岗岩浆的形成提供了足够的物质基础。同时，上述事实也客观地揭示了地壳上广为分布的花岗岩和研究区区域花岗岩与地壳物源和强构造变形活动的成因联系。

　　D　花岗岩浆形成的热源，主要是构造推覆的剪切摩擦热源

　　研究表明，地壳中存在三种热源，即放射性热、地幔传导热和构造摩擦剪切热。石耀霖等人（1992 年）、朱元清等人（1990 年）的研究表明：放射性热和地幔传导热是地壳中两种重要的热源，但通常情况下不能直接引起地壳物质的重熔和大面积成带分布的巨量花岗岩浆的形成，只有在高达几十千米至数百千米，甚至数千千米的超长距离推覆剪切摩擦，才有可能在推覆滑脱面上下，尤其是滑脱面上部的地壳物质发生重熔——陆壳硅铝质岩石的局部重熔。因此，逆冲推覆

构造的长距离摩擦剪切热和变形热才是陆壳硅铝质岩石局部重熔的主要热源和原因。地壳深部的硅铝质岩石发生局部熔融，形成花岗岩，必须具有以下三个条件：

（1）局部熔融体发生在陆壳 15～20km 深处的主拆离带（滑脱面）附近，该部具有最优的物理-化学和动力学条件。

（2）主拆离带以上有着巨厚的沉积岩系和变质岩系，导热率低，形成了隔热或热扩散的遮挡层或屏障。

（3）主拆离带附近的硅铝质岩（层）石，岩石熔点低，且由于主拆离带及其附近地带，通常存在着丰富的水溶液或含热溶液构成的热流体场，进一步促使岩石熔点的降低。因此，当温度集聚到 650～800℃时，在深部热流体的参与下，中上地壳硅铝质岩石以及低熔点岩石发生局部熔融，并形成花岗岩浆，高黎贡山巨型推覆构造带花岗岩系列就属其例。

综上可知，韧性推覆剪切带向深部延伸的主拆离带通过地段，尤其是在有低熔点岩石或热流体场存在的条件下，通常会发生岩石的局部熔融，形成花岗岩浆。因此，花岗岩浆的源区，主要位于韧性剪切带向深部延伸的主拆离带附近的符合上述条件的地段或地带；其也是导致区域巨型推覆构造体系-高黎贡山巨型推覆构造体系控制不同时代、不同岩石类型、不同成矿特征的花岗岩类含矿侵入体时空定位的主要原因。但对腾冲地块这一特定的地质构造背景而言，中-新生代以来地幔热柱活动也应是壳幔重熔和地壳重熔的一个重要影响因素，是核幔元素（W、Sn、Mo、Bi、Fe、Cr、Ni、Co、V 等）在腾冲地块弧形成带分布并富集成矿的重要原因（见图 2-81）。

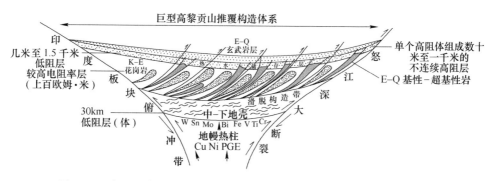

图 2-81　滇西腾冲巨型推覆构造-地幔热柱活动与成矿岩浆热事件模式图

（据徐旃章，2014）

## 2.7.2　川、黔、湘西巨型推覆构造体系与成矿

川、黔、湘西地区的相关矿产资源（锶矿、重晶石-萤石矿、汞铜铅锌多金

属矿）与高黎贡山巨型推覆构造体系相似，均为相应逆冲推覆断裂构造系统所控制，且控矿断层力学性质多属以压为主兼扭性的压扭性断层构造系列，成矿期也同属中-新生代，但前者形成于海洋环境，后者形成于大陆环境。成矿物源：前者来自海洋沉积，后者来自岩浆活动；矿产种类：前者以锶矿（SrSO$_4$）和重晶石（BaSO$_4$）-萤石（CaF$_2$）矿为主，后者以多金属、稀有金属为主；矿床成因类型：前者为层控矿床，后者为岩浆和岩浆期后热液矿床。从上可知巨型推覆构造体系，控岩、控矿是普遍的，但随着构造环境和成矿地质背景的差异，形成的矿产资源也随之而异。

川、黔、湘西巨型推覆构造体系发育于上扬子古生代-三叠纪拗陷中心。

渝、黔地区，建造特征基本一致。在前震旦纪变质基底上的震旦系（Z）-寒武系（ε）-奥陶系（O）深黑色页岩和碳酸盐地层与岩石是该区域主要的富矿-赋矿层位与岩石。前震旦基底变质岩系属富氟和多金属元素岩系，而富钡、氟、钙的寒武系（ε）-奥陶系（O）地层与岩石（见图 2-82）是停滞性的静水还原海盆和海相酸性火山活动的产物与物源。其富矿-赋矿地层的上覆志留系地层为低孔隙度、低渗透率的砂泥质岩层所组成的塑性地层与岩石，构成了成矿热流体上涌的区域性遮挡层，也是其下寒武系（ε）-奥陶系（O）地层是主要赋矿层位的重要原因。同时大气降水对该岩层的淋滤作用也是成矿组分再富集的另一因素。在推覆构造体系形成过程中，低级次压扭性断层系统，规律而有序的控制着重晶石-萤石矿的产出与时空分布（见图 2-83 和图 2-84），而西部华蓥山一带，三叠纪处于萨布哈环境，导致该带 SrSO$_4$成矿组分的明显富集，在推覆构造体系形成与发育过程中，由于深部热流体和构造动力叠加改造，形成规模巨大的华蓥山锶矿带（见图 2-85）。

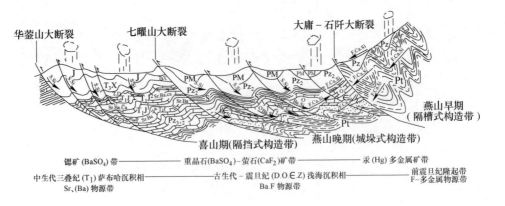

图 2-82　华蓥山—川、黔、湘西构造成矿带（1∶50 万）

（据徐旃章，2012）

| 界 | 系 | 统 | 群或组 | 代号 | 岩性柱 | 厚度/m | 岩 性 描 述 |
|---|---|---|---|---|---|---|---|
| 古 生 界 | 志留系 | 下统 | 龙马溪组 | S₁ln | | 115~304 | 中山部灰黄色及黄绿色页岩、粉砂质页岩加少量粉砂岩和泥灰岩，产耙笔石等；下部黑色页岩及粉砂质板岩，产出笔石等。在下部西阳一带，产重晶石-萤石。Ba含量697~191ppm |
| | 奥陶系 | 上统 | 马峰组 | O₃w | | 2~12 | 黑色页岩及粉砂质页岩，硅质页岩及粉砂岩，产四川叉笔石等；在西阳一带产萤石与重晶石。 |
| | | 中统 | 临湘组 | O₂l | | 3~14 | 浅灰色中-薄层状泥灰岩及瘤灰岩，产肋瘤虫及南京三腐虫等　含Ba1715ppm，V331ppm |
| | | | 十字铺组 | O₂s | | 14~39 | 浅绿-微淡紫红色中厚层状龟裂纹灰岩，产中华震旦角石、喇叭角石及鹦鹉螺等，在西阳一带产 |
| | | 下统 | | O₂s | | 13~38 | 灰、灰绿及浅灰色泥质条带灰岩及瘤灰岩。　　　萤石与重晶石 |
| | | | 大湾组 | O₁d | | 110~276 | 上部为黄绿、灰绿色页岩及粉砂岩；中部为黄绿色及浅灰、紫红色泥灰岩；下部为黄绿、紫红色页岩夹薄层灰岩，偶见燧石条带，产腕足类等。含Cu 36.95ppm；Zn 125.40ppm |
| | | | 红花园组 | O₁h | | 61~72 | 灰色中厚层状白云质灰岩及生物灰岩，常含硅质团块和条带，产房角石等，为本区重晶石和萤石的 |
| | | | 桐梓组 | O₁t | | 168~224 | 上部灰色薄-中厚层状白云质灰岩夹页岩，含硅质团块和条带。　　　　　主要成矿层位产桐梓虫；中部：为厚层状灰岩，白云质灰岩及白云岩；灰绿色页岩夹薄层黄绿色页岩；底为介壳灰岩及页岩，为萤石及重晶石的重要层位。含Ba达729~1761ppm |
| 生 界 | 寒武系 | 上统 | 毛田组 | ∈₃m | | 186~197 | 灰质深灰色厚层灰岩、白云质灰岩及白云岩不等厚互层，常具条带状及涡旋状构造，含硅质团块。产索克虫等。Ba含量200~1547ppm |
| | | | 耿家店组 | ∈₃g | | 299~376 | 深灰至灰色中厚层状白云岩。常具砂状断口，偶见角砾状构造，底部为灰质白云岩与白云质灰岩互层，产三叶虫。为铜、铅、锌及汞矿化层 |
| | | 中统 | 平井组 | ∈₂p | | 377~400 | 上部为条带状微晶白云岩和灰岩，常具粒屑结构；中下部为微晶白云岩，局部含叠层石，夹数层黄灰色页岩；底部为浅灰色包层石英沙岩及砂质白云岩；中部灰岩及白云岩中产园劳伦兹虫，为铅、锌矿化层 |
| | | | 石冷水组 | ∈₂s | | 188~242 | 含泥白云岩，脱膏化含泥沙屑白云岩，微晶白云岩，汞、铅、锌局部富集，含萤石和天青石 |
| | | | 高台组 | ∈₂g | K | 44~46 | 条带状白云岩。白云质灰岩，上部含角砾状白云岩；下部含泥质，为Hg矿化层；底部为4~20m的黑色含钾页岩，产高足虫。含量达4260ppm |
| | | 下统 | 清虚洞组 | ∈₁q | | 238~296 | 中上部为灰-深灰色薄-中厚层状白云质灰岩，灰岩及白云岩、薄层泥质白云岩，顶约40cm为薄层泥质白云岩；下部为灰-深灰色厚层灰岩，产莱得利基虫等，为区内主要含Hg层位 |
| | | | 金顶山组 | ∈₁j | | 134~238 | 灰色-黄绿色薄-中厚层状灰岩，粉砂岩，夹鲕状灰岩透镜状，底为中厚层状钙质粉砂岩（常是"眼窝"状）及砂质灰岩，西阳-秀山一带灰岩成分较少，不含古杯类，武陵及黔北一带灰岩成分较多，含古杯类。Ba含量：460ppm |
| | | | 明心寺组 | ∈₁m | | 274~403 | 灰绿色薄-中厚层状砂岩，粉砂岩，页岩及粉砂质页岩；底部在西阳秀山一带为含粉砂质含泥灰岩，在黔北一带为灰绿色灰黄色含钙页岩，黔北一带产古杯类，西阳-秀山一带不产古杯类。Ba含量：402ppm；F含量0.57%~1.46% |
| | | | 牛蹄塘组 | ∈₁n | | 183~200 | 深灰色页岩，粉砂质页岩，偶夹薄层状泥灰岩；中部为黑色页岩，底为15~20m的硅质板岩，之上为10~20m的磷、钒等多元素富集层（黑色页岩），产磷结核，黔北一带，产古形虫 |
| 元 古 界 | 震旦系 | 上统 | 灯影组 | Z₃dn | Si | 36~63 | 灰色薄中层状白云岩，白云质灰岩，见铜矿化及汞矿化　　　和古盘虫等，西阳-秀山一带不产。Ba含量达13220ppm；v523ppm |
| | | 下统 | 陡山沱组 | Z₃d | | 23~174 | 上部为薄层状白云岩，白云质灰岩，顶部为粉砂质页岩；中部为深　灰-黑色粉砂质页岩，Ba含量达1135ppm；底为1~2m的含藻白云岩 |
| | | | 南沱组 | Z₃n₁ | | 13~244 | 顶部细砂岩，上部为层状冰碛岩；下部　　　　为块状冰碛岩，冰碛岩为冰碛含砾砂岩等，含砾砂岩 |
| | | | 大塘坡组 | Z₃d | | 20~27 | 上部为砂质页岩，粉砂岩；中部为3~4m的含锰页岩；底为砂质砾岩及含砾砂岩 |
| | 上板溪群 | | 番召组 | Pt₂f | | 0~459 | 紫红、灰绿色厚层状变余长石石英砂岩、变余砂岩，上部时夹变晶屑凝灰岩、凝灰质板岩；底为灰白色石英岩及变余石英砂岩，是F的主要含矿层位 |
| | | | 乌叶组 | Pt₂w | | >766 | 上部为紫红色绢云母板岩及变余粉砂岩；下部为灰绿色中厚层变余砂岩，变余粉砂岩等是F的重要含矿层位 |

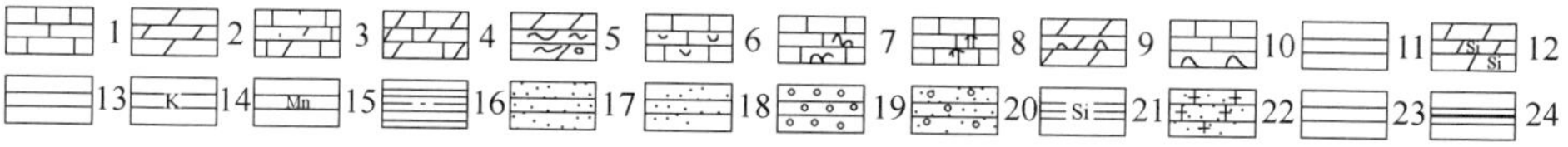

| | | | | | | | |
|---|---|---|---|---|---|---|---|
| 1 | 2 | 3 | 4 | 5 | 6 | 7 | 8 | 9 | 10 | 11 | 12 |
| 13 | 14 K | 15 Mn | 16 | 17 | 18 | 19 | 20 | 21 Si | 22 | 23 | 24 |

图 2-83　川东南地区综合断层柱状图（Pt₂w-S₁ln）

1—灰岩；2—白云岩；3—白云质灰岩；4—灰质白云岩；5—条带状白云岩；6—龟裂灰岩；
7—瘤状灰岩；8—介壳灰岩；9—含叠层石灰岩；10—含燧石结核灰岩；11—含泥质白云岩；
12—含硅质团块白云岩；13—页岩；14—含钾页岩；15—含锰页岩；16—（含）粉砂质岩石；
17—粉砂岩；18—砂岩；19—冰碛砾岩；20—冰碛含砾砂岩；21—板状硅质岩；
22—变余砂岩或变余粉砂岩；23—粉砂质板岩；24—板岩

（据川东南地质七队陈天儒1991，王长生1988；1/20万

黔江幅、西阳幅、沿河幅，1970~1975资料综合编成）

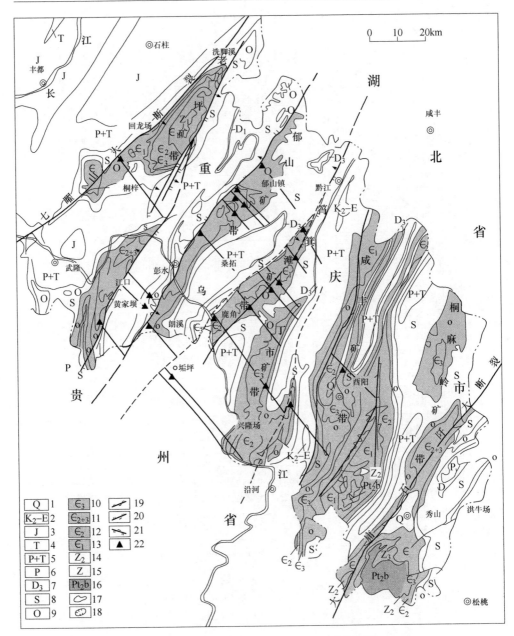

图 2-84　川东南重晶石—萤石矿成矿规律略图

1—第四纪；2—上白垩统、古近系和新近系合并；3—侏罗系；4—三叠系；5—二叠系、三叠系合并；

6—二叠系；7—上泥盆统；8—志留系；9—奥陶系；10—上寒武统；11—中、上寒武统合并；

12—中寒武统；13—下寒武统；14—上震旦统；15—震旦系；16—中元古界上板溪群；

17—地质界线；18—不整合界线；19—压扭性断裂；20—北北东向导矿断裂；

21—北西向布矿-容矿断裂；22—重晶石-萤石矿

（据四川地质局地矿所，1981 修改）

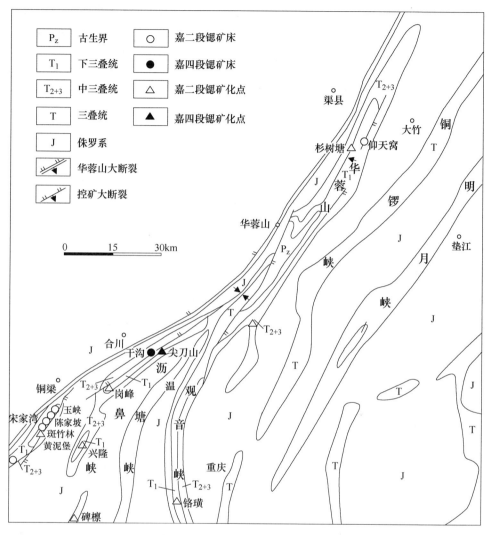

图 2-85 华蓥山锶矿成矿带分布图

(据徐旃章，1991)

## 2.8 控岩、控矿构造系统的综合识别信息与标志

### 2.8.1 地质研究的方法与思路

断裂作为地质-地球物理-地球化学的三维地质实体，其研究必然是多元、多方位、多学科的。因此，在地质上必然广泛涉及沉积作用、岩浆作用和变质作用。在研究断裂构造及其与控矿关系时，必须遵循断裂发生、发展及其形成的演变过程；各类元素和成矿组分的再调整、再分配和迁移富集规律的内在联系；构

造-地球化学机制的研究和构造变形机制的分析与相应物质组分演化机理的研究相结合；断裂控矿三维分带特征的研究与时序演化的分析相结合；先成断裂特征的研究与其后控矿断裂叠加改造规律的判析相结合；力学分析与地质历史分析的方法相结合的原则。只有进行综合地质分析研究，才有可能使研究成果或分析结果更贴近或接近实际的地质事实。

## 2.8.2　地球物理方法的信息与标志

地球物理学与其他自然科学一样，正处于一个伟大的变革时代。无论在理论上、仪器设备上、还是找矿实践上，近几十年来均取得了显著的进展。

地球物理方法，是根据地下岩石、矿体和构造等物理性质差异所引起的地表物理现象（异常现象）去判析地质构造或矿体的一种找矿方法。它包括重力测量、地磁测量、地热测量、放射性测量和地震测量等。但值得指出的是，物探方法结果具有多解性，这是由于在不同的地质背景条件下，不同地质体既可形成不同的物理场，有时也可出现相同或相似的物理场。另一方面地质体的规模、形状、深度、产状等参数的不同组合，也可引起物探异常的相似性和差异性及"解"的多解性。因此，在使用地球物理方法找矿时，不但要与所获地质事实密切配合、科学解释，而且应尽可能多学科、多方法手段（遥感地质信息、地球化学信息、各类成矿地质信息和相关地球物理信息）密切配合、相互渗透，才有可能得出接近实际地质事实的科学分析成果。

### 2.8.2.1　重力场特征与构造和成矿

牛顿发现一切物质之间均具有相互吸引的作用，这种物质之间的相互吸引是地球上物质的一种重要物理现象与性质。实验表明：物体下落的速度是逐渐增加的，这个速度递增率称之为重力加速度；但伽利略实验表明：地表上任何一点，所有物体的重力加速度是相同的，而地球上各点的重力加速度是不同的。地球上地表重力分布的变化，主要取决于地球的形状和地球内部密度的分布，重力测量是研究地下岩石（或成矿组分）密度横向差异的重力变化，以提供岩石、矿产资源和构造等各种地质信息。地表引起的重力变化，称之为重力异常。重力异常的规模、形状和强度，取决于具有密度差物体的大小、形状和埋藏深度。以分析、研究、寻找地下各类地质体（岩石、矿产、构造等）物理性质变化而引起的重力异常，是地质找矿中一种重要的地球物理手段。

重力异常是通过密度分布间接反映地质体和地质构造的，通常是根据重力异常的特征和岩石、矿物密度资料（见表 2-14～表 2-19）结合区域地质特征和矿产分布规律，来研究引起重力异常的地质因素，以确定地质体和矿产的空间定位、埋深、形状和规模。腾冲地块重力场特征就属其例。

表 2-14　沉积物和沉积岩的密度　　　　　　（g/cm³）

| 岩石类型 | 潮　湿 | | 干　燥 | |
|---|---|---|---|---|
| | 密度范围 | 平均值 | 密度范围 | 平均值 |
| 冲积物 | 1.96~2.0 | 1.98 | 1.5~1.6 | 1.54 |
| 黏土 | 1.63~2.6 | 2.21 | 1.3~2.4 | 1.70 |
| 砾石 | 1.7~2.4 | 2.0 | 1.4~2.2 | 1.95 |
| 黄土 | 1.4~1.93 | 1.64 | 0.75~1.6 | 1.20 |
| 砂 | 1.7~2.3 | 2.0 | 1.4~1.8 | 1.60 |
| 土壤 | 1.2~2.4 | 1.92 | 1.0~2.0 | 1.46 |
| 砂岩 | 1.61~2.76 | 2.35 | 1.56~3.2 | 2.10 |
| 页岩 | 1.77~3.2 | 2.40 | 1.56~3.2 | 2.10 |
| 石灰岩 | 1.93~2.90 | 2.55 | 1.74~2.76 | 2.11 |
| 白云岩 | 2.28~2.70 | 2.70 | 2.04~2.54 | 2.30 |

表 2-15　岩浆岩的密度　　　　　　（g/cm³）

| 岩石类型 | 密度范围 | 平均值 | 岩石类型 | 密度范围 | 平均值 |
|---|---|---|---|---|---|
| 流纹岩 | 2.35~2.70 | 2.52 | 石英闪长岩 | 2.62~2.96 | 2.79 |
| 英安岩 | 2.35~2.8 | 2.58 | 闪长岩 | 2.72~2.99 | 2.85 |
| 粗面岩 | 2.42~2.8 | 2.60 | 熔岩 | 2.80~3.0 | 2.90 |
| 安山岩 | 2.4~2.8 | 2.61 | 辉绿岩 | 2.50~3.20 | 2.91 |
| 花岗岩 | 2.50~2.81 | 2.64 | 苏长岩 | 2.70~3.24 | 2.92 |
| 花岗闪长岩 | 2.67~2.79 | 2.73 | 玄武岩 | 2.70~3.30 | 2.99 |
| 斑岩 | 2.60~2.89 | 2.74 | 辉长岩 | 2.70~3.50 | 3.03 |
| 正长岩 | 2.60~2.95 | 2.77 | 橄榄岩 | 2.78~3.37 | 3.15 |
| 斜长岩 | 2.64~2.94 | 2.78 | 辉岩 | 2.93~3.34 | 3.17 |

表 2-16　变质岩的密度　　　　　　（g/cm³）

| 岩石类型 | 密度范围 | 平均值 | 岩石类型 | 密度范围 | 平均值 |
|---|---|---|---|---|---|
| 石英岩 | 2.5~2.70 | 2.60 | 蛇纹岩 | 2.4~3.20 | 2.78 |
| 片岩 | 2.39~2.9 | 2.64 | 片麻岩 | 2.59~3.0 | 2.8 |
| 麻粒岩 | 2.52~2.73 | 2.65 | 角闪岩 | 2.90~3.04 | 2.96 |
| 千枚岩 | 2.68~2.80 | 2.74 | 榴辉岩 | 3.2~3.54 | 3.37 |
| 大理岩 | 2.6~2.9 | 2.75 | 变质岩（平均） | 2.4~3.1 | 2.74 |

表 2-17　非金属矿物和混杂物的密度　　　　　　　（g/cm³）

| 类　型 | 密度范围 | 平均值 | 类　型 | 密度范围 | 平均值 |
|---|---|---|---|---|---|
| 石油 | 0.6~0.9 | — | 高岭土 | 2.2~2.63 | 2.53 |
| 海水 | 1.01~1.05 | — | 正长石 | 2.5~2.6 | — |
| 沥青 | 1.1~1.2 | — | 石英 | 2.5~2.7 | 2.65 |
| 褐煤 | 1.1~1.25 | 1.19 | 滑石 | 2.7~2.8 | 2.71 |
| 无烟煤硫 | 1.34~1.8 | 1.50 | 硬石膏 | 2.9 | 2.93 |
| 石墨 | 1.9~2.1 | — | 菱镁矿 | 2.9~3.12 | 3.03 |
| 岩盐 | 1.9~2.3 | 2.15 | 萤石 | 3.01~3.25 | 3.14 |
| 石膏 | 2.1~2.6 | 2.22 | 金刚石 | | 3.52 |
| 铝土矿 | 2.2~2.6 | 2.35 | 重晶石 | 4.3~4.7 | 4.47 |
| 膨润土 | 2.3~2.55 | 2.45 | 锆石 | 4.0~4.9 | 4.57 |

表 2-18　矿物的密度　　　　　　　（g/cm³）

| 矿物 | 密度范围 | 平均值 | 矿物 | 密度范围 | 平均值 |
|---|---|---|---|---|---|
| 金 | 15.6~19.4 | — | 黄铜矿 | 4.1~4.3 | 4.2 |
| 褐铁矿 | 4.18~4.3 | 4.25 | 磁黄铁矿 | 4.5~4.8 | 4.65 |
| 菱铁矿 | 4.2~4.4 | 4.32 | 辉钼矿 | 4.4~4.8 | 4.7 |
| 铬铁矿 | 4.7~5.0 | 4.82 | 黄铁矿 | 4.9~5.2 | 5.0 |
| 钛铁矿 | 4.9~5.2 | 5.12 | 斑铜矿 | 4.9~5.4 | 5.1 |
| 磁铁矿 | 4.9~5.3 | 5.18 | 辉铜矿 | 5.5~5.8 | 5.65 |
| 赤铁矿 | 6.8~7.1 | 6.92 | 辉砷钴矿 | 5.8~6.3 | 6.1 |
| 锡石 | 8.0~9.97 | 9.17 | 方铅矿 | 7.4~7.6 | 7.5 |
| 闪锌矿 | 3.5~4.0 | 3.75 | 辰砂 | 8.0~8.2 | 8.1 |
| 铜蓝 | — | 3.8 | | | |

表 2-19　各时代的岩石密度　　　　　　　（g/cm³）

| 时　代 | 岩　性 | 密度范围 | 平均值 |
|---|---|---|---|
| 第四系 | 黏土、泥沙 | 2.00~2.08 | 2.03 |
| 古近系和新近系 | 砂岩、泥岩 | 1.91~2.11 | |
| 白垩系 | 砂砾 | 2.05~2.23 | 2.30 |
| | 页岩、泥岩 | 2.20~2.49 | |
| 侏罗系 | 砂　岩 | 1.98~2.55 | |
| | 页　岩 | 2.50~2.58 | |
| | 板　岩 | 2.72 | |
| 石炭-二叠系 | 页　岩 | 2.70~2.72 | 2.68 |
| | 砂　岩 | 2.67 | |
| | 大理岩 | 2.64~2.74 | |
| | 片　岩 | 2.60~2.80 | |
| 石炭系 | 灰　岩 | 2.60~2.70 | |
| | 泥灰岩 | 2.70 | |

A 腾冲地区区域布格重力异常特征与构造格局

全区布格重力异常均为负值（$-115 \times 10^{-5} \sim -250 \times 10^{-5} \mathrm{m/s}^2$），总体显示南高北低特征，南北方向异常变化值大于 $100 \times 10^{-5} \mathrm{m/s}^2$，暗示着包括腾冲地块的地壳厚度由南向北逐渐增厚的趋势（见图 2-86）。保山市南西地区为重力梯度带，龙陵-潞西-畹町一线为弧形向东突出的重力高异常区，重力梯度带呈北北西向，表征着深部北北西向隆拗带的存在，并控制着浅层北北西向控矿断层带的形成与发

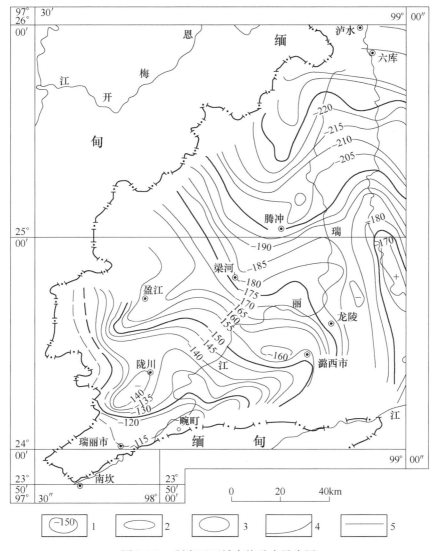

图 2-86 研究区区域布格重力异常图

1—布格重力异常等值线（单位：毫伽）；2—重力低；3—重力高；4—河流；5—国界

（据云南省 1：50 万布格重力异常图）

展，为老象坑铁矿（$Fe_3O_4$）区域北北西向控矿断层系统的形成奠定了深部先成的构造边界条件与基础。

腾冲地区及区域重力高低异常，客观地揭示了表层岩石组合和深部物质的内在联系。重力高异常区沉积盖层相对较浅，深部硅镁层（基性-超基性物质）上隆；重力低异常区沉积盖层相对较厚（或花岗岩分布区），揭示了硅镁层的（基性-超基性物质）凹陷特征，硅铝层物质较厚。

龙陵-潞西-畹町-瑞丽一线的弧形重力高异常带、梯度带为深大断层带，属区域性地幔隆起带，该带与龙陵-潞西-畹町-瑞丽弧形深大断裂带及其所控制的基性-超基性岩的空间分布有很高的拟合度。一定程度上表征着与基性-超基性岩有关的 Fe 和 Cu、Ni、PGE 矿的良好的成矿前景。

　　B　腾冲地区区域剩余布格重力异常特征与构造格局

剩余布格重力异常图（见图 2-87）有效地消除了地壳浅表层局部物质密度

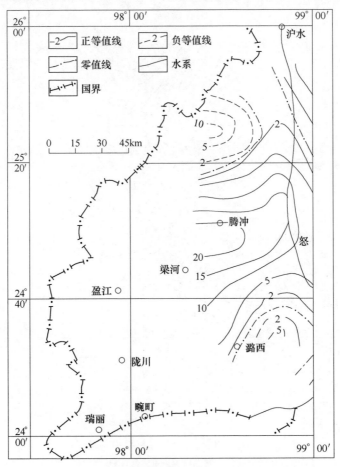

图 2-87　区域剩余布格重力异常图

（据云南省 1/50 万剩余布格重力异常图）

不均匀的影响，以及莫霍面深度变化的大区域重力场的背景特征，基本反映了区域15~40km深度范围内地壳密度的变化特征。勘查区区域剩余布格重力异常，以北北西向线状重力高和重力低相间排列为主要特征。重力低范围内多出露花岗质岩、角闪岩相的元古界结晶基底或巨厚的沉积盖层，而重力高范围内多被基性-超基性侵入岩和火山岩所占据，客观地揭示着重力高和重力低范围内物质组分的差异性、区域深部基性-超基性岩浆和北北西向控矿构造带的存在，为老象坑铁矿（$Fe_3O_4$）成矿提供了重要的物源、构造信息和依据。

### 2.8.2.2 航磁场特征与构造和成矿

航磁测量是我国区域性物探方法中应用最为广泛的一种快速地球物理普查方法。在金属、非金属、石油、煤炭、地层、构造、岩浆岩的判断与预测中得到了广泛应用。

（1）航空磁法测量是厘定基底构造方向、构造格架、构造体系和构造空间定位的重要方法、手段。

（2）航磁场是划分造山活动带、地台区和两者界限大地构造单元的重要依据。

（3）利用航磁轴向及其分布规律是厘定构造体系的重要地球物理方法与手段。腾冲地块控岩、控矿弧形构造系统（见图2-88）的厘定就属其例。

（4）结晶基底-褶皱基底-沉积盖层是三类不同磁性强度的地层系统，利用磁测结果厘定三大岩类的空间定位规律性，并计算各类岩系或地层的顶面深度，为大地构造及相应矿产资源研究，提供重要的地球物理信息。

（5）航磁测量中发现的大量磁异常，除一部分由磁铁矿引起外，多数是由各种不同成分的磁性侵入体，尤其是基性、超基性侵入体所引起的，在大面积掩盖地区发现磁异常，是预测隐伏岩体或成矿隐伏岩体的重要依据。与老象坑铁矿同成因类型的河北岩浆熔离晚期贯入型磁铁矿就属其例。

腾冲地区区域航磁正、负异常，揭示着正磁异常带，尤其是高磁异常带，无论是异常的形态特征还是异常的空间定位，都与实际的弧形展布的构造格局和基性-超基性火山岩、侵入岩的空间分布高度对应，协调一致。值得说明的是，高磁异常带中与喜山期同走向延展的燕山晚期二长花岗岩，在北北西向断裂构造带，均有隐伏-半隐伏磁铁矿顶部特征的表生期铁的红色-红褐色氧化淋滤带的同步发育，其不但是该区磁铁矿（$Fe_3O_4$）的重要找矿标志，同时也暗示了与成矿密切相关的高密度地幔物质（基性-超基性岩浆）的上隆和侵位。

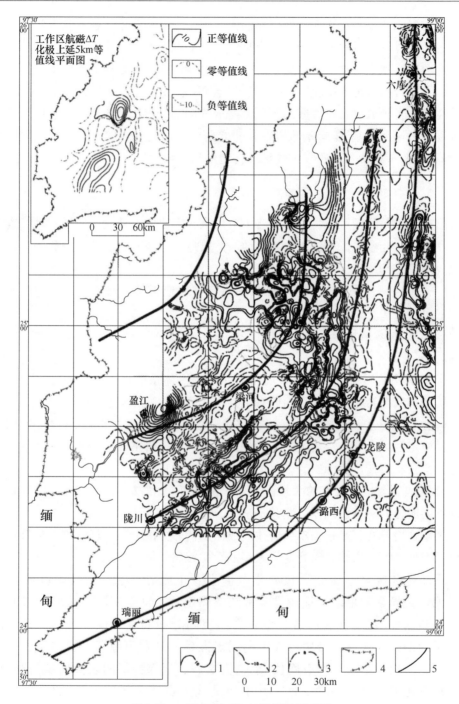

图 2-88　工作区航磁 $\Delta T$ 等值线平面图

1—正等值线；2—负等值线；3—零等值线；4—国界；5—岩石圈断裂带

（据全国 1∶25 万航磁系列图修编）

### 2.8.2.3 腾冲老象坑铁矿及其外围地区磁异常特征及构造和成矿

以吉浪寨茶场-坡脚田北东向压扭性断裂为界，蒲川-团田曼哈磁异常区明显可分为蒲川下甲磁异常区和团田曼哈磁异常区。前者呈相对低磁异常（360~700NT）背景下稀疏分布的高磁点异常（CX21线1100点、CX19线1020点）特征，后者呈面状高磁异常（主体在3000~4000NT左右，仅南部个别磁异常强度在1200~1600NT左右）背景下的稠密高磁点（带）异常特征，两者共同构成了一个规模巨大的高磁异常区，或可能的磁铁矿产区，这是隐伏-半隐伏铁矿（$Fe_3O_4$）成矿-找矿的主要目标区，其中老象坑铁矿（$Fe_3O_4$）就属其例。

老象坑铁矿所属蒲川下甲-团田曼哈磁异常区与其北滇滩-蒲川-团坡磁铁矿带一样，均无例外地严格地受控于南北向或近南北向断层构造系统，但向南则转为北东-南西向，蒲川老象坑铁矿（$Fe_3O_4$）正位于弧形拐折地段。它们不但控制着区域铁矿（化）的南北或近南北向展布，同时也决定着燕山期-喜山期含矿二长花岗岩（$\eta\gamma_5^3$、$\eta\gamma_6^1$）、花岗斑岩（$\gamma\pi_5^3$、$\gamma\pi_6^1$）和喜山期基性-超基性岩沿南北向和弧形构造带的延展与分布（见图2-89），构成了磁异常区和区域的主体控岩控矿构造格局，属于成矿期（喜山期）再活动的控矿构造系统（体系）。

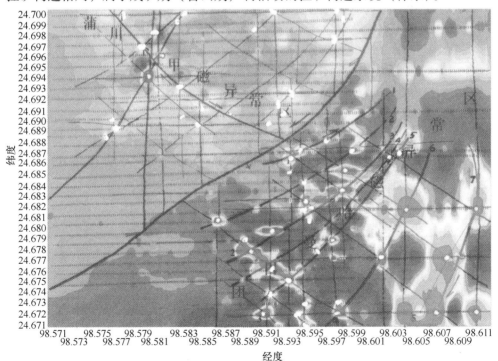

图 2-89　云南省腾冲县蒲川乡下甲村-团田乡曼哈村矿区磁测数据平面图及构造解释图

（据徐旃章、高永才，2014）

　　东西向构造属南岭东西向构造带的组成成分，雏形出现于上古生代，定型于中生代。由于其前不同方向构造带的存在与发育和其后不同方向构造带的交切、改造和干扰，东西向构造多呈片段断续出现。喜山期具有明显的再活动特征，其与南北向控矿构造系统的交切复合地段，常控制着高值点磁异常的空间分布。北东向、北西向构造多以断裂变形为其主要的变形形式，多属南北向构造带的扭性断裂系统，在历次构造运动过程中，几经改造和发展，部分断裂演变为区域构造格局的主要组成成分，在与南北向、东西向的多方向构造交切复合地段，控制着高磁点异常和磁铁矿（化）体的空间定位。

　　老象坑铁矿（$Fe_3O_4$）区在构造上属北东向吉浪寨茶场-坡脚田扭压性断裂的北西盘，磁异常区显示出相对低磁异常（360～700NT）背景下的高磁点异常（CX21 线 1100 点、CX19 线 1020 点）特征。磁异常区各级点异常均受近南北向（北北西向）断裂与北东向、北西向和东西向断裂的交切复合所控制，其中，CX23 线 1060 点、CX22 线 920 点、CX21 线 1100 点、CX19 线 1020 点正位于近南北向（北北西向）主断裂带与北东、北西向和东西向断裂的交切复合地段，构成了点状高磁异常体的集中发育，离开核心高磁点异常区，磁场强度逐渐减弱（见图 2-90）。无疑，核心高磁异常区的高磁点异常（CX21 线 1100 点、CX19 线 1020 点）势必成为寻找隐伏磁铁矿体和揭示、验证高磁点异常体与磁铁矿体对应关系（规模、产状、品位、磁场强度圈闭线值等）的主要对象。为了验证这一关系，分别在 CX19 线 1020 点和 CX21 线在垂直矿体方向（近南北向）进行了槽探工程揭露。

　　对 CX19 线以 5000NT 为异常体圈闭线的近地表高磁异常体的槽探工程揭露表明：

　　（1）揭露磁铁矿体与 5000NT 圈闭线近地表东（1010 点）（见图 2-91）、西（1030 点）（见图 2-92）控制点的位置高度对应。但工程因树林影响尚未揭至矿体底板，故矿体宽度（厚度）应大于 20m。

　　（2）工程揭露表明，磁铁矿体均在地表（基岩）以下 1.5～3m 处，属隐伏磁铁矿体，向上逐渐过渡为大粗脉状、团块状、细网脉状矿化体，垂直分带特征明显（见图 2-93～图 2-98），表征着主矿体深部保存完整。

　　为进一步研究断面中磁性地质体的空间分布特征。PM8、PM10 和 PM12 测线的观测数据，经日变改正、化极处理后，正则化向下延拓成像的结果图（见图 2-99～图 2-101）与该铁矿（$Fe_3O_4$）属基性岩浆熔离晚期矿浆贯入型的成矿特征和后期实际的钻探事实高度拟合，客观地表明了该方法对磁性矿体和控矿断层探测的实用性和科学性。

　　综上可知，根据区内已经掌握的地质资料，可基本断定本次磁测工作在重点勘查区内所发现的主磁异常带，与地表次生红铁-褐铁矿化带拟合，为后续找矿

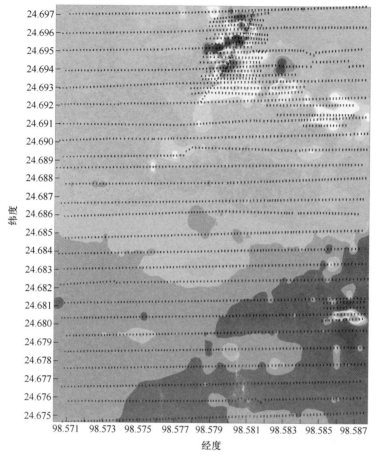

图 2-90 蒲川-下甲磁异常区铁矿磁测数据平面图
（据高永才，2014）

图 2-91 CX19 线 1010 点铁矿揭露点（矿体埋深 1m 左右）
（据徐旆章、高永才、方乙，2008）

图 2-92　探槽东侧，CX19 线 1030 点铁矿揭露垂向变化特征（矿体埋深不小于 2m）

（据徐旃章、高永才、方乙，2008）

图 2-93　CX19 线磁铁矿体顶部矿化体的表生期的次生红铁矿化现象

（寻找半隐伏-隐伏原生磁铁矿体的重要找矿标志）

（据徐旃章、高永才、方乙，2008）

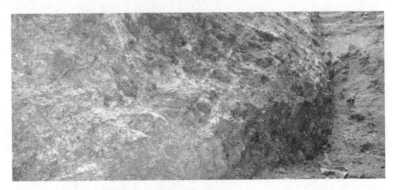

图 2-94　磁铁矿体顶部细脉状磁铁矿及次生红铁矿化现象

（头部矿体顶部特征）

（据徐旃章、高永才、方乙，2008）

图 2-95 网脉状斑点状磁铁矿

（头部矿体的上部特征）

（据徐旃章、高永才、方乙，2008）

图 2-96 网脉状-团块状磁铁矿

（头部矿体的下部特征）

（据徐旃章、高永才、方乙，2008）

图 2-97 大脉状磁铁矿体

（头部矿体下部-上部矿体的顶部特征）

（据徐旃章、高永才、方乙，2008）

图 2-98　含围岩构造破碎角砾的磁铁矿体

（上部矿体上部特征，矿体由底板至顶板显示向东倾斜特征）

（据徐旃章、高永才、方乙，2008）

工作的开展和磁铁矿找矿靶区的厘定提供了重要的地球物理信息与标志。

### 2.8.2.4　腾冲老象坑铁矿区激发极化法测量信息与标志

激发极化是一种传统、有效、成熟的地球物理勘探方法。长期以来，激发极化法在多金属硫化物类矿床勘查、地下水资源探测以及在识别构造圈闭的含油气层等方面，发挥着重大作用，并取得了较好的效果。

激发极化按场源种类，可分为直流激发极化法和交流激发极化法。本次测量应用的是直流激发极化法。

在稳定电流（或直流脉冲）的激发下，电流场中岩石和矿石产生激发极化效应，研究电场随时间变化（充电和放电过程）的特性，称为直流激发极化法，又称时间域激电法。

大多数直流激电仪同时观测视电阻率和视极化率（视充电率）两个参数。

直流激电法野外工作装置根据工作要求进行电极间的不同排列形式可分为中间梯度、对称四极、三极或联剖、偶极-偶极、二极等；根据观测目的不同分为剖面法和测深法，剖面法追索和圈定异常地质体的平面分布范围，测深法则探测和评价异常体纵深分布特征，如形态、产状、延伸等。

老象坑铁矿激电中梯视极化率等值线平面图（见图 2-102）与老象坑铁矿磁测数据平面图（见图 2-103）和老象坑铁矿磁测数据极化率处理结果（见图 2-104）及实际铁矿资源勘查成果有很高的拟合度，与 CX12、CX10、CX8 激电测深剖面极化率处理结果断面图（见图 2-105）也有较高的拟合度，客观地表明了"1"、"2"、"3"号矿带北部区段范围应是首期铁矿勘探的优选靶区。

### 2.8.2.5　地震法探测的信息与标志

地震法是揭示地壳结构和深部构造（包括断层）最有效的方法。

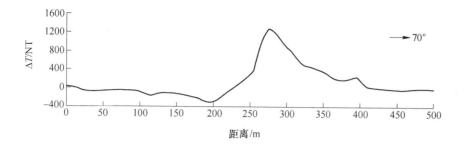

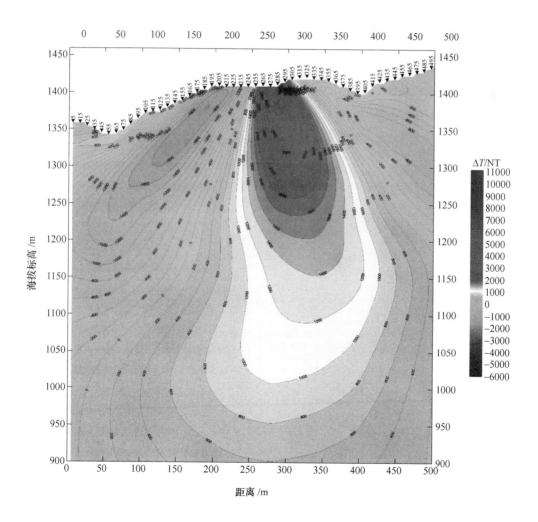

图 2-99 PM8 测线磁测数据正则化向下延拓处理结果断面图（比例尺 1：2500）

（据高永才，2014）

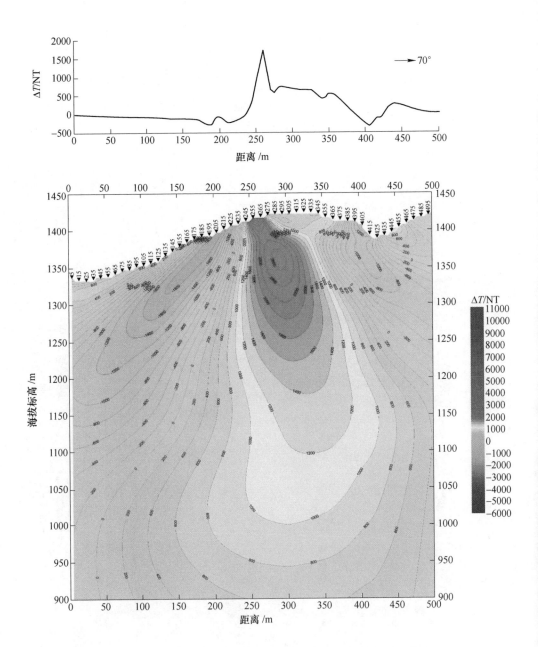

图 2-100　PM10 测线磁测数据正则化向下延拓处理结果断面图（比例尺 1∶2500）

(据高永才，2014)

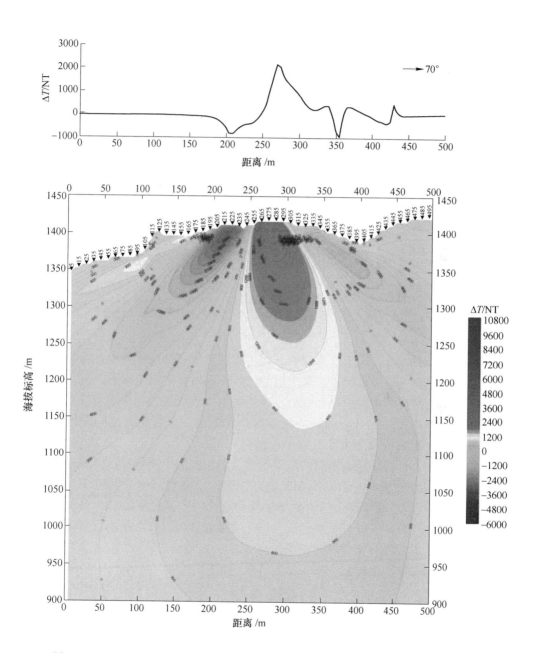

图 2-101 PM12 测线磁测数据正则化向下延拓处理结果断面图（比例尺 1∶2500）

（据高永才，2014）

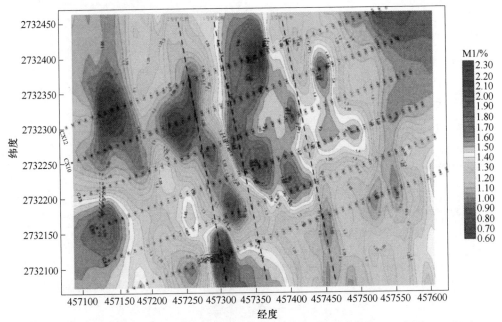

图 2-102　云南省腾冲县老象坑铁矿激电中梯视极化率等值线平面图（比例尺 1∶2500）

（据高永才，2014）

地球是个弹性体，而天然地震源和人工爆破源形成的地震波也是弹性的。地震波自一个层穿入另一个层，当两个层的波速不同时，则发生折射，或自一个层抵达另一个层时，两个层的界面就会发生折射，导致折射的具有不同波速的波速组可用来识别不同的层（生油层或储油层）和断层，尤其是有特殊物性的大型控矿断层或控矿断层系统（见图 2-106 和图 2-107）。

综上可知，尽管对地表出露的断层构造及其所控的矿产资源，可以通过地质测量提供相应的断层构造和矿产资源信息，但却难以揭示覆盖区以下深部的构造-资源状况，而地球物理探测则弥补了这一空白，尤其是地表矿产资源日趋殆尽，隐伏矿产资源的寻找与预测已成为当务之急的今天，可以揭示深部大型控矿断层或控矿断层系统与相应矿产资源几何形态、产状和赋存部位的地球物理组合方法的应用与选择，无疑是一项科学而有效的举措。

## 2.8.3　地球化学测量方法的信息与标志

地壳和岩石圈地幔的元素丰度是地球化学研究的最基本信息，也是分析成矿条件的化学背景资料。元素丰度一般是通过对研究区域中各类基岩、土壤和水系沉积物进行地球化学测量而获得的，地球化学测量可清晰地显示一种或多种元素在区域中的分布状况与规律，一定程度上可揭示矿体或矿化体的空间定位及其与控矿断层的依控关系。

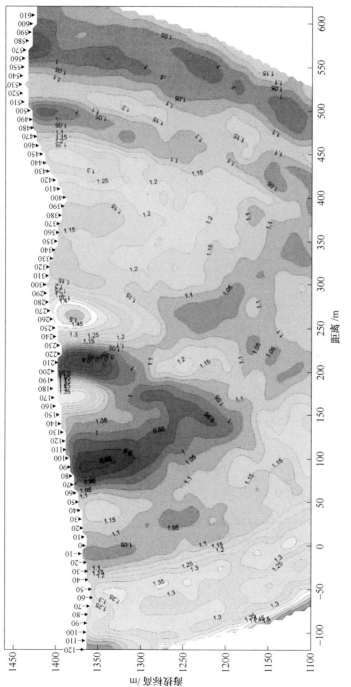

图 2-103 CX12 激电测深剖面面极化率处理结果断面图（比例尺 1：2500）

（据高永才，2014）

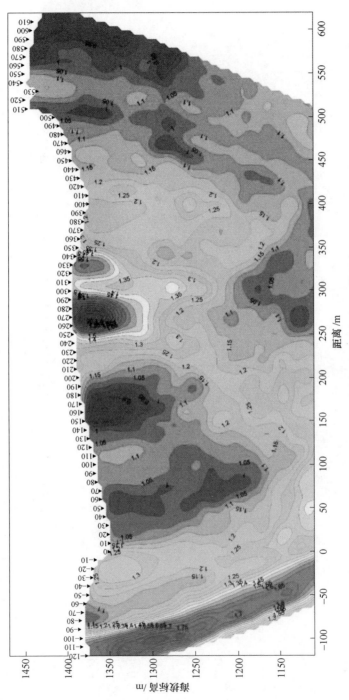

图 2-104　CX10 激电测深剖面极化率处理结果断面图（比例尺 1 : 2500）

（据高永才，2014）

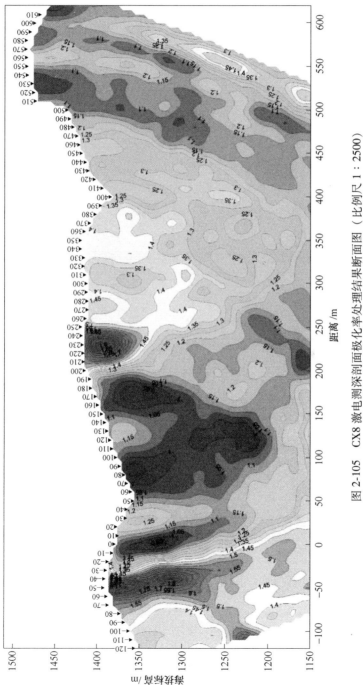

图 2-105 CX8 激电测深剖面面极化率处理结果断面图（比例尺 1 : 2500）

（据高永才，2014）

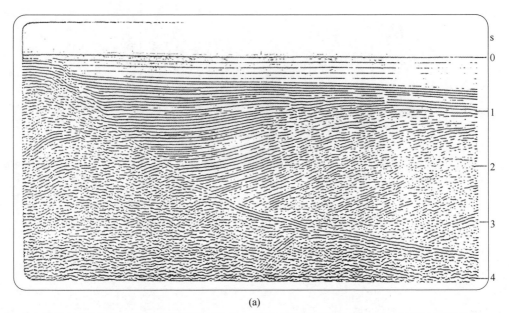

(a)

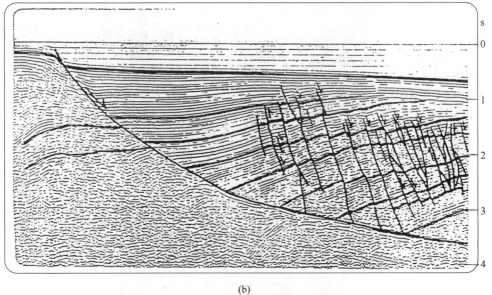

(b)

图 2-106　地震解释剖面及其地质解释剖面 （一）

（a）地震解释剖面；（b）地质解释剖面

（据 Wernick、Burehfiel，1982）

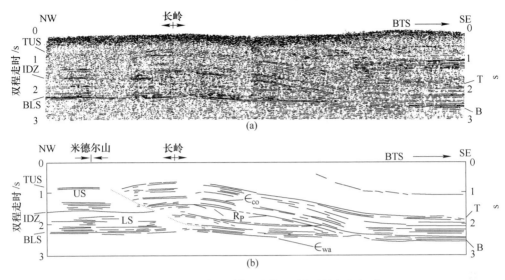

图 2-107 地震解释剖面及其地质解释剖面（二）

（a）地震解释剖面；（b）地质解释剖面

（据 Wilson、Shumaker，1992）

### 2.8.3.1 水系沉积物和水化学测温的信息与标志

浙江武义盆地萤石矿田 F、CaO 的水系沉积物和水化学测量成果就是一典型实例（见图 2-108~图 2-110）。

武义盆地的 1∶20 万金华幅、丽水幅水系沉积物的测量结果表明：F、CaO 的区域丰度明显偏高，且变异系数值大；前者为 $1282 \times 10^{-6}$ 和 $5.36 \times 10^{-6}$，后者为 0.64% 和 2.07%；表明 F、CaO 是主要的富集元素。F 与 CaO 的分布模式基本相同。

在武义盆地及其周边地区 F、CaO 的特高值区和高值区与该区萤石矿床的空间分布，尤其是控矿旋扭构造与多方向构造的复合地段，既是 F、CaO 高值组合异常段，也是工业萤石矿床集中分布地段。在区域上，高组合异常集中分布于控矿帚状旋扭构造的收敛段，尤其是内旋收敛段，在单体上与杨家萤石矿对应的高点中心：F 为 $69449 \times 10^{-6} \sim 1000 \times 10^{-6}$，CaO 为 10%~1%；与余山头萤石矿对应的高点中心：F 为 $35727.50 \times 10^{-6} \sim 1000 \times 10^{-6}$，CaO 为 4.98%~0.63%；与后树萤石矿对应的高点中心：F 为 $35818.99 \times 10^{-6} \sim 1000 \times 10^{-6}$，CaO 为 10.55%~0.63%。周围异常强度清晰度好，F、CaO 异常套合程度高。此外，异常强度明显显示，由北东至南西逐次减弱的变化趋势与规律，与萤石矿成矿时、空演化趋势和北北东向次级萤石矿带总体向南西方向侧伏，矿体埋藏深度依次加深密切相关。异常强度、规模与控矿构造变形强度、构造复合特征、纵向侧伏规律、各次级萤石矿

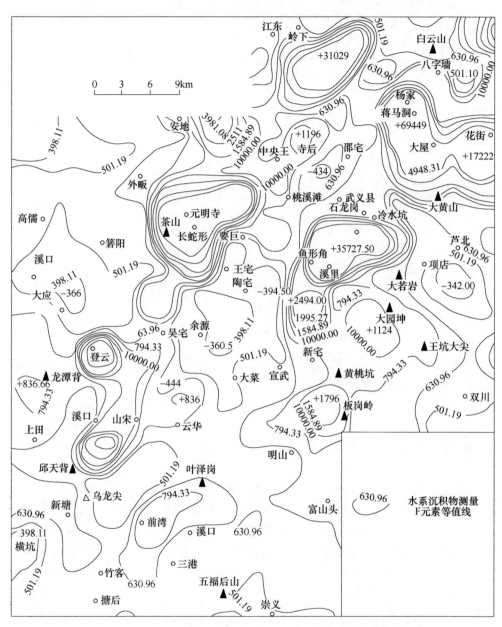

图 2-108　武义盆地萤石矿田水系沉积物测量 F 元素地球化学图

（据徐旆章，2013；1∶20 万，金华、丽水幅资料编制、修改）

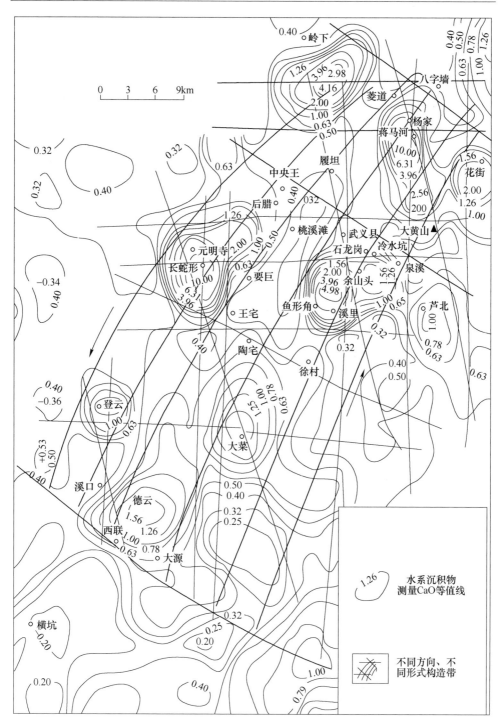

图 2-109　武义盆地萤石矿田水系沉积物测量 CaO 地球化学图

（据徐旆章，2013；1：20 万，金华、丽水幅资料编制、修改）

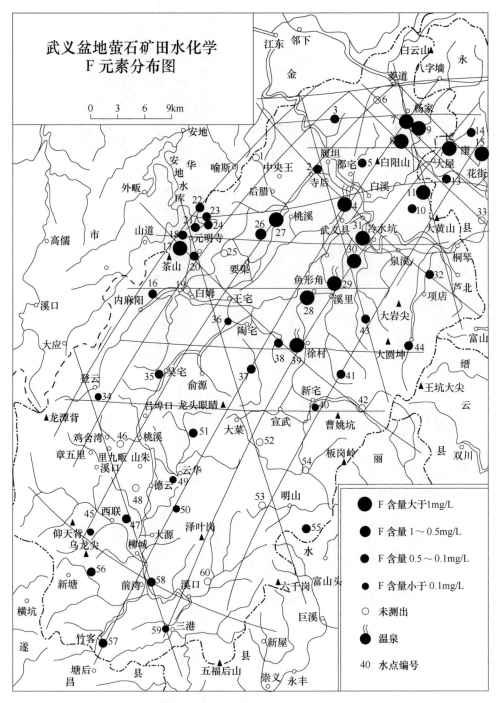

图 2-110　武义盆地萤石矿田 F 元素分布图

（据徐旆章，2013；1∶20 万，金华幅、丽水幅资料修编）

带垂向出露部位、延伸方向高度拟合。客观地揭示了 F、CaO 地球化学异常、控矿构造格局、萤石矿时、空分布三位一体的基本特征与规律，为隐伏-半隐伏萤石矿的预测提供了重要的构造-地球化学依据。

此外，利用便携式 X 荧光分析仪和伽马能谱进行元素地球化学测量，尽管属于半定量测定，但上述两种方法，仪器轻便、测量快捷、高效，并适用于多种金属-非金属矿的勘查与找矿，找矿效果甚佳。

### 2.8.3.2 X 射线荧光测量的信息与标志

X 射线荧光测量是测量铁矿（化）体成矿元素和相关元素含量及其变化规律的快捷而有效的地球化学找矿方法。

便携式 X 荧光分析仪是利用 X 射线照射样品时，与样品发生光电效应及散射，样品元素的外层电子填补 K 或 L 壳层空间，同时辐射出 X 射线。各个元素的原子受激发后在退激发过程中放出的 X 射线能量各不相同，且等于外层能级与产生空位的内层能级之差，这是由该元素的壳层电子能级所决定的，故称为元素的特征 X 射线。通过测定样品中元素的特征 X 射线，便可确定被测样品中的元素。X 射线荧光法定性分析的基本原理就是基于这一定律。即

$$E_X = RhC(Z - a_n)^2 \left( \frac{1}{n_1^2} - \frac{1}{n_2^2} \right)$$

式中，$E_X$ 为 X 射线的能量；$R$ 为里德伯常数；$h$ 为普朗克常数；$C$ 为光速；$Z$ 为原子序数；$n_1$、$n_2$ 分别为跃迁前后所处壳层的主量子数；$a_n$ 为与激发能级相关的正数。上式表明：特征 X 射线的能量 $E_X$ 与原子序数 $Z$ 的平方成正比。因此，如果知道了特征 X 射线的能量，就可以获知是哪种元素发出的 X 射线，即进行定性分析。

在中心源或环状源激发方式下，对于厚层样品，探测器记录的目标元素特征 X 射线计数率与其含量有如下关系式：

$$I_f = \frac{K \times I_0 \times C_f}{\dfrac{\mu_0}{\sin\alpha} + \dfrac{\mu_f}{\sin\beta}}$$

式中，$K$ 为仪器因子；$I_0$ 为激发源的强度；$C_f$ 为待测样品中目标元素的含量；$\mu_0$、$\mu_f$ 分别为待测样品对激发源初级射线以及目标元素特征 X 射线的质量吸收系数；$\alpha$ 与 $\beta$ 分别是激发源入射角及特征 X 射线出射角。在一定条件下，样品元素的特征 X 射线强度与其含量成正比。据此，通过对样品中某元素的特征 X 射线强度的测量便可得知该元素和相关元素的含量、矿体垂向分带部位与矿体空间定位，并一定程度上对矿源岩的厘定提供信息与依据。

### 2.8.3.3　伽玛能谱测量的信息与标志

伽玛能谱仪测量是利用便携式伽马能谱仪测量土壤或岩石中的钾、铀、钍含量和放射总量（TC），其中铀和钍的测量实际上是基于测量土壤或岩石中 214Bi（1.764Mev）、208Ti（2.615Mev）含量的一种间接测量。目前地面伽马能谱测量不仅可以应用到铀矿、钍矿的放射性矿床，还可以勘查与钾、铀、钍等放射性元素相关的金属、非金属矿床，另外利用四个参数以及相关比值的数据资料可以用来判别岩性、划分地层、识别构造等基础地质研究，应用领域广泛，尤其对隐伏-半隐伏矿体的空间定位预测和矿体垂向部位的厘定，是一种有效的方法。

### 2.8.3.4　X 荧光和伽马能谱测量的典型剖面特征与铁矿资源评价效应

老象坑 I 号矿体 L7 探槽，剖面全长 20m，采取 X 荧光和伽玛能谱同剖面测量，测量点距为 50cm，剖面方位为 NE-SW40°。图 2-111 为该剖面 X 荧光测量结果，Fe 含量最高值为 43.93%，最低值为 0.497%，从图 2-111 上可以明显看出 Fe 元素含量的锯齿状峰谷特征，至顶底板花岗岩围岩时，Fe 含量则明显下降至不大于 1%左右，Fe 含量的峰值部位为脉状和角砾状矿石的产出部位，低峰值部位则为矿化构造破碎夹石带部位。各成矿元素（Fe、Mn、Cu、Zn）含量呈正相关关系，一定程度上揭示了铁矿成矿与镁质玄武岩浆的成因联系和与多金属矿的同构造先后侵位成矿的共生关系，并揭示了头部矿体中下部的元素含量曲线特征和近底板元素含量相对较高的变化规律。

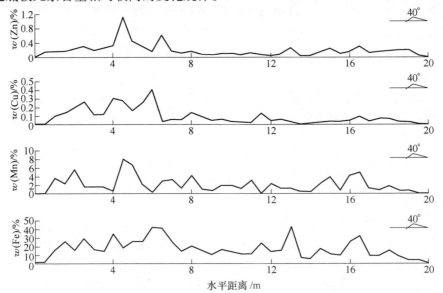

图 2-111　L7 剖面成矿元素含量变化曲线图（X 荧光）

（据邹灏、方乙，2013）

而同剖面（L7）伽玛能谱测量（见图 2-111 和图 2-112）则显示，铁矿体位置对应的为放射性（U、Th、K、Tc）含量低谷区，而赋矿围岩（$\eta\gamma_5^3$）对应的为放射性含量的峰值区。这种特征是由于酸性花岗岩的放射性含量远高于磁铁矿的放射性含量所致（两者差值达 48%），也是利用伽玛能谱找矿的地质-地球化学前提。这两条剖面具有的一个共同特征是对应于矿体位置的曲线都呈锯齿状，这种特征表征着测量位置属于铁矿体的以脉状、角砾状矿石为主体的头部矿体中下部位置，这个位置的矿体中均含有一定数量的透镜状围岩夹石，它们是导致曲线呈锯齿状形态的最主要因素，而向下至铁矿主矿体时，曲线应处伽马能谱曲线的低值区，且相对平直而稳定。因此通过曲线的特征，一定程度上可以判断矿体的垂向出露部位，为矿（化）体深部评价提供重要的信息和地球化学-地球物理依据与标志。

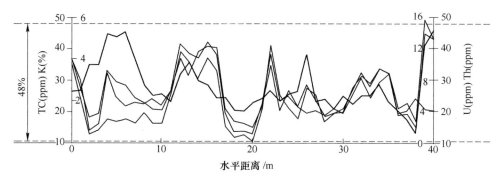

图 2-112　L7 剖面放射性含量变化曲线图（伽马能谱）
（据邹灏、方乙，2013）

## 2.8.4　遥感技术方法的信息与标志

20 世纪 70 年代以来，空间科学、信息科学、计算机科学、物理学等科学技术的发展，为遥感技术奠定了必须的技术基础。鉴于地质科学不断地向深度和广度进展和隐伏-半隐伏各类矿产资源的寻找与预测的需要，完全依赖地质现场的直接调研成果已明显感到不足，地质、地球化学、地球物理和遥感技术的综合研究已势在必行，也只有这样才能保证研究的完整性和科学性。地质学者通过数十年的探索与努力，通过航空-航天遥感技术，获得了大量的、大范围的遥感信息图像和实时动态的地质资源信息，为矿产资源预测与寻找，尤其是隐伏-半隐伏矿产资源空间定位研究与预测，提供了极为重要的信息与依据。笔者和合作者们在研究相关矿产资源与资源预测过程中运用遥感技术信息均取得了可喜的成果。

遥感是从远处（天空至外层空间）通过传感仪探测和接收来自目标物体的信息（电场、磁场、电磁波、地震波等），经过信息传输、加工处理和分析解译，识别物体和现象的属性及其空间分布等特征与变化规律的理论和技术。遥感能够对全球进行多层次、多视角、多领域的观测，已成为获得地球资源与环境信息的重要手段。

遥感是通过建立各类地质体和地质现象的影像解译标志，达到了定性、定量分析和识别地物的目的；揭示了地质体或矿体空间产出状态、组合规律及成因联系等地质信息；分析了成矿有利地段和矿体、矿化体与矿带的时、空定位。

遥感解译是根据地物在影像上显示的形状、大小、色调、影纹等系列影像特征或遥感解译标志进行解译的。例如，通过腾冲老象坑铁矿（$Fe_3O_4$）区及区域 TM 和高分辨率 SPOT 遥感数字图像，尤其是高分辨率 SPOT 遥感图像的解译和野外实地核实，取得了以下的认识和成果：

（1）证实了 SPOT 高分辨率遥感解译成果在控矿断裂和相应矿带的空间定位上的高精度和科学性，而且还客观地提供了控矿断裂系统定向展布规律和控矿旋扭构造厘定的遥感地质信息（见图 2-113）。

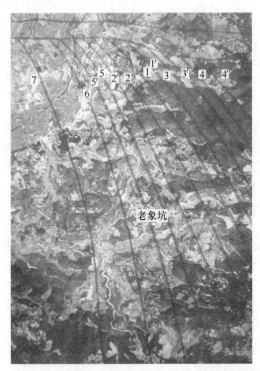

图 2-113　老象坑铁矿（$Fe_3O_4$）区域 SPOT 遥感图像解释图

（据徐旃章，2014）

（2）厘定了包括老象坑铁矿（$Fe_3O_4$）区控矿帚状旋扭构造在内的区域帚状控矿旋扭构造型式，并经初步野外调查证实，属于铁-多金属（稀有金属）矿大型控矿构造型式或控矿构造系统，指明了找矿方向，拓宽了找矿空间。

（3）根据遥感图像所示的形状、大小、色调和影纹等系列影像特征，解译了与成矿密切相关的酸性、基性、超基性岩浆侵入-喷溢体的空间定位与时空分布，为铁-多金属（稀有金属）矿的成矿、找矿提供了重要的宏观地质信息与标志（见图 2-114）。

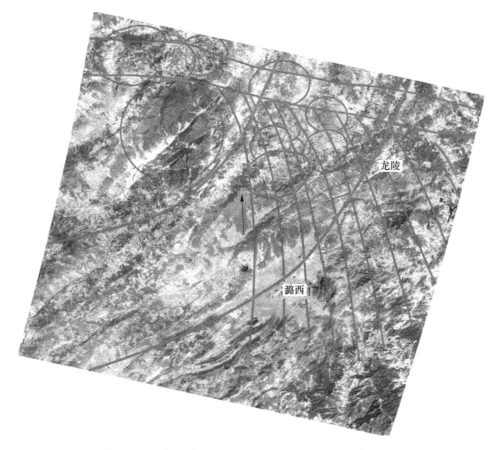

图 2-114　老象坑铁矿（Fe$_3$O$_4$）区域 SPOT 遥感图像解释图

（据徐旃章，2014）

（4）在区域构造格局和不同类型岩浆岩时空分布遥感信息解译的基础上，结合区域地球化学异常与相应矿产资源，综合分析了构造-岩浆活动与不同类型矿产资源成矿的时空联系，为 Fe-Cu，Pb，Zn-W，Sn，Bi，Mo-Nb，Be，La，Yb，Y 等矿产资源的成矿、找矿提供了重要的信息与依据。

遥感影像不但有清晰的构造图像，而且有丰富的与成矿相关的各类地质信息（地层、构造格局、成矿围岩蚀变等），是构造-矿床学研究的重要组成部分与内容。

# 第2部分 矿床成因类型与成矿构造环境

矿产资源是构造运动过程中多种地质、物理、化学作用综合作用和相应成矿组分有序演化、富集的产物。因此，这就决定了矿床学与各类基础地质学科（构造地质学、岩石学、矿物学、地层-古生物学、地球物理学、地球化学等）和基础科学（数学、力学、化学、物理学、生物学等）的依赖性。其中，构造活动和地壳运动几乎贯穿了成矿的全过程，在各类矿床形成过程中无不留下其活动的痕迹。

（1）构造活动是形成各种成矿地质环境和成矿条件的主控因素，是各类含矿、赋矿建造（沉积建造、岩浆岩建造、变质岩建造等）和成矿组分活化、迁移、富集成矿的主控条件。

（2）控矿构造格局及其时空演变规律性，控制着不同级序矿体、矿田和矿带时空分布的定位性和规律性。

（3）构造活动既是成矿流体迁移、汇聚的重要动力，其所形成的各类构造，尤其是断裂构造系统，它是成矿流体的上升运移通道与赋存的重要空间，决定着矿体的时空定位与规律分布。

（4）对流体矿产资源而言，在特大型、大型和中小型矿带、矿田和矿床中，矿化体、成矿蚀变带、矿体和矿床按控矿构造，尤其是控矿断裂构造级序的有序时空定位与展布，既是流体矿产资源时空分布的一种常见成矿地质现象与规律，实际上也是区域控矿构造系统（或构造体系）不同级次构造"导矿→布矿→容矿"的实际构造控矿作用的显示与反映。

（5）控矿构造条件类型，通常直接决定着成矿方式和矿床类型。例如，直接受断裂构造控制的脉状矿体；受层间断裂带或层间破碎带控制的层状、似层状矿体；岩体与围岩接触带和叠加断裂构造活动的接触交代型矿床；深涉地幔深大断裂带的岩浆分异-熔离 Fe、Cr、Cu、Ni（PGE）矿床等。

（6）地质构造，尤其是不同规模的控矿断裂，在其形成和变形-变质过程中，由深部至浅部，由底板至顶板，由于温度、压力和物理化学条件的改变和受力变形环境的变化，控矿断裂带中变形、变质特征（塑性—脆性，韧性—韧脆性—脆性）也随之而发生变化，并明显决定着控矿断裂构造带的三维空间分带和矿体、矿床以及矿带的三维空间分带。其不但是矿体、矿床、矿带深部评价的直接依据，而且也客观地揭示了构造活动与成矿组分演化、富集在空间定位内在的成因联系与依控关系。

综上可见，构造活动在成岩-成矿过程中不但普遍贯穿其始终，而且在已成的含矿-赋矿建造和各类矿床中无不留下其活动的痕迹，构造对控岩、成矿的主导性和重要性是毋庸置疑的。

# 3　矿产资源分类及成因类型与成矿

## 3.1　矿产资源分类概述

### 3.1.1　按产出状态分类

矿产资源按产出状态分为：（1）固体矿产资源；（2）液体矿产资源；（3）气体矿产资源。

### 3.1.2　按矿产性质及工业用途分类

#### 3.1.2.1　金属矿产资源

（1）有色金属矿产：铜、铅、锌、铝、镁、镍、钴、钨、锡、钼、铋、汞、锑等。

（2）贵金属矿产：金、银、铂、钯、锇、铱、钌、铑等。

（3）放射性金属矿产：铀、钍、镭等。

（4）稀有金属矿产：铌、钽、锂、铍、锆、铯、铷、锶。

（5）稀土金属矿产：

1）轻稀土金属矿产——铈族元素（铈、镧、镨、钕、钷、钐、铕等）；

2）重稀土金属矿产——钇族元素（钇、钆、铽、镝、钬、铒、铥、镱、镥等）；

3）分散元素矿产：锗、镓、铟、铊、铪、铼、镉、钪、硒、碲等。

#### 3.1.2.2　非金属矿产资源

（1）冶金辅助原料矿产：萤石、菱镁矿、耐火黏土、白云岩、石灰石等。

（2）化工原料矿产：萤石、重晶石、磷灰石、黄铁矿、钾盐、岩盐、明矾石等。

（3）工业制造业原料矿产：石墨、金刚石、刚玉、石棉、云母、萤石、重晶石等。

（4）陶瓷及玻璃工业原料矿产：长石、石英砂、高岭土和黏土等。

（5）建筑及水泥原料矿产：砂、砾岩、浮石、石灰石、石青、珍珠岩、花岗岩、大理岩等。

（6）宝玉石矿产：金刚石、硬玉、软玉、玛瑙、蔷薇辉石、绿松石、电气石、绿柱石、石榴子石、萤石等。

### 3.1.2.3　能源矿产（化工原料）资源

（1）固态的能源矿产：煤、石煤、油页岩、地沥青等。

（2）液态的能源矿产：石油、地热水等。

（3）气态的能源矿产：天然气、煤气层、页岩气等。

### 3.1.2.4　地下水资源

地下水资源包括：饮用水、工业用水、矿泉医疗水、地下热水及有用元素（溴、碘、硼、镭等）含量达到提取工业标准要求的卤水等。

## 3.2　矿产资源的成因分类与成矿构造

矿床的形成是特定的地质环境、多种地质作用综合作用的产物与结果。矿床学的研究涉及矿物学、岩石学、古生物学、地层学、地史学、构造地质学、地球物理学和地球化学。前者是成矿地质环境、成矿控制条件、成矿物源、矿床（体）时空定位和矿床成因机理研究的基础，而后者的地球化学则是研究成矿元素迁移、富集的条件与规律的理论和前提。因此，矿床成因分类是集地质、地球物理、地球化学的理论与实践，成矿规律与成矿预测，矿业经济与开发利用高度综合的一门学科。

矿产资源按其形成原因与主控因素又可分为沉积矿床、岩浆与岩浆期后热液矿床、变质矿床和层控矿床。

### 3.2.1　沉积矿床

沉积矿床作为外生矿床（风化矿床和沉积矿床）的主要组成部分，是地表地质体（岩石、矿化体、矿体等）在风化作用过程中破碎和分解，并在水、风、冰川、生物等外营力作用条件下，搬运到有利的沉积环境中，经过沉积分异作用而形成的，达到工业品位、规模要求的矿床类型。

因此沉积矿床的形成，通常受控于以下因素：

（1）适宜的地质-古地理（主要指古地貌、古气候）条件。

古地理条件不仅决定着地表地质体的风化、剥蚀强度和沉积特征、类型、速度及发育程度，同时也制约着沉积相、沉积建造和各种外生矿床的形成与时空定位。例如：寻找河流作用的砂矿时，应要重点研究河谷的各类地貌特征、水动力条件与砂矿沉积的关系；又如，在物源丰富的海洋中，寻找 Li、Na、K、Mg、Cl、Br、I、Pb、Zn、Au、Ag、U 矿和 Fe、Mn、Ni、Cu、Co、Ti、S、Au、U 稀土及各类盐矿、石油、天然气资源时，则应注目相应海洋构造盆地。

古气候条件是外生矿床（沉积矿床）形成的又一重要条件和影响因素。例如：盐类矿床和层状铜矿形成于干燥或干热的古气候条件；铝土矿、煤、硅酸镍矿形成于湿热环境；又如，太古代大气圈的严重缺氧，是沉积铁矿形成与广泛分布的重要原因等等。

（2）物理化学条件是外生沉积矿床形成的重要控制因素。

1）元素或其化合物的性质因素。

元素活化迁移的内在因素，主要是电价、离子半径（见图 3-1）电负性以及由它们所决定的离子电位、化合物的键性等，这些因素，基本上决定了元素及其化合物的性质、搬运与汇聚，以及在水中的溶解度和胶体物质吸附性等，例如：

①离子电位小的碱金属离子 $K^+$、$Na^+$ 等，不仅易被风化淋滤，而且易形成大溶解度的各种卤化物、硫酸盐、碳酸盐等，并在干燥气候条件下蒸发-沉积成矿。

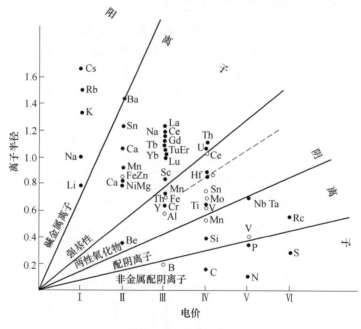

图 3-1　元素离子电位

（据南京大学矿床学，1983）

②离子电位大的碱金属离子 $Ca^{2+}$、$Mg^{2+}$ 等，由于其碳酸盐、硫酸盐溶解度小，因此，常可形成大规模的石灰岩、白云岩、石膏等沉积，并形成相应的矿床。

③三价、四价阳离子电位的 $Fe^{3+}$、$Al^{3+}$、$Mn^{3+}$、$TR^{3+}$、$Sn^{4+}$、$Ti^{4+}$、$Zr^{4+}$、$Hf^{4+}$ 等，可形成晶格能大、在地表条件下稳定的氧化物或含氧盐矿物（锆石、独居石、锡石、金红石等）。

2）温度因素。地表温度主要决定于地球纬度和海拔高度，温度直接影响着岩石的机械风化和化学风化、生物繁殖及矿物的稳定性与土壤水、地下水运动等，是外生沉积成矿的重要控制因素。

3）压力因素。压力对外生沉积成矿而言，尽管居次要地位，但压力的变化同样会影响元素的迁移。例如，压力可影响二氧化碳等在水中的溶解度；在深海的条件下，可使水的沸点高达 $200 \sim 300℃$ 以上，直接影响着外生沉积条件的改变。

4）pH 值因素。地表水的 pH 值，通常在 $6 \sim 9$ 之间，但在硫化物矿床氧化区、火山喷气影响区，由于强酸根（$SO_4^{2-}$）或强阴离子（$F^-$、$Cl^-$）等大量聚集并带入地表水中，则会导致水溶液 pH 值明显降低，并引起一系列成矿元素的迁移与汇聚。

5）胶体作用因素。外生带中广为分布的胶体，除带正电荷的 $Fe(OH)_3$ 和 $Al(OH)_3$ 等氢氧化物外，几乎都带负电荷（$SiO_2$、$MnO_2$ 等），见表3-1。

表3-1　胶体的带电性

| 带正电荷的 | 带负电荷的 | 带正电荷的 | 带负电荷的 |
| --- | --- | --- | --- |
| $Fe(OH)_3$ | 黏土胶体 | $Ge(OH)_3$ | $AS_2S_3$ |
| $Al(OH)_3$ | 腐殖质 | | $Sb_2O_3$ |
| $Cr(OH)_3$ | $SiO_2$ | | PbS 及其他硫化物 |
| $Cd(OH)_3$ | $MnO_2$ | | S |
| $Ti(OH)_3$ | $SnO_2$ | | $Au_2Ag$ |
| $Zr(OH)_3$ | $V_2O_5$ | | |

天然胶体有很强的吸附能力和离子交换能力（腐殖质、二氧化硅和氧化铝的凝胶、铁-锰氢氧化物胶体等）。例如，外生沉积成矿作用中，一些水中很难溶解的 Fe、Al、Mn 的氧化物和氢氧化物，就是在地表水中呈胶体，溶液被大量搬运，并在海洋构造盆地中形成大型、特大型胶体沉积矿床。

6）生物作用因素。在外生成矿作用过程中，生物作用不仅能改变大气圈的成分，而且还促进很多相关元素活化、迁移、汇聚并富集成矿（石油、天然气、油页岩、煤、磷灰岩、硅藻土、石灰岩、铁、锰、铝、铜、铅、锌、铀、钴、镍等各类矿产资源），其中金属有机配合物（mefal-organic complexes）就是由藻类物质的分解产物与金属离子相互作用形成的（见图 3-2 ~ 图 3-5），并促进了外生成矿物质的运移。

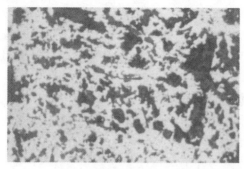

图 3-2　黄铁矿密集网络状生物有机胶体结构

（反光 200×，No. 3-4）

（据徐旃章、张寿庭，2013）

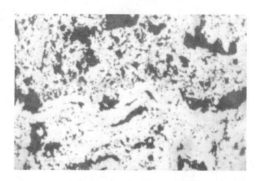

图 3-3　黄铁矿苔藓状生物有机胶体结构

（反光 200×，No. 3-4）

（据徐旃章、张寿庭，2013）

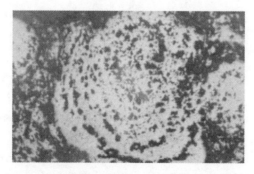

图 3-4　黄铁矿藻胶团结构（藻层纹清晰呈浑圆状

切面，反光 100×，$C_{15}$）

（据徐旃章、张寿庭，2013）

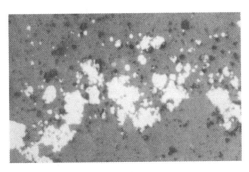

图 3-5　黄铁矿（亮白）的菌落结构（呈放射花朵状，

基质为石英岩，反光 200×，No. 5-2）

（据徐旃章、张寿庭，2013）

　　翟裕生教授（1993 年）以构造为红线，按成矿构造环境将沉积矿床分为海相沉积、海陆交互相沉积和陆相沉积三大类（见表 3-2），在构造与沉积矿床成矿的依控关系研究上又赋予了新意。

表 3-2　沉积矿床成矿构造分类

| 一级划分 | 二级划分 | 实　例 |
|---|---|---|
| 海相沉积矿床成矿构造 | 海岭沉积构造盆地 | 东太平洋隆黑烟囱硫化物 |
| | 深海沉积构造盆地 | 大洋锰结核矿床 |
| | 弧前沉积构造盆地 | 日本别子 Zn-Cu 矿床 |
| | 弧间沉积构造盆地 | 日本内子岱 Zn-Cu-Pb 矿床 |
| | 弧后沉积构造盆地 | 渤海盆地油气田 |
| | 陆缘裂谷沉积盆地 | 内蒙古东升庙 Zn-Pb-黄铁矿矿床 |
| | 陆架沉积构造盆地 | 湖北荆襄磷矿床 |
| 海陆交互相沉积矿床成矿构造 | 波状坳陷沉积盆地 | 山东淄博铝土矿矿床 |
| | 断裂坳陷沉积盆地 | 辽宁阜新煤矿床 |
| | 沿海障壁沉积盆地 | 加拿大萨斯喀彻温盐类矿床 |
| | 沿海残留沉积盆地 | 死海盐矿床 |
| 陆相沉积矿床成矿构造 | 山间内陆断陷盆地 | 青海察尔汗盐矿床 |
| | 克拉通内陆断陷盆地 | 南非兰德 Au-U 矿床 |
| | 岩溶内陆沉积盆地 | 南美牙买加铝土矿矿床 |
| | 风化洼地沉积盆地 | 广西富贺钟砂锡矿床 |

（据翟裕生、姚书振、蔡克勤，2014）

### 3.2.1.1　海相沉积矿床与成矿构造

　　沉积矿床的成矿构造是在构造动力作用形成的断陷盆地的前提下，地表各类岩石和矿石等物质，在水、风、冰川、生物等外营力风化作用条件下，破碎、分解、搬运到有利的构造盆地（陆盆-海盆）和环境中，经过沉积分异作用而形成的有用物质，其富集到工业要求时的沉积物即为沉积矿床，可形成于各类盆地中（见图 3-6）。

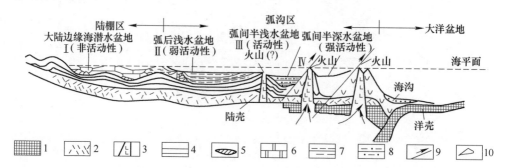

图 3-6　中国南方晚元古代-早加里东期古板块构造和沉积盆地示意图

1—洋壳；2—陆壳；3—火山；4—震旦系；5—下寒武系含磷建造；6—碳酸盐岩建造；

7—含钼硅页岩建造；8—硬砂岩复理石、类复理石建造；9—深大断裂；10—超基性岩体；

Ⅰ—康滇古陆；Ⅱ—黔中隆起；Ⅲ—江南古陆；Ⅳ—武夷山-云开大山隆起带

（引自涂光炽等《中国层控矿床地球化学》第 2 卷，科学出版社，1987）

A　海岭沉积构造盆地与成矿

20 世纪 80 年代以来（1981 年）在东太平洋海岭上发现了"黑烟囱"和"白烟囱"（见图 3-7），黑烟囱喷发物进入强电解的海水中，沉淀形成磁黄铁矿，其中含 Zn 25%、Fe 20%~40%、Cu 2%~6%；白烟囱喷发物混入海水，则形成重晶石。地中海塞浦路斯特拉多斯块状 Fe-Cu 硫化物矿床就属其例，石英包裹体测温资料表明，其温度为 350℃左右，盐度近海水，结合同位素资料，成矿溶液为海水。

在氧化条件下，Fe、Mn、Ba 在海水中沉淀，其中 $Fe^{2+}$ 的 Eh 值低于 $Mn^{2+}$，因此 Eh 值递减时，首先沉淀 Fe，其后是 Ba、Mn（见图 3-8），这就形成了 Fe→Mn+Ba 的相序。此外，高温热液中的 $SO_4^{2-}$ 还原为 $S^{2-}$，与 Cu、Zn 结合为硫化物，在热液通道内或近出口处沉淀。因此，块状硫化物矿床通常产于下部，而 Fe、Mn 矿层沉积在顶部，垂向分带特征规律明显。

B　海洋沉积构造盆地与成矿

现代大洋广布锰结核，资源量约 $1.7×10^4$ Gt，其中 Mn 4000Gt、Ni 164Gt、Cu 88Gt，有三种产出地区：

（1）陆源碎屑岩区。如：北冰洋、无近代火山活动。

（2）陆源碎屑岩区。有火山物质区，如：大西洋、印度洋、太平洋；既有陆源碎屑岩，又有火山活动。

（3）火山活动区。如：太平洋海岭区。

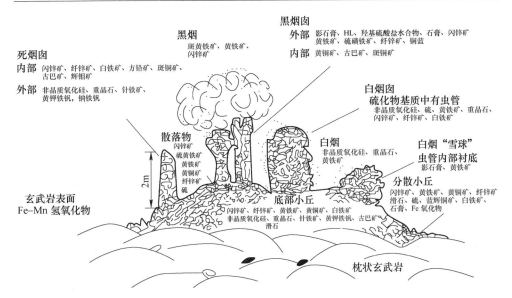

图 3-7 在东太平海洋隆观察到的气液喷发构造类型

(转引自 Maynard J. B. , 1983)

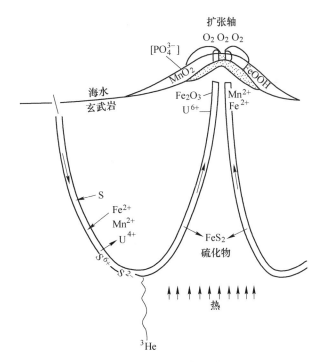

图 3-8 海水-热液体系模式

(水平比例尺和垂向比例尺未定，但横跨顶部的距离可能为 100~200m，深为 2km)

(转引自 Maynard J. B. , 1983)

鉴于 Mn 比 Fe 具更强的化学活动性，因此，Fe 的氧化物和氢氧化物通常均堆积在喷发中心的海岭沉积构造盆地，而 Mn 的氧化物和氢氧化物则堆积在海岭附近的大洋盆地。

　　C　岛弧沉积构造盆地与成矿

（1）弧前沉积构造盆地。弧前沉积构造盆地位于岛弧靠大洋一侧，是火山喷发物和陆源物质混合-交替沉积的主要场所。

（2）弧间沉积构造盆地。属岛弧扩张带，广泛发育着海相火山喷发岩系。

（3）弧后沉积构造盆地。属岛弧与大陆板块之间的构造盆地，由于岛弧的隆起，导致部分海水与大洋分隔或半分隔，多以硅铝层为基底；如发育在老岛弧之上，则以硅镁层为基底。

岛弧中形成的矿床类型，主要为块状硫化矿床，其又分为：早期岛弧型 Cu-Zn 矿和成熟期岛弧型 Cu-Pb-Zn-Ba 矿床。前者如：日本四国晚古生代石炭-二叠系的别子型（Bcsshi-Type）层状黄铜矿-黄铁矿矿床；后者如：产于中新世绿色凝灰岩中的日本黑矿型矿床（见图 3-9）。

(a)

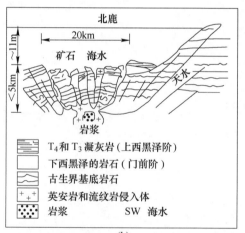

(b)

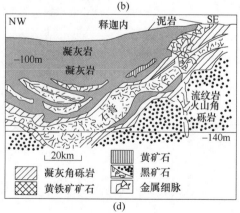

(d)

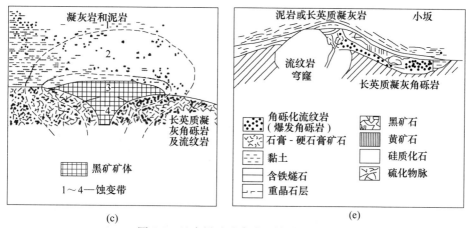

图 3-9  日本黑矿矿床成矿构造系列图

（a）黑矿矿床——它们的分布与贝尼奥夫带深度及火山前缘的关系；（b）根据北鹿地区所做的海底破火山口中矿体形成的模式；（c）矿体周围的黏土蚀变带：

1—蒙脱石、沸石、方石英，2—绢云母、绢云母-蒙脱石、Fe/Mg-绿泥石（钠长石、钾长石），

3—绢云母、绢云母-蒙脱石、Mg-绿泥石、高岭石，4—石英、绢云母、Mg-绿泥石；

（d）矿床横剖面：释迦内矿；（e）小坂矿山典型含矿矿体的示意剖面

（转引自 Hutchion C.S.，1983）

而图 3-10（a）中则显示了成熟期岛弧水下边缘盆地中黑矿矿床与弧顶陆相火山岩型金银碲化物与斑岩铜矿的空间关系，构成了成熟岛弧不同构造部位的成矿系列；图 3-10（b）则显示了别子型、黑矿型、斑岩型、塞浦路斯型块状硫化物矿床的空间关系。

D  陆缘裂谷沉积构造盆地与成矿

陆缘裂谷沉积构造盆地位于大陆边缘，裂陷深浅不一。深者常导致基性岩浆上涌，浅者仅见热泉喷溢。

例如：红海裂谷在约 $50km^2$ 的海域中，分布着平均 20m 厚的含金属沉积物，其中 Fe 29%、Zn 3.4%、Cu 1.3%、Pb 0.1%、Ag $54×10^{-6}$、沉积物间隙卤水 8%。又如：加拿大西部的沙利文巨型铅锌矿床（大于 1.7Gt 矿石量），产于元古界帕赛尔（Purcell）超群的奥尔德里奇（Aldridge）组（见图 3-11），矿体呈大透镜状夹于粉砂岩和页岩层内。主要金属矿物有磁黄铁矿、闪锌矿、方铅矿，上部富 Pb、Ag，两者呈正相关关系。

我国陕西柞水-山阳矿田产于泥盆系中的多金属矿，同属其例（见图 3-12）。矿体呈层状、透镜状，与围岩整合。金属矿物主要为黄铁矿、磁黄铁矿、毒砂、闪锌矿、方铅矿、黄铜矿、黝铜矿、银黝铜矿、硫银锑铅矿、硫锑铜银矿、深红银矿、自然银、螺状硫银矿等；非金属矿物主要为重晶石、钠长石、石英、玉髓、铁白云石、菱铁矿等。

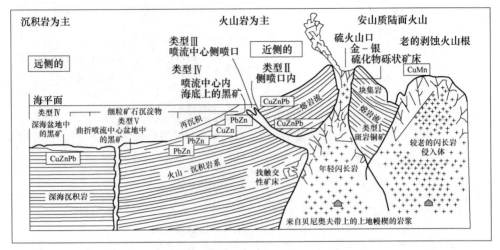

(a)

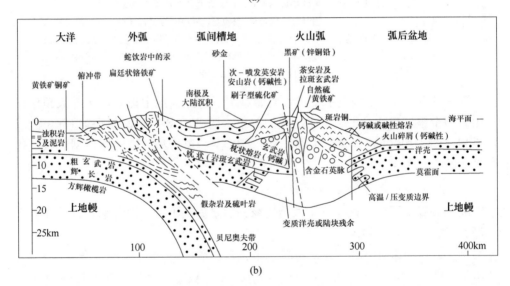

(b)

图 3-10　岛弧构造成矿系统

（a）火山岛弧横剖面的示意图，表示黑矿矿床系列与斑岩铜矿床系列之间的关系（据 Colley，1976）；

（b）岛弧消亡板块边缘的示意横剖面，表示成矿沉积作用的可能位置

（据 Garson M. S. 和 Mitchell A. H. G.，1976）

　　矿体中层状重晶石和似碧玉岩提供了海底喷发依据，岩石化学、微量元素、稀土元素（$\delta_{Eu}=0.7\sim0.8$）、铅同位素等，统一地表明了成矿围岩-绿泥石、千枚岩和绿泥绢云千枚岩为中基性喷发岩。在区域上秦岭构造带、华北板块与扬子板块在加里东期至海西期连续碰撞、拉张而形成的扬子海北部的边缘裂谷，为该类型矿床的形成提供了优越的大地构造环境。

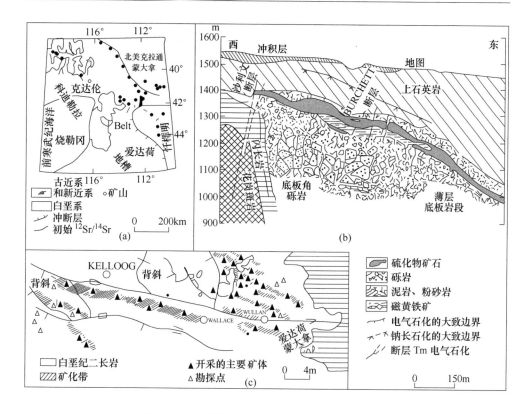

图 3-11　北美洲西部前寒武纪拗拉槽中的矿化

（a）Belt 盆地与寒武纪克拉通边缘关系的轮廓；

（b）沙利文矿体的剖面（据 Thompson R. I. 等，1976）；

（c）爱达荷州科达伦矿带地质图（据 Hobbs S. W. 等，1968）

E　陆架沉积构造盆地与成矿

陆架沉积构造盆地是指基底为克拉通的陆缘浅海盆地，向海的一侧是大陆坡或陆缘裂谷。整个盆地通常是在地壳拉张条件下形成的，并导致海侵；如伴随着挤压则相对上升，导致海退，并伴有海相磷、锰、铁沉积成矿。例如：我国震旦纪荆襄磷矿、寒武纪的昆阳磷矿均属其例（见图 3-13 和图 3-14）。

### 3.2.1.2　陆相沉积矿床与成矿构造

陆相沉积矿床的控矿构造可分山间内陆断陷沉积盆地构造、克拉通内陆断陷沉积盆地构造、岩溶内陆沉积盆地构造三类，均形成于造山或造山运动后期的拉张断陷。相关矿产资源多为流水冲蚀、差异风化等外营力作用条件下破碎-分解、搬运-富集成矿的。

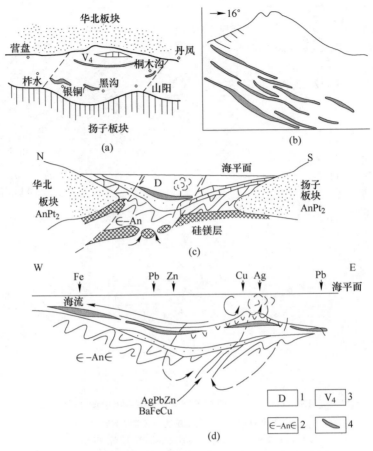

图 3-12　陕西柞水-山阳银多金属矿田成矿构造系列模式

1—泥盆系；2—寒武系-前寒武系；3—海西期基性侵入岩；

4—银多金属矿体；AnPt$_2$—前中元古界

（据王思源，1990）

**A　山间内陆断陷沉积盆地与成矿**

山间内陆断陷沉积盆地多形成于古老造山带内，其后因古老断层再活动，所控断块下沉而形成的陆内封闭盆地，由于控盆断裂多为俯冲带中的深断裂，因而该类型断陷盆地除了接受陆源成矿组分外，还常有深部物质随热泉上升并参与成矿。例如：青海察尔汗盐田（见图 3-15）。

**B　克拉通内陆断陷沉积盆地与成矿**

古老的克拉通遭受漫长地质年代的风化剥蚀，有用组分的离子、胶体、重矿物等先后汇聚到克拉通内陆湖，并汇聚、富集成矿。例如：南非威特沃特斯兰德早元古代金铀古砂矿，其产于卡普瓦尔太古宙克拉通之上的断陷盆地中，太古宙

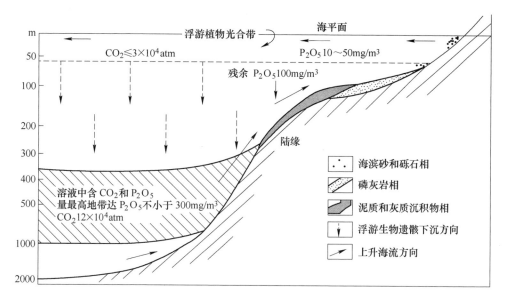

图 3-13　当深处寒流向上回流时磷灰岩在陆缘带生成简图

（1atm（标准大气压）= 101325Pa）

（据卡察科夫，1937）

| 地层划分 | | | | 层号 | 柱状图 | 厚度/m | 岩性概述 |
|---|---|---|---|---|---|---|---|
| 统 | 阶 | 组 | 段 | | | | |
| 下寒武统 | 梅树村阶 | 筇竹寺组 | 八道湾段 | 14 | | | 上部黑色薄－中层泥质粉砂岩，中部含炭泥质粉砂岩，下部0.25m姜状结核海绿石硅质磷块岩，底部0.22m海绿石黏土岩 |
| | | | | 13 | | | |
| | | 渔户村组 | 大海段 | 12 | | 1.16 | 灰色薄－中层含磷锰质石英砂质白云岩，上部夹燧石条带富产小壳动物化石 |
| | | | 中谊村段 | 11～8 | | 5.29 | 顶部薄层鲕状，假鲕状白云质磷块岩，上部中厚层假鲕状硅质磷块状，鲕状极细；中部白云带状磷块岩，含燧石团块，下部夹一层0.18m含磷砂质黏土岩，其下为内碎屑假鲕状硅质磷块富含小壳化石 |
| | | | | 7～6 | | 1.54 | 灰白色含磷含海绿石水云母黏土（页）岩，顶部含石英砾石，产小壳动物化石 |
| | | | | 5～3 | | 4.75 | 下矿层：蓝灰色中厚层状磷块岩。上部为条带状、假鲕状；下部为碎屑状、砾屑状；底部有厚0～20cm的砾状黑色燧石底界面不平为冲刷接触，产小壳动物化石 |
| | | | 小歪头山段 | 2 | | 4.05 | 浅灰色厚层砂质白云岩含燧石及磷质条带，产很少量小壳动物化石 |
| | | | | 1 | | 3.37 | 灰白色中厚层质密坚硬白云岩，含燧石条带及扁豆体，产少量动物化石 |
| 上震旦统 | | | 白岩哨段 | 0 | | >15.0 | 灰白色薄－中厚层白云岩、砂质白云岩，未见底 |

图 3-14　云南昆阳磷矿床小歪头山鱼户村组地层柱状图

（据翟裕生、姚书振、蔡克勤，2014）

含金绿岩带和其后的花岗岩分别为金和铀成矿提供了重要的物质来源（见图 3-16和图 3-17）。

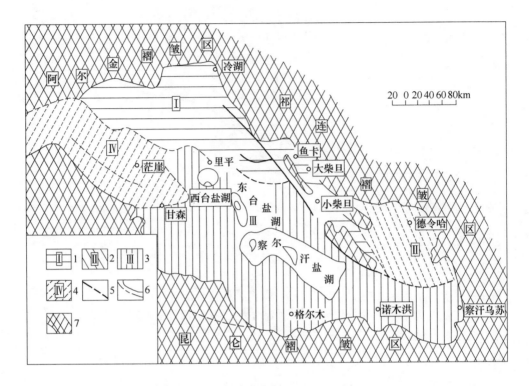

图 3-15　青海察尔汗盐田构造环境图
1—北部隆起地区；2—德令哈坳陷；3—达布逊坳陷；4—茫崖坳陷；
5—构造单元界线；6—断裂及推测断裂；7—褶皱区（山地）
（转引自中国地质大学《矿床学实习指导书》，1987）

**C　岩溶内陆沉积盆地与成矿**

地下水和重力塌陷导致了石灰岩地区岩溶盆地的形成，由于盆地底部凹凸不平，洞穴发育，为岩溶型铝土矿的形成提供了有利的成矿条件与环境。例如南美牙买加铝土矿就属其例。

### 3.2.1.3　蒸发沉积矿床（盐类矿床）与成矿构造

蒸发沉积矿床是在干旱气候，封闭、半封闭的水盆地环境中，蒸发量大于补给量的条件下，通过蒸发浓缩而产生各种盐类矿物沉淀而形成的矿床。主要是钾、钠、镁、钙的氯化物、硫酸盐、重碳酸盐、碳酸盐、硼酸盐和硝酸盐等（见表 3-3）。常富含锂、铷、铯、碘、溴等微量元素，蒸发沉积矿床按其形成环境的差异又可分为海相碳酸盐岩系中的盐类矿床与成矿和陆相碎屑岩系中的盐类矿床与成矿。

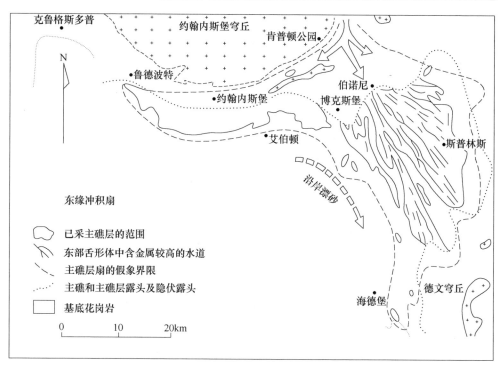

图 3-16  威特沃特斯兰德金铀矿床典型的沉积背景

（图中表明在巨大的湖泊中，可能有受沿岸漂砂影响的冲积扇）

（转引自 Maynard J. B.，1983）

**表 3-3  常见盐类矿物**

| 氯化物 | 硫酸盐 | 硼酸盐 | 碳酸盐 | 硝酸盐 |
|---|---|---|---|---|
| 石盐 NaCl | 石膏 $CaSO_4 \cdot 2H_2O$ | 硼砂 $Na_2B_4O_7 \cdot 10H_2O$ | 重碳酸盐 $NaHCO_3$ | 钠硝石 $NaNO_3$ |
| 钾石盐 KCl | 硬石膏 $CaSO_4$ | 三方硼砂 $Na_2B_4O_7 \cdot 5H_2O$ | 重碳酸钾 $KHCO_3$ | 钾硝石 $KNO_3$ |
| 水氯镁石 $MgCl_2 \cdot 6H_2O$ | 芒硝 $Na_2SO_4 \cdot 10H_2O$ | 柱硼镁石 $MgB_2O_4 \cdot 3H_2O$ | 苏打（泡碱）$Na_2CO_3 \cdot 10H_2O$ | 钙硝石 $Ca(NO_3)_2 \cdot 4H_2O$ |
| 光卤石 $KCl \cdot MgCl \cdot 6H_2O$ | 无水芒硝 $Na_2SO_4$ | 钠硼解石 $NaCaB_5O_7 \cdot 8H_2O$ | 水碱 $Na_2CO_3 \cdot H_2O$ | 钠硝矾 $Na_3NO_3SO_4 \cdot H_2O$ |
| | 泻利盐 $MgSO_4 \cdot 7H_2O$ | 硼镁石 $Mg_2B_2O_5 \cdot H_2O$ | 天然碱 $Na_3H(CO_3)_2 \cdot 2H_2O$ | |
| | 硫镁矾 $MgSO_4 \cdot H_2O$ | 遂安石 $Mg_2B_2O_5 \cdot H_2O$ | | |
| | 杂卤石 $K_2CaMg(SO_4)_4 \cdot H_2O$ | 方硼石 $Mg_3B_7O_{13}Cl$ | | |
| | 无水钾镁矾 $K_2Mg(SO_4)_2$ | 锰方硼石 $Mn_3B_7O_{13}Cl$ | | |

（据翟裕生、姚书振、蔡克勤，2014）

A  海相碳酸盐岩系中的盐类矿床与成矿

加拿大萨斯卡切温（Saktchewan）钾盐矿床是一个典型的实例（见图 3-18），其位于加拿大西部地台区，含矿岩系赋存于中泥盆统地层中，是世界上规模最大的钾盐矿床。

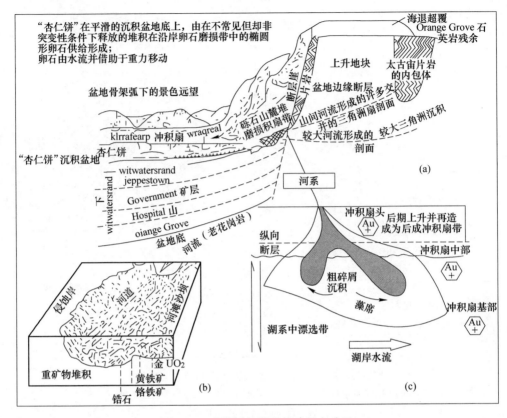

图 3-17　威特沃特斯兰德冲积金矿田

（a）示意剖面；（b）河沟中的砂矿床；（c）冲积扇系统的示意平面图

（金太细而不能沉积在扇头相中，它的最高富集是在冲积扇中部舌状体。

晶质铀矿的最富沉积还在金的高峰处稍向下坡的地方）

（转引自 Hutchison C. S.，1983）

　　这类巨型海相蒸发盆地，还有西欧晚二叠世 Zechstein 盆地、俄罗斯西伯利亚的伊尔库茨克寒武纪盆地、美国西部的密歇根盆地等。

　　我国海相碳酸盐岩系中的盐类矿床（包括石膏-硬石膏、石盐、钾盐矿床）各形成于寒武纪、奥陶纪、泥盆纪和三叠纪，但对该类钾盐矿床的研究均未取得明显的突破。

　　B　陆相碎屑岩系中的盐类矿床与成矿

　　陆相碎屑岩系中的盐类矿床其特点是陆相碎屑岩与膏岩盐交替沉积。中侏罗统、白垩系、古近系和第四系为我国成盐高峰期。陆相碎屑岩系主要由红色砂岩、泥岩组成，均产于示近源和干旱气候沉积物特征的"红层盆地"中。西藏含锂、硼的扎布耶盐湖矿床（见图 3-19 和表 3-4）、青海柴达木盆地察尔汗盐湖钾盐矿床（见图 3-20 和表 3-5）和云南江城勐野井钾盐矿床均属其例。

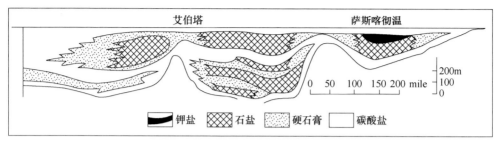

图 3-18 萨斯卡切温泥盆纪蒸发岩剖面图

（据袁见齐等，1985）

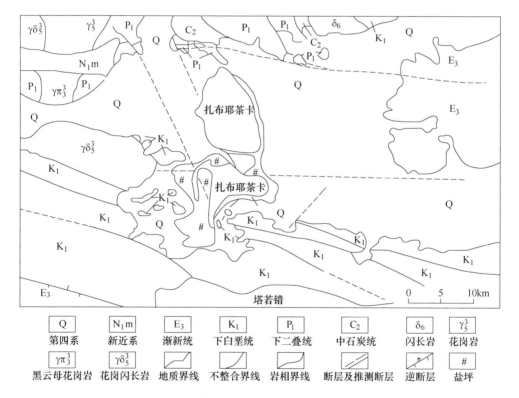

图 3-19 西藏扎布耶硼锂矿床区域地质简图

（据郑绵平等，1989）

表 3-4 扎布耶盐湖卤水主要化学组成

| 元素 | Na | K | Li | Rb | Cs | Br | $Cl^-$ | $SO_4^{2-}$ | $B_2O_3$ | $CO_3^{2-}$ |
|---|---|---|---|---|---|---|---|---|---|---|
| 含量（质量分数）/% | 10.01 | 3.16 | 0.081 | 0.0048 | 0.0012 | 0.0309 | 12.06 | 2.980 | 0.84 | 3.41 |

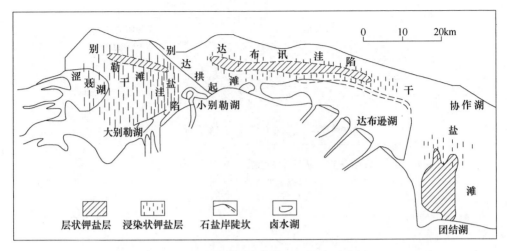

图 3-20 青海察尔汗盐湖钾盐层分布示意图

(据翟裕生等, 1993)

表 3-5 察尔汗盐湖晶间卤水的分类和主要特征

| 晶间卤水类型 | | 密度/g·cm⁻³ | $Mg^{2+}/Na^+$ | 矿化度/g·L⁻¹ | 主要离子一般含量/g·L⁻¹ | | | |
|---|---|---|---|---|---|---|---|---|
| | | | | | $K^+$ | $Na^+$ | $Mg^{2+}$ | $Cl^-$ |
| 石盐卤水 | 低钾 | <1.22 | <1 | <325 | <6 | >45 | <45 | <210 |
| | 高钾 | 1.222~1.26 | 1~6 | 325~370 | >6 | 12~45 | 45~75 | 210~260 |
| 钾盐卤水 | 高钾 | 1.26~1.28 | 6~15 | 370~395 | >6 | 6~12 | 75~90 | 260~280 |
| | 低钾 | 1.28~1.32 | 15~55 | 395~420 | <6 | 2~6 | 90~110 | 280~310 |

(据袁见齐等, 1995)

### 3.2.1.4 胶体化学沉积矿床

在地表条件下, 化学和生物化学作用促使各种无机和有机的成矿物质发生分解, 形成含矿的细悬浮物和胶体溶液 (质点介于 1~100mm)。胶体质点比表面积大, 并带有电荷, 是成矿物质分异富集和胶体矿床形成的主要因素。

在表生带中, 除 $Na^+$、$K^+$、$Ca^{2+}$、$Mg^{2+}$、$Cl^-$、$SO_4^{2-}$、$CO_3^{3-}$、$BO_3^{3-}$、$Br^-$、$I^-$ 等呈易溶的盐类为水所携带, 并被搬运外, 胶体物质多由矿物和岩石经强烈的风化作用而产生 Fe、Al、Mn 和 $SiO_2$ 胶体, 也可是菌藻类微生物参与风化作用而形成的胶体。胶体矿床中经常发育鲕状、豆状、肾状等矿石结构, 我国宣龙式和宁乡式铁矿、辽宁瓦房子铁锰矿、云南斗南锰矿等就属其例 (见图 3-21~图 3-23)。

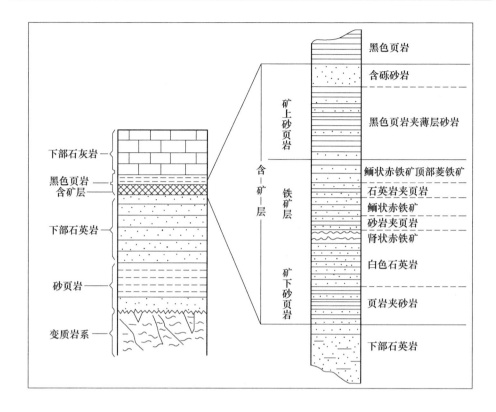

图 3-21　庞家堡铁矿含铁岩系层序剖面图

(据袁见齐等，1985)

### 3.2.1.5　生物化学沉积矿床

生物化学沉积矿床是有机体（生物）死亡后分解产生的气体和有机酸参与沉积成矿作用而形成的矿床。此类矿床主要有沉积磷块岩矿床、自然硫矿床、硅藻土矿床、生物灰岩矿床等。

生物化学沉积矿床按矿种和成因又可分为生物化学沉积磷块岩矿床和生物化学沉积硅藻土矿床。

A　生物化学沉积磷块岩矿床

地壳中磷源自于岩浆岩中的磷灰石、火山喷发岩和先成的含磷沉积岩层。当它们风化分解后，磷质被富含 $CO_2$ 和有机酸等的地表水溶解，并被带入水盆，通过生物作用富集沉积形成磷矿床。如我国著名的贵州开阳磷矿、云南翁福磷矿、昆阳磷矿、河北宣昌磷矿等均属其例。

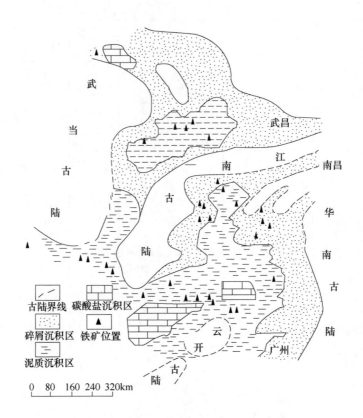

图 3-22　宁乡式铁矿的分布与泥盆纪古地理图

（据袁见齐等，1985）

B　生物化学沉积硅藻土矿床

硅藻土矿床是一种生物成因的硅质沉积岩，主要由生活在海洋和湖泊中的微体硅质生物遗骸堆积而成。因此，其成分以 $SiO_2$ 为主，矿物成分是蛋白石及其变种。

硅藻土，块状质轻、疏松多孔、吸附性强，能隔热隔音，热稳定好，除氢氟酸外，不溶于其他酸类，由于其优良的物理化学性能，而广泛应用于相关工业领域。

（1）海相沉积硅藻土矿床：规模大、质量好，是硅藻土矿床的主要类型。世界上最大的硅藻土矿床是美国加利福尼亚的海相层状 Lompoc 矿床。

（2）湖相沉积硅藻土矿床：规模小、质量差、杂质多，是我国主要的硅藻土矿床类型，成矿的时代主要为古近纪、新近纪和第四纪，主要产于我国东部和西南部（见图 3-24）。

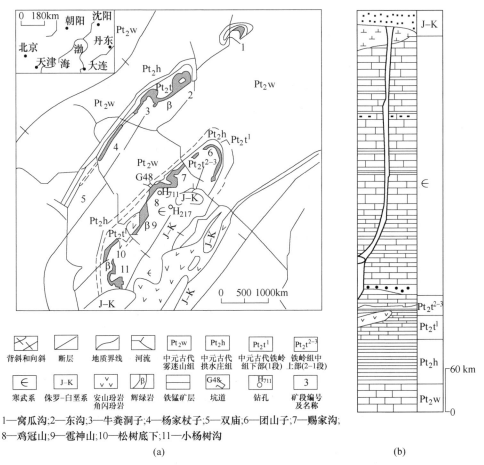

图 3-23　辽宁瓦房子矿床地质图及地层柱状图

（a）矿床地质图；（b）地层柱状图

（转引自《中国矿床》编委会，1994）

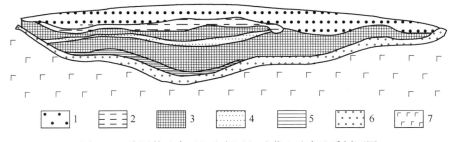

图 3-24　我国某地古近纪和新近纪硅藻土矿床地质剖面图

1—冲积层；2—黏土层；3—硅藻土；4—白色细砂层；5—炭质页岩；6—砾岩层；7—玄武岩

（除冲积层外，其余皆为古近系和新近系）

### 3.2.2　岩浆与岩浆期后热液矿床

岩浆活动是严格受构造活动控制的地质热事件，也是地球物质运动和成矿的一种重要形式，岩浆活动在软流圈、岩石圈和地壳底层均可诱发显著的成矿作用。

岩浆是岩浆矿床成矿物质的载体，起源不同的岩浆形成不同的矿床类型，其来源主要为地幔岩石部分熔融和地壳岩石的重熔。其既可是岩浆分异-分结成矿，也可是岩浆分异后期热液成矿（伟晶岩矿床、接触交代矿床、热液矿床）。

#### 3.2.2.1　岩浆矿床及其成矿控制条件

岩浆矿床是由各类岩浆在其生成、运移或就位过程中，通过分异-结晶作用，促使岩浆中分散的有用组分汇聚、富集而形成的具有经济价值的矿床，控制矿床形成的主要因素为岩浆-构造-围岩条件。

A　岩浆矿床成矿构造控制条件

岩浆矿床的形成受特定的岩浆和大地构造环境或条件所控制，两者依控关系密切而清晰。

（1）大陆热点、裂谷及线性构造环境。大陆热点是指地幔柱引起的地壳中的地质热异常点，其是裂谷或拗拉槽存在的重要信息与依据，是幔源岩浆岩形成的重要构造-岩浆依据。例如：南非布什维尔德（Bushveld）、西澳卡姆巴尔达（Kambalda）、俄罗斯诺里尔斯克（Norilsk）、中国金川和攀枝花等杂岩体形成的超大型铜镍硫化物矿和钒钛磁铁矿等岩浆矿床就属其例。

大陆板块内部发育的大型线性断裂构造，其切割深度大，一些幔源超基性岩浆或碱性岩浆沿断裂侵位，并形成 Cu、Ni、PGE 硫化物矿床和金刚石矿床等系列矿床。

（2）洋隆及洋岛-海山链构造环境。洋隆或大洋中脊构造环境，是大洋板块相背运动的巨型伸展构造带，该带地幔经历了持续的去气作用和熔融过程，形成亏损型地幔。因此，岩浆岩主要为拉斑玄武岩系列和蛇绿岩套岩石，典型岩浆矿床是纯橄榄岩-斜方辉橄岩及其豆荚状铬铁矿矿床。

（3）洋壳俯冲带-岛弧环境。洋壳向大陆壳下俯冲带的构造环境包括外弧、岩浆弧和弧后岩浆带（见图 3-25），如印缅山脉产出的纯橄榄岩或蛇纹岩中的豆荚状铬铁矿，智利北部的埃尔纳克铁矿等均属其例。

（4）大陆间及大陆与岛弧碰撞构造带。在板块碰撞过程中蛇绿岩侵位于缝合线带中，这类蛇绿岩体规模小、成带分布广、矿化强。黑龙江依兰富 Cu、Ni、PGE 的镁质超基性岩带就属其例。

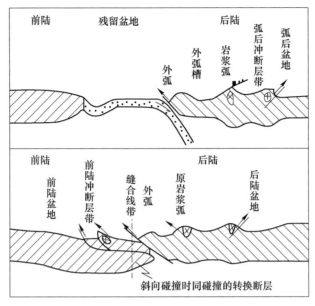

图 3-25 板块碰撞带构造环境示意图

（据 A. H. G. Mitchell 等，1982）

B 岩浆矿床成矿围岩控制条件

岩浆在其生成就位的运移过程中，由于同化-混染作用，影响着岩浆的分异成矿过程。例如：西藏某花岗岩中的石墨矿床是岩浆同化其围岩中的煤矿形成的；又如，当含 Cu、Ni 硫化物的基性-超基性岩浆，其同化碳酸盐岩石时，降低了熔浆的温度，有利于硫化物的分异富集，同时使更多的金属脱离硅酸盐结构而进入硫化物熔浆，更有利于富集成矿。

C 岩浆多期次侵位活动与成矿

岩浆是岩浆矿床成矿物源（母岩）和载体，原始岩浆的性质与含矿性是岩浆矿床形成的直接前提与条件，并具明显的成矿专属性特征（见表3-6）。

表 3-6 岩浆-成矿专属性

| 主要岩浆矿床类型 | 有关的侵入岩 |
| --- | --- |
| 铬铁矿矿床 | 含镁高的超基性岩，特别是纯橄榄岩，次为橄榄岩和橄辉岩，以及它们被蚀变而成的蛇纹岩 |
| 铂族元素矿床 | 含镁高的及含铁高的超基性岩，前者与铬尖晶石矿床有关，后者与铜镍硫化物矿床有关 |

续表 3-6

| 主要岩浆矿床类型 | 有关的侵入岩 |
|---|---|
| 钒钛磁铁矿矿床 | 辉长岩、斜长辉长岩，次为斜长岩和橄榄辉长岩 |
| 铜镍硫化物矿床 | 含铁较高的单斜辉石和斜方辉石所组成的基性岩和超基性岩，特别是苏长岩和橄榄苏长岩，次为辉长苏长岩及辉石岩 |
| 金刚石矿床 | 金伯利岩、钾镁煌斑岩 |
| 磷灰石-磁铁矿矿床 | 基性岩和偏碱性超基性岩 |
| 铌-稀土元素矿床 | 超基性-碱性杂岩中的碳酸岩 |
| 稀有-稀土元素矿床 | 花岗岩类 |

（据翟裕生、姚书振、蔡克勤，2014）

但岩浆矿床的母岩通常多为多期次侵位作用形成的杂岩体，岩浆矿床是岩浆分异作用富集成矿的，在构造动力-岩浆热动力双重作用下，导致岩浆房中的含矿岩浆逐次、按序向低压、低温的上部空间侵位，不但造成不同期次岩浆岩相化学组分和矿物组合成分的演化与逐次富集，而且含矿岩浆在其上升、运移、演化过程中也同步萃取了早期、早阶段含矿岩体中的成矿组分，叠加富集成矿，这就是杂岩体中较晚或最晚含矿岩体成矿的主要原因。一定程度上为找矿指明了方向和可能的成矿空间定位，这也是我国南方蚀变花岗岩中的稀有-稀土金属元素矿床成矿作用集于燕山晚期-喜山期是主要原因。此外，滇西南腾冲地块的多金属-稀有-稀土金属富集成矿和小水井钼矿成矿就属其例。

### 3.2.2.2 岩浆成矿物源及其与成矿

岩浆矿床按其岩浆源区的不同以及系统结晶分异的差异，又可分为幔源岩浆成矿系统和壳源岩浆成矿系统两类。

*A　幔源岩浆与成矿*

幔源岩浆成矿系统以镁铁质、超镁铁质岩成矿为特点，并形成 Ni、Cr、V、Ti、Co、Fe、P、PGE 等矿床。其主要成矿机制为重力-结晶分异、液态熔离、挤压贯入，主成矿期常与岩浆分异晚期的富含成矿组分的岩浆熔离作用密切相关。例如：产于超基性岩层状杂岩体中的布什维尔德铬铁矿（见图 3-26）、产于超基性岩带中的西藏罗布莎铬铁矿床（见图 3-27）、产于镁铁质超基性-基性杂岩体中的甘肃金川铜镍硫化物矿床（见图 3-28～图 3-30）和黑龙江依兰铜镍硫化物矿床（见图 3-31）、加拿大肖德贝里（Sudbury）铜镍硫化物矿床（见图 3-32）、产于辉长岩中层状、似层状四川攀枝花钒钛磁铁矿矿床（见图 3-33 和图 3-34）、产于斜长-辉长岩中的河北大庙的贯入型铁矿床（见图 3-35）等均属其例。

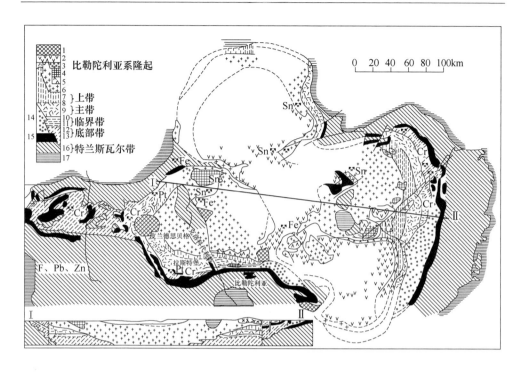

图 3-26 布什维尔德岩浆杂岩体及矿床分布图

1—碱性岩；2—罗伊别尔格霏细岩；3—石英岩、石灰岩、安山岩、凝灰岩、集块岩；

4—马加利斯别格石英岩；5—流纹岩、花斑岩；6—布什维尔德花岗岩；

7—铁闪长岩、橄榄岩、辉长岩、斜长岩；8—主要磁铁矿层；9—辉长岩、斜长岩、苏长岩；

10—麦林斯基矿层；11—含铬铁矿层的苏长岩、辉石岩；12—主要铬铁矿层；

13—辉石岩、斜方辉橄岩铬铁矿层、苏长岩；14—白云岩系；15—"黑色矿层"系；

16—比勒陀利亚系；17—比特兰斯瓦尔系更老的建造

（据 D. 威廉斯）

**B 壳源岩浆-岩浆期后热液活动与成矿**

壳源岩浆成矿系统的岩类，多与花岗岩类岩石系列有关。因花岗岩类岩浆黏度大，不利于重力分异和熔离作用，但含气液丰富，成矿元素种类繁多。因此成矿方式多以气液分异为主，交代蚀变作用显著，有利成矿物质尤其是小丰度元素的富集；成矿深度相对较浅，成矿构造环境多为造山带和克拉通强烈活动地区。

对地壳重熔型花岗岩而言，通常 $n \sim 20km$ 深处的重熔岩浆区为矿源场，其上为含矿岩浆岩定位场及气液活动区，最上部（$0 \sim nkm$ 深）为花岗岩型、花岗伟晶岩型和岩浆期后热液型矿床的储矿场，垂向分带特征明显，其斑岩型矿床和伟晶岩矿床就是典型矿床类型。例如云南宁蒗白牛厂斑岩铜矿床（见图 3-36）和江西德兴斑岩铜（钼）矿（见图 3-37 和图 3-38）就属其例。

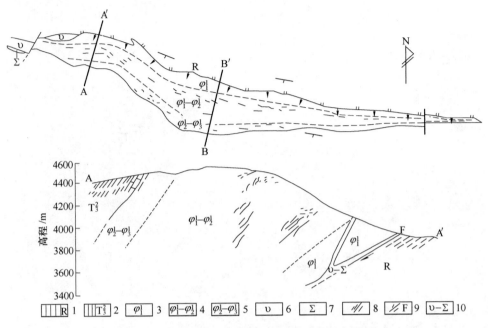

图 3-27　西藏罗布莎含铬超基性岩体平面及剖面图

1—古近系-新近系；2—上三叠统；3—纯橄榄岩；4—含纯橄榄岩异离体的斜辉橄榄岩；
5—斜辉橄榄岩—橄榄岩；6—辉石岩；7—超基性岩；8—矿体；9—断层；10—晚期杂岩体

（据袁见齐等，1985）

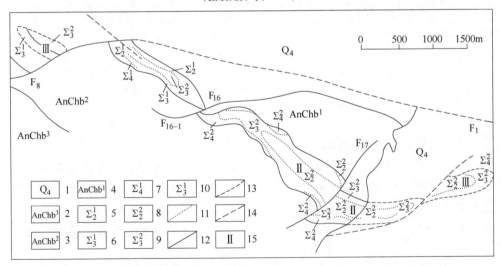

图 3-28　甘肃金川矿床地质略图

1—第四系；2—前长城系龙首山群白家嘴子组上岩性段；3—前长城系龙首山群白家嘴子组中岩性段；
4—前长城系龙首山群白家嘴子组下岩性段；5—第一期含二辉橄榄岩；6—第一期二辉橄榄岩；7—第
一期橄榄二辉岩；8—第二期含二辉橄榄岩；9—第二期二辉橄榄岩；10—第二期橄榄二辉岩；11—侵
入体岩相界线；12—侵入期次界线；13—地质实测/推测界线；14—实测/推测断层；15—矿区编号

（据汤中立等，1996）

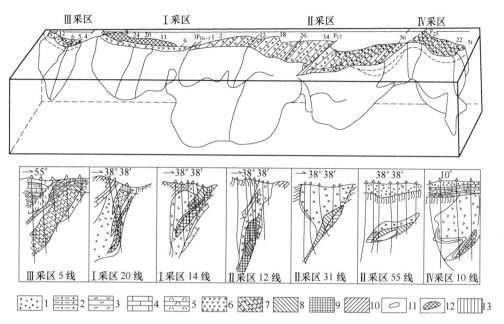

图 3-29 金川岩体及主要横断剖面图

（据汤中立等，1996）

1—第四系冲、洪积物；2—第四系砂砾岩；3—混合岩；4—大理岩；5—斜长角闪岩；
6—橄榄岩；7—熔离型贫矿；8—深熔贯入型贫矿；9—深熔贯入型富矿；10—接触交代型矿体；
11—晚期贯入型矿体；12—铂富集体；13—氧化矿（化）带

a 斑岩型矿床

斑岩型矿床是指产于斑岩及其附近大范围分布的浸染状、细脉浸染状矿床，是非常重要的金属矿床类型。尽管其矿石品位偏低，但规模大，易采、易选，是世界 Cu、Mo 矿的主要来源（见表 3-7），此外还有斑岩型锡矿和钨矿。

表 3-7 国外的典型斑岩型矿床

| 矿床 | 资源量/Mt | 金属品位及储量 |
|---|---|---|
| El Teniente（智利） | 12482 | Cu：0.63%，79Mt；Mo：0.02%，2.5Mt；Au：0.035g/t，437t |
| Chuquicamata（智利） | 7521 | Cu：0.55%，41Mt；Mo：0.024%，1.8Mt；Au：0.04g/t，301t |
| Grasberg（印度尼西亚） | 2480 | Cu：1.13%，28Mt；Au：1.05g/t，2480t |
| Biingham Canyon（美国） | 3228 | Cu：0.88%，28Mt；Au：0.50g/t，1603t |
| Escondida（智利） | 2300 | Cu：1.15%，26.0Mt |
| Oyu Tolgoi（蒙古） | 2467 | Cu：0.68%，16.8Mt；Au：0.32g/t，790t |
| Kal'makyr（乌兹别克斯坦） | 2700 | Cu：0.40%，10.8Mt；Au：0.51g/t，1374t |
| Batu Hijau（印度尼西亚） | 1644 | Cu：0.44%，7.2Mt；Au：0.35g/t，572t |
| Climax（美国） | 900 | Mo：0.24%，2.2Mt |

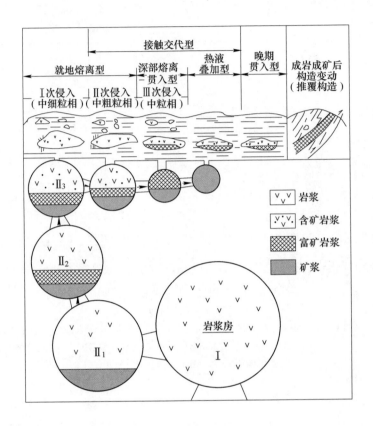

图 3-30   甘肃金川铜镍硫化物矿床成矿模式图
（据汤中立，1996）

斑岩型矿床多产于与大洋板块俯冲有关的岛弧和安第斯型陆缘岩浆弧的构造背景中（见图 3-39~图 3-41），其特点是：

（1）与成矿有关的岩浆岩主要为钙碱性系列的中酸性浅成-超浅成斑岩类岩浆岩。

（2）岩体多为岩株状小岩体。

（3）围岩蚀变强烈而普遍，空间分带特征明显。

（4）金属矿化主要发育于岩体内部，岩体围岩次之。石英绢云母化带是主要的矿化蚀变带。

（5）浸染状和细脉浸染状为主要矿石类型。

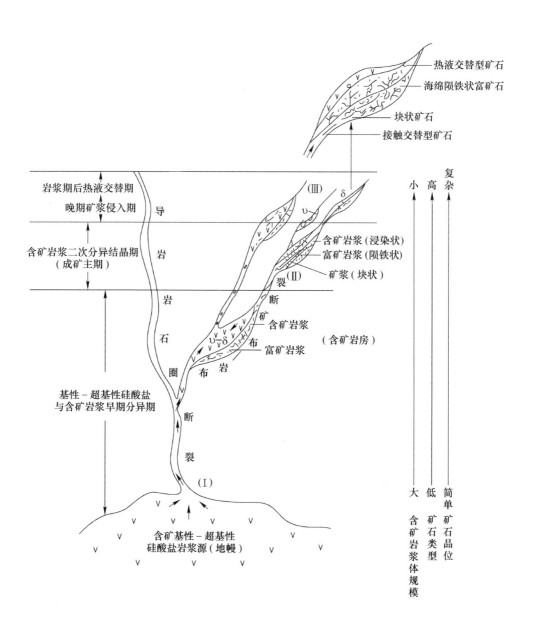

图 3-31　黑龙江省依兰地区超基性岩群成矿模式图

（据徐旃章、张寿庭，2002）

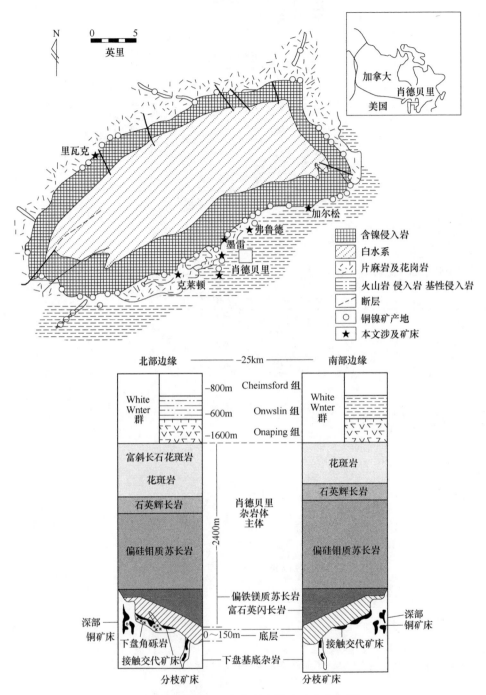

图 3-32　肖德贝里岩浆杂岩体及矿床分布图

（据引自翟裕生、姚书振、蔡克勤，2014）

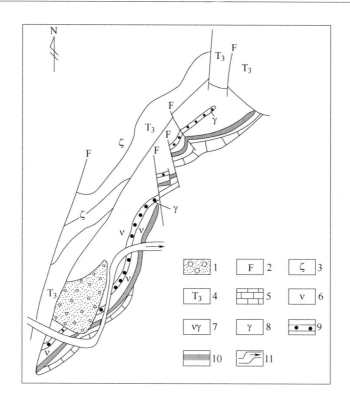

图 3-33 四川攀枝花钒钛磁铁矿矿床地质略图

1—第四系；2—断层；3—正长岩；4—上三叠统；

5—震旦系灰岩；6—层状辉长岩；7—层状细粒辉长岩；

8—碱性花岗岩；9—层状含铁辉长岩；10—铁矿体；11—河流

（转引自袁见齐等，1985）

b 伟晶岩型矿床

伟晶岩主要分布在构造活动带，并常沿区域断褶带分布（见图 3-42 和图 3-43），断续延伸可达几十千米至几百千米，宽达几千米至十几千米，新疆阿尔泰近东西向伟晶岩带就属其例。

伟晶岩是由结晶粗大的矿物组成。如：伟晶岩中最大的微斜长石体，体积为 100m³，质量为 100t；绿柱石 32t；铌钽铁矿 300kg；锂辉石长达 14m；黑云母面积达 7m²；白云母达 32m² 等。它是在离地表 3km 以下至 8km 左右和相当高的温度（>374℃）、压力（>1000Pa）条件下，当有用组分（Li、Be、Nb、Ta、Cs、Rb、Zr、Y、Ce、La、U、Th、Sn、W 等）和黄玉、绿柱石、水晶石、电气石等矿石达到工业要求时，则形成伟晶岩矿床。

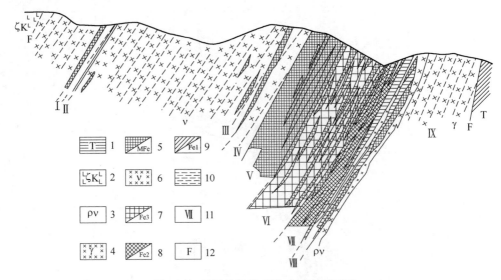

图 3-34　似层状钒钛磁铁矿矿床剖面图

1—上三叠统砂页岩；2—角闪正长岩；3—粗粒辉长岩；4—层状细粒辉长岩；

5—层状含铁辉长岩；6—细粒辉长岩；7—稀疏浸染状矿体；8—稠密浸染状矿体；

9—致密状矿体；10—辉长岩层状构造；11—矿带编号；12—断层

（转引自袁见齐等，1985）

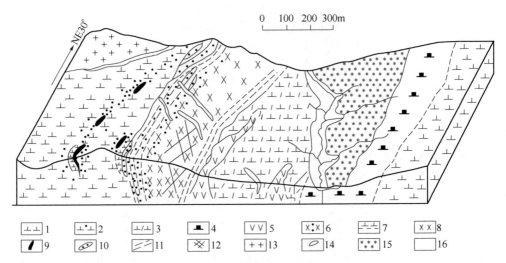

图 3-35　河北大庙斜长岩-辉长岩体地质构造立体图

1—白色斜长岩；2—绿泥石化斜长岩；3—似斑状纤闪石斜长岩；4—纤闪石斜长伟晶岩；

5—二长辉长岩；6—矿染纤闪石化辉长岩；7—片麻状矿染绿泥石化斜长岩；8—纤闪石化辉长岩；

9—块状矿石矿体；10—浸染状矿石矿体；11—辉长岩的原生流动构造；12—原生节理；

13—花岗闪长岩（古生代）；14—岩墙（中生代）；15—煤系地层（侏罗系）；16—第四系沉积物

（据翟裕生等，1999）

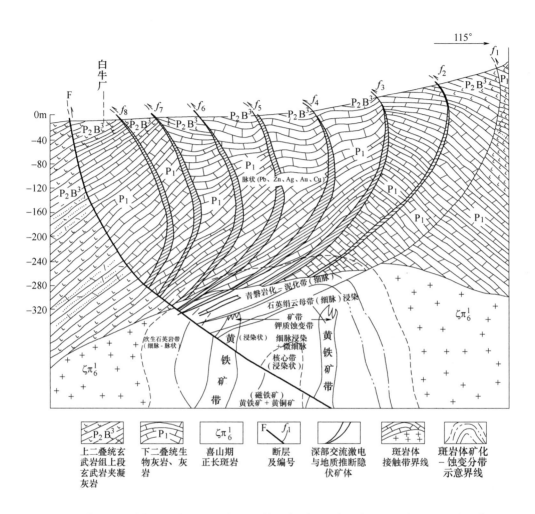

图 3-36　白牛厂斑岩铜矿区控矿帚状构造各控矿断裂垂深方向变形特征与矿化规律示意图

（据徐旃章、张寿庭，1991）

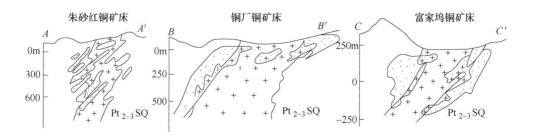

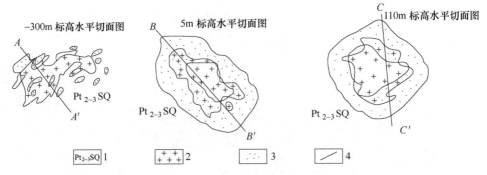

图 3-37　德兴铜厂矿田地质图及铜矿体形态、产状分布图

1—元古代双桥山群浅变质岩系；2—燕山晚期闪长玢岩；3—热液蚀变带；4—断层

（据朱训等，1983，有修改）

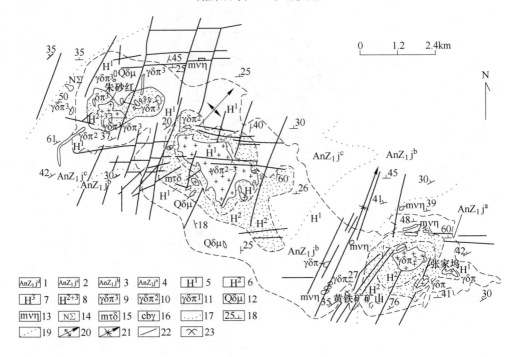

图 3-38　德兴斑岩铜（钼）矿田地质图（引自芮宗瑶等，1984）

1—前震旦系九都组第四岩性段；2—前震旦系九都组第三岩性段；3—前震旦系九都组第二岩性段；
4—前震旦系九都组第一岩性段；5—绿泥石（绿帘石）-水云母化千枚岩（变质凝灰岩）；6—绿泥石（绿
帘石）-水白云母化千枚岩（变质凝灰岩）；7—石英-水白云母化千枚岩（变质凝灰岩）；8—6 和 7 未分；
9—石英-水白云母化花岗闪长斑岩；10—绿泥石（绿帘石）-水云母—钾长石化花岗闪长斑岩；
11—绿泥石（绿帘石）-水云母—钾长石化花岗闪长斑岩；12—石英闪长玢岩；13—变质辉绿岩；
14—辉长-辉石岩；15—细粒长英岩；16—接触角砾岩；17—地质界线；18—片理产状；19—蚀变带界线；
20—背斜和它的倾伏方向；21—向斜和它的倾伏方向；22—断层；23—黄铁矿矿山

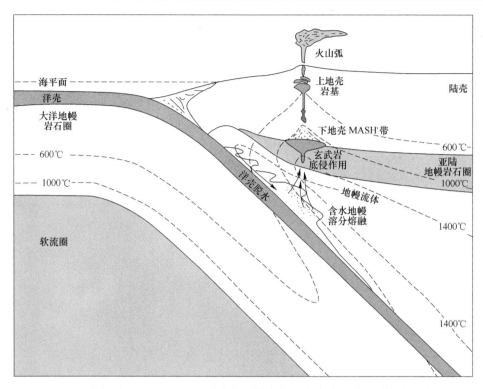

图 3-39 岩浆弧环境下含矿斑岩形成的深部成岩、成矿-构造热事件特征与规律

（据 Richards，2003）

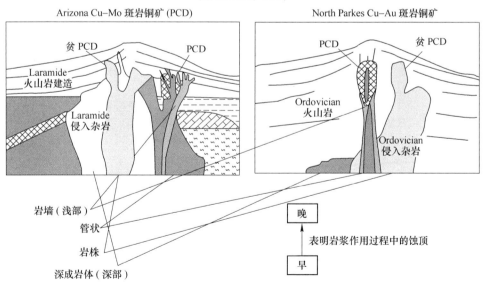

图 3-40 斑岩铜矿侵入体的几何形状（PCD 为斑岩铜矿）

（据 Lickfold 等，2007）

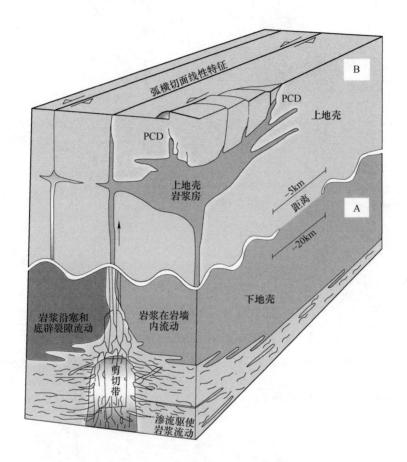

图 3-41　斑岩矿床的源-运-储过程示意图

A—大量的含矿质岩浆生成，在地壳底部的混合作用带发生部分熔融，
熔融体通过剪切带内岩墙运移到上地壳；B—挥发分出溶作用，岩浆上
升达到中性浮力层位，火山作用停止，挥发分在结晶分
异过程中出溶（包括镁铁质岩浆）；

PCD-斑岩铜矿的缩写

（据 Richards，2003 修编）

伟晶岩和伟晶岩稀有元素矿化过程，实质上是伟晶岩的钾化（钾长石化、白云母化）、钠化（钠长石化）和硅、钾、锂化（云英岩化）的过程（A. N. 金兹堡，1958），见表 3-8。

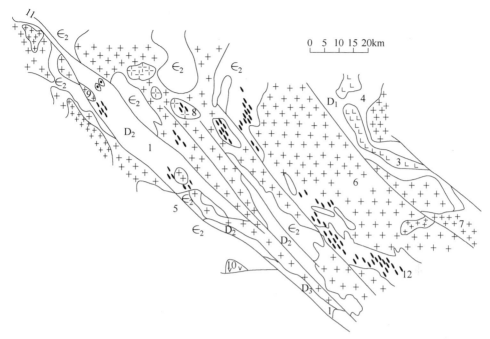

图 3-42　我国某地区域构造与伟晶岩空间展布关系图

1—上泥盆世凝灰岩；2—中泥盆世砂岩；3—中泥盆世玢岩；4—下泥盆世页岩；5—前寒武纪；

6—片麻岩化花岗岩；7—块状花岗岩；8—斑状花岗岩；

9—细晶岩；10—闪长岩；11—断裂；12—伟晶岩

（据袁见奇等，1979）

图 3-43　某伟晶岩矿田帚状旋扭构造控矿形式与伟晶岩岩株空间分布关系图

$pt_a$—前震旦系板溪群片岩；$\gamma_5^{2-2}$，$\gamma_5^{2-1}$—燕山晚期一、二次侵入体；⫽—伟晶岩；≡—断层

（据黎家祥、暮如亮资料修编）

表 3-8　伟晶岩形成作用不同阶段矿物

| 伟晶岩形成作用时期 | 阶段 | 矿物及矿化 |
| --- | --- | --- |
| 伟晶岩形成作用早期（碱交代作用早期） | 钾、钠、钙 | 黑云母、更长石 |
| | 钾 | 文象花岗岩、块状钾长石 |
| | 锂 | 锂辉石 |
| 伟晶岩形成作用晚期（碱交代作用晚期） | 钠 | 钠长石 |
| | 钾-硅（锂） | 云英岩化 |
| | 锂-铷-铯 | 锂云母化 |

　　伟晶岩多成群、成带出现，并形成具一定规模的伟晶岩区，伟晶岩矿床中通常沿走向和倾向可分为：边缘带、外侧带、中间带、内核带四个带（见图 3-44）。

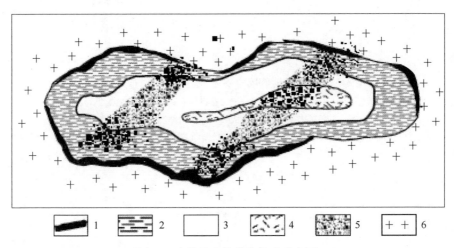

图 3-44　伟晶岩体带状构造示意图

1—边缘带；2—外侧带；3—中间带；4—内核带；5—裂隙充填和交代；6—花岗岩

（据 C. F. Park，1975）

　　伟晶岩体的形状复杂多样，并多呈脉状、透镜状、囊状、荷状、网状和不规则状等多种形态产出（见图 3-45～图 3-47）。

　　对伟晶岩矿床成因的解析，主要有三种观点：岩浆结晶成因、热液交代成因和岩浆结晶-热液交代综合成因，但目前大多数学者认为伟晶岩是在复杂的岩浆-流体系统中形成的，早期从岩浆熔体中结晶，中晚期在热液系统中发生了复杂而有序的交代-金属矿化作用，形成相应的伟晶岩型矿床。例如：新疆阿尔泰可可托海含稀有金属花岗伟晶岩矿床（见图 3-48）。

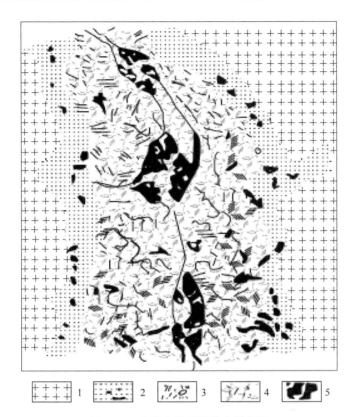

图 3-45  花岗伟晶岩脉的内部构造

1—花岗岩；2—长英岩带；3—文象花岗岩带；

4—长石-石英带；5—晶洞带

（转引自袁见齐等，1985）

c  岩浆期后热液矿床

岩浆期后热液矿床是指岩浆分异晚期含矿气液富集阶段，通过气化-热液交代作用形成的矿床。

凡是产于岩浆岩，尤其是酸性-中酸性花岗岩类岩体与围岩接触带，通过气化-热液交代作用形成的矿床，均为接触交代矿床。例如：矽卡岩化、云英岩化、黑云母化、钾长石化、钠长石化、黄晶化、电气石化、萤石化、绢云母化、绿泥石、硅化、碳酸盐化等。

（1）矽卡岩型矿床。矽卡岩型矿床是指中酸性-中基性侵入岩与碳酸盐类岩石或富钙岩石接触带形成的矿床，是早期气化-高温热液交代蚀变的产物，受侵入接触构造系统所制约（岩体的规模、产状、形态、侵位深度、接触性质、围岩岩性、构造及交代作用等），影响因素多且复杂多变。

矽卡岩矿物主要为钙、铁、镁的硅酸盐，见表 3-9。

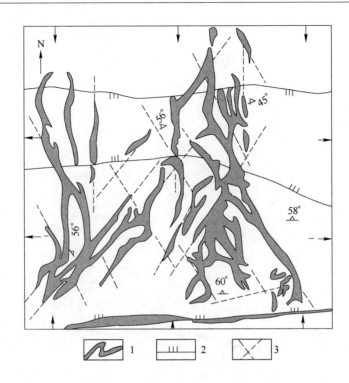

图 3-46　网状伟晶岩脉（据胡受奚等，1981）

1—伟晶岩脉；2—东西向压性断裂；3—裂隙走向

（实线箭头表示压应力方向；虚线箭头表示张应力方向）

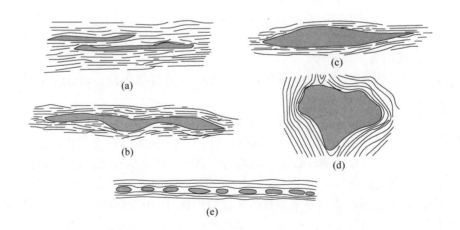

图 3-47　伟晶岩形态图（据袁见齐等，1985）

（a）规则的脉状体；（b）不规则的脉状体；（c）透镜状体；

（d）囊状体；（e）串珠状体

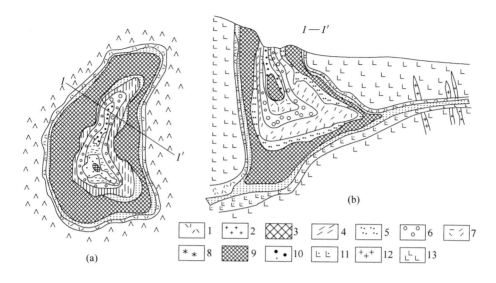

图 3-48　新疆可可托海三号花岗伟晶岩矿脉示意图

（a）平面图；（b）剖面图

1—文象、变文象带；2—糖晶状钠长石带；3—块状微斜长石带；4—白云母石英带；

5—叶钠长石—锂辉石带；6—石英—锂辉石带；7—白云母—钠长石带；8—钠长石—锂云母带；

9—石英铯榴石带；10—核部块体石英长石带；11—蚀变辉长岩；12—花岗岩脉；13—辉长岩

（据新疆有色金属公司，转引自卢焕章等，1996）

表 3-9　矽卡岩矿物不同时期族（类）及矿物

| 矿化时期（阶段） | 族（类） | 矿　　物 |
|---|---|---|
| 早期矽卡岩化 | 石榴子石矿物族 | 钙铝-钙铁榴石 |
|  | 辉石族 | 透辉石、钙铁辉石 |
|  | 硅灰石族 |  |
| 晚期矽卡岩化 | 角闪石族 | 透闪石、阳起石 |
|  | 帘石族 | 绿帘石、黝帘石、斜黝帘石等 |
| 氧化物成矿阶段 | 长石类 | 钾长石、斜长石 |
|  | 云母类 | 金云母、白云母、绢云母等 |

　　矽卡岩矿床除对成矿围岩建造有明显的选择性外，构造条件无疑是又一重要的控制因素，翟裕生等人（1993 年）根据主要控矿构造要素及其组合特征，将接触带矿床分为五个类型，即：

　　1）产于大-中型侵入体侧翼接触带的矿床。

　　①断裂-侵入接触构造带中的矿床：产于断裂-侵入接触构造带中的矿床数量多、规模大，常构成大型富矿床。如安徽铜官山矿床（见图 3-49）。

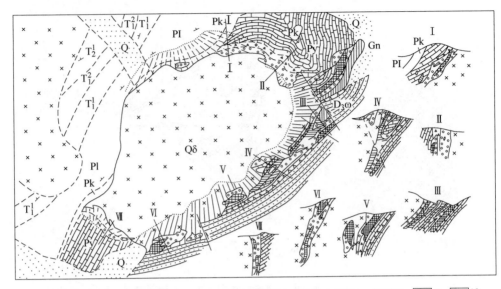

图 3-49　铜官山岩体接触带地质构造图

（据瞿裕生等，1981）

Ⅰ—笔山西；Ⅱ—笔山东；Ⅲ—老庙基山；Ⅳ—小铜官山；Ⅴ—老山；Ⅵ—宝山；Ⅶ—白家山；

1—现代堆积；2～4—青龙灰岩；5—龙潭煤系；6—孤峰层；7—阳新灰岩；

8—白云岩；9—大理岩；10—石英岩及粉砂岩；11—石英闪长岩；12—石榴石矽卡岩；

13—透辉石矽卡岩；14—磁铁矿矿石；15—磁黄铁矿矿石；

16—蛇纹岩或蛇纹石化透辉石矽卡岩；17—铁帽；18—主断层；

19—岩层产状；20—地质界线；21—岩体（-135m）界线；

22—岩体内倾接触带；23—岩体外倾接触带；24—剖面线

②产于多期（次）侵入接触带中的矿床：由于多期（次）侵入接触带成矿期断裂构造叠加活动，多期、多阶段矿化蚀变发育，是大矿、富矿的最佳产出部位。例如：湖北铁山、程潮和云南腾冲滇滩等大型铁矿（见图 3-50）、湖南柿竹园超大型钨、锡多金属矿床就属其例。

③产于断裂-捕房体中的矿床：这种断裂-捕房体中的矿床常发育于岩体的内接触带。例如：湖北铜官山大型铜铁矿床、鸡冠嘴铜金矿床、苏联乌拉尔古姆别伊白钨矿床等均属其例。

2）产于大-中型岩体顶缘接触带的矿床。

产于大-中型岩体顶缘接触带的矿床多为剥蚀程度较浅的岩体顶缘部位，捕房体-残留顶盖发育。例如：湖北大冶灵乡铁矿田就属其例（见图 3-51）。

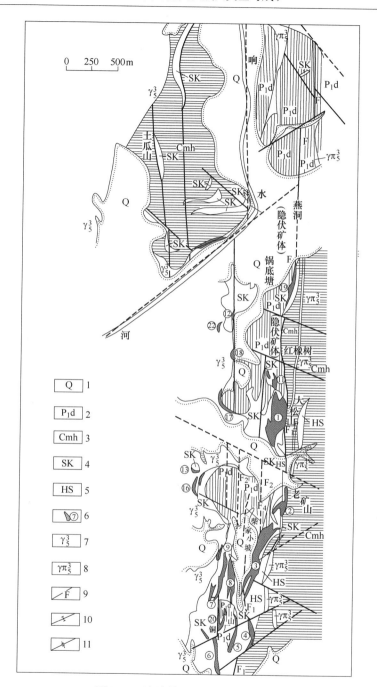

图 3-50　滇滩铁矿区矿床地质略图

1—第四系冲、坡残积物；2—二叠系东坡山群；3—石炭系勐洪群；4—矽卡岩（多为 $P_1d$ 变质）；
5—角岩（多为 Cmh 变质）；6—磁铁矿体及编号；7—燕山期花岗岩；
8—燕山晚期斑状斜长花岗岩或花岗斑岩；9—断裂；10—背斜轴；11—向斜轴

（据徐旃章，2013）

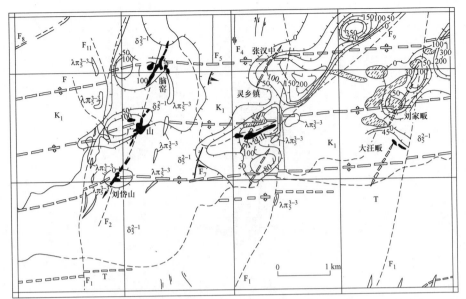

图 3-51　湖北大冶灵乡铁矿田构造地质图

(姚书振, 1983)

1—白垩系；2—三叠系；3—流纹斑岩；4—辉绿玢岩；5—闪长玢岩；6—燕山早期闪长岩；

7—岩体顶面隆起；8—正断层及逆断层；9—平移断层；10—实测与推测背斜与向斜；

11—早期背斜；12—铁矿体投影；13—采空矿体投影；14—隐伏矿体投影；15—实测及推测地质界线

3）产于小侵入体分布区的矿床。

小侵入体分布区含矿岩体多为小型斑岩体，常产于基底断裂与盖层断裂及其褶皱的交切处，是矿（田）床产出的有利部位。例如：长江中下游九江-瑞昌地区的矽卡岩-斑岩复合型矿床就属其例（见图 3-52）。

4）产于层、脉复合接触带中的矿床。

产于层、脉复合接触带中的矿床是指有利成矿岩层、断裂、裂隙带、岩墙与岩体组成的复合接触构造体系中的矿（田）床，这类矿（田）床有利部位多，矿体形态和规模变化大，云南个旧矿田就属其例（见图 3-53）。

（2）岩浆期后热液矿床。岩浆期后热液矿床是通过充填-交代等成矿作用形式而形成的，与其有关的矿产种类多，工业价值大。包括大部分有色金属矿产、稀有和分散元素矿产、贵金属矿产、非金属矿产等。

岩浆期后热液矿床、矿田和矿带多发育于造山带和克拉通强烈活动带的断褶带及断裂带中，断裂构造为其主要控矿构造类型，尤其是区域高级别压扭性断裂系统，其控制着相应矿体、矿床和矿田有序的空间定位与规律分布。

该类矿（田）床在地壳中分布广泛，在时序上主要产于地槽演化晚期和地台强烈活化时期形成的断裂-岩浆成矿带中，成矿母岩以花岗岩类侵入体为主。

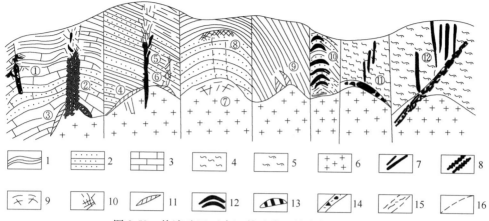

图 3-52 热液矿田（床）构造类型综合剖面示意图

（姚书振，1991）

1—页岩；2—砂岩；3—碳酸盐岩；4—浅变质岩；5—中深变质岩；6—花岗岩类；

7—脉体矿床；8—伴有矽卡岩化的脉体矿床；9—受冷缩裂隙控制的矿体；10—充填交代型矿体；

11—云英岩型矿体；12—充填型鞍状矿体；13—矽卡岩型矿体；14—含矿张性断裂；

15—含矿韧性（脆韧性）剪切带；16—运矿断裂（图中编号①~⑫代表各种构造类型）

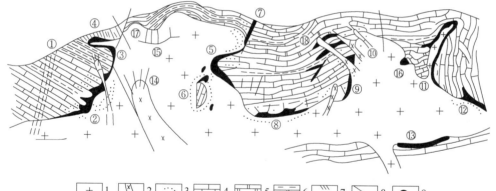

图 3-53 侵入接触构造中各种控矿的地质构造因素

（据翟裕生，1984）

1—侵入岩；2—后期侵入岩及脉岩；3—矽卡岩及其他蚀变岩；4—石灰岩；5—白云质灰岩；

6—页岩；7—裂隙带；8—断层；9—矿体（图中编号①~⑱代表各种构造类型）

例如：我国南岭地区——世界著名的岩浆期后热液型钨、锡多金属矿（田）床就属其例；该类矿床和二级成矿带几乎无例外地沿一级深大断裂系统分布，但本身并不直接赋矿，属区域导岩、导矿构造系统，而矿床或矿田多产于导矿深大断裂上盘的浅部层位，受次级布矿-容矿构造系统所控制。

岩浆期后热液矿床的成矿流体易流动的特点，决定了它们沿控矿断裂破碎带远距离迁移，并在适宜的物理化学条件下，沉淀、富集成矿；部分岩浆期后热液矿床，在特定的条件下还可与矽卡岩矿床、岩浆矿床伴生或共生。

　　综上所述，该类矿床断裂构造活动-岩浆期后热液活动是主控因素，褶皱构造和围岩等明显居于次要地位。但值得说明的是：接触带围岩产状与岩体接触面产状的组合关系，很大程度上决定着矿体的产状特征与形态规律性（见图 3-54~图 3-58）。

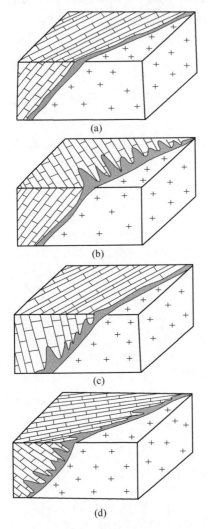

图 3-54　接触带围岩产状与接触面产状的组合关系与矿体形态特征

（a）围岩产状、接触面产状与层状矿体平行产出；

（b）围岩产状与接触面产状斜交，矿体剖面上与接触面平行产出，平面上沿层锯齿状产出；（c）围岩产状与接触面斜接触，矿体平面上层状产出，剖面上锯齿状产出；（d）围岩产状与接触面反倾向接触，矿体在平面上、剖面上均呈锯齿状产出

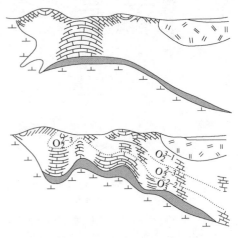

图 3-55　平盖接触型控矿构造（邯邢铁矿）

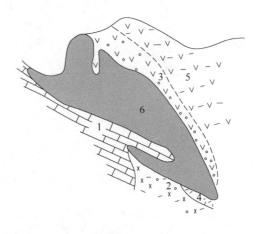

图 3-56　超覆接触型控矿构造（大冶铁矿）

1—大理岩；2—石榴石-透辉石-柱石矽卡岩；
3—蚀变闪长岩；4—闪长玢岩；
5—含黑云母透辉石闪长岩；6—矿体

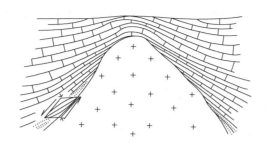

图 3-57　围岩与侵入体接触面产状同倾斜条件下，
层间破碎带的力学性质及矿化特征

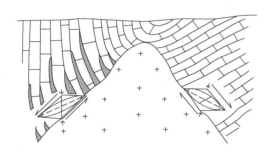

图 3-58　围岩与侵入体接触面产状反倾斜条件下，
层间破碎带的力学性质及其矿化特征

岩浆期后热液矿床的形成是一个复杂的地质构造、地球化学、地球物理演化与演变过程。该类矿床的矿产种类多，包括了大部分有色金属、稀有和分散元素金属、贵金属和非金属矿产资源，其分布广、工业价值大，是一种重要的矿床类型。

岩浆期后热液矿床成因分类，自美国学者 W. 林格伦（1933 年）首先提出按成矿温度和深度分类以来，各国学者（德国 . H. 施耐德洪，1941 年；苏联 . Л. 塔塔林诺夫和 И. 马加克杨，1955 年；J. D. Ridge，1970 年）对其作了一定的补充和修正，按温度分类的基本原则仍为国内外众多学者所认可并沿用。

高温热液矿床的成矿温度通常为 $600\sim300℃$，压力为 $10\sim2\times10^7Pa$，形成深度为 $4.5\sim1km$。前者在空间上和成因上多与深成岩浆活动有关，矿体常形成于岩体内外接触带或近旁，后者主要与超浅成侵入岩或次火山岩有关，其为：

主要成矿围岩蚀变特征

1）云英岩化。

云英岩化主要发育于花岗岩类或硅铝质围岩中，其交代反应式为：

$$3NaAlSi_3O_8+K^++2H^+ \Longrightarrow KAl_2[AlSi_3O_{10}](OH)_2+3Na^++6SiO_2$$

钠长石　　　　　　　　　　　白云母　　　　　　石英

或　$3KAlSi_3O_8 + H_2O \rule[0.5ex]{2em}{0.4pt} KAl_2 [AlSi_3O_{10}](OH)_2 + 2KOH + 6SiO_2$
　　钾长石　　　　　　　　　　　　白云母　　　　　　　石英

在蚀变过程中，通常伴有 F、B、$H_2O$ 等挥发性组分参与，是钨、锡、钼、铋、铌、钽、铍、锆矿床的特征性成矿蚀变围岩。

2）钾长石化。

钾长石化是钾质交代的产物（微斜长石化、天河石化、透长石化、正长石化），与花岗岩有关的钨、锡、铋、铌、钽和斑岩铜钼矿床的下部，通常都发育有钾长石化。钾长石交代钠长石反应式为：

$$NaAlSi_3O_8 + K^+ \longrightarrow KAlSi_3O_8 + Na^+$$
　钠长石　　　　　　　钾长石

3）钠长石化。

钠长石化蚀变的温度范围大，从气化-高温至低温阶段均可发生，主要发育于基性、中性和酸性岩浆岩中。在时序上通常发生于钾长石化之后，是铍、铌、钽、稀土、钨、锡、金、铁、铜、黄铁矿等成矿的重要围岩蚀变。

据 И. H. 伊凡诺夫的实践资料，钠长石化发生的最低温度为 250℃，碳酸盐-钠长石的交代反应式为：

$$CaAl_2Si_2O_8 + NaCO_3 + 4SiO_2 \rule[0.5ex]{2em}{0.4pt} 2NaAlSi_3O_8 + CaCO_3$$
　钙长石　　　　　　　　　　　　钠长石

钠长石化是稀有元素（铍、锂、钽、稀土等）、钨、锡、金、铁、铜、磷、黄铁矿等矿床重要的成矿围岩蚀变。

4）绿泥石化（青磐岩化）。

青磐岩化是一种常见的中低温热液蚀变现象，主要发育于中性-基性岩浆岩和部分酸性岩的铁、镁、铝的含水铝硅酸盐矿，与成矿有关的绿泥石化多与硅化、绢云母化、电气石化、碳酸盐化共生。

绿泥石主要由富含铁、镁硅酸盐矿物（黑云母、角闪石、辉石等）蚀变而成，常见多相蚀变特征，其交代反应式为：

$$2K(Mg,Fe)_3AlSi_3O_{10}(OH)_2 + 4H^+ \rule[0.5ex]{2em}{0.4pt}$$
　　　　　黑云母

$$Al(Mg,Fe)_3AlSi_3O_{10}(OH)_8 + (Mg,Fe)^{2+} + 2K^+ + 3SiO_2$$
　　　　　绿泥石　　　　　　　　　　　　石英

岩浆期后汽水热液，常伴有大量的 Fe、Mg 在交代铝硅酸盐过程中，同样可形成绿泥石，例如：

$$2NaAlSi_3O_8 + 4(Fe,Mg)^{2+} + 2(Fe,Al)^{3+} + 10H_2O \rule[0.5ex]{2em}{0.4pt}$$
　钠长石

$$(Mg,Fe)_4(Fe,Al)_2Al_2Si_2O_{10}(OH)_8 + 4SiO_2 + 2Na^+ + 12H^+$$
　　　绿泥石　　　　　　　　　　石英

绿泥石化是铜、铅、锌、金、银、锡、黄铁矿等矿床的重要成矿围岩蚀变类型。

5）绢云母化、绢英岩化和黄铁绢英岩化。

绢云母化：是一种广泛发育的中低温热液蚀变类型，在各类岩浆岩中，以中酸性岩浆岩最为发育，长石类、硅酸盐类矿物最易被绢云母所交代，例如：

$$3KAlSi_3O_8 + 2H^+ === KAl_2[AlSi_3O_{10}](OH)_2 + 2K^+ + 6SiO_2$$
$$\quad\text{正长石} \qquad\qquad\qquad \text{绢云母} \qquad\qquad\qquad \text{石英}$$

在绢云母化的同时，铁镁硅酸盐矿物常被绿泥石化所交代，导致两类蚀变同时或先后按序产出，形成绢云母-绿泥石蚀变组合发育于矿体同一或不同部位。

绢英岩化和黄铁绢英岩化：在绢云母化热液蚀变过程中，常伴有石英和黄铁矿，当达到一定含量时，则分别形成绢英岩化和黄铁绢英岩化，是典型的中温热液蚀变。

上述热液蚀变（中温-中低温）是斑岩铜钼矿、金和多金属矿（Au、Cu、Pb、Zn、Mo、Bi 等）、萤石、红柱石、刚玉等矿床的重要成矿热液蚀变类型。

6）硅化。

硅化是地球上最常见、分布最广泛的热液交代蚀变类型。从高温至低温均可形成，但通常在中温-中低温热液矿床中更为常见。由于硅化可以在不同的化学环境中由热液交代作用形成，因此，硅化常与绢云母化、绿泥石化、云英岩化、钠长石化、钾长石化、黏土化等热液蚀变共生。

高温和部分中温热液硅化作用，通常形成粗晶石英集合体，而低温热液硅化作用则形成细粒半自形晶和非晶质石髓、蛋白石，其中酸性-中性火山岩经强烈硅化后，可形成次生石英岩。

硅化是铜、钼、铅、锌、金、银、汞、锑、黄铁矿、萤石、重晶石等矿床的重要成矿围岩蚀变类型。

7）碳酸盐化。

由于 $CO_3^{2-}$ 和 $HCO_3^-$ 是热液中常见的组分，而 $CO_2$ 又是火山射气的主要成分，它既是重要的矿化剂，又是普遍发育的中-低温热液蚀变现象（方解石化、白云岩化、菱铁矿化、菱镁矿化等）。

与碳酸盐化有关的围岩众多，几乎各种岩类中含 Ca、Mg、Fe、Mn 成分的围岩，更有利于碳酸盐化的发育，例如：

$$(Fe,Mg)_2SiO_4 + 2H_2O + CO_2 === 2(Fe,Mg)CO_3 + H_4SiO_4$$

与碳酸盐化有成因联系的矿床见表 3-10。

表 3-10　与碳酸盐化有成因联系的矿床

| 产于沉积岩 | 铅、锌、银、铜、汞、锑、钨、锡、重晶石、岩石、菱铁矿、菱镁矿等 |
| --- | --- |
| 产于超基性岩、碱性岩 | 稀土（铈族稀土为主）、铌、钽、铁、钛矿等 |
| 产于弱酸性、中性、基性岩 | 铁、铜、铅、锌、黄铁矿、金、铀矿等 |

8）蛇纹石化。

蛇纹石化（$Mg_6[Si_4O_{10}](OH)_8$）是含水的镁硅酸盐矿物（鳞蛇纹石、叶蛇纹石、胶蛇纹石、纤维蛇纹石等），由于其是富镁硅酸盐（Mg 含量达 43% 左右），而热液中 MgO 含量却很低。因此，含镁、富镁围岩是镁的主要来源，一种是超镁铁岩浆岩（橄榄岩、纯橄榄岩、辉石岩、金伯利岩等）；另一种是富镁碳酸盐岩（白云岩、白云质灰岩等）。前者蛇纹石化是铬、镍、钴、铜等晚期岩浆矿床的主要成矿围岩蚀变类型；后者蛇纹石化是石棉、滑石、菱镁矿等矿床的主要成矿围岩蚀变类型，也是寻找矽卡岩型铁、铜、钼矿床的重要找矿标志。

### 3.2.3　变质矿床

由内生和外生地质作用形成的岩石和矿物，在地质环境、温度、压力改变的条件下，导致了它们的化学组分、矿物成分、物理性状和结构、构造发生变化的过程称为变质作用，由变质作用形成的矿床，即为变质矿床。

在变质作用过程中，岩石热力学体系，可以是封闭系统内的等化学平衡体系，使原岩在固态条件下发生矿物重结晶和部分组分重新组合形成新的矿物。但也可以是开放系统中的化学非平衡体系，即随着温度、压力的增高，原来岩石或矿物中所含的挥发组分（$CO_2$ 等）、水脱离原岩，形成化学性质活泼和渗透性较强的气水溶液——变质热液或变质热流体。这种溶液通过与原岩的交代作用，可使部分原岩的化学成分（如 K、Na、Mg、Ca、S、Cl、F、Si 等）进入变质热液中，并随之迁移，在适宜的环境中沉淀形成新的矿物。当达到高温、高压深变质条件时，原岩可发生部分熔融，形成硅酸盐流体相，并在开放系统中发生广泛的交代作用和混合岩化作用。因此，变质作用既可是原岩固态的重结晶作用、重组合作用和形变作用，也可是交代作用和混合岩化作用，并在变质过程中将原来的岩石或矿床经过变质改造形成新的矿床——变质矿床；或原岩中的成矿组分在变质热液作用下，发生活化、迁移，并在有利的成矿环境中富集形成变质矿床。其中，变质作用前的先成矿床，其后受变质作用改造而形成的新矿床，称为受变质矿床。

变质矿床的形成，既受控于所处的宏观地质构造环境和构造活动，又取决于原岩组成、结构和性质。从热力学观点分析，变质矿床的形成主要取决于其所处热力学体系和物理、化学条件。

#### 3.2.3.1　变质矿床形成的地质条件

在地壳不同的构造单元中，由于岩石建造-构造格局、控矿构造体系、构造热动力、热流体和埋深等的差异而产生不同的变质作用，形成不同类型的变质矿床，并进而决定了成矿组分的聚散、迁移、沉淀的空间定位、方向、规模和时序。

A 地质构造背景条件

变质矿床自太古宙至新生代均有产出，但以前寒武纪的古老变质结晶基底中产出的变质矿床最为重要而广泛。

（1）前寒武纪克拉通。前寒武纪克拉通由太古宙早期至寒武纪前（38亿~6亿年）不同时期变质岩系组成，这些变质岩大多属角闪岩相和绿帘石角闪岩相，矿产资源丰富，特别是铬、镍、钴、钼、钒、钛、铁、锰、金、铀、硼、云母、石棉、菱镁矿、石墨以及稀有、稀土矿床等。

（2）显生宙造山带。显生宙造山带是古生代以来地壳中最重要的活动构造单元复合体。通常包含有海相沉积建造、海底火山喷发建造、大洋残壳、岛弧火山建造等，并围绕着前寒武纪地盾呈带状分布，由于强烈的构造活动和热变质事件，在造山带形成过程中常伴有大量的变质岩系形成，并同步形成各类变质矿床。例如：阿尔卑斯山脉变质带、安第斯山脉变质带、祁连山变质带、秦岭变质带、喜马拉雅山变质带等均属其例。在显生宙各造山带矿产资源丰富，主要有铬、铁、铜、铅、锌、钨、锡、钼、锑、金、银、稀有、稀土和分散元素等，以及放射性元素、云母、石棉、石英等矿产资源。

（3）现代板块构造体系下的构造活动带。现代板块构造体系下的构造活动带主要包括离散板块边缘的裂谷、大洋中脊；聚敛板块边缘的岛弧、岩浆弧和板块内部的构造活动带（裂陷盆地、大型剪切带）等。尤其在岛弧和大洋中脊，壳幔物质和能量交换最强烈，有极强的活动性和增生性，常伴有带状变质带的分布，与之有关的矿产主要是受轻微变质的火山-沉积和火山热液黄铁矿型铜、铅、锌矿床和铁、锰的氧化物矿床等。

B 原岩建造条件

原岩建造的含矿性是形成变质矿床的物质基础与前提。在变质矿床有关的含矿原岩建造中，沉积型和古火山及火山-沉积型含矿原岩建造是最重要的原岩建造类型，经变质可形成铁、铜、金、铀、石墨、菱铁矿、磷灰石、刚玉等金属、非金属矿产资源。

C 变质热液条件

变质热液是在变质作用过程中形成的，主要由 $H_2O$ 和 $CO_2$ 组成，有时还有 F、Cl、B 等，变质热液部分来自受变质岩石，还有一部分挥发组分来自于岩浆和地壳深部，且随着变质程度的增高，原岩中的水则逐渐成变质热液排出，并参与成矿。

在区域变质热液条件下，造岩元素是稳定的，通常不易进入变质热液，而氧、硫和亲铜元素等则可进入变质热液，并富集成矿。

其中，呈硫化物的一些亲铜元素，在区域变质过程中，当温度不断升高时，其活动性明显大于稳定的造岩元素；其中铅、锌、铜、镍、钴、金、铯、碲等，在不同温度、压力和化学条件下，都可变为活动组分，被变质热液带入或带出，如变质热液中同时富含 S、Sb、$H_2S$、Se、Te 等矿化剂时，在低温-中低温条件下开始活动。含有这些元素的原岩或矿床，在变质过程中，受变质热液的强烈改造，不但促使原有含矿地质体的形态、产状、组构发生重大变化，而且由于迁移、富集形成新的矿体和矿床。

### 3.2.3.2　变质矿床形成的物理化学条件

变质作用进行过程中，温度和压力的变化，是引起变质成矿作用的最重要的热力学因素。

（1）温度条件。在变质成矿过程中，温度的升高或降低，直接决定着岩石中化学组分之间化学反应进行的方向、速度和强度。

通常温度的增高，促使吸热反应的进行，而温度降低则有利于放热反应的进行。接触变质和中深区域变质均属吸热反应；而动力变质和浅区域变质作用则属放热反应。前者有利于矿物发生重结晶和重组合作用，随着温度的升高，气水溶液可使原岩中的某些物质组分发生分异与迁移，在高温条件下，可使原岩部分熔融，出现长英质低熔组分的流体相，并引起复杂的混合岩化作用。

（2）压力条件。压力在变质成矿作用中同具重要意义。在一定深度下，因上覆岩层的重力而产生的静岩压力是控制变质反应以及成矿组分运移、矿物重结晶、变质矿物形成的重要因素。在相对封闭的岩石热力学体系中，压力的变化会影响变质反应的流体分压的改变，从而制约温度和矿物相变，并影响变质作用的进行。

综上可知，温度和压力是变质成矿作用过程中的两个相互关联又互相制约的重要因素。研究表明：不同的变质作用，在岩石热力学体系中存在物理化学条件的差异，因此，在不同变质作用过程中，温度和压力范围也随之而异，并各具特定的温、压区间与范围（见图 3-59）。

### 3.2.3.3　变质矿床成因类型

根据变质矿床形成的地质条件和变质作用类型，变质矿床可分为四类，并有各自的相应矿产资源（见表 3-11）。

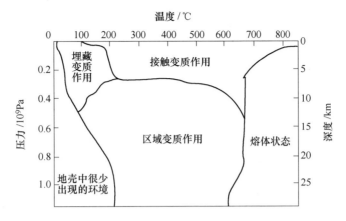

图 3-59  不同变质作用产生的温度和压力（深度）范围
（据翟裕生、姚书振、蔡克勤，2014）

**表 3-11  主要变质矿床及矿床实例**

| 类　型 | 主要亚类 | 实　　　例 |
|---|---|---|
| 接触变质矿床 | 接触变质铁矿床 | 俄罗斯外贝加尔巴列伊铁矿床 |
| | 接触变质石墨矿床 | 湖南郴州鲁塘石墨矿床 |
| | 接触变质红柱石矿床 | 河南西峡桑坪红柱石矿床 |
| 区域变质矿床 | 区域变质铁矿床 | 辽宁鞍山-本溪地区（Algoma 型）铁矿床<br>澳大利亚哈默斯利（Superior 型）铁矿床 |
| | 区域变质金矿床 | 变质砾岩金矿床，如南非兰德盆地中金铀砾岩型矿床绿岩型金矿床、加拿大赫姆洛（Hemlo）金矿床、内蒙古大青山新地沟等金矿床 |
| | 区域变质磷矿床 | 江苏海州锦屏磷矿床 |
| | 区域变质石墨矿床 | 山东南墅石墨矿床 |
| | 区域变质石棉矿床 | 安徽宁国县透闪石石棉矿床 |
| | 区域变质蓝宝石矿床 | 新疆阿克陶蓝宝石矿床 |
| 混合岩化矿床 | 混合岩化硼镁矿床 | 辽东-吉南硼镁铁矿床 |
| | 混合岩化云母矿床 | 河北灵寿小文山碎云母矿床 |
| 动力变质矿床 | 动力变质云母矿床 | 台湾台东海瑞乡绢云母矿床 |
| | 动力变质蓝晶石、矽线石矿床 | 河南南阳隐山蓝晶石矿床<br>黑龙江鸡西市三道沟矽线石矿床 |
| | 翡翠矿床 | 缅甸道茂翡翠矿床 |

（据翟裕生、姚书振、蔡克勤，2014）

A　接触变质矿床

接触变质矿床是由岩浆侵位，而导致围岩温度增高，使围岩发生矿物重结晶和重组合作用而形成的矿床。通常发生在侵入岩体和围岩的接触带附近，呈环带状分布，即显著重结晶带-过渡带-原岩带（见图 3-60）。例如：湖南郴县石墨矿就同属其例，近侵入体为晶质石墨，过渡带为非晶质石墨，原岩带为煤层。其他又如：俄罗斯外贝加尔巴列伊、波兰的科瓦拉、美国的贝弗利特和梅萨比等含铁沉积岩，因接触变质作用而形成的磁铁矿等均属其例。

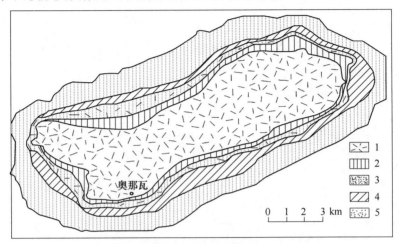

图 3-60　奥纳瓦侵入体的变质圈（缅因州）

1—侵入体；2—交代角岩；3—角岩；4—红柱石片岩；5—板岩

（据 S. 弗尔布利克）

### B　区域变质矿床

在区域构造运动中，在区域强烈构造动力与构造热流体场和高温、高压的岩浆上侵活动的热动力及汽水溶液联合作用的条件下，地壳中原来的岩石和矿床发生了强烈的改组和改造（重结晶、交代与变形），并导致了有用矿物组分的堆积而形成的矿床，为区域变质矿床。

区域变质的特点是区域范围广，温度可从低温至高温，变化区间大，成矿主要集中于前寒武纪结晶地块中，尤其是沉积变质矿床居重要地位。

区域变质成矿作用除重结晶作用和重组合作用外，变质热液交代作用是一重要成矿方式，变质热液促使成矿组分活化、迁移、富集成矿。

区域变质作用形成的矿种较多，其中铁、铜、金、铀、磷、硼、石墨、石棉、菱镁矿等金属-非金属矿产资源居重要地位和经济意义。

（1）北美的苏必利尔湖铁矿、俄罗斯的库尔斯克和克里沃罗格铁矿、我国的鞍山式铁矿等均属其例。原岩（矿）为沉积型铁矿或含铁沉积建造，是区域变质作用或混合岩化作用改造后而形成的铁矿床（见图 3-61 和图 3-62）。

（2）沉积-变质磷矿床主要是由海相沉积磷块岩经区域变质作用而形成的，多赋存于前寒武纪中深区域变质岩系中，是我国磷矿床的主要工业类型，主要分布于江苏（见图 3-63）、安徽、湖北、吉林等地。

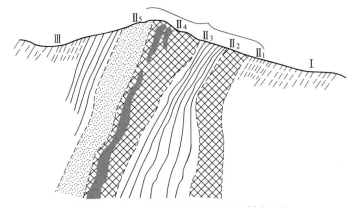

图 3-61 鞍山铁矿弓长岭矿区地质剖面图

Ⅰ—下混合岩层；Ⅱ₁—角闪岩层；Ⅱ₂—下含铁矿带；Ⅱ₃—钠长变粒岩和片岩带；

Ⅱ₄—上含铁带；Ⅱ₅—石英岩层；Ⅲ—上混合岩层

（据袁见齐等，1985）

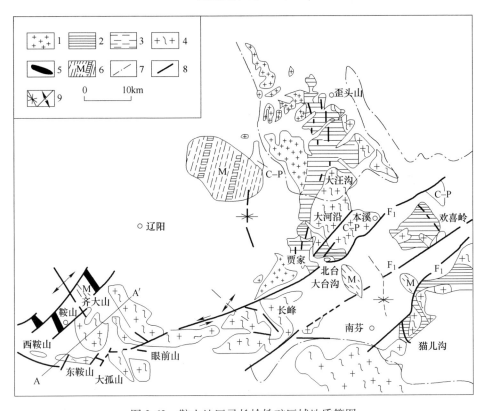

图 3-62 鞍山地区弓长岭铁矿区域地质简图

1—大峪沟组；2—茨沟组；3—樱桃园组；4—花岗质岩石；5—矿体；6—磁异常区和推断矿体；

7—震旦系-寒武系分布范围；8—断层与推测断层；9—背斜与向斜轴线

（据袁见齐等，1985）

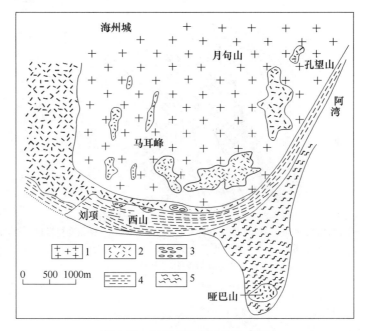

图 3-63　江苏海州磷矿地质略图

1—混合花岗岩；2—混合片麻岩；

3—眼球状片麻岩；4—含磷岩系；5—白云母片岩

（转引自袁见齐等，1985）

　　（3）变质金矿床是世界金的主要来源，绝大多数变质金矿床都分布于前寒武纪绿岩带（镁铁质火山岩为主的变质火山-沉积岩系组成），绿岩带主要形成于太古宙-古元古代（3400~2000Ma）。例如：加拿大霍姆斯塔克（Hemlo）金矿（见图 3-64）、我国内蒙古新地沟金矿（见图 3-65）就属其例。

　　（4）石墨矿床主要分布于山东南墅（见图 3-66）、黑龙江柳毛（见图 3-67）、河南灵完、四川仁和、内蒙古兴和、湖北山岔垭等地。

　　C　混合岩化矿床

　　混合岩化作用是区域变质作用发展演化的高级阶段，在时序上，发生于区域变质作用后期。混合岩化矿床是区域变质作用后期，由固态重结晶演化为重熔过程转化阶段形成的矿床，混合岩化阶段过程可分为两个阶段（见表 3-12）。

　　混合岩化热液硼矿床分布于我国辽东-吉南一带（见图 3-68 和图 3-69）。其中，新太古界宽甸群以富硼变粒岩、浅粒岩为主，含硼岩系原岩为一套海底火山喷发沉积后经强烈混合岩化、重熔交代混合岩和层状混合岩发育，并同步富集成矿。该类矿床矿构组合复杂（见表 3-13），客观地反映了矿床形成演化历史的复杂性。

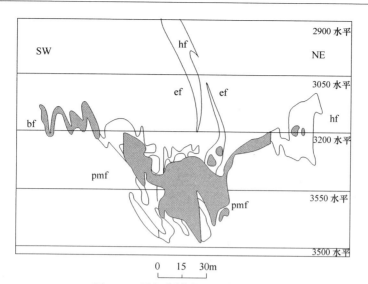

图 3-64 霍姆斯塔克金矿床剖面图

hf—霍姆斯塔克组；pmf—波曼组；ef—爱立生组；灰色区域示矿体

（转引自姚凤良等，1983）

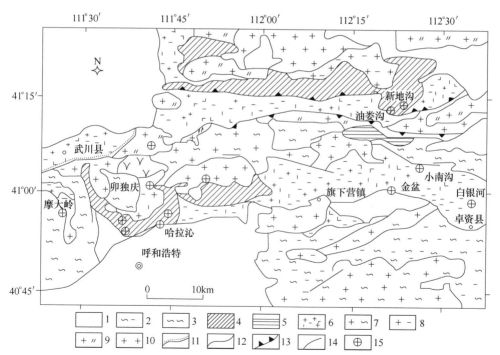

图 3-65 大青山地区新地沟、卯独庆金矿床区域地质简图

1—古近系、新近系、第四系；2—集宁岩群；3—乌拉山群；4—色尔腾山群；5—渣尔泰山群；
6—晚古生代-中生代地层；7—太古宙深成侵入体；8—古元古代侵入体；9—晚古生代侵入体；
10—中生代侵入体；11—不整合线；12—地质界线；13—推覆构造；14—断层；15—金矿床

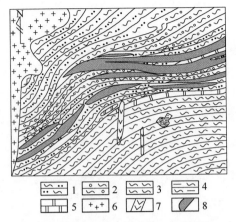

图 3-66　南墅石墨矿区岳石矿段地质图

1—花岗片麻岩；2—石榴子石片麻岩；3—正长片麻岩；4—石墨片麻岩；

5—大理岩；6—花岗岩；7—辉长岩；8—石墨矿体

（转引自姚凤良等，1983）

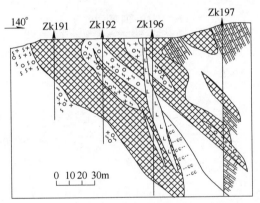

图 3-67　柳毛石墨矿床地质剖面图

1—石墨矿层；2—蛇纹石化橄榄透辉大理岩；3—煌斑岩脉；

4—含石墨黑云均质混合岩；5—石英钾长交代岩

（19 勘探线，经矿山开采资料修改）

表 3-12　混合岩化矿床二个阶段的对比

| 主期阶段 | 中晚期阶段 |
| --- | --- |
| 　　这一阶段主要表现为新生的长英质熔浆，在交代过程中由于长英质熔浆的注入，温度增高，促使原岩组分发生重结晶和重组合作用，并基本原地或小距离迁移、富集成矿，因此，又称原地交代型矿床，主要有伟晶岩型白云母和稀有金属矿床及混合花岗岩型铀-钍矿床等 | 　　中晚期阶段属变质热液（原生水、结晶水等）交代阶段，热液中常含主期交代后带出的有用组分，它们多呈配合物形式赋存于热液中，当热液与围岩发生交代反应时，常导致有用组分沉淀、富集成矿。常形成金、铜、铁、磷、硼、铀、稀有、稀土等的氧化物、硼酸盐、碳酸盐、磷酸盐矿床 |

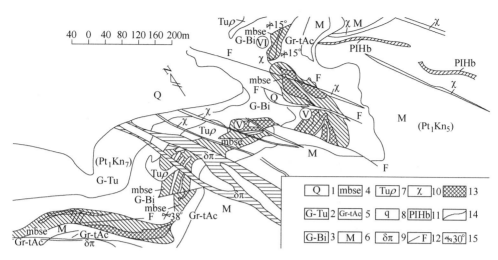

图 3-68 辽东后仙峪硼矿床地质图

1—第四纪残坡积物；宽甸群砖庙组（$Pt_1Kn_7$）；2—电气变粒岩；3—黑云变粒岩；4—蛇纹石化大理岩；
5—阳起石化浅粒岩；6—宽甸群老营沟组（$Pt_1Kn_6$）混合岩；7—电气石伟晶岩；8—长英岩；9—闪长斑岩；
10—煌斑岩；11—斜长角闪岩；12—断层；13—硼矿体及编号；14—地质界线；15—倒转地层产状
（据姜春潮，1987）

**表 3-13　辽、吉东部区域沉积变质再造硼矿床的组成矿物**

| 分布量 | 硼酸盐类 | 硅酸盐及铝硅酸盐类 | 碳酸盐及含水碳酸盐类 | 氧化物及氢氧化物类 | 硫化物及硫盐类 | 硫酸盐类 | 磷酸盐类 | 氟化物类 |
|---|---|---|---|---|---|---|---|---|
| 主要 | 硼镁铁矿、纤维状硼镁石、板状硼镁石、遂安石 | 镁橄榄石、贵橄榄石、斜硅镁石、粒硅镁石、金云母、透闪石、阳起石、铁电气石、微斜长石、斜长石、叶蛇纹石 | 白云石、菱镁矿 | 石英、磁铁矿 | | | | |
| 次要 | 柱状硼镁石 | 透辉石、纤维蛇纹石、板蛇纹石、黑云母、镁电气石、绿泥石、角闪石 | 方解石 | 尖晶石、水镁石、钛铁矿、赤铁矿 | 磁黄铁矿、褐铁矿 | 石膏硬石膏 | 磷灰石 | |
| 少见 | 钛硼镁铁矿、硼铝镁石 | 富镁电气石、锆石、铈硼硅石、榍石、滑石、绢云母、杆沸石、斜绿泥石、钙铝-钙铁榴石、绿帘石、黝帘石、石棉 | 文石、水菱镁矿、孔雀石、蓝铜矿 | 晶质铀矿、针铁矿、褐铁矿、镁黑镁铁锰矿、锡石 | 镍黄铁矿、黄铜矿、铋硫盐矿物、斜方硫砷铜矿、黝铜矿、辉铋矿、方铅矿、辉钼矿、闪锌矿、白铁矿、毒砂 | | 独居石 | 萤石 |

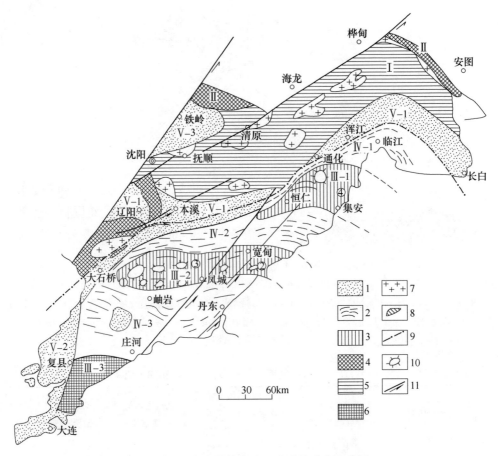

图 3-69　辽吉东部前寒武纪地质构造分区略图

（姜春潮，1987）

1—中新元古代坳陷区；2—古元古代褶皱带复向斜区；3—古元古代褶皱带复背斜区，新太古界宽甸群出露区；4—中太古界鞍山群绿岩建造；5—古中太古代花岗岩-片麻岩区；6—太古宇未分；7—钠质花岗岩；8—基性脉岩群；9—克拉通与褶皱带的界线；10—受吕梁运动（1900Ma）改造的宽甸群穹窿；11—中生代左旋断裂；Ⅰ—古中太古代克拉通区；Ⅱ—中太古代克拉通区；Ⅲ—古元古代褶皱区；Ⅲ-1—恒仁-集安复背斜；Ⅲ-2—牧牛-宽甸复背斜；Ⅲ-3—城子坦复背斜；Ⅳ-1—通化-临江复向斜；Ⅳ-2—析木城-瑷阳复向斜；Ⅳ-3—盖县-丹东复向斜；Ⅴ—中晚元古代坳陷区；Ⅴ-1—太子河-浑江坳陷；Ⅴ-2—复州-旋大坳陷；Ⅴ-3—铁岭坳陷硼矿床：① 后仙峪矿床，② 砖庙矿床，③ 翁泉沟矿床，④ 高台狗矿床

### D　动力变质矿床

动力变质作用通常发育于强烈构造挤压或以压为主兼扭性的造山带中（逆冲推覆构造体系和伸展走滑的滑脱构造与变质核杂岩带及大型平推走滑的韧性剪切带等），动力变质矿床是构造变动和变形-变质综合作用的产物，强烈的挤压和压扭构造活动的结果。在这个活动过程中，使巨大的机械能转化为热能，促使原岩

的矿物成分、结构、构造发生了系列的改造与变化，并形成了各类构造动力变质岩（见表3-14）和金、银、铜、蓝晶石矿床等（见图3-70）。

**表3-14  碎裂（动力）变质岩分类**

| 岩类 | 岩石类型 | 结构 | 构造 | 原岩 | 受力性质 | 备注 |
|---|---|---|---|---|---|---|
| 构造角砾岩类 | 构造角砾岩 | 角砾结构 | 角砾组合总体示定向构造 | 多为各种沉积岩和火山岩 | 张性应力 | |
| | 构造圆化角砾岩 | 角砾结构 | 总体具定向排列 | 多为各种沉积岩和火山岩 | 张扭、压扭应力 | |
| 压碎岩类 | 碎裂岩 | 碎裂结构 | 总体定向构造特征 | 沉积岩、火成岩、变质岩 | 压性及压扭性 | |
| | 碎斑岩 | 碎斑结构 | 总体定向构造特征 | 多为各种刚性岩石，包括花岗岩类、片麻岩类、混合岩类以及长石石英砂岩、大理岩、酸性斑岩、细晶岩、橄榄岩等 | 压性及压扭性 | |
| | 碎粒岩 | 碎粒结构 | 总体定向构造特征 | | 压性及压扭性 | |
| 糜棱岩类 | 糜棱岩 | 糜棱岩化岩石 | 多为粗糜棱结构 | 平行定向构造或眼球纹理构造 | 多为各种刚性岩石，包括花岗岩类、片麻岩类、混合岩类以及长石石英砂岩、大理岩、酸性斑岩、细晶岩、橄榄岩等 | 压扭性 |
| | | 糜棱岩 | 粗或细糜棱结构 | 平行定向构造或眼球纹理构造 | | |
| | | 超糜棱岩 | 糜棱结构或超糜棱结构多为条纹条带构造 | | | |
| | 片状糜棱岩 | | 糜棱结构 | 平行定向构造或眼球片状构造 | 多为云母为主的片岩 | 压扭性 |
| | 千糜岩（千枚糜棱岩） | 千糜化岩石 | 显微花岗鳞片变晶结构 | 千枚状构造或眼球定向构造 | 云母片岩、基性变质岩、基性火山岩、基性侵入岩、含泥质较多的砂岩 | 压扭性 | 有人提到原岩有花岗质岩石 |
| | | 千糜岩 | 显微花岗鳞片变晶结构 | 千枚状构造或眼球定向构造 | | | |
| 玻状岩类 | | | 玻璃质结构 | | 各种刚性岩石 | | |
| 构造片状岩类 | 角闪石为主的片状岩石 | 花岗变晶或鳞片花岗变晶结构 | 平行定向构造 | 基性火山岩、基性岩 | | 如片状斜长角闪岩 |
| | 石英为主的片状岩石 | 花岗变晶或鳞片花岗变晶结构 | 平行定向构造 | 长石石英岩、石英岩 | | 如片状长石石英岩 |
| | 碳酸盐矿物为主的片状岩石 | 花岗变晶或鳞片花岗变晶结构 | 平行定向构造 | 大理岩 | | 如片状大理岩 |

图 3-70　依兰县西安村黑龙江群下亚群（$Pt_2^3hl^a$）糜棱岩中的金矿

（据徐旆章，2002）

### 3.2.4　层控矿床及其典型矿床剖析

层控（stratabound）自 20 世纪 30 年代由德国 Alrert. Maucher 提出后，曾一度成为国际矿床理论研究最热门的问题，在国内外引起高度的重视，其后无论在理论研究上，还是找矿生产实践上，均取得了重大的进展与突破。

层控矿床是构造运动、岩浆活动和沉积作用的综合产物。各类沉积作用形成的矿源层，是层控矿床的物源基础；矿源层的厚度与规模及有用成矿组分的富集程度，及其物理-化学条件是层控矿床形成的前提与必需条件。其物源既可来自于基底变质岩系，也可来自于各时代、各类含矿岩系；成矿组分的富集过程是一个长期而复杂的累积演化过程；矿源层或矿源层系的形成往往可延续几个到几十个百万年；成矿大多历经了同生成矿作用和后继成矿作用的两大阶段，前者是沉积和火山-沉积原始成矿组分的富集阶段，后者是成矿期构造变动和不同来源、不同类型成矿热液对前期含矿层系的叠加、改造阶段，并富集成矿。

但值得提出的是，地壳岩石和岩层中的成矿流体水源有大气降水、海水、重结晶或变质作用水、岩浆水以及直接来自于深部地壳与地幔的动力水，尤其是前两者为主，其中大气降水和深部循环形成的含矿热流体对同生成矿阶段形成的含矿层系的叠加、改造与成矿富集具有普遍性与重要性。

层控矿床的成矿组分既可在矿源层中做短距离活化-转移或就地改造富集，并在有利的改造部位富集成矿；也可是大气降水等各种流体通过水-岩作用活化-迁移成矿组分，含矿流体汇聚于不同深度的层状构造拗陷带（角度不整合带等），形成不同规模的成矿热流体场，其后在成矿期构造变动过程中，沿各类构造，尤其是控矿断裂构造系统的构造有利部位，形成脉状和似层状矿体和矿床。

大气降水-深部循环是一普遍而持久的流体活动形式与过程，各时代地层和岩石无不受其作用与影响，水-岩作用的普遍性也是一不争的事实，实际上大气降水往地壳深部渗透的过程中，随着温压条件的变化，成矿组分的溶解度也依次按序增高，成矿热流体中的成矿组分含量也相应逐渐增高与富集；尤其是不同时代的含矿岩系或岩石，从太古宙至显生宙长期位于向形坳陷和构造盆地连续叠置的负向古地形、古构造区域和地区，无疑是层控矿床形成与空间定位的重要构造前提与条件。其中，各方向古地形的向形不同构造层的角度不整合带，其既是构造薄弱带，又是高孔隙、高渗透率的层状构造带，在负向古地形和古构造叠置地区或区域往往形成了不同规模的含矿热流体场，在成矿期构造活动期间沿控矿断裂破碎带上涌、分异、富集成矿。其例众多，大型-超大型川东南重晶石-萤石矿、浙江萤石矿、四川团宝山铅锌矿、四川东北寨金矿、木里耳泽金矿、华北邯郸式铁矿、湖南水口山式铅锌矿、美国密西西比型和欧洲西里西亚型铅锌矿均属其例。

层控矿床的实际成矿事实表明：层控型矿床多受不同类型、不同性质、不同规模海盆和陆盆控制。前者规模大，物源多源化，跨越时间长，多属前印支期海盆；而后者多属印支期后陆相中生代火山-沉积断陷盆地，尤其是区域基底隆起背景条件下，局部向形拗陷基础上发育的中生代火山-断陷盆地，尽管盆地规模较小，涉及物源层相对较少，但却控制着萤石（$CaF_2$）、金、银、铜、铅、锌多金属等矿产资源。川东南超大型重晶石-萤石矿和浙江省特大型萤石矿就属其例。

### 3.2.4.1 川东南超大型重晶石-萤石矿

#### A 物源层的厘定

川东南地区重晶石-萤石矿为一典型的层控矿床，涉及面积近百万平方千米（黔北、湘西、鄂南地区），品位高、储量大，为一超大型重晶石-萤石矿成矿区。

地壳上不同种类、成因各异的各类矿产资源，无例外地严格受建造-构造条件的双重控制，但随着矿产种类和成因的不同，建造和构造条件对成矿的控制作用或地位也随之发生改变。对川东南地区热液成因的重晶石-萤石矿而言，前者是重晶石-萤石矿的物源基础，决定着成矿热液体的形成和成矿组分的富集；后者控制着成矿建造的时空分布和成矿热流体场与重晶石-萤石矿的时空定位与演化。

川东南地区在区域上近上扬子台陷的古生代坳陷中心，尤其是下古生界-上震旦系的富矿-赋矿黑色页岩和深黑色碳酸盐岩系广为发育，为重晶石-萤石矿的形成提供了重要的物源保证。

（1）下古生代前不同时代地层、岩石的含矿性与矿质（Ba、F）来源（见图2-83）。

1）Ba的来源与富集。川东南地区的黑色岩系，是Ba的主要富集层，总厚度达数百米，尤其是上震旦统-下寒武统牛蹄塘组（$\in_1 n$）黑色岩系是一个区域性的高 Ba 岩系，其中黑色岩系的粉砂岩和页岩 Ba 含量达 $1508 \times 10^{-6} \sim 13220 \times 10^{-6}$，为地壳页岩均值的 $2.5 \sim 23$ 倍；碳酸盐岩 Ba 含量为 $1135 \times 10^{-6} \sim 1165 \times 10^{-6}$，为地壳碳酸盐岩均值的 100 倍以上。且上述层位或黑色岩系中还发育有重晶石结核，客观地揭示了川东南及其邻近地区的下古生代黑色岩系，尤其是上震旦统-下寒武统黑色岩系是区域 Ba 的主要来源层和富 Ba 岩系。

2）F 的来源与富集。川东南地区下古生界黑色岩系既是富 Ba 岩系，也是 F 的主要富集岩和来源层，尤其是上震旦统-下寒武统牛蹄塘组（$\in_1 n$）地层中，氟（F）含量高达 $0.57\% \sim 1.46\%$，为克拉克值的 $11 \sim 29$ 倍，是沉积岩系均值的 $21 \sim 30$ 倍（见表 3-15），且在中寒武统石冷水（$\in_2 S$）组含盐岩系中见有原生的萤石和天青石（$SrSO_4$），为萤石成矿提供了丰富的物源。此外，基底（$Pt_2$）变质岩系也是 F 的重要来源，共同组成了川东南地区重晶石-萤石矿成矿的矿源层和富 F 岩系。

表 3-15　川东南酉秀区 $\in_1$-$Z_1 d$ 不同岩性氟含量

| 样　号 | 地　层 | 岩　性 | F/% |
|---|---|---|---|
| m39 | $\in_1 mx$ | 页岩 | 0.76 |
| m36 | $\in_1 n$ | 灰色页岩 | 1.42 |
| m33 | $\in_1 n$ | 黑色页岩 | 1.46 |
| m26 | $Z_2 d$ | 白云岩 | 0.76 |
| m25 | $Z_2 d$ | 深灰色页岩 | 0.57 |

（2）氢、氧、硫、锶的同位素地球化学特征与依据。

1）氢、氧同位素。中国科学院地质研究所范宏瑞的测试结果表明（见表 3-16 和图 3-71）：川东南地区萤石-重晶石的成矿流体水主要来自大气降水、地层中的封存水（海水或同生水等），并经深部循环加温而形成含矿的热卤水或成矿热流体。

表 3-16　川东南地区重晶石-萤石矿床氢氧同位素组成

| 矿　区 | 样号 | 矿物 | $\delta D_{H_2O}/‰$ | $\delta^{18}O_{矿物}/‰$ | 计算所得 $\delta^{18}O_{H_2O}/‰$ | 资料来源 |
|---|---|---|---|---|---|---|
| 武隆桐梓 | Z-10 | 萤石 | -8.9 | | | 潘忠华（1993） |
| | Z-21 | 方解石 | -42.9 | | | |
| 彭水二河水 | 郁-4 | 方解石 | -29.27 | +16.96 | +0.365 | 曹俊臣等（1987） |
| 彭山郁山 | | 石英 | -89.5 | +5.91 | $-19.77 \sim -5.29$ | 李文炎、余洪云（1991） |
| 酉阳小坝 | S-5 | 萤石 | -16.9 | | | 潘忠华（1993） |
| | S-8 | 萤石 | -16.1 | | | |
| | S-9 | 重晶石 | -41.1 | | | |

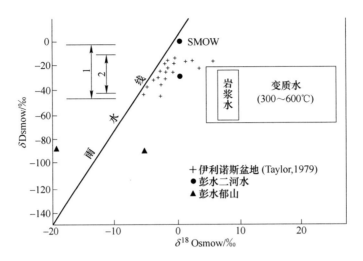

图 3-71  成矿流体的 $\delta D-\delta^{18}O$ 图（仿 Taylor，1979）

1—密西西比河谷 Pb-Zn-F 矿石包裹体的 $\delta D$ 范围（据 Taylor，1979）；

2—武隆及酉阳地区萤石-重晶石成矿流体的 $\delta D$ 范围

（据中科院地质所，潘忠华，1993）

2）硫同位素。据中科院地质所范宏瑞的测试结果（见表 3-17 和图 3-72）表明：川东南及邻区（鄂西及黔东北、黔中等地）脉状萤石-重晶石矿床中重晶石的 $\delta^{34}S$ 均为高值（+16.13‰ ~ +42.1‰），属于重型硫。川东南及邻区的黔北、湘西及鄂西等地，自下寒武统开始，含膏白云岩系达 1500m 以上，并在彭水上寒武统发现盐泉和石膏，在鄂西五峰等县的中奥陶统发现盐泉，表明川东南及邻区的蒸发岩广泛发育，是成矿热流体中硫的潜在源层。

表 3-17  川东南及邻区脉状萤石-重晶石矿床硫同位素组成特征

| 矿  区 | 样号 | 测定矿物 | $\delta^{34}S$/‰ 变化范围 | $\delta^{34}S$/‰ 均值 | 产出层位、围岩 | 资料来源 |
|---|---|---|---|---|---|---|
| 重  庆 武隆桐梓 | Z-2 | 重晶石 | +35.6 | | $O_1t$ 灰岩、灰质白云岩 | 本文 |
| | Z-15 | 重晶石 | +35.8 | | | |
| | Z-20 | 重晶石 | +35.9 | | | |
| 重庆彭水 郁山镇 | | 重晶石 | +35.46 | | $O_1h$ 灰岩 | 李文炎、余洪云（1991） |
| 重庆彭水 | Ba-Y-1 | 重晶石 | +33.48 | | $O_1$ 灰岩 | 陈先沛等（1987） |
| 重庆彭水二河水贵州丰水岭 | | 重晶石（5） | +22.6 ~ +32.9 | +29.24 | $O_1h$ 灰岩 | 曹俊臣等（1987） |

| 矿　区 | 样号 | 测定矿物 | $\delta^{34}S/‰$ | | 产出层位、围岩 | 资料来源 |
|---|---|---|---|---|---|---|
| | | | 变化范围 | 均值 | | |
| 贵州施秉项罐坡 | | 重晶石（7） | +28.82~+16.13 | +22.45 | $\in_3$-O 灰岩 | 钱松秋（1986） |
| 贵州德江 | Ba-D-1 | 重晶石 | +35.35 | | $O_1$ 灰岩 | 陈先沛等（1987） |
| 重　庆西阳桂花 | S-1 | 重晶石 | +42.1 | | $\in_3w$ 黑色页岩 | 潘中华（1994） |
| | S-9 | 重晶石 | +40.8 | | | |
| | S-11 | 重晶石 | +40.4 | | | |
| 湖北宜都南坪庄 | | 重晶石 | +35.56~+34.58 | | $\in_3$-O 灰岩 | 钟德宏（1986） |
| 重　庆西阳桂花 | S-4 | 黄铁矿 | +14.9 | | $\in_3w$ 黑色页岩 | 潘中华（1994） |
| | g-6 | 黄铁矿 | +20.8 | | $O_2b$ 灰岩 | |

注：矿物名后括号内为样品数。

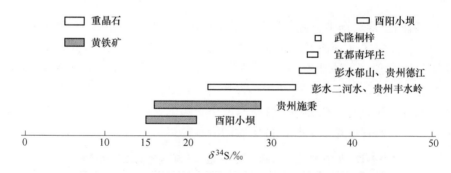

图 3-72　川东南及邻区重晶石及黄铁矿硫同位素组成
（据中科院地质所，潘忠华，1993）

3）锶同位素。岩石和矿物形成时的 $^{87}Sr/^{86}Sr$ 初始值是研究成岩成矿过程和物质来源的良好"示踪剂"（Reesman，1968；Hedge，1974；Burk，1982；Ruiz，1984）。潘忠华选择了 15 件岩石和重晶石、萤石单矿物样锶同位素分析结果表明（见表 3-18）：萤石样的 $^{87}Sr/^{86}Sr$ 比值为 0.710856；重晶石样的 $^{87}Sr/^{86}Sr$ 均值为 0.709537，两者很接近，客观地显示了重晶石和萤石矿属同一成矿热流体分异的产物。而西阳小坝桂花矿区萤石和重晶石的 $^{87}Sr/^{86}Sr$ 比值都分别高于武隆-彭水一带的萤石和重晶石，一定程度上揭示了在重晶石-萤石矿成矿过程中，由北西（NW）至南东（SE），由早至晚成矿热流体的演化趋势与过程。

表 3-18 萤石、重晶石的锶同位素组成

| 矿区 | 样号 | 测定矿物 | 产出围岩 | Rb /×10⁻⁶ | Sr /×10⁻⁶ | $^{87}Rb$ /$^{86}Sr$ | $^{87}Rb$ /$^{86}Sr+2\sigma$ | Rb/Sr | 成矿时 $^{87}Rb$/$^{86}Sr$ | 资料来源 |
|---|---|---|---|---|---|---|---|---|---|---|
| 武隆桐梓矿区 | Z-20 | 重晶石 | $O_1t$ 灰岩 | | 4324 | | 0.708950±30 | | 0.708950 | 潘忠华 |
| | Z-10 | 萤石 | $O_1t$ 灰岩 | | | | 0.708800±44 | | 0.708800 | |
| 彭水二河水矿区 | 郁-1 | 萤石 | $O_1$ 灰岩 ($O_1n$-$O_1h$) | | | | 0.70950±9 | | 0.70950 | 曹俊臣等 (1987) |
| | 郁-5 | 重晶石 | $O_1$ 灰岩 | | | | 0.70950±9 | | 0.70950 | |
| 酉阳小坝桂花矿区 | S-5 | 淡紫色萤石 | $O_3w$ 页岩 | 0.476 | 28.27 | 0.0486 | 0.712999±40 | 0.01684 | 0.7129508 | 潘忠华 |
| | S-8 | 白色萤石 | $O_3w$ 页岩 | | | | 0.711126±30 | | 0.711126 | |
| | S-9 | 重晶石 | $O_2b$ 灰岩 | | 894.2 | | 0.710136±30 | | 0.710136 | |
| | S-11 | 重晶石 | $O_2b$ 灰岩 | | 1116 | | 0.709562±32 | | 0.709562 | |

（3）稀土元素地球化学特征与依据。

稀土元素（REE）在自然界主要呈三价阳离子存在，REE 的三价阳离子半径只有很小的系统性差别，这是它们在自然界紧密共生、共同迁移的主要原因，也是 REE 发生分离的重要原因（Taylor and Fryer，1982；刘英俊等，1987）。不同的成岩成矿作用，其 REE 的丰度和地球化学行为不同，因此对 REE 进行研究所获取的各种信息，是追踪成岩成矿作用过程及物质来源的重要手段。

从表 3-19 可见，重晶石的 $\sum$REE 一般低于萤石，而武隆地区的重晶石和萤石（产于桐梓组灰岩 $\sum$REE 分别为 $1.71\times10^{-6}$ 和 $2.34\times10^{-6}$），又分别低于酉阳地区的重晶石和萤石（产于宝塔组灰岩和五峰组页岩 $\sum$REE 分别为 $2.50\times10^{-6}$ 和 $11.34\sim25.83\times10^{-6}$），不但一定程度上显示了 $\sum$REE 与赋矿地层和岩石类型有关，而且也同步揭示了由西（W）（武隆地区）向东（E）（酉阳地区）成矿热流体定向演化的趋势与信息。

萤石和重晶石的球粒陨石标准化模式图基本相似（见图 3-74），$\sum$LREE/$\sum$HREE = $1.78\sim6.08$，主要表现为较缓的右负倾斜轻稀土富集型，其中武隆地区的萤石和重晶石 Eu 亏损（$\delta Eu = 0.82\sim0.85$）较酉阳地区（$\delta Eu = 0.67\sim0.82$）小。Ce 则在武隆地区萤石和重晶石中表现为弱的正异常（$\delta Ce = 1.2\sim1.4$），而在酉阳地区萤石和重晶石中主要表现为微弱的负异常（$\delta Ce = 0.87\sim0.97$ 和 $\delta Ce = 1.10$ 弱正异常），反映了由西（W）向东（E），由武隆桐梓区的高氧逸度开放环境向酉阳小坝地区相对低氧逸度封闭环境的成矿物理、化学环境的演变和成矿组分的定向演化。

本区的重晶石 REE 测试结果（见表 3-19）表明，重晶石亦可接纳大部分的 REE 成员，而且其分布模式与萤石相似（见图 3-73），故重晶石的 REE 组成也接

**表 3-19　岩石和萤石、重晶石的稀土元素含量及特征参数**

| 地区 | 样号 | 岩石成矿物 | La | Ce | Pr | Nd | Sm | Eu | Gd | Tb | Dy | Ho | Er | Tm | Yb | Lu | Y | ΣREE | ΣREE/ΣHREE | (La/Yb)$_{CN}$ | (La/Sm)$_{CN}$ | (Gd/Yb)$_{CN}$ | Sm/Nd | δEu | δCe | La/Ce |
|---|---|---|---|---|---|---|---|---|---|---|---|---|---|---|---|---|---|---|---|---|---|---|---|---|---|---|
| 武隆桐梓矿区 | Z-13 | 灰岩($O_1t$, 蚀变) | 3.40 | 6.00 | — | 1.68 | 0.34 | 0.10 | 0.35 | — | 0.35 | — | — | — | 0.20 | — | 2.00 | 14.42 | 12.80 | 9.90 | 6.10 | 1.24 | 0.20 | 0.89 | 1.09 | 0.57 |
| 武隆桐梓矿区 | K-12 | 灰质白云岩($O_1t$, 矿区外围, 未蚀变) | 2.00 | 4.40 | — | 1.80 | 0.40 | 0.13 | 0.40 | — | 0.35 | — | — | — | 0.22 | — | 2.00 | 11.70 | 9.00 | 5.29 | 3.05 | 1.28 | 0.22 | 0.99 | 1.15 | 0.45 |
| 酉阳小坝桂花矿区 | g-1 | 灰岩($O_2b$, 蚀变) | 12.60 | 18.00 | 1.80 | 7.60 | 1.50 | 0.35 | 1.40 | 0.20 | 1.10 | 0.26 | 0.74 | 0.11 | 0.68 | 0.11 | 8.10 | 54.55 | 9.10 | 10.75 | 5.12 | 1.45 | 0.20 | 0.73 | 0.80 | 0.70 |
| 酉阳小坝桂花矿区 | S-3 | 粉砂质页岩($O_3w$, 蚀变) | 14.00 | 18.00 | 1.40 | 5.00 | 1.00 | 0.92 | 0.65 | 0.10 | 0.60 | 0.14 | 0.44 | — | 0.50 | — | 3.60 | 45.65 | 16.30 | 16.28 | 8.53 | 0.92 | 0.20 | 0.79 | 0.78 | 0.78 |
| 秀山笋坡一带 | m-90 | 黑色页岩($O_3w$, 未蚀变) | 24.60 | 45.00 | 4.20 | 17.40 | 4.00 | 0.92 | 3.80 | 0.58 | 3.40 | 0.80 | 2.10 | 0.31 | 1.70 | 0.28 | 19.60 | 128.69 | 7.41 | 8.41 | 3.75 | 1.58 | 0.23 | 0.72 | 0.97 | 0.55 |
| 秀山笋坡一带 | m-76 | 微晶灰岩($O_1t$, 蚀变) | 2.60 | 4.00 | — | 1.70 | 0.42 | 0.12 | 0.48 | — | 0.45 | 0.10 | 0.25 | — | 0.21 | — | 1.90 | 12.23 | 10.33 | 7.17 | 3.77 | 1.61 | 0.25 | 0.82 | 0.77 | 0.65 |
| 秀山笋坡一带 | m-36 | 灰色粉砂质页岩($\epsilon_1n$, 未蚀变) | 32.00 | 60.00 | 5.20 | 21.00 | 3.30 | 0.62 | 2.40 | 0.40 | 2.80 | 0.66 | 2.00 | 0.34 | 2.10 | 0.29 | 18.00 | 151.11 | 11.11 | 8.85 | 5.91 | 0.81 | 0.16 | 0.65 | 1.01 | 0.53 |
| 秀山笋坡一带 | m-28 | 白云岩($Z_1dn$, 未蚀变) | 6.00 | 8.20 | — | 4.00 | 1.00 | 0.30 | 1.10 | — | 0.95 | 0.21 | 0.59 | — | 0.50 | — | 6.40 | 29.25 | 5.82 | 6.98 | 3.66 | 1.56 | 0.25 | 0.88 | 0.80 | 0.73 |
| 武隆桐梓矿区 | Z-20 | 重晶石(围岩为$O_1t$灰岩) | 0.16 | 0.40 | — | 0.20 | 0.055 | 0.02 | 0.10 | — | 0.075 | — | 0.055 | — | 0.08 | — | 0.50 | 1.71 | 2.90 | 1.16 | 1.76 | 0.89 | 0.28 | 0.82 | 1.2 | 0.40 |
| 武隆桐梓矿区 | Z-10 | 重晶石白云(围岩为$O_1t$灰岩) | 0.40 | 0.85 | — | 0.25 | 0.06 | 0.02 | 0.09 | — | 0.075 | — | 0.05 | — | 0.045 | — | 0.50 | 2.34 | 6.08 | 5.08 | 4.10 | 1.40 | 0.24 | 0.85 | 1.24 | 0.47 |
| 酉阳小坝桂花矿区 | S-5 | 淡紫色萤石(围岩为$O_3w$页岩) | 1.54 | 2.80 | — | 1.80 | 0.62 | 0.18 | 1.10 | 0.18 | 1.10 | 0.26 | 0.70 | 0.10 | 0.45 | — | 15.00 | 25.83 | 1.78 | 1.99 | 1.51 | 1.73 | 0.34 | 0.67 | 0.87 | 0.55 |
| 酉阳小坝桂花矿区 | S-8 | 白色萤石(围岩为$O_3w$页岩) | 0.96 | 2.00 | — | 1.20 | 0.34 | 0.10 | 0.46 | — | 0.42 | — | 0.25 | — | 0.20 | — | 5.50 | 11.43 | 3.46 | 2.80 | 1.72 | 1.63 | 0.28 | 0.78 | 0.97 | 0.48 |
| 酉阳小坝桂花矿区 | S-9 | 重晶石(围岩为$O_1b$页岩) | 0.38 | 0.80 | — | 0.34 | 0.075 | 0.025 | 0.12 | — | 0.10 | — | 0.05 | — | 0.06 | — | 0.55 | 2.50 | 4.91 | 3.67 | 3.10 | 1.39 | 0.22 | 0.82 | 1.10 | 0.48 |
| | Leadey 六个球粒陨石平均值·1.2 | | 0.315 (0.315) | 0.813 | (0.115) | 0.597 (0.597) | 0.192 (0.192) | 0.0722 (0.0722) | 0.259 (0.259) | (0.0473) | 0.325 (0.325) | (0.0722) | 0.213 (0.213) | (0.0333) | 0.183 (0.033) | 0.033 | | 3.2693 | | | | | | | | 增田, 1973（转引自陈德潜、陈刚, 1990）括号内为内插值 |

（据中科院地质所, 潘忠华, 1993）

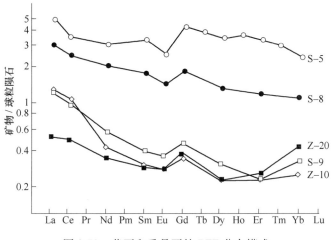

图 3-73 萤石和重晶石的 REE 分布模式

（据中科院地质所，潘忠华，1993）

近成矿热液体的 REE 特征。

综上可知：川东南地区的下奥陶统碳酸盐地层，既是重晶石-萤石矿的重要赋矿层位，也是萤石（$CaF_2$）中 Ca 的重要来源层，但震旦系（Z）-下寒武系牛蹄塘组（$\in_1 n$）地层和黑色岩系是川东南及邻区 Ba、F 的主要矿源层。

（4）水源。

川东南地区的萤石、重晶石氢、氧（$\delta O$、$\delta^{18}O$）的测试结果（见表 3-16 和图 3-72）和锶同位素与稀土元素的地球化学及重晶石-萤石矿的实际成矿事实，均统一地表明了成矿热流体的水源层应属大气降水和地层中的封存水，客观地揭示了由震旦纪至第四纪、由海洋至陆地、由海水至淡水（大气降水）渗滤、循环、汇聚的时空演化总过程以及成矿热流体发生、发展与形成的总过程。

（5）热源。

实际的地质事实表明：震旦系以来川东南地区既无岩浆活动的痕迹，也无放射性异常的迹象，但鉴于成矿热流体的水源主要为大气降水和深层封存水的这一事实，川东南地区重晶石-萤石矿的成矿热源应属大气降水和深层封存水在深部渗滤、循环过程中加热增温的，地热增温梯度而形成的热源，也是导致热流体成矿组分富集的一个重要因素。

B 川东南及其相邻地区重晶石-萤石矿热流体场及时空定位

川东南及其相邻地区，属近上扬子台陷，为震旦纪-古生代的坳陷中心地带，尤其是富矿-赋矿的下古生界地层更显发育。富矿层系多、厚度大、分布广、Ba 和 F 含量高，其中直接以区域性角度不整合坐落于基底变质岩系（$Pt_2$）上的震旦系-下寒武系牛蹄塘组（$\in_1 n$）黑色岩系和震旦纪海底火山活动，是区域最重要的高 Ba、富 F 含矿岩系。

此时，以北东向铜仁-花垣-大庸深大断裂为界，西侧川东南地区归属扬子型川、滇、黔碳酸盐台地的组成部分，东侧则属江南型非补偿性广海盆地。早寒武世初期湘-黔海盆发生扩张，川东南及其邻区处于川-滇隆起与湘-黔海盆的过渡带（见图 3-74 和图 3-75），直接就以缺氧环境下的边缘海接受沉积，形成了富矿（Ba、F、Cu、Pb、Zn 金属硫化物）的黑色硅岩与页岩，为川东南及其邻区重晶石-萤石矿的形成，提供了重要的富矿-赋矿建造和丰富的物源基础与环境；也为印支运动以来，大面积、长时期的大气降水淋滤，深部循环过程中卤水淡化和成矿物质的进一步富集及成矿热流体的形成创造了条件。

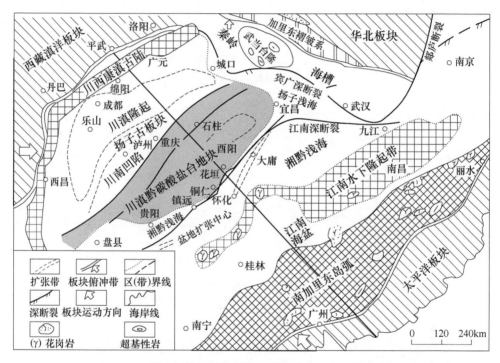

图 3-74　华南扬子区早寒武世板块构造和沉积环境示意图

（据王长生等，1988）

早寒武世末期（清虚洞期）-中奥陶世，川东南地区主要为台地碳酸盐沉积（见图 3-76）。早奥陶世早-中期（南津关-红花园期）主要为较开阔的浅海潮间-潮间带上部的高能环境（见图 3-77）；晚奥陶世晚期-早志留世，为深水闭塞滞流环境，为重晶石-萤石矿成矿提供了重要的区域控矿构造-建造前提。

川东南地区重晶石-萤石矿的实际成矿地质事实表明，震旦系-下古生界地层既是主要的富矿岩系，又是重要的赋矿层位，且各时代地层沉积连续，无明显的

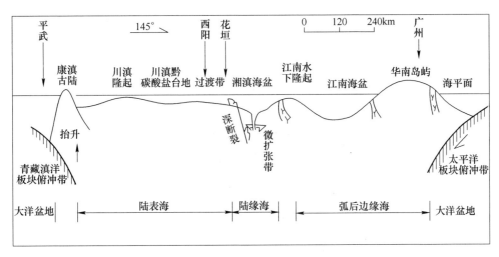

图 3-75  华南扬子区早寒武世环境与板块构造关系剖面示意图

（据王长生等，1988）

成矿热流体赋存、汇聚的区域性储存空间存在。从现有的资料表明：重晶石-萤石矿成矿已深达早寒武世（见图 3-78），客观地揭示了重晶石-萤石矿成矿热流体场应定位于规模大、渗透率高、孔隙度大的基底变质岩系（$Pt_2$）与震旦系地层的区域性不整合带上（$Z-Pz_1/Pt_2$），是川东南及其邻区重晶石-萤石矿成矿的一个规模巨大、面状产出的矿源库或富矿热流体层。

成矿期（喜山期）由于不同规模、不同切割深度、不同方向、不同控矿作用的控矿断裂系统，在成矿期的强烈再活动，在温压梯度的驱动下，淡化了的富 Ba-F 的 Na-Cl 型成矿热液体沿控矿断裂带上涌、侵位于地壳的浅部或浅层，并与 $SO_4^{2-}-Ca^{2+}$ 和 $HCO_3-Ca^{2+}$ 型水混合，促使了随温度和压力的下降及 Eh、pH 值的变化，导致了 $BaSO_4$ 及 $CaF_2$ 的先后沉淀。由于下奥陶统示脆性特征的碳酸盐岩中断裂破碎发育，且其上覆又有 110～170m 厚的泥质岩类（大湾组）岩层的屏蔽作用，是萤石和重晶石沉淀作用主要发生在下奥陶统（红花园组-桐梓组）及其以下碳酸盐岩中的主要原因。但当构造活动较强时，也可驱使成矿热流体沿已突破大湾组的断裂上升至中奥陶统（如宝塔组）断裂破碎带中，甚至部分还可进入上奥陶统（五峰组）及下志留统下部页岩和粉砂岩中成矿。

C  川东南及其相邻地区重晶石-萤石矿的时空定位

川东南地区在区域上属上扬子台褶带（鄂、渝、黔台褶带）西缘川东南陷褶束的组成部分（见图 2-82）。

川-渝-黔北北东向（NNE）重晶石-萤石矿成矿带，其北西（NW）-南东（SE）两侧分别为北北东向（NNE）七曜山和大庸-石阡大型推覆断裂带所夹持，由一系列北北东向（NNE）褶皱-断裂所组成的陷褶束带（见图 2-84），控制着

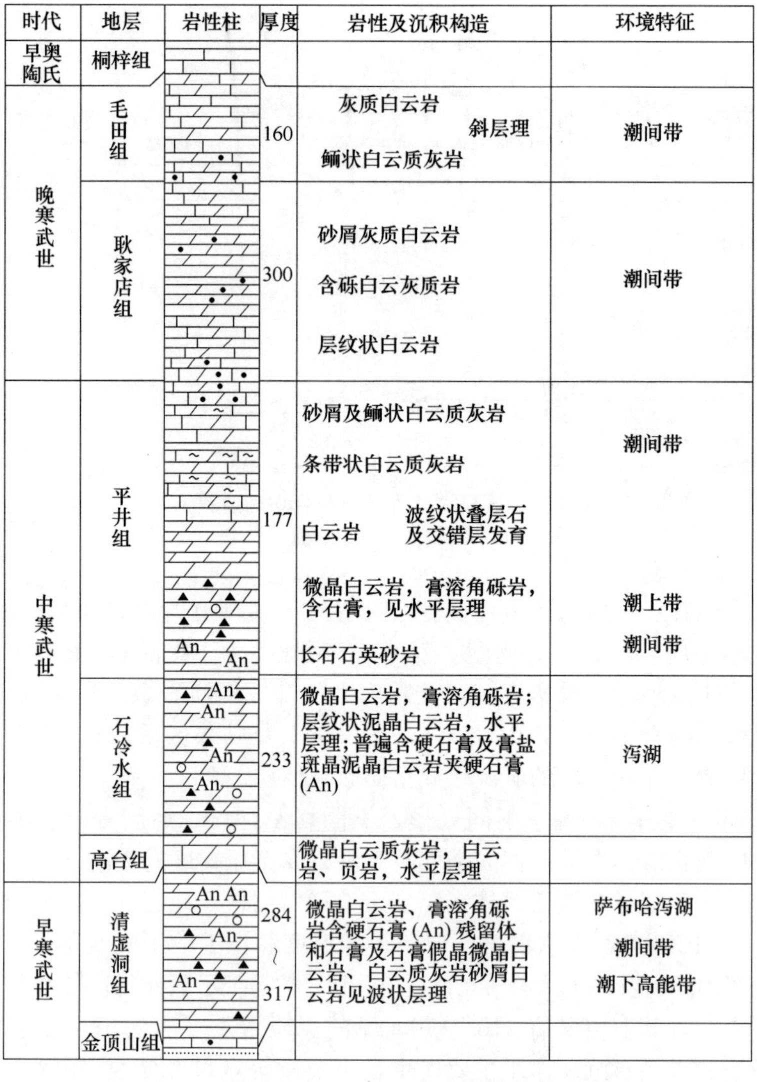

| 时代 | 地层 | 岩性柱 | 厚度 | 岩性及沉积构造 | 环境特征 |
|---|---|---|---|---|---|
| 早奥陶世 | 桐梓组 | | | | |
| 晚寒武世 | 毛田组 | | 160 | 灰质白云岩　　　　斜层理<br>鲕状白云质灰岩 | 潮间带 |
| 晚寒武世 | 耿家店组 | | 300 | 砂屑灰质白云岩<br>含砾白云灰质岩<br>层纹状白云岩 | 潮间带 |
| 中寒武世 | 平井组 | | 177 | 砂屑及鲕状白云质灰岩<br>条带状白云质灰岩<br>白云岩　　波纹状叠层石<br>　　　　及交错层发育<br>微晶白云岩，膏溶角砾岩，<br>含石膏，见水平层理<br>长石石英砂岩 | 潮间带<br><br>潮上带<br>潮间带 |
| 中寒武世 | 石冷水组 | | 233 | 微晶白云岩，膏溶角砾岩；<br>层纹状泥晶白云岩，水平<br>层理；普遍含硬石膏及膏盐<br>斑晶泥晶白云岩夹硬石膏<br>(An) | 泻湖 |
| 中寒武世 | 高台组 | | | 微晶白云质灰岩，白云<br>岩、页岩，水平层理 | |
| 早寒武世 | 清虚洞组 | | 284<br>～<br>317 | 微晶白云岩、膏溶角砾<br>岩含硬石膏(An)残留体<br>和石膏及石膏假晶微晶白<br>云岩、白云质灰岩砂屑白<br>云岩见波状层理 | 萨布哈泻湖<br><br>潮间带<br><br>潮下高能带 |
| 早寒武世 | 金顶山组 | | | | |

图 3-76　川东南地区寒武系含膏盐系柱状图及环境特征

（据王长生等，1988；1∶20 万区调资料，1970 编成）

重晶石-萤石矿有序的时空演化与空间定位。

重晶石-萤石矿成矿是成矿期构造变形场时空演变和成矿热流体场时序上同步演化、统一作用的产物。两者相互依存、动态递进、规律成矿；随着控矿构造变形过程的发生与发展，不但导致了含矿热流体侵位过程物理环境的改变，而且还同步制约着成矿热流体的成矿化学条件和成矿组分的改变与演化；决定着不同成矿阶段、不同矿物组分的按序析出与沉淀以及重晶石-萤石矿的成矿组分、矿石特征、成矿围岩蚀变等的三维分带、空间定位特征与规律。

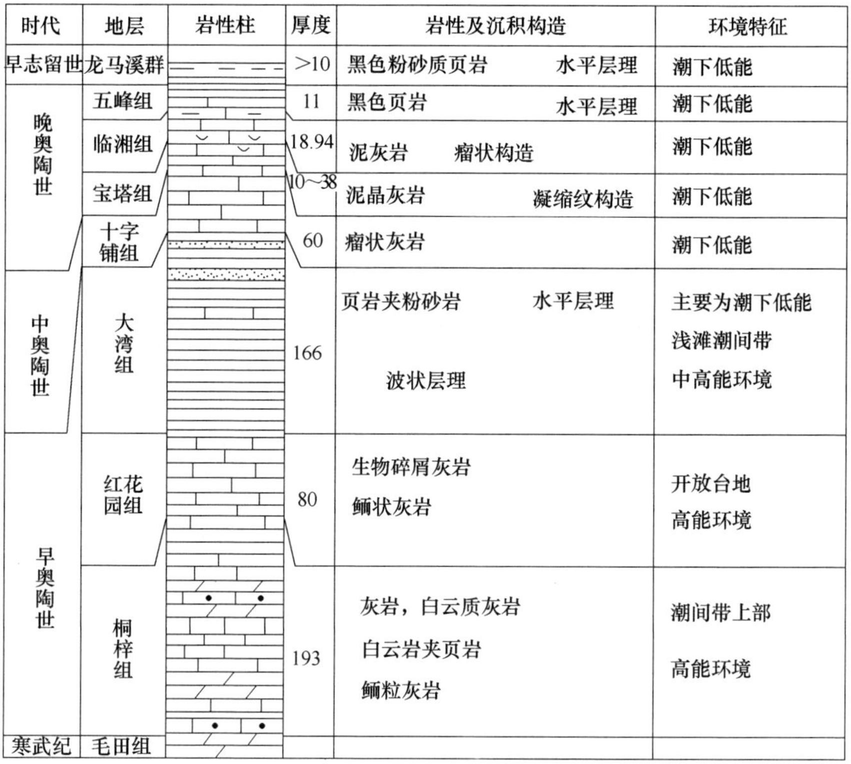

| 时代 | 地层 | 岩性柱 | 厚度 | 岩性及沉积构造 | 环境特征 |
|---|---|---|---|---|---|
| 早志留世 | 龙马溪群 | | >10 | 黑色粉砂质页岩　　水平层理 | 潮下低能 |
| 晚奥陶世 | 五峰组 | | 11 | 黑色页岩　　　　水平层理 | 潮下低能 |
| | 临湘组 | | 18.94 | 泥灰岩　　瘤状构造 | 潮下低能 |
| | 宝塔组 | | 10~38 | 泥晶灰岩　　凝缩纹构造 | 潮下低能 |
| | 十字铺组 | | 60 | 瘤状灰岩 | 潮下低能 |
| 中奥陶世 | 大湾组 | | 166 | 页岩夹粉砂岩　　水平层理<br><br>波状层理 | 主要为潮下低能<br>浅滩潮间带<br>中高能环境 |
| 早奥陶世 | 红花园组 | | 80 | 生物碎屑灰岩<br>鲕状灰岩 | 开放台地<br>高能环境 |
| | 桐梓组 | | 193 | 灰岩，白云质灰岩<br>白云岩夹页岩<br>鲕粒灰岩 | 潮间带上部<br>高能环境 |
| 寒武纪 | 毛田组 | | | | |

图 3-77　川东南奥陶系岩系柱状图及环境特征

a　川东南地区重晶石-萤石矿成矿时间演化序列与资源评价

（1）重晶石-萤石矿成矿期与成矿（亚）阶段的划分（见表 3-20）。

（2）川东南地区重晶石-萤石矿成矿时间演化序列与 $CaF_2/BaSO_4+CaF_2$ 比值的时空演化趋势与规律。

川东南地区重晶石-萤石矿的实际成矿地质事实表明：川东南地区北北东向（NNE）重晶石-萤石矿带无例外地、严格地受各北北东向（NNE）褶断带和伴生的北西（NW）-北西西向（NWW）断裂带所控制，且各方向控矿构造带明显显示由南西（SW）至北东（NE）、南东（SE）至北西（NW）按序的发生与发展，不但决定着不同方向、不同级别重晶石-萤石矿带的同步、定向侧伏，而且还控制着成矿热流体沿成矿期再活动的北北东向（NNE）导矿断裂系统和北西（NW）-北西西向（NWW）布矿-容矿断裂系统上涌、侵位过程中，由于 $BaSO_4$ 的氧逸度（$fO_2$）明显高于 $CaF_2$，首先达到饱和而沉淀于重晶石-萤石矿主矿体的上部和近矿体顶板一侧。在不同方向控矿断裂系统由南西（SW）至北东（NE）、南东（SE）至北西（NW）逐次发生、发展过程中，成矿热流体中主要的成矿组分（$BaSO_4$、$CaF_2$）也同步按序渐次分异、结晶、沉淀，并决定着由重

表 3-20　川东南地区重晶石-萤石矿成矿期、成矿（亚）阶段

| 成矿地质特征 成矿期 成矿阶段 | 成矿组分初始富集期 | | 重晶石-萤石矿热液成矿期 | | | | 多金属矿成矿期 |
|---|---|---|---|---|---|---|---|
| | 海盆沉积-成岩富集亚期 | 大气降水淋滤-深部循环富集亚期 | 重晶石-萤石成矿阶段（Ⅰ） | | | 碳酸盐阶段（Ⅱ） | |
| | | | 白（无）色粗晶重晶石-萤石亚阶段（Ⅰ-1） | 深色细晶萤石亚阶段（Ⅰ-2） | | | |
| 重晶石 | | | | | | | |
| 萤石 | | | | | | | |
| 石英 | | | | | | | |
| 方解石 | | | | | | | |
| 绢云母 | | | | | | | |
| 绿泥石 | | | | | | | |
| 多金属矿 | | | | | | | |
| 成矿元素 | Ba、F、Ca、S | Ba、F、Ca、S | F、Ca、Ba、S | | Ca、C、O | | Cu、Pb、Zn Fe、S、As |
| 矿石构造 | 层纹状 | | 斑点状、团块状、角砾状、条带状块状 | 细-网脉状、脉状 | | 脉状、块状 | 斑点状、团块状、脉状 |
| 矿石结构 | 他形、微晶 | | 自形、半自形 | 半自形、他形 | | 自形半自形 | 他形自形半自形 |
| 围岩蚀变 | | | 硅化、绢云母化、碳酸盐化、绿泥石化 | | | 碳酸盐化 | 硅化、绢云母化、绿泥石化、绿帘石化 |
| 成矿温度 | | | 160～250℃ | | | 165～196℃ | 170～260℃ |

（据徐旃章、邹灏、方乙，2012）

晶石-萤石矿→萤石-重晶石矿→萤石矿有序的时空演化与定位，为隐伏-半隐伏重晶石-萤石矿的预测与寻找和资源前景评价提供了重要的地质信息与依据（见图 3-79 和图 3-80）。

　　b　川东南地区重晶石-萤石矿体（带）空间分带特征及其演变规律与资源评价

　　重晶石-萤石矿体空间分带（横向、垂向、纵向分带）是含矿热流体沿特定负压构造破碎空间上升、侵位过程中，由于温度、压力、成矿介质等系列物理、化学条件的递变，而导致了成矿组分三维的按序晶出与沉淀、富集，直接决定着

重晶石-萤石矿体不同部位矿石标型特征和矿物包裹体、元素-元素组合、围岩蚀变及其组合特征等一系列变化，为重晶石-萤石矿体空间分带特征的厘定，提供了直接的宏观与微观的判析依据。

值得说明的是：川东南及其周边地区，各重晶石-萤石矿带、矿田、矿床中的重晶石-萤石矿体，尽管规模不等、品位各异，且随着各重晶石-萤石矿成矿地质环境的差异，尤其是成矿期不同成矿（亚）阶段控矿构造系统活动强度和构造脉动特征，以及成矿热流体成矿组分与结晶分异程度的差异等，均可导致各重晶石-萤石矿体空间分带特征的局部差异性变化，但总体特征与规律是一致的，模式是相同的（见图3-81）。

重晶石-萤石矿体（带）的空间分带及其时空演变规律，是地表重晶石-萤石矿（化）体露头和不同深度工程揭露矿（化）体空间部位的厘定；深部矿体规模、品级的评价和隐伏-半隐伏矿体预测的直接依据，也是区域重晶石-萤石矿资源战略目标区优选和目标靶区厘定与评价的重要条件与前提。

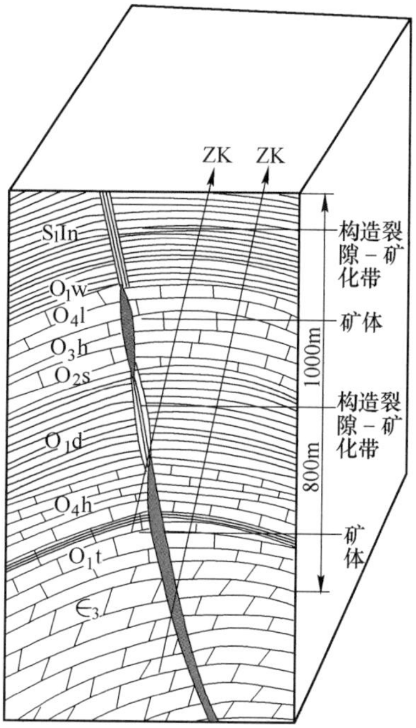

图 3-78　川东南地区不同时代、不同物理力学性质、不同厚度岩层（石）组合特征与重晶石-萤石矿体空间定位关系示意图
（据徐旃章，2012）

川东南地区重晶石-萤石矿的时空分布和空间定位，无例外地、严格地受多期次活动的区域北北东向（NNE）大断裂带和北西西向（NWW）断裂带所控制。前者规模大、切割深，属区域性的导矿构造系统，控制着重晶石-萤石矿的沿带产出与分布；后者为次级布矿-容矿构造系统，规律地展布于区域性北东向（NE）导矿断裂的两侧，尤其是上盘的交切系统（见图2-53）。它们共同构成了规律有序的控矿构造格局，控制着重晶石-萤石矿有序的时空分布和空间定位，因此北北东向（NNE）、北西西向（NWW）控矿构造变形特征和时、空演变的规律性，直接决定着区域北北东向（NNE）导矿构造系统由南西（SW）至北东（NE）和北西西向（NWW）布矿-容矿断裂系统由北西（NW）至南东（SE），依次侧伏、矿体埋深渐次增大的基本规律以及重晶石-萤石矿体出露海拔标高的相应变化，对隐伏-半发育重晶石-萤石矿的预测指明了方向，为探矿工程的合理部署提供了重要的地质信息与依据。

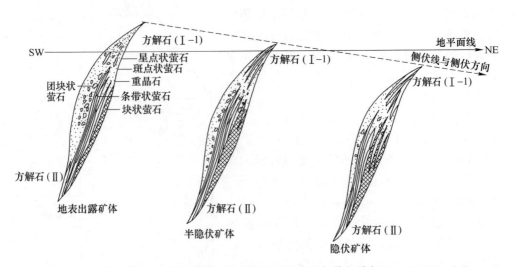

图 3-79　区域北北东向（NNE）重晶石-萤石矿带定向侧伏规律与 $CaF_2/BaSO_4+CaF_2$
含量比值变化趋势关系示意图

（据徐旃章，2012）

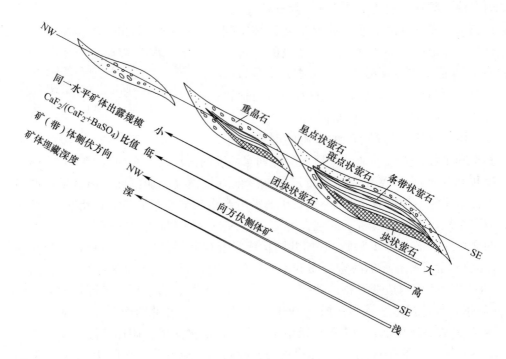

图 3-80　北西向（NW）重晶石-萤石矿（带）体纵向演变规律图

（据徐旃章，2012）

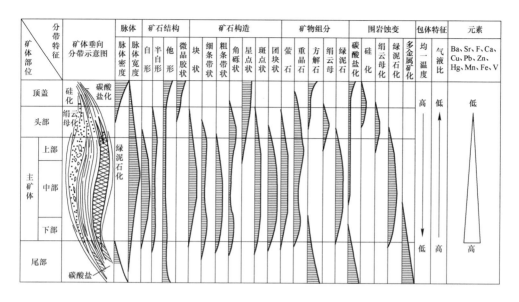

图 3-81　川东南地区重晶石-萤石矿体垂向分带模式示意图
（据徐旃章、邹灏、方乙，2012）

在重晶石-萤石矿成矿过程中，鉴于区域北北东向（NNE）导矿构造系统和北西西向（NWW）布矿-容矿构造系统，分别由南西（SW）至北东（NE）和由北西（NW）至南东（SE）的依次发生与发展以及成矿热流体的同步演化和演变，控制着重晶石-萤石矿体 $CaF_2/BaSO_4+CaF_2$ 比值、矿石标型特征、成矿围岩蚀变等成矿特征和有序的定向时空演化（见图 3-82），为重晶石-萤石矿（带）体三维时空演变特征的研究和区域重晶石-萤石资源的深部评价提供了重要的地质事实与基础理论依据。

重晶石-萤石矿体空间分带，尤其是垂向分带特征的研究与厘定，既是重晶石-萤石矿成矿理论研究的重要内容，也是重晶石-萤石矿（化）体露头深部评价（规模、品级）、重晶石-萤石矿（带）体纵向侧伏规律和重晶石-萤石矿（带）体 $CaF_2/BaSO_4+CaF_2$ 比值变化趋势及探采工程部署和成矿预测等生产实践研究的重要依据，也是矿产资源综合研究与评价的基础内容与前提。

### 3.2.4.2　浙江省特大型萤石矿

浙江省萤石矿集中分布于北东向绍兴-江山深大断裂和普陀-丽水深大断裂所夹持的宁波-龙泉震旦-古生代隆起带上（见图 3-83），这就决定了其发育地层主要为基底陈蔡群（AnZch）变质岩系和角度不整合覆盖其上的侏罗-白垩纪火山-沉积岩系。

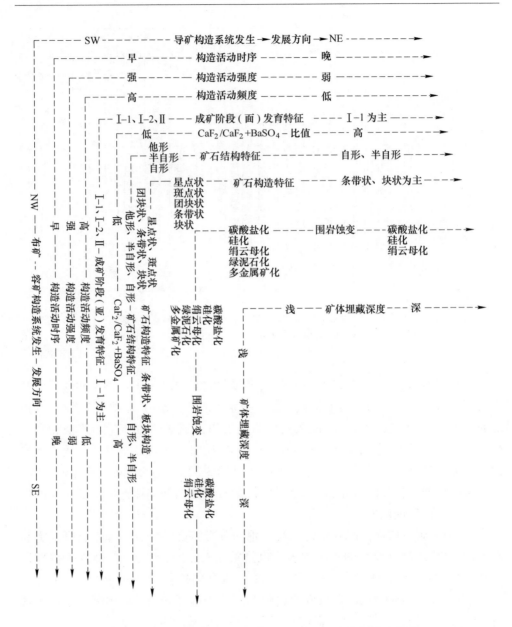

图 3-82　川东南地区重晶石-萤石矿成矿时空演化规律示意图

(据徐旃章、邹灏、方乙，2012)

A　矿源层（岩）的厘定

浙江省萤石矿成矿的实际地质事实资料统计结果见表 3-21。

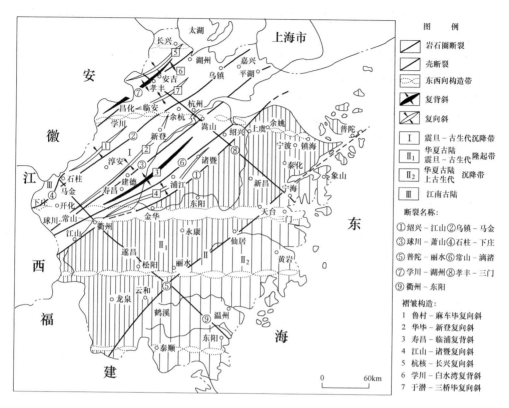

图 3-83  浙江省元古代-古生代建造-构造分区略图

（据徐旆章，1991）

表 3-21  浙江省各地质时期地层赋矿概率

| 矿床规模与赋矿概率 | 中下元古界陈蔡群变质岩系 | 震旦系-古生界沉积岩系 | 中生界三叠系-中、下侏罗统沉积岩系 | 中生界上侏罗统-白垩系火山岩系和火山沉积岩系 | | | |
| --- | --- | --- | --- | --- | --- | --- | --- |
| | | | | 上侏罗统 | | 白垩系 | |
| | | | | 浙西北 | 浙东南 | 下统 | 上统 |
| 特 大 型 | 1 | | | 1 | 6 | 3 | 2 |
| 大 型 | 2 | 1 | | | 14 | 8 | 1 |
| 中 型 | 6 | 8 | | 7 | 59 | 32 | 3 |
| 小 型 | 6 | 7 | | 3 | 100 | 45 | 7 |
| 赋矿概率/% | 4.7 | 4.9 | | 59 | | 31.5 | |
| 全省出露面积百分率/% | 1.80 | 37.16 | 3.1 | 42.3 | | 9.04 | |

（据徐旆章，1991）

（1）萤石矿在不同时代地层中赋矿概率与不同时代地层在全省出露面积的百分率。

（赋矿概率/全省出露面积百分率）之比分别为：AnZch 为 4.7/1.8 = 2.6 倍；Zn-Pz 为 4.9/37.16 = 0.013 倍；T-J$_{1-2}$ 为零；J$_3$ 为 59/42.3 = 1.4 倍；K 为 31.5/9.04 = 3.5 倍。这一成矿事实客观地揭示了中下元古界陈蔡群（AnZch）基底变质岩系，中生界上侏罗统–白垩系火山岩和火山沉积岩系为浙江省萤石矿的主要赋矿层位和富氟（F）岩系。

（2）富矿层位（AnZch、J$_3$-K）代表性岩石氟的浸出实验研究。

1991 年韩文彬、马承安、王玉荣等人对富矿层位（AnZch、J$_3$-K）中的代表性岩石（黑云母斜长片麻岩、凝灰岩和玄武岩）进行了不同物理、化学条件氟的浸出实验。实验结果表明：包含 $CO_2$ 水浸取氟（F）的量高于纯水，低浓度 NaCl 溶液有利于氟（F）的浸出，并随溶液酸度的增加、温度的升高，氟（F）的浸出量也随之递增。黑云母斜长片麻岩不但原岩氟（F）含量高（见表 3-22），而且 F 的浸出量也最高，玄武岩、晶屑凝灰岩次之。

表 3-23 客观地揭示了以黑云母斜长片麻岩为主的陈蔡群（AnZch）基底变质岩系，应是萤石矿成矿的主要矿源层。

**表 3-22　区域各类岩石的化学成分**　　　　　　（%）

| 化学成分 | SiO$_2$ | TiO$_2$ | Al$_2$O$_3$ | Fe$_2$O$_3$ | FeO | MnO | MgO | CaO |
|---|---|---|---|---|---|---|---|---|
| 黑云母斜长片麻岩 | 66.12 | 0.58 | 15.15 | 0.90 | 4.23 | 0.11 | 3.31 | 2.08 |
| 玄武岩 | 47.19 | 1.43 | 18.57 | 4.03 | 4.21 | 0.23 | 5.31 | 8.62 |
| 晶屑凝灰岩 | 69.24 | 0.31 | 15.61 | 2.12 | 0.22 | 0.05 | 0.53 | 0.27 |
| 化学成分 | Na$_2$O | K$_2$O | H$_2$O$^+$ | H$_2$O- | P$_2$O$_5$ | F | 总计 | |
| 黑云母斜长片麻岩 | 1.73 | 2.95 | 1.89 | 0.37 | 0.18 | 0.21 | 99.80 | |
| 玄武岩 | 2.21 | 1.79 | 3.83 | 1.36 | 0.64 | 0.113 | 99.55 | |
| 晶屑凝灰岩 | 3.05 | 5.44 | 1.51 | 0.88 | 0.03 | 0.065 | 99.30 | |

**表 3-23　各类岩石在 NaCl-H$_2$O 体系中 F 的浸出量（CaF$_2$）**

| 岩石 | 温度/℃ | CO$_2$+H$_2$O /mg·L$^{-1}$ | H$_2$O /mg·L$^{-1}$ | NaCl/mol·L$^{-1}$ | | | | |
|---|---|---|---|---|---|---|---|---|
| | | | | 0.5 | 1 | 2 | 3 | 4 |
| 黑云母片麻岩 | 25 | 6.2 | 5.1 | 5.8 | 5.3 | 5.5 | 3.9 | 3.4 |
| | 50 | 8.4 | 6.6 | 7.4 | 7.2 | 7.3 | 5.3 | 4.7 |
| | 75 | 6.6 | 6.4 | 5.7 | 6.4 | 6.9 | 6.8 | 5.3 |
| | 100 | — | 7.4 | 9.9 | 14 | 8.6 | 7.4 | 7.0 |
| | 150 | — | 9.4 | 9.4 | 14.8 | 9.9 | 8.2 | 8.6 |
| | 200 | — | 10.3 | 9.9 | 15.6 | 11.5 | 9.4 | 9.9 |
| | 300 | — | 10.8 | 10.3 | 15.6 | 13.1 | 10.9 | 10.3 |

续表3-23

| 岩石 | 温度/℃ | $CO_2+H_2O$ | $H_2O$ | NaCl/mol·L$^{-1}$ | | | | |
| --- | --- | --- | --- | --- | --- | --- | --- | --- |
| | | | | 0.5 | 1 | 2 | 3 | 4 |
| 晶屑凝灰岩 | 25 | 1.2 | 0.74 | 0.16 | 0 | 0 | 0 | 0 |
| | 50 | 0.78 | 0.65 | 0.08 | 0 | 0 | 0 | 0 |
| | 75 | 1 | 0.80 | 0.70 | 0 | 0 | 0 | 0 |
| | 100 | 1.1 | 0.94 | 0.9 | 0.7 | 0.16 | 0 | 0 |
| | 150 | — | 1 | 1.5 | 1.1 | 0.7 | 0.3 | 0 |
| | 250 | — | 1.2 | 1.2 | 1.5 | 1.2 | 0.98 | 1 |
| | 300 | — | 1.15 | 2.5 | 2.7 | 2.4 | 2.1 | 1.15 |
| 玄武岩 | 25 | 1.9 | 1.7 | 1.8 | 1.7 | 1.4 | 1.1 | 1.06 |
| | 50 | 3.7 | 2.5 | 2.8 | 2.6 | 1.7 | 1.5 | 1.4 |
| | 75 | 6.6 | 5.3 | 6.2 | 5.3 | 2.4 | 2.0 | 1.9 |

（据韩文彬、马承安、王玉荣等，1991）

（3）中生界上侏罗统-白垩系火山-沉积岩系的含矿（氟）性特征。

中生界上侏罗统-白垩系的燕山旋回火山岩，为浙江省地块火山活动的鼎盛时期，火山岩分布面积占各时期火山岩总面积的97.36%（见表3-24），平均厚度大于3500m。岩性复杂，但以酸性、中酸性岩类为主，氟总含量高于基底陈蔡群变质岩。

**表3-24　浙江省各岩浆旋回火山岩出露面积对比**

| 项目 | 神功旋回 | 晋宁旋回 | 加里东旋回 | 华力西-印支旋回 | 燕山旋回 | 喜马拉雅旋回 |
| --- | --- | --- | --- | --- | --- | --- |
| 面积/km² | 117 | 526 | | 极少 | 41134 | 473 |
| 占比/% | 0.28 | 1.24 | | — | 97.36 | 1.12 |

氟较普遍地分散于火山岩的造岩矿物（黑云母、白云母、长石和角闪石等）中，或以气-液包裹体形式存在于有关矿物中。随着岩浆分异作用的进行，挥发组分的相应富集，氟含量也相应增高。因此，随着岩石碱性的增高，气相中的氟分离下降，氟（F）含量也随之增高，这为萤石矿的形成提供了重要的物源基础。

浙江省上侏罗统-下白垩统火山岩氟（F）含量普遍较高，且由西向东、自北而南，随着火山活动强度和喷发环境的改变，氟含量也随之发生变化（见图3-84）。其中，浙江省中部北东向震旦纪-古生代隆起带中的上侏罗统-下白垩统火山岩，氟（F）含量（$680×10^{-6}$～$847×10^{-6}$）普遍高于地壳克拉克值（$625×10^{-6}$，泰勒，1964）。而上白垩统地层却以碎屑沉积岩为主，含氟（F）量在

521×10⁻⁶左右，虽低于地壳克拉克值。但晚白垩世发育于丽水-小雄一线的，示挤压构造环境条件下形成的火山活动带中，中酸性-酸偏碱性火山岩（见图 3-79～图 3-87），却以富氟（F）为特征（781×10⁻⁶～825×10⁻⁶），为浙江省中-东部萤石矿的形成提供了重要的物源基础。

浙西北震旦纪-古生代沉降带，在漫长的地质历史进程中，却以巨厚的低氟（F）海相沉积岩系为主（100×10⁻⁶～383×10⁻⁶），而局部发育于山间断陷中的上侏罗统（J₃h、J₃l）火山岩，也同以低氟（F）为特征（350×10⁻⁶～371×10⁻⁶）。

综上可知：前震旦系陈蔡群（AnZch）基底变质岩系和中生代上侏罗统-白垩系火山岩应属浙江省萤石矿成矿的主要矿源层和富矿（F）岩系。

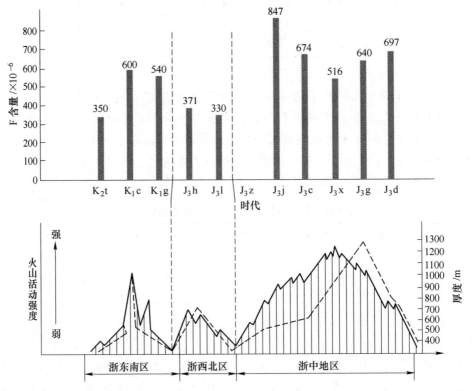

图 3-84　中生代侏罗-白垩纪火山岩系氟含量与火山活动关系图

（据徐旃章、张寿庭，1991）

（4）燕山期岩浆侵入活动与含矿性分析。

1）燕山期岩浆岩岩石类型与含矿性分析。

浙江省岩浆活动频繁，是濒西太平洋岩浆活动带的重要组成部分之一，各类侵入岩体出露面积为 6430.65km²，占全省陆地总面积的 6.4%，岩体以岩株、岩

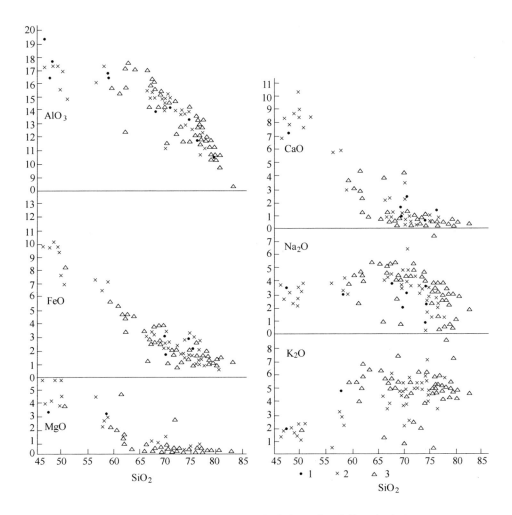

图 3-85 白垩纪火山岩 $SiO_2$ 对氧化物（质量分数）变异图

早白垩世：1—武义-诸暨岩带；2—文成-镇海岩带；3—丽水-小雄岩带

（据浙江省区域地质志，1989）

枝产出为主。并明显以酸性、中酸性岩类的侵入体为主，且从超基性岩→基性岩→中性岩→酸性岩，岩石中氟含量也随之相应增加（见表 3-25）。

表 3-25 不同岩类岩浆岩中平均氟含量

| 元素 | 超基性岩 | 基性岩 | 中性岩 | 酸性岩 | 碱性岩 |
|---|---|---|---|---|---|
| F | $100×10^{-6}$ | $370×10^{-6}$ | $500×10^{-6}$ | $800×10^{-6}$ | $1000×10^{-6}$ |

（据中科院贵阳地化所《华南花岗岩类的地球化学》，1979）

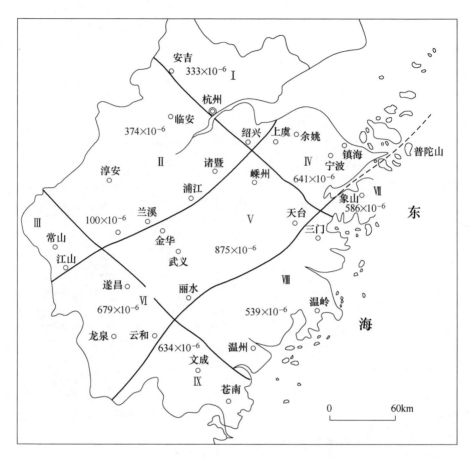

图 3-86　浙江省二级构造单元分区及含氟量

I—安吉-杭州二级构造单元；Ⅱ—临安-浦江二级构造单元；Ⅲ—江山-常山二级构造单元；
Ⅳ—上虞-宁波二级构造单元；Ⅴ—武义-天台二级构造单元；Ⅵ—遂昌-龙泉二级构造单元；
Ⅶ—象山-普陀山二级构造单元；Ⅷ—三门-温岭二级构造单元；Ⅸ—苍南-文成二级构造单元

（据徐旆章、张寿庭，2013）

2）浆岩侵入活动的时序演化与含矿性分析。

按岩体的时代而论，从前震旦纪→古近纪和新近纪均有不同程度的侵入活动。但燕山期各类侵入体却遍布全省，其出露面积分别占全省各期侵入岩体出露总面积和全省陆地总面积的 91.49% 和 5.7%，是浙江省岩浆活动的鼎盛时期。

根据中科院贵阳地化所的研究结果表明，华南地区的花岗岩，随着时间的推移，花岗岩中氟的丰度，也随之而逐渐增加（见表 3-26），为后期大气降水淋滤和水体中氟的相对富集，提供了有利的条件。

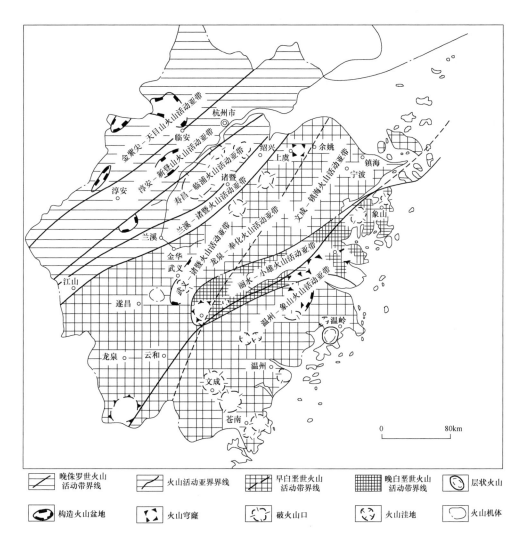

图 3-87 浙江省中生代火山构造带略图

（据徐旆章、张寿庭，1991）

表 3-26 华南地区不同时代花岗岩氟含量变化关系

| 时期 | 燕山期 | 印支-海西期 | 加里东期 | 雪峰期 |
|------|--------|------------|----------|--------|
| 氟的丰度 | $1388×10^{-6}$ | $944×10^{-6}$ | $792×10^{-6}$ | $726×10^{-6}$ |

（据中科院贵阳地化所《华南花岗岩类的地球化学》，1979）

3）岩浆岩的成因类型与含矿性分析。

浙江省不同时代的侵入岩体，据南京大学地质系徐克勤教授等的研究结果表明，又可划分为幔源型、改造型和同熔型三种成因类型。随着成因类型的不同，岩体中氟含量也随之发生变化。通常同熔型侵入岩类的氟含量高于改造型侵入岩类（见图 3-88 和表 3-27），而改造型侵入岩类又高于幔源型侵入岩类，客观地揭示了遍布全省，与中生代火山岩系属同一区域构造背景条件下、不同深度定位的，同时间、同空间、同来源的同熔型侵入岩类对萤石矿成矿具有重要作用与意义。

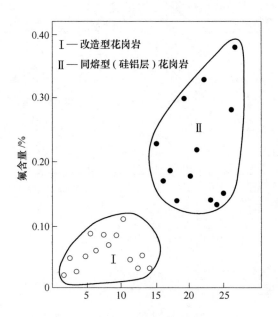

图 3-88　不同成因类型花岗岩类氟含量对比

（引自：中科院贵阳地化所《华南花岗岩类的地球化学》，1979）

**表 3-27　浙江省不同成因类型侵入岩特征**

| 特征 ＼ 类型 | 幔源型侵入岩类 | 改造型侵入岩类 | 同熔型侵入岩类 |
|---|---|---|---|
| 岩石类型 | 1. 主要为超基性、基性岩及部分中性岩类；变蛇纹岩、变辉石角闪岩、变斜长角闪石、石英闪长岩；<br>2. 辉长岩、辉绿岩、辉橄岩、玻基辉橄岩、黄长煌斑岩、闪斜煌斑岩、石英闪长石、霓霞岩 | 1. 混合花岗岩类组合，由陆壳物质混合交代和重熔交代，广泛发育长英质脉岩、伟晶岩；<br>2. 混合花岗岩和重熔花岗岩组合<br>（混合花岗岩、二长花岗岩、花岗岩、钾长花岗岩） | 1. 主要为片理化中酸性、酸性岩类、中性、中酸性岩类组合；<br>2. 同熔、分异花岗岩组合<br>（中性、中酸性、酸性和酸偏碱性同熔型岩石组合和钠闪石钾长花岗岩组合） |

续表 3-27

| 类型<br>特征 | 幔源型侵入岩类 | 改造型侵入岩类 | 同熔型侵入岩类 |
|---|---|---|---|
| 岩石<br>共生<br>组合 | 变蛇纹岩-辉橄岩-辉闪岩-斜长角闪岩；<br>辉长岩-辉绿岩-碱性辉橄岩和碱性玻基辉橄岩 | 1. 混合交代花岗岩类，重熔交代混合花岗岩类组合；<br>2. 花岗岩、碱性花岗岩组合 | 闪长岩、石英闪长岩组合；<br>石英二长岩、花岗闪长岩组合；<br>二长花岗岩、花岗岩、钾长花岗岩组合；<br>石英正长斑岩组合；<br>钠闪石钾长花岗岩组合 |
| 岩石<br>化学<br>特征 | 钙过饱和类型，含铬铁矿、铬尖晶石、镁铝榴石、富 Cr、Ni、Ba，稀土含量最低，轻稀土不富集，铕不亏损或微亏损。锶同位素初始值小于 0.705 | 铝过饱和类型为主，$K_2O/N_2O$ 比值大，重稀土元素富集、显著的铕异常。锶同位素初始值大于 0.711 | 钙过饱和类型，铝过饱和，分异型部分出现碱过饱和。副矿物组合简单、含量高，稀土矿物、挥发性矿物少见。轻稀土元素富集，弱铕负异常。锶同位素初始值 0.705~0.710 |
| 岩体<br>侵入<br>时期 | 喜山期：分布于绍兴-江山断裂南东侧 | 燕山早期：与火山岩无成因联系 | 燕山期：遍布全省，与同期火山岩浆密切相伴 |
| 氟含量<br>$/×10^{-6}$ | 100~400 | 250~1100 | 1300~3800 |

（据南京大学地质系《中国东南部花岗岩类的时、空分布，岩石演化、成因类型和成矿关系的研究》，南京大学学报——地质专刊，1980）

（5）成矿组分的同位素特征与依据。矿床的稳定同位素特征是厘定矿床形成条件和矿质来源的直接而有效的方法、信息与依据。

1）硫同位素特征。

上虞-龙泉萤石矿带各萤石矿床硫化物 $\delta^{34}S$ 值差异大（见图 3-89），暗示着硫的多源特点。而重晶石的 $\delta^{34}S$ 值为 +14.94~+12.12，表征着该带萤石矿有很高的 $f_{O_2}$ 值，暗示着大气降水在热循环过程中淋滤了火山岩围岩及其所夹的膏盐夹层。

2）锶同位素特征。

岩石、矿物形成时的 $^{87}Sr/^{86}Sr$ 初始值是研究成岩、成矿过程和物质来源的良好"示踪剂"。武义-缙云一带各萤石矿床萤石单矿物 $^{87}Sr/^{86}Sr$ 初始比（见表 3-28）可见，比值一般变化于 0.70931~0.71654 之间，但集中于 0.71010~0.71089 范围内。

**表 3-28　萤石的锶同位素组成**

| 盆地 | 矿床名称 | 围岩 | $({}^{87}Sr/{}^{86}Sr)_1$（初始比） | 资料来源 |
|---|---|---|---|---|
| 武义盆地 | 杨家 | $J_3m$-$K_1$ 火山岩夹沉积岩 | 0.70931 | 韩文彬（1991） |
| | | | 0.71051 | |
| | | | 0.714578 | |
| | | | 0.71456 | |
| | | | 0.70958 | |
| | | | 0.71229 | |
| | | | 0.71654 | |
| | | | 0.70984 | |
| | | | 0.71027 | |
| | | | 0.71025 | |
| | 余山头 | $J_3m$-$K_1$ 火山岩夹沉积岩 | 0.710459 | 韩文彬（1991） |
| | | | 0.71081 | |
| | | | 0.70953 | |
| | | | 0.71062 | |
| | | | 0.70957 | |
| | | | 0.71126 | |
| | | | 0.71067 | |
| | | | 0.71082 | |
| | | | 0.71063 | |
| | | | 0.71010 | |
| | 后树 | $J_3m$ 火山岩 | 0.71104 | 韩文彬（1991） |
| | | | 0.71069 | |
| | | | 0.71082 | |
| | | | 0.71060 | 后树研究报告 |
| | | | 0.71038 | |
| | | | 0.71065 | |
| | | | 0.71089 | |
| | 茭塘 | $K_1$ 玄武岩、沉积岩 | 0.71030 | 韩文彬（1991） |
| | | | 0.71053 | |
| | 剃刀畈 | $K_1$ 沉积岩 | 0.70950 | 韩文彬（1991） |
| | | | 0.71082 | |
| | | | 0.71009 | |
| 缙云盆地 | 骨洞坑 | $K_1$ 火山岩夹沉积岩 | 0.71005 | 徐旆章（2007） |
| | 插弯 | $K_1$ 火山岩夹沉积岩 | 0.71058 | 徐旆章（2007） |

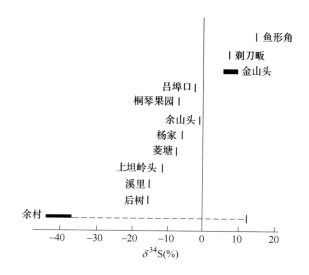

图 3-89　新昌-武义萤石矿战略目标区硫同位素组成特征

（据韩文彬等，1991）

其中：基底陈蔡群（AnZch）变质岩的 $^{87}Sr/^{86}Sr$ 初始比在 0.70460~0.70742 之间，变化区间小（见表 3-29）。

表 3-29　陈蔡群变质岩的锶同位素组成

| 样号 | 岩石名称 | 地层 | $\left(^{87}Rb/^{86}Sr\right)_m$（实测比） | $\left(^{87}Sr/^{86}Sr\right)_m$（实测比） | $\left(^{87}Sr/^{86}Sr\right)_l$（初始比） | 资料来源 |
|---|---|---|---|---|---|---|
| TN101 | 含石榴黑云片麻岩 | | 9.4350 | 0.92241 | | |
| TN103 | 黑云斜长片麻岩 | | 1.7762 | 0.75555 | | |
| TN105 | 含石榴黑云角闪斜长片麻岩 | | 3.1976 | 0.78259 | 0.70742 | 郑人来（1985） |
| TN106 | 含石榴黑云角闪斜长片麻岩 | | 2.4122 | 0.76070 | | |
| TN107 | 黑云钾长片麻岩 | | 3.8968 | 0.77427 | | |
| TN110 | 石榴角闪钾长片麻岩 | AnZch | 4.4017 | 0.81478 | | |
| Rb-Sr/1 | 角闪斜长片麻岩 | | 1.9208 | 0.73423 | | |
| Rb-Sr/2 | 黑去斜长片麻岩 | | 0.8367 | 0.71608 | | |
| Rb-Sr/4 | 黑去斜长片麻岩 | | 1.5473 | 0.73165 | 0.704604 | 1∶5万安地幅 |
| Rb-Sr/5 | 斜长角闪片麻岩 | | 0.1981 | 0.70759 | | |
| Rb-Sr/6 | 斜长角闪片麻岩 | | 0.3106 | 0.71087 | | |

而磨石山群（$J_3m$）和下白垩统火山岩 $^{87}Sr/^{86}Sr$ 初始比则变化于 0.70571~0.71047 之间（见表 3-30）。

表 3-30 磨石山群、下白垩统火山岩的锶同位素组成

| 样号 | 岩石（或矿物）名称 | 地层 | $(^{86}Rb/^{86}Sr)_m$（实测比） | $(^{87}Sr/^{86}Sr)_m$（实测比） | $(^{87}Sr/^{86}Sr)_1$（初始比） | 资料来源 |
|---|---|---|---|---|---|---|
| F034 | 霏细岩 | | 3.747 | 0.7138 | 0.70528 | 施实（1982） |
| F035 | 流纹斑岩 | | 5.259 | 0.7207 | 0.70874 | |
| F036 | 凝灰岩中的熔岩球 | | 9.025 | 0.7310 | 0.71047 | |
| F037 | 晶屑凝灰岩 | $J_3m$ | 12.700 | 0.7300 | 0.70111 | |
| F037-K | 钾长石 | | 20.16 | 0.7499 | 0.70404 | |
| F038 | 霏细岩 | | 5.236 | 0.7217 | 0.70979 | |
| F039 | 流纹斑岩 | | 3.052 | 0.7139 | 0.70696 | |
| 杨 19 | 晶玻屑熔结凝灰岩 | | 1.2889 | 0.71043 | 0.70750 | 韩文彬（1991） |
| 杨 32 | 含角砾岩玻屑凝灰岩 | | 2.8996 | 0.71231 | 0.70571 | |
| 杨 34 | 晶屑熔结凝灰岩 | | 0.67006 | 0.70824 | 0.70672 | |
| 杨 8 | 流纹斑岩 | | 6.5036 | 0.72019 | 0.70540 | |
| 杨 36 | 流纹斑岩 | | 2.5128 | 0.71196 | 0.70624 | |
| 杨 35 | 晶玻屑熔结凝灰岩 | | 0.5822 | 0.70902 | 0.70770 | |
| 杨 30 | 霏细岩 | | 8.2383 | 0.72097 | | 韩文彬（1991） |
| 杨 29 | 安山玢岩 | $K_1$ | 1.0886 | 0.71049 | 0.7088 | |
| 杨 40 | 橄榄玄武岩 | | 0.1096 | 0.70878 | | |

综上可知，三者 $^{87}Sr/^{86}Sr$ 初始比十分相近，表明萤石中锶的来源与陈蔡群变质岩和磨石山群-下白垩统火山岩密切相关，显示了成矿流体在较长距离和长时期持续成矿过程中，成矿组分的富集明显受到了 AnZch 、$J_3m$ 、$K_{1-2}$ 等各时代地层、围岩的支持与贡献，是萤石矿成矿主要的物源层、物源岩。

此外各萤石矿，$J_3$-K 火山岩和 AnZch 变质岩在 $^{87}Sr/^{86}Sr$ 初始比，年龄和源区锶同位素演化关系图解上（见图 3-90）的投影点均落于大陆壳内，表明了锶的壳源特征的一致性，源岩位于下部大陆-上部大陆壳区的过渡区间内，为成矿组分来源层和含矿热流体场的时空定位（$J_3$-K/AnZch）提供了重要的信息与依据。

（6）水源。武义和目标区萤石矿的氢（$\delta D$）、氧（$\delta^{18}O$）同位素的测定结果表明：石英的 $\delta^{18}O$ 值在 +8.24‰~11.35‰ 之间。据温度资料计算出的 $\delta^{18}O_{H_2O}$ 值为 -6.93‰~-2.0‰，萤石包裹体水的 $\delta^{18}O$ 值为 1‰~-5‰，$\delta D_{H_2O}$ 值在 -41‰~-68‰ 之间，上述结果清晰地表明成矿热流体的 $\delta^{18}O$ 值和 $\delta D_{H_2O}$ 值明显低于岩浆水和变质水的相应值（见图 3-91），成矿流体水源应属大气降水，是成矿物质富集和成矿热流体形成的主要水源。

（7）热源。区域萤石矿包裹体测温结果表明，萤石矿成矿温度在 127~186℃

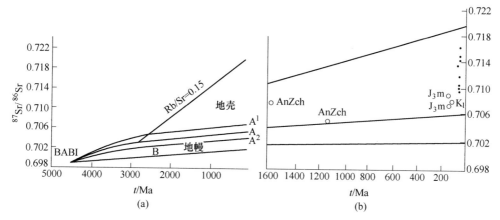

图 3-90  武义萤石矿田萤石矿床、变质岩和火山岩的锶同位素演化图

（a）地球锶同位素演化；（b）地层及萤石矿的$^{87}Sr/^{86}Sr$ 比值和年龄与源区的关系

K₁—下白垩统；J₃m—磨石山群火山岩；AnZch—陈蔡群变质岩；黑点为萤石

（据韩文彬、马承安、王玉荣等，《萤石矿床地质及地球化学特征》，1991）

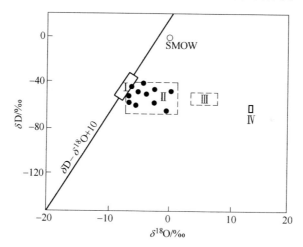

图 3-91  萤石矿床成矿流体的 $\delta^{18}O$-$\delta D$ 相关图

Ⅰ—武义矿田天然水的氢、氧同位素组成范围；Ⅱ—武义矿田萤石矿床的氢、氧同位素组成范围；
Ⅲ—火山岩岩浆水的氢、氧同位素组成范围；Ⅳ—陈蔡群变质水的氢、氧同位素组成范围
（据韩文彬、马承安、王玉荣等，《萤石矿床地质及地球化学特征》，1991）

左右的区间内；其中，萤石 127~175℃、石英 169~186℃。地热水与成矿热流体
是同成因背景条件下，同构造侵位的不同时期的产物。

绍兴-江山北东向深大断裂的南东盘，是萤石矿集中产出、富矿地层
（AnZch 变质岩和同熔型 J₃-K 火山岩、次火山岩、侵入岩）集中发育的地带。不
但为萤石矿成矿带来了重要的物源组分，而且也为沿不同时期、不同方向、不同

级别构造破碎带下渗的大气降水的加热、增温提供了涉及全区的热源条件。其中晚白垩世覆盖区的北东东向丽水-小雄火山活动带，更为成矿富集和深部地热水的增温及富矿地层、岩石成矿组分的析出，提供了极为重要的物源-热源条件，是该区高品级萤石矿集中产出与分布的重要原因与条件。

武义等地区，萤石矿探、采和地热水开发的实际地质事实表明，两者属同水源、同构造而不同时期的产物，其中热泉活动时期应属喜山期（见表3-31）。

**表 3-31　武义萤石矿田已知地热点特征**

| 地热点 | 埋深/m | 水温/℃ | 增温梯度 | 标高/m | 水　质 | 与萤石矿床关系 | 控制条件 |
|---|---|---|---|---|---|---|---|
| 塔山下 | 170~255以下 | 38.6~51 | 10℃/100m | -90~-145以下 | F 4.6　Mo 0.299<br>HCO 391.25<br>Ca 64.61，Mg12.24，Na 21.86 | 见于萤石矿体破碎带中，地质详查钻孔中发现 | 北东、北西向两组断裂交汇复合控制 |
| 溪　里 | 273~330以下 | 38~44 | 10℃/100m | -133~-190以下 | F 3.2　Mo 4.87<br>HCO 372.7，SO₄ 21.38<br>Ca 94.5 | 深部集中于萤石矿体南西端，向上沿矿体上盘破碎带扩散，系矿山开采中发现 | NE、NW、EW向断裂交汇复合控制 |
| 徐　村 | 170以下 | 36.5 | 15℃/100m | 0以下 | | 见于萤石矿体底板破碎带中，系矿山开采中发现 | NE、NW向断裂交汇复合控制 |
| 杨　家 | 170以下 | 约30 | | -50以下 | | 见于萤石矿体底板破碎带中，由矿山开发钻孔发现 | NE、EW向断裂交汇复合控制 |

综合考虑萤石矿的成矿时代（燕山晚-末期）以及区域构造-岩浆活动史，无疑，除深部水体因地热增温梯度而增温的因素外；与 $J_3$-K 潜火山岩侵入有关的深源热和构造活动的动力热，是导致地热增温、促进矿质活化迁移和成矿热流体形成的又一重要因素；在这种区域构造地质背景下产生的地下深处的地热，同样应当是萤石矿成矿热流体形成的重要热源。

但值得注意的是：晚白垩世火山活动、潜火山岩侵入活动明显，结束于燕山末期，萤石矿成矿的综合地质事实表明：萤石矿成矿由 NW 至 SE 有由燕山末期至喜山期的变化趋势与规律。因此，上虞-龙泉萤石矿带 SE 侧萤石矿和热水埋深相对较大，但深部热流体的存在应属无疑。

B　萤石矿成矿热流体场及时空定位

（1）古构造、古地形条件是成矿热流体场形成的首要条件。

1）浙江省一级北东向控矿构造带，其中尤其是萤石矿集中产出的北东向上虞-龙泉一级萤石矿成矿带及其不同级序的萤石矿田、矿带与矿床，都无例外地集中分布于具富矿层位（$J_3$-K/AnZch）双层叠置结构的浙江省中部上虞-龙泉北东向前震旦纪隆起带上，客观地揭示了该带的成矿组分富集前提。但萤石矿成矿的实际地质事实表明：萤石矿无不严格地受控于中生代（$J_3$-K）构造-火山沉积盆地，暗示着古构造、古地形的坳陷特征是含矿热流体形成、汇聚的前提，是含矿热流体场形成的基础（见图3-92）。从萤石矿成矿的实际地质事实和图3-92（a），揭示了上虞-龙泉前震旦纪隆起带长时期继承性的坳陷地带，是成矿组分富集和成矿热流体场形成的最优古构造、古地形条件。$J_3$-K/AnZch 和 K/$J_3$ 的不整合虚脱带是成矿热流体最佳的赋存空间。

2）$J_3$-K/AnZch 不整合带所形成的含矿热流体场，不但成矿富集时间悠长（6Ma 左右）、物源丰富、温度高、热流体容量大，是萤石矿成矿最主要的成矿热流体场。其中叠加型成矿热流体场（见图3-92(b)）对萤石矿成矿更显有利，但由于该成矿热流体场埋深大，所以相关矿带、矿田、矿床的形成，多与具导矿-布矿性能的区域性断裂和大断裂密切相关。

3）K/$J_3$ 不整合带所形成的第二个（Ⅱ）成矿热流体场（见图3-92(c)）；尽管物源、水源（沉积地层水、大气降水、地下水）丰富，但汇聚时间短（0.xMa 左右），物源层厚度相对较小，成矿组分富集程度低，含矿热液体容量相对较其所形成的萤石矿不但规模小、矿石品位偏低，而且分布多局限于白垩系地层的分布区。

（2）萤石矿控矿中生代构造-火山沉积盆地类型的厘定是萤石矿成矿热流体场形成的建造-构造前提。

萤石矿区域成矿环境，决定了上虞-龙泉前震旦纪隆起带富矿双层叠置结构（$J_3$-K/AnZch），奠定了萤石矿成矿的物源基础，而成矿热流体成矿组分的富集与汇聚和成矿热流体场的形成，又决定于不同地质背景条件下形成的中生代构造-火山沉积盆地的类型，及其时空演变的规律性。

1）上虞-龙泉北东向萤石矿Ⅰ级成矿带，控矿中生代构造-火山沉积盆地类型及其纵、横演变规律性。

具双层富矿叠置结构特征的上虞-龙泉区域萤石矿成矿带上的控矿中生代构造-火山沉积盆地，是变质基底经历了前侏罗纪漫长的基底隆坳和构造演变基础上而形成的，因此这就决定了其主要为三种控矿构造盆地类型（见图3-93）。即上叠型盆地、继承型盆地和过渡型盆地三类。其中后两者属在基底坳陷基础上，上叠上侏罗统（$J_3$）向斜或向形坳陷和白垩纪断陷而形成的盆地类型，是萤石矿成矿-找矿最优的建造-构造环境。值得说明的是，这类控矿构造盆地，由于坳陷幅度和规模的差异，同样会导致物源富集程度和含矿热流体场与萤石矿成矿前景的区别（见图3-94）。

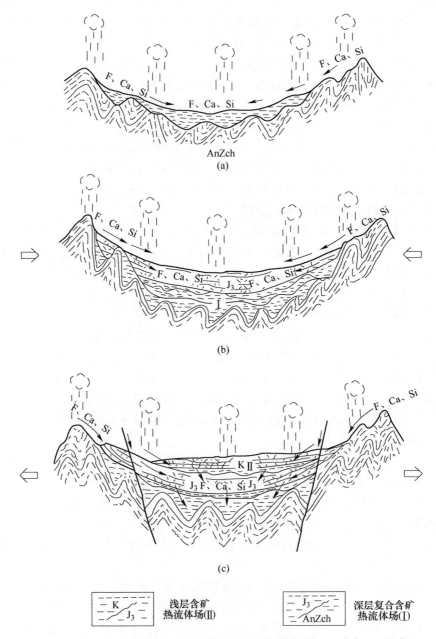

图 3-92   成矿组分（F、Ca、Si）大气降水淋滤-深部循环、富集、汇聚期-
成矿热流体场形成期

（a）成矿组分的前侏罗纪富集、汇聚阶段；

（b）成矿组分的晚侏罗纪（$J_3$）富集汇聚阶段（第Ⅰ叠加型成矿热流体场形成阶段）；

（c）成矿组分的白垩纪（K）富集、汇聚阶段（第Ⅱ成矿热流体场形成阶段）

（据徐旃章，2014）

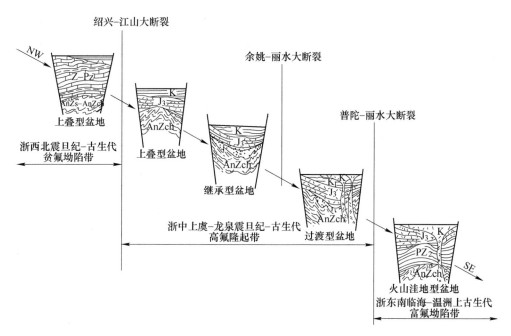

图 3-93 浙江省地块北东向 I 级控矿构造带中生代构造-火山沉积盆地横向演变示意图
（据徐旆章，2014）

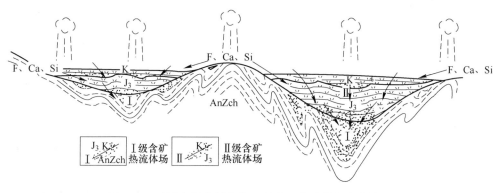

图 3-94 不同隆坳背景条件下的含矿热流体场发育特征
（据徐旆章，2014）

2）上虞-龙泉北东向 I 级成矿带不同类型控矿构造盆地空间定位特征与规律。

浙江地块中生代构造-火山沉积盆地的类型、规模、分布密度及其时空定位严格地受控于一级北东向构造单元和二级北东-北西向复合构造单元特定的建造-构造环境。

对上虞-龙泉一级控盆、控矿构造-成矿单元而言，控矿盆地类型，主要有上叠型、继承型和过渡型三类。其中，尤以后两类为主，且在空间上，与时序演化同步，自北而南，由西向东显示，有上叠型盆地→继承型盆地→过渡型盆地逐次演化的特征与规律，这就决定着萤石矿产出云集程度和矿石品级有序的规律变化。

3）最优控矿中生代构造-火山沉积盆地的时空定位与资源前景评价。

区域构造格局的时空演化，直接控制着不同类型构造控矿盆地按序产出与分布，而且次级控矿构造单元（东阳-武义 II 级控矿构造单元和新昌-缙云 II 级控矿构造单元）还控制着不同类型控矿构造盆地的空间分布与定位。值得注意的是，新昌-缙云萤石矿 II 级控矿构造单元，又是晚白垩世富矿丽水-小雄北东东向构造-火山活动带的覆盖区，控矿构造盆地类型为既具继承型，又有富矿 $K_2$ 火山洼地型盆地叠置的过渡型盆地特征。物源丰富、构造环境优越，为大储量、高品位萤石矿的集中产出与分布提供了极为有利的成矿建造-构造条件，仅因该类型盆地及其所赋存的萤石矿埋藏深度大、剥蚀程度浅，而多属隐伏-半隐伏矿，未被人们所注意。

（3）成矿热流体场时空定位的规律性。

1）富矿基底变质岩系（AnZch）与富矿盖层建造（$J_3$-K 的火山岩系）的双层叠置结构特征是浙中上虞-龙泉北东向构造带的独具特色的建造-构造环境，其保证了区域萤石资源沿此带的集中产出与分布。

2）区域性的雪峰运动和燕山运动又决定着两个区域角度不整合构造（Z-$P_2$/AnZch；$J_3$-K/AnZch；K/$J_3$）的普遍发育。从时序上分析，雪峰运动强烈影响着我国东部地区和浙江省北东向隆坳构造格局的形成，以及上虞-龙泉前震旦纪隆起带富矿层位双层叠置结构的发育；保证了含矿热流体场富集、定位的时空条件与构造前提，揭示了 $J_3$-K/AnZch 不整合带为浙江省萤石矿成矿热流体场汇聚、定位的最重要构造部位与条件。

3）鉴于具双层富矿结构特征的区域性角度不整合带，由于不同时期、不同部位构造活动和构造变形特征的差异，下伏基底与上覆盖层的隆坳叠置特征也随之而发生变化。直接决定着含矿热流体汇聚、富集条件的改变和含矿热流体场的形成。

萤石矿成矿的实际地质事实表明：在变质基底（AnZch）和上侏罗统（$J_3$）火山岩组成的大型向斜或向形坳陷叠置的基础上发展起来的白垩纪盆地。在时序上，长期处于负向环境，有利于成矿组分富集和成矿热流体的汇聚，并形成不同埋深、不同规模、不同成矿热流体容量的成矿热流体场，其规模和成矿热流体容量，主要决定于各时代相互叠置的向形坳陷的规模与坳陷深度或幅度（见图3-95），并控制着不同级别萤石矿田、矿带、矿床的产出与分布。

（4）成矿热流体场时空演化序列与成矿组分运移、结晶、分异、沉淀的成

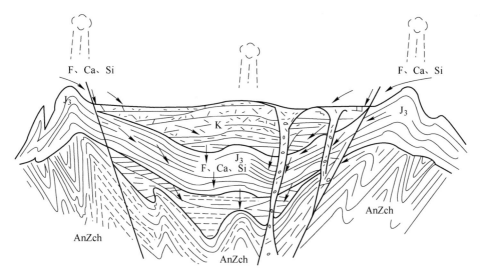

图 3-95 北东向上虞-龙泉前震旦纪隆起带（东缘-天台、壶镇、仙居、缙云、丽水一带
普遍发育的过渡型盆地，是成矿热流体汇聚和萤石矿成矿最优的赋矿盆地）

（据徐旆章，2014）

矿规律性。

萤石矿成矿是成矿期构造变形场空间演变和成矿热流体场时序上同步演化、统一作用的产物。两者相互依存、动态递进、规律成矿；随着控矿构造变形过程的发生与发展，不但导致了含矿热流体侵位过程物理环境的改变，而且还同步制约着成矿热流体的成矿化学条件和成矿组分的改变与演化。决定着不同成矿阶段、不同矿物组分的按序析出与沉淀和萤石矿成矿期、成矿阶段的呈现（见表3-32）。

1）成矿热流体演化序列与特征。

成矿热流体的物质来源、水源和热源的研究结果表明：成矿热流体是大气降水-深部循环逐次富集形成的。但在矿质富集过程中，大气降水沿裂隙、岩石孔隙下渗时，初始由于温度偏低，溶蚀和萃取矿质的能力弱，富矿盖层中只有少量矿质转入溶液，其中：含 Ca 原生矿物在表生条件下容易风化，使 Ca 转入溶液，并在近地表富 $CO_2$、$O_2$ 的介质中，呈 $Ca(HCO_3)_2$ 等形式存在，溶解度大，容易转移。

据成矿实验和水化学资料表明：$CaF_2$ 和 $SiO_2$，特别是非晶质的 $CaF_2$ 和 $SiO_2$ 的溶解度随温度增高而升高，所以冷渗流的大气降水到深处后，因地热或其他热源加热后，具有较强的溶蚀能力，物理、化学状态和地球化学性质也随之而发生变化。

### 表 3-32　黄连坑-骨洞坑-柿坑目标萤石矿带成矿期、成矿亚阶段

| 矿石特征与构造 / 成矿期 / 成矿阶段 / 成矿亚阶段 | 沉积成岩成矿期 ($K_1$-$K_2$) | 萤石成矿期（燕山晚期—喜山期） | | | | | | 多金属成矿（化）期 |
|---|---|---|---|---|---|---|---|---|
| | | 石英-萤石阶段 | | | 萤石-石英阶段 | | | |
| | | 深色粗粒萤石亚阶段 | 浅色细粒萤石亚阶段 | 萤石-石英细脉亚阶段 | 萤石-石英亚阶段 | 萤石-萤石细脉亚阶段 | 碳酸盐亚阶段 | |
| 石英 | | | | | | | | |
| 萤石 | | | | | | | | |
| 高岭石 | | | | | | | | |
| 绿泥石 | | | | | | | | |
| 方解石 | | | | | | | | |
| 绢云母 | | | | | | | | |
| 石髓蛋白石 | | | | | | | | |
| 多金属 | | | | | | | | |
| 成矿元素 | Ca、F | Ca、F(Si、O) | Ca、F(Si、O) | Si、O(Ca、F) | Si、O(Ca、F) | Ca、F(Si、O) | Ca、C、O | 他形-自形 |
| 矿石结构 | 微晶 | 自形、半自形 | 半自形、他形 | 他形 | 粒状、碎斑交代残余 | 他形粒状 | 自形、半自形 | |
| 矿石构造 | 层纹状结核状 | 块状、条带状角砾状、脉状 | 细-网脉状斑点状 | 细、网脉状 | 似斑点、负、混、正角砾 | 细、网脉状 | 块状脉状 | 星点状、脉状、块状 |
| 围岩蚀变 | | 硅化、黄铁矿、绿泥石及绢云母化、高岭土化 | | | 硅化、黄铁矿化 | | 碳酸盐化 | 硅化、绿泥石化、绿帘石化 |
| 均一温度/℃ | | 127~175 | | | 169~186 | | <135 | 169~260 |
| 元素含量变化 /×10⁻⁶ — 常规元素 — Fe | | 8300 | | | 3000 | | — | |
| Al | | 18000 | | | 8000 | | — | |
| Mg | | 3000 | | | 1000 | | — | |
| 微量元素 Ba | | 520 | | | 270 | | — | |
| Mn | | 210 | | | 130 | | — | |
| Ti | | 30 | | | 10 | | — | |
| Pb | | 34 | | | 57 | | — | |
| Mo | | 13 | | | <10 | | — | |
| V | | 25 | | | 10 | | — | |
| Cu | | 14.2 | | | <10 | | — | |
| Ga | | 10 | | | <10 | | — | |
| Zn | | 21 | | | <10 | | — | |
| 成矿各阶段、亚阶段脉体穿切关系 | 主要发育晚白垩纪丽水-小雄火山岩带 | 〔图：围岩中脉体穿切关系示意图。图例：I-1 深色粗粒萤石亚阶段；I-2 浅色细粒萤石亚阶段；II-1 萤石-石英亚阶段；II-2 石英、萤石细脉亚阶段；II-3 碳酸盐亚阶段〕 | | | | | | 空间上多位于萤石矿体中-中下部，时间上可形成于萤石矿的前后，但多以后者为主 |
| 构造活动特征 | | 脉动频繁，间隙清晰、构造活动持续时间长，但活动强度弱，结晶环境稳定 | | | 构造活动强度大，延续时间短，基本上一次性灌入，沉淀结晶分异较差 | | | |

（据徐旃章，2013）

温度增高、密度变小、活动能力和水解能力增强，pH 值和 Eh 值也相应发生变化，从而大幅度地强化了溶液对岩石的溶蚀能力。在频繁的构造活动影响下，加剧了强溶蚀能力的地热水在温度梯度和压力梯度驱动下，反复活动，促使下渗水体变为上升地热水的过程中，水-岩化学作用逐步增强，不断溶蚀和淋滤富矿矿石，使岩石中易溶成矿组分不断转入溶液，增加了地热水的矿化度。随着溶液

矿化度的不断增加，溶解富矿岩石的能力也随之增强，使岩石中易溶的成矿组分转入到溶液的比例进一步增高，逐步形成含矿地热水或含矿热流体，并在区域角度不整合构造带形成含矿热流体场。

值得说明的是：深部循环的含矿热流体是含 HF 和 F 的流体，溶液呈酸性特征，由于温度较高，有部分 $SiF_4$ 等气体化合物伴随其中。在成矿构造活动期间，由于地应力驱动，矿液（含矿热流体）首先沿断裂破碎带的负压空间上升、运移、汇聚，在离地面 300~1400m 时，因温度、压力和流体浓度等物理、化学条件的改变，气态的 $SiF_4$ 首先发生水解：$SiF_4+2H_2O \rightarrow SiO_2+4HF$，析出 $SiO_2$，而留存于流体中的 HF 和原液体中的 HF 一起作用于围岩，使近矿围岩和控矿断裂带破碎围岩夹石、角砾产生硅化、绢云母化、高岭土化、绿泥石化等一系列围岩蚀变，而成为萤石矿找矿和矿体三维评价的重要标志和依据。其反应式如下：

$$2CaAl_2Si_2O_8 + 8HF + 4H_2O \longrightarrow 4CaF_2 + Al_4Si_4O_{10}(OH)_8$$

$$3KAlSi_3O_8 + 2HF \longrightarrow KAl_2AlSi_3O_{10}(OH)_2 + 2KF + 6SiO_2$$

$$2K(Mg,Fe)_3AlSi_3O_{10}(OH)_2 + 4H^+ \longrightarrow$$

$$Al(Mg,Fe)_5AlSi_3O_{10}(OH)_8 + 2K^+ + (Mg,Fe)^{2+} + 3SiO_2$$

$$2NaAlSi_3O_8 + 4(Mg,Fe)^{2+} + (Fe,Al)^{3+} + 10H_2O \longrightarrow$$

$$(Mg,Fe)_4^{2+}(Fe,Al)_2^{2+}Si_2O_{10}(OH)_3 + 4SiO_2 + 2Na^+ + 12H^+$$

鉴于含矿热流体向上涌入断裂破碎带后，与低温的、富含 $CO_2$ 和 $O_2$ 的地表水或浅层地下水、大气降水发生混合时，除了温度骤降外，还由于溶于大气水中的 $CO_2$ 和 $O_2$ 的加入，热流体的酸度或 Eh 值明显增大，$SiO_2$ 溶解度的降低明显快于 $CaF_2$。因此：$SiO_2$ 首先达到饱和而沉淀，促使近矿围岩和控矿构造破碎带内破碎岩石普遍硅化。在 $SiO_2$ 容量和浓度达到一定程度时，则形成不同规模或发育程度不等的次生石英岩或萤石矿体的硅质蚀变顶盖（Ⅰ-1），但在各不同级别矿带的侧伏段，由于低 $SiO_2$，而常被绢云母化蚀变顶盖所取代。

由于含矿热流体中的 $SiO_2$ 组分的大量析出，含矿热流体由酸性向弱酸性转化，流体中的 F、Ca 浓度比例也相应提高，在 pH 值不小于 4 或 Eh 值不小于 0.1V 的情况下，$CaF_2$ 开始结晶沉淀，形成了萤石矿的主矿体（Ⅰ-1）。

其后，由于成矿期控矿构造的多阶段脉动和残余含矿热流体 pH 值、Eh 值的反复变化，导致了含矿热流体中 $SiO_2$ 和 $CaF_2$ 的交替晶出，并形成穿切、溶蚀交代已成萤石主矿体（Ⅰ-1 阶段深色粗晶萤石矿体）的Ⅰ-2 阶段的浅色、他形、细晶为主的脉状、细-网脉状萤石和Ⅱ-1 阶段含矿 $SiO_2$ 沿矿体破碎带的上涌或贯入，导致了已成主矿体（Ⅰ-1）的局部变富或贫化。

成矿热流体演化晚期，由于 $SiO_2$ 和 $CaF_2$ 等成矿组分的大量析出，含矿热流体中成矿组分的大幅度递减，富 $CO_2$ 和 $O_2$ 的浅表各类水体携 Ca 带入深部残剩的含矿热流体中，由于 Ca 浓度的相应增大，导致了矿体深部方解石脉和碳酸盐化的发育。至此，标志着含矿热流体演化进入尾声，萤石矿成矿宣告结束。成矿热流体演化特征的研究，既是萤石矿成矿基础理论研究的重要组成部分，也为成矿热流场的时空定位和萤石矿贫富规律的研究提供了依据，拓宽了视域。

2）成矿热流体演化的定向规律性。成矿前区域构造格局和成矿期区域构造应力场的特定性，决定了控矿构造盆地和控矿构造的定向性及其发生、发展的方向性（见图 3-96）。萤石矿成矿的实际地质事实表明：

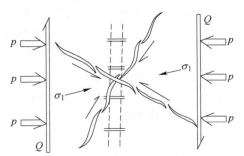

图 3-96　萤石矿成矿期构造应力场略图
（据徐旃章，2012）

上虞-龙泉一级萤石矿带由成矿前北东向深大断裂、大断裂组成的区域性主干构造格局，由于燕山期普遍发育的北北东向构造系统的强烈活动，导致了印支期北东向构造系统的明显再活动，共同控制了北东-北北东向控矿构造盆地的定向性和控矿构造北东-北北东、北西-北西西向的方向性规律。而且由北东至南西和由北西至南东，共同显示了控矿构造盆地类型由上叠型→继承型→过渡型的有序演变的基本特征，客观地揭示了萤石矿成矿前景逐次变好的变化趋势与规律。

对北东-北北东向和北西-北西西向控矿断裂系统而言，由北东至南西和由北西至南东各导矿-布矿-容矿控矿断裂系统依次的发生与发展，决定着各控矿断裂带所控制的萤石矿体 $SiO_2/CaF_2+SiO_2$ 比值逐次降低，矿石品位相应增高的变化规律。

C　浙江省萤石矿体（带）空间分带特征及其演变规律性

（1）萤石矿体空间分带特征与规律。

萤石矿体空间分带（横向、垂向、纵向分带）是含矿热流体沿特定负压构造破碎空间上升、侵位过程中，由于温度、压力、成矿介质等系列物理、化学条件的递变，而导致了成矿组分三维的按序晶出与沉淀、富集，直接决定着萤石矿体不同部位矿石标型特征和矿物包裹体、元素-元素组合、围岩蚀变及其组合特征等一系列变化，为萤石矿体空间分带特征的厘定，提供了直接的宏观与微观的判析依据。

萤石矿体空间分带及其时空演变规律，是萤石矿（化）体露头和工程揭露部位矿（化）体空间部位厘定；深部矿体规模、品级评价；隐伏-半隐伏矿体预测的直接依据，也是区域萤石矿战略目标区域优选和目标靶区厘定与评价的首备条件与前提。

但值得说明的是：区域各萤石矿带、矿田、矿床中的萤石矿体，尽管规模不等、方向不一、品位各异，且随着各萤石矿成矿地质环境的差异，尤其是成矿期不同成矿（亚）阶段控矿构造系统活动强度和构造脉动特征，以及成矿热流体成矿组分与结晶分异程度的差异等，均可导致各萤石矿体空间分带特征的局部差异性变化，但由于区域萤石矿矿床成因和成矿机理的一致性，又相应地决定着浙江地块各萤石矿体空间分带总体特征与规律及模式的同一性（见图3-97）。

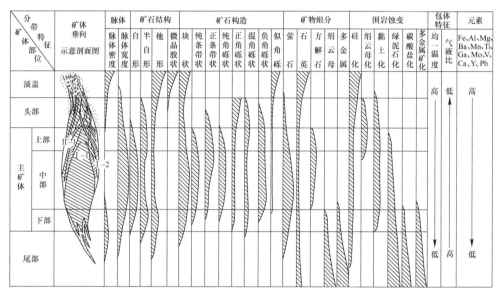

图 3-97　目标区及相邻地区萤石矿体垂向分带模拟图

（据徐旆章，2013）

（2）萤石矿体空间分带的时空演变特征与规律。

1）萤石矿体垂向出露部位的时空演变特征与规律。

鉴于浙江地块，尤其是萤石矿集中产出的北东向上虞-龙泉一级萤石成矿带，由于北东至南西、北西至南东，各控矿构造系统由早至晚逐次发生、发展的演变过程中，萤石矿体剥蚀程度逐次变浅，在无矿后断裂系统影响的前提下，萤石矿体垂向出露部位总体相应有由低至高，或矿体埋深由浅变深的变化趋势与规律。这些规律的呈现为隐伏-半隐伏萤石矿体（带）的预测与寻找，提供了依据，指明了方向。

2）萤石矿空间分带的时空演变趋势与规律。

在萤石矿成矿过程中，鉴于导矿-布矿-容矿构造系统和成矿热流体的演化与演变，控制着成矿期萤石矿体的 $SiO_2/CaF_2+SiO_2$ 比值、矿石结构、构造、成矿围岩蚀变和成矿（亚）阶段发育特征等有序的定向时空演化（见图3-98），为萤石矿（带）体三维时空演变特征的研究和区域萤石资源的深部评价提供了重要的地质事实与基础理论依据。

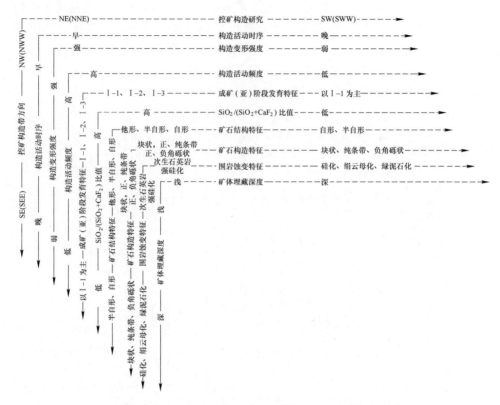

图 3-98　上虞-龙泉北东向一级萤石矿带萤石矿成矿时空演化规律示意图
(据徐旃章，2013)

　　萤石矿体空间分带，尤其是垂向分带特征的研究与厘定，既是萤石矿成矿理论研究的重要依据，也是萤石矿探、采工程部署和成矿预测等生产实践研究的首要内容，并在矿（化）体露头深部评价（规模、品级），萤石矿体（带）纵向侧伏规律和萤石矿贫-富变化趋势，含矿热流体的运移方向与时空演化规律，隐伏-半隐伏萤石矿田、矿带与矿体预测中屡见成效。

　　综上可知，严格受海相和陆相构造盆地控制的层控型萤石-重晶石矿和萤石矿，尽管它们在规模、物源、矿物共生组合、成矿热流体组分上有着明显的差异，但它们均严格的受成矿构造-建造条件的双重控制，并共同显示了相近或相似的成矿机理，客观地揭示了层控矿床的基本特征与规律。

# 4　地幔柱和腾冲地块地幔柱活动与成矿

## 4.1　地幔热柱

自摩根（W. J. Morgan）、勒皮维（X. Lepichon）、麦兹齐（D. P. Mexenzie）和伊萨史斯（B. Lsacks）于 1968 年在美国地质学会上正式提出板块学说以来，随着资料的不断积累、丰富和完善，板块构造成为固体地球统一理论被大多数学者所接受。板块构造学以全球整体活动的研究观点开拓了地球科学研究的深度和广度，对区域成矿规律的研究拓展了新的科学理念并产生了深远的影响。尽管板块构造理论取得了巨大的成功，但在解释板块内部成矿现象、成矿作用的动力来源，板块内部不同类型矿床的成因机制等问题上遇到了了重大的挑战。近年来地幔柱假说的兴起与发展，较好地解释了板块内部的矿床成因和成矿机制等问题。

地幔柱概念源自于热点假说（J. T. Wilson，1963 年），1972 年由 Morgan 正式提出，他认为 Wilson 的固定热地幔区是产生于地幔底部边界附近的一个地幔柱，是地球深部来源的物质，是由于放射性元素的分裂，热能释放而炽热上升的圆筒状物质流。

地幔柱的概念，国际上目前还没有统一的定义，但一般认为地幔柱是自核幔边界上升，在地幔中演化，到近地表与地壳发生壳幔相互作用的圆柱状地质体。地幔柱作为一种重要的地球动力学机制得到了地球化学、地球物理学和地质学等众多证据的支持。一般认为地幔柱来自于核幔边界或 660km 深处，上下地幔不连续界面的热边界层，在地幔中上升形成蘑菇状结构特征的特殊地幔体（见图4-1）。

地幔柱是一包容着巨大物质流和能量流的地幔体，以大规模幔源岩浆活动为特征，成矿作用通常也以幔源岩浆矿床为主，成矿元素包括 Cu、Ni、PGE、Fe、Ti、V、Cr 等，可形成具有巨大资源价值的 Cu-Ni-PGE 矿床、V-Ti 磁铁矿床、铬铁矿床、金刚石矿床等。其中，西伯利亚地幔柱活动形成了 Noril′sk Talnakh 超大型 Ni-Cu-PGE 矿床，其镍矿储量位居世界第一，PGE 储量位居世界第二。南非 Bushveld 杂岩体也被认为是世界上已知的最古老的地幔柱岩浆成矿系统，也是世界最大的"聚宝盆"，估算储量 PGE 为 61738t、磁铁矿 10 亿吨、镍 2280 万吨、铜 995 万吨、铬（矿石量）40 亿吨、钒（$V_2O_5$）1680 万吨、金 1152t 等。中国的黑龙江依兰、四川丹巴杨柳坪 Cu-Ni-PGE 矿也应与地幔柱活动有关，是地幔柱活动的产物。

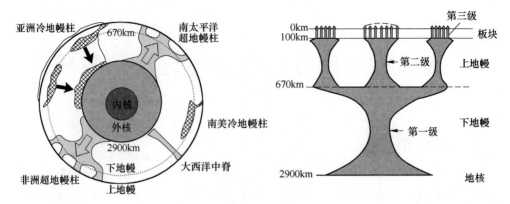

图 4-1　地幔热柱结构示意图

（据 Maruyama 等，1994，有修改）

地幔柱既是成矿物质直接提供者，在其上升侵位过程中，又是地壳重熔、花岗岩类岩浆形成的重要热力学条件，并导致幔源元素 W、Sn、Mo、Au 等带入地壳重熔岩浆成矿。腾冲地块 W、Sn、Mo、Bi、Au、Ag、Cu、Pb、Zn、Nb、Ta 等矿的成矿事实就属其例。

20 世纪 70~80 年代是板块构造的全盛时期，但地幔热柱只作为板块构造的热点与参照系而受到重视（Crough. ST，1983 年）；20 世纪 80~90 年代为地幔柱理论初步形成时期，在此期间 W. J. Morgan（1971 年）、J. T. Wilson（1973 年）、D. L. Anderson（1975 年）、A. W. Hofmann（1982 年、1988 年、1992 年）、Campbell，R. W. Griffiths（1990 年、1991 年）、Loper（1991 年）、S. Marayama（1994 年）等分别对下地幔柱对流，地幔柱与板块构造关系，地幔柱与玄武岩、马克提岩、A 型花岗岩成因，地幔柱在大陆地壳形成过程的作用与壳幔作用，地幔柱与全球构造现代模式，地幔柱成因岩浆岩的地球化学特征和地幔柱与成矿等问题进行了系统的研究。尤其是近年来，国内外学者从不同角度、不同科学领域对地幔柱的基本概念、理论与方法进行了深入而系统的研究，使地幔热柱的研究又上了一个新台阶，并在地幔热柱与卡林型金矿，Cu-Ni-PGE 矿，条带状铁矿建造，W、Sn、Mo、Bi、Au、Ag、Nb、Ta 等金属矿产研究取得了重大的突破与进展。

## 4.2　地幔热柱活动与成矿

地幔热柱多级演化是幔壳演化及金属矿产资源成矿（Cu、Ni、PGE→多金属矿）的重要控制因素和物源基础。

地幔热柱经过地幔上升到冷的岩石圈底部时会呈喇叭状或伞状散开，形成巨大的球状顶冠，其直径可从几百千米到上千千米，并可引起地壳的上隆、减薄、伸展、古陆解体和洋壳增生，以及大规模的玄武岩溢流或喷发。同时，还伴有构造变形、区域变质、地壳重熔等，甚至引起全球气候变化、大地水准面升降和生物灭绝等的地幔亚热柱构造（杜天乐，1996年；肖龙，2004年）。大洋热点火山链和大陆溢流玄武岩就是地幔热柱多级演化在地表的具体表现形式（见图4-2）。

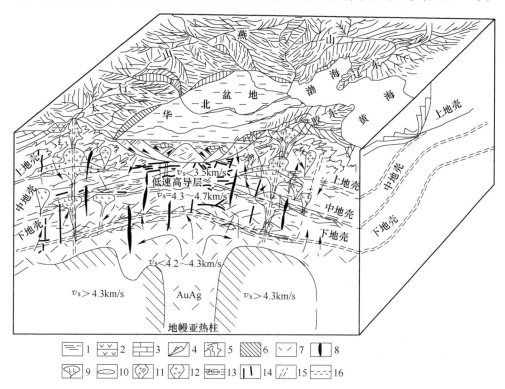

图 4-2 华北地幔亚热柱-幔枝构造形成模式图

1—华北断陷新生代沉积物；2—中生代火山岩；3—盖层岩石；4—拆离滑脱带；5—太古代变质岩系；
6—地幔冷块；7—地幔亚热柱；8—基性岩脉；9—基性侵入岩；10—断陷盆地中层状玄武岩；
11—中基性侵入岩；12—酸性侵入岩；13—上、中、下地壳转换带；14—上升流体、下降流体；
15—陡倾韧性剪切带；16—缓倾韧性剪切带

（据王宝德、牛树银等，2010）

幔枝构造（mantle branch structure）是地幔热柱的第三级单元，是地幔热柱多级演化在岩石圈浅部的综合表现形式，多发育于地幔亚热柱穹状顶冠之上及其外围地带。幔枝构造以地幔上隆、地幔物质大规模上涌、岩石圈深部熔融、大规模花岗岩化、岩石圈减薄、浅部地壳大规模隆起、巨大热穹窿构造形成、基底裸露、盖层大规模拆离滑脱、大规模中酸性岩浆侵入、上叠断陷火山盆地广泛分布、碱交代-酸交代逐渐演化为标志。它一般由三个地质单元组成，分别是核部岩浆-变质杂岩、外围拆离滑脱层和上叠火山-沉积盆地，它们一起构成相互关联的统一整体。幔枝构造可引起地壳的隆升、裂陷，形成大型盆岭构造，导致大规模火山喷发和岩浆侵入，使先存韧性剪切带重新活动，并发生退变质作用，形成与主、次级拆离滑脱带密切相关的动力变质作用，或在岩体外围形成热液交代变质作用。为此，形成了中生代大规模、高堆积量的成矿集中期，是地幔热柱多级演化的地壳表现。因此，幔枝构造是中生代主要的成矿控矿构造（牛树银等人，2001 年）。

地幔热柱是起源于 D″层的热物质流，地幔亚热柱是起自下地幔顶部的蘑菇状地幔热柱顶冠，两者均以高温度、低黏度热地幔物质流为特征，并靠温度差、黏度差、应力差、成分差向上运移。但是，幔枝构造则不然，因为岩石圈基本上是固体，抑或局部为可缓慢流变的塑变流体。因此，幔枝构造的形成很大程度上取决于岩石圈的构造应力状态。在区域构造应力场控制下，不同方向的陡倾韧性剪切带深切至地幔拆离带，造成减压释荷，导致地幔岩熔融形成岩浆源地，并沿韧性剪切带向上运移，形成岩浆侵入或火山喷发，构成典型的构造-岩浆带。幔枝构造区不仅可有直接源于地幔的基性，甚至超基性岩浆活动，而且还可以诱发大规模的中酸性岩浆活动。而大规模的岩浆活动导致地块隆升，上部盖层地层岩石向外拆离滑脱，并不断遭受侵蚀风化作用，以至于核部岩浆、变质杂岩裸露，形成典型的幔枝构造。云南腾冲地块地幔热柱活动就属其例。

### 4.2.1　腾冲地块地幔热柱构造活动与成矿

近年来笔者对腾冲地块各类地质-成矿热事件的综合研究发现腾冲地块中-新生代时期，地幔热柱活动和演化与成矿关系的研究是一不容忽视的热点，尽管研究有待深入，但其理论与实践意义是不言而喻的。

腾冲地块构造-岩浆时空演化序列与成矿关系，长期以来是国内外专家、学者所密切关注的问题，上新世-全新世地幔热柱活动和构造-岩浆活动与成矿关系，更是当前研究的热点，而地球物理信息却是深部地幔柱活动的重要信息与依据。

值得指出的是：腾冲地块中-新生代地幔柱活动，应是导致腾冲地块中-新生代地壳重熔、不同时序花岗岩和幔源基性-超基性岩与相应矿产资源（Fe、Cu、Ni、PGE、W、Sn、Mo、Bi、稀土、Pb、Zn、Ag、Au、多金属矿）形成的重要热源和物源，也可能是青藏高原隆升和中国大规模成矿作用与相应矿集区形成的重要原因。

（1）腾冲地块，中-新生代时期无论是地幔岩（基性-超基性岩），还是地壳重熔的酸性-中酸性岩，均以富 W、Sn、Mo、Bi、Au、Ag 等核幔富集元素为特征，由于上述元素在高温条件下，明显具有强活动性特征，而随地幔柱上侵，在地壳浅部富集，并形成时空演化有序的矿集区（见图 2-81）。

（2）腾冲地块中-新生代时期，无论是控岩、控矿构造系统（高黎贡山巨型弧形推覆构造系统），还是不同时序、不同岩类、不同类型（Fe-Cu、Ni、PGE；Fe-多金属→W、Sn、Bi-稀土、放射性；Mo、Au、W、Sn、Bi→Cu、Pb、Zn、

W、Sn、Bi、Mo）矿产资源，在时、空上均统一地显示出规律的、有序的演变与演化，留下了地幔热柱重要的热点活动轨迹。

（3）腾冲地块中-新生代时期各岩带、各矿带、各构造带无例外地同步呈环形或似圆柱状产出（见图4-3）。

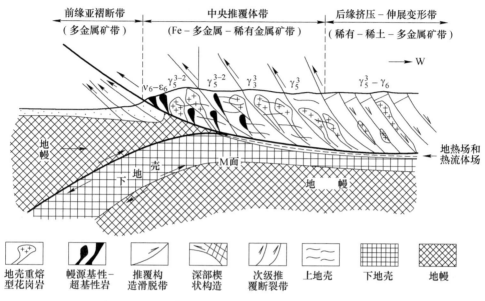

图 4-3　高黎贡山巨型推覆构造体系与成矿

（据徐旃章，2014）

（4）W、Sn、Mo、Bi、Nb、Ta 等亲铁元素的区域性富集是地幔柱作用的一个重要标志，也是腾冲地块中-新生代时期地幔热柱活动的一个重要地球化学信息。

（5）腾冲地块中-新生代碱性-偏碱性花岗岩及有关稀有金属矿集区的形成（燕山期）应是地幔热柱初始活动的产物，而喜山期基性-超基性岩和碱性玄武岩与相应 Fe、Cu、Ni、PGE 矿矿集区的形成和空间定位，则是地幔柱进一步时、空演化的产物，具有短期、快速活动与演化的特点。

（6）腾冲地块，燕山期受地幔热柱和高黎贡山巨型弧形（半环状）推覆构造体系联合控制，其碱性-偏碱性花岗岩的由东向西的岩石类型，深源的 W、Sn、Mo、Bi、Au、Nb、Ta 矿有序的空间分带与演化；到喜山期基性-超基性岩带，在时序上由东向西依次变新，并同步有超基性、基性、中酸性的按序演化特征，在空间上由北向南有喷溢相、基性、超基性、侵入相（由浅成基性岩转变为深成超基性岩）的按序演化的规律性及相应矿产资源（Fe、Cu、Ni、PGE 矿）空间定位与演化的有序性。它们统一地揭示了腾冲地区地幔热柱存在的客观性及地幔热柱活动的演化轨迹。

（7）腾冲地块燕山期花岗岩类岩石的富 Nb、高 Ti 特征，同样揭示了物源来自于下地幔，甚至是核幔的重要信息，这也是中-新生代以来地幔活动的重要岩石化学信息。

（8）腾冲地块及其周边地区，无论是重力异常，还是航磁异常、大地电磁场，都显示了环形、多圈层的结构特征，与环形-半环形的构造格局，岩浆岩与相应来自于深源的 W、Sn、Mo、Bi、Nb、Ta、Fe、Cu、Ni、PGE 矿产富集带特征有很高的拟合度和对应性。

（9）我国陆相 K-E 的界线（时代），也是腾冲地块中生代与新生代的时序界线（限）——65Ma，这个时间既是世界生物灭绝的时期，也是世界和腾冲地块暗色岩（玄武岩）大规模喷发的时期与浅成-深成基性-超基性岩有序的侵位时期，是地幔热柱及其活动轨迹的重要表征与标志，且直接影响着、制约着区域板块构造和深大断裂构造系统与相应岩浆活动-成矿作用的有序发生、发展与演化。

腾冲地块西缘的印度板块向东的侧压与俯冲和东缘怒江深大断裂系统的向西推挤与地幔的向西楔形楔入，为深部地幔热柱的形成，提供了重要的构造前提与通道空间（见图 2-77）。

（10）腾冲地块中-新生代时期既是地幔热柱构造-岩浆活动及相应矿产资源形成期，也是现代地热、热泉型金矿的形成期和地震活动期，客观地揭示了地幔热柱较近时期的继续活动性和地幔热柱活动的长期性与演化的连续性与稳定性（见图 4-4 和图 4-5）。

（11）陆地人造卫星影像资料表明：东起怒江深大断裂，西至缅甸恩梅开江-迈立开江一线，环形构造特征十分醒目，其展布特征（范围和形态）与重力异常、航磁异常、大地电磁场特征、环形构造格局、不同类型、不同时序岩带及不同类型深源矿带的环形及弧形的展布特征高度对应重合。从物理场、成岩、成矿组分场和地球化学场上，共同表征着地幔热柱活动演化的规律性、有序性及存在的客观性。

（12）腾冲地块前中生代各时代地层普遍遭受混合岩化、花岗岩化、流变和不同程度的变质作用及动力变质，且无例外地、严格的受控于高黎贡山巨型弧形推覆构造体系的各弧形或环形构造带。这种跨越多时代的环形展布不同类型的变质岩带与变质作用，不但在空间上与环形构造-岩浆岩带和深源组分成矿带严格对应，而且在时序上也基本同步，应属地幔热柱和巨型高黎贡山推覆构造体系联合作用的产物。

（13）腾冲地块燕山期以来的穹窿为地幔柱活动提供了重要的依据。

喜马拉雅期火山岩集中分布于以腾冲为中心的 724km$^2$ 范围内，并严格受各弧形构造带所控制，在腾冲地块与镁质、镁铁质超基性岩同步呈半环状分布，火山喷溢始于上新世，并延续于全新世，历经了橄榄玄武岩、安山玄武岩、安山岩的演化过程。据北京大学（1974 年）研究成果可知，水气泉所逸出的气体组合，

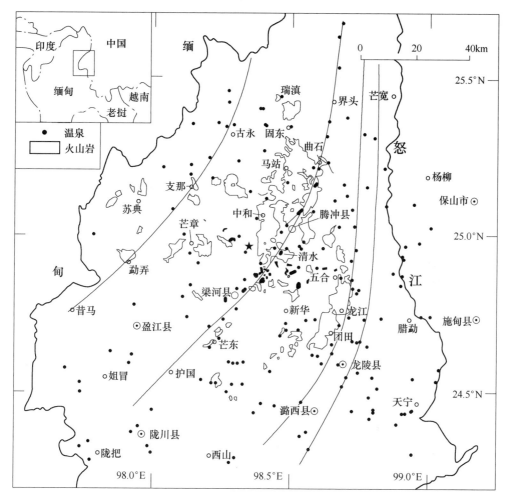

图 4-4 腾冲地热区热泉分布图

（据赵慈平等，2006 修改）

仍具有火山放气性质。从燕山期岩相古地理特征而言，中侏罗世已上升为古陆（见图 4-6），到白垩世古陆进一步抬升，扩大至宝山地块（见图 4-7），为地幔柱活动提供了重要的信息与依据。

（14）滇西腾冲地块地幔热柱的地球物理信息。

1）腾冲地块热田大地电磁测深（MT）电阻率等值线图（见图 4-8）表明：

由图 4-8 可知，4、10 两测点为热田的东西边界；2km 左右深处的相对高阻层为热田的盖岩层；6、7 两测点下面 2~3km 深处约 30Ωm 的低阻区即为局部热储层或强烈蚀变带；7km 以下约 20km 厚的高导层可能为一个正在冷却的地幔热柱上部的岩浆囊；30km 以下电阻率又逐渐增大，应是腾冲地幔热柱深部，它是整个热海热田的深部热源。

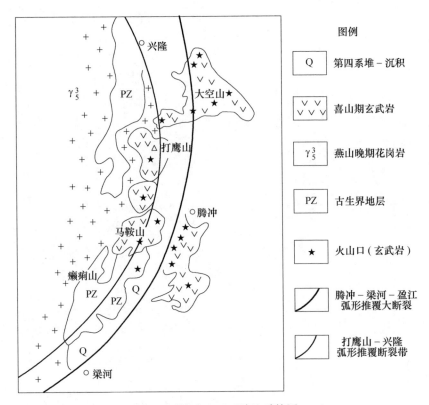

图 4-5　腾冲地区区域地质简图

2）根据国家地震局地质研究所孙洁、徐常芳等人（1989 年）对滇西地区深部纵向视电阻率曲线的反演结果可知（见图 4-9 和图 4-10），本区壳幔内部电阻率横向变化显著，明显受区域深大断裂构造所控制，且均深达上地幔，为地幔热柱活动提供了构造前提。

滇西地区，无论是北东部剑川-鹤庆上地幔隆起区，还是腾冲上地幔高导层隆起区，均分别向东、西两侧平缓下倾。其中，永平-腾冲上地幔高导层顶面埋深变化剧烈，永平地区约 90km，腾冲地区则为 60km 左右，上隆特征明显，暗示着深部地幔热柱和地幔热柱活动的存在。

腾冲-龙陵弧形构造带既是 E-Q 基性-超基性岩浆活动带，也是较近时期构造-地震活动带，均属地幔物质上涌和地幔热柱活动的产物。

据孙洁、徐常芳等人研究表明（1994 年）：无论是视电阻率曲线在 20~100s 周期范围内明显出现的极小值，还是反演计算结果，滇西地区上部地壳内普遍存在显示幔源物质（玄武岩浆）上涌、侵位的低阻层或高导层（见图 4-11）。其中，腾冲石坪和大宽邑一带埋深 10km 的壳内低阻层，应是深部地幔热柱活动的浅层基性火山岩浆囊体的显示与反映。

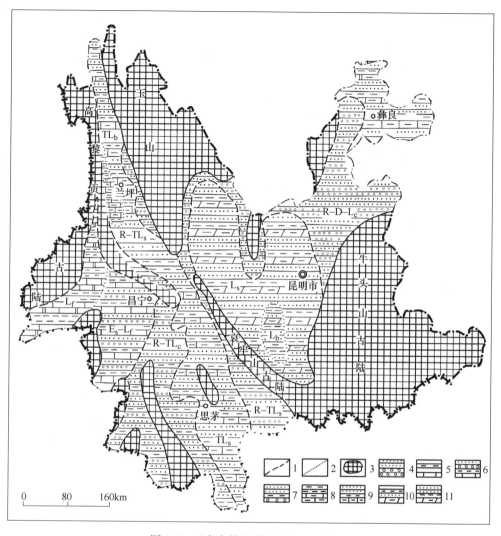

图 4-6  云南中侏罗世岩相古地理略图

1—岩相界线；2—岩组界线；3—古陆；4—砂岩-砾岩组；5—泥岩-灰岩-白云质灰岩组；

6—砂岩-砾岩-泥岩-灰岩组；7—砂岩-泥岩-砾岩组；8—泥岩-泥质灰岩组；

9—砂岩-泥岩-泥质灰岩组；10—泥岩-粉砂岩-泥灰岩组；11—砂岩-泥岩-泥灰岩组；

$L_f$—泻湖相；$E_s$-$L_f$—河口湾-泻湖相；R-$TL_c$—河流-海漫滨湖相；$TL_s$—海漫浅湖相；

$TL_b$—海漫半深湖相；$L_s$—浅湖相；$L_b$—半深湖相；R-D-$L_c$—河流-三角洲-滨湖相

（据云南省区域地质志，1999）

3）腾冲地块布伽重力异常推算的莫霍面形态特征（见图 4-12）表明：

①地幔顶面起伏简单，由四周向中心（南西方向），壳下层构造逐渐趋于均一，地壳逐渐变薄，暗示着深部地幔柱存在的构造-物理信息。

②滇西莫霍面等深线突出地表现为向北、向东弧形凸出的半环状特征，尤以

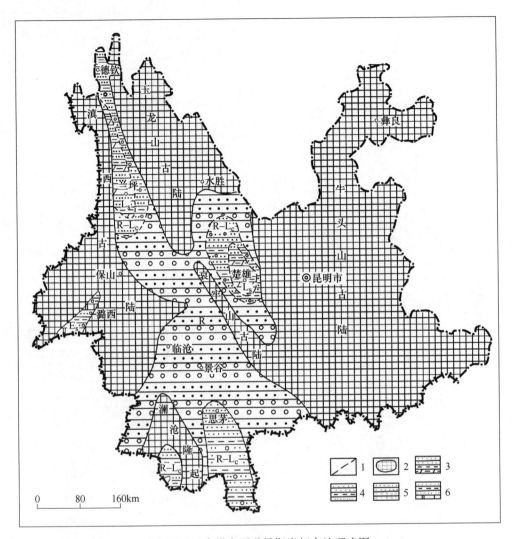

图 4-7　云南早白垩世早期岩相古地理略图

1—岩相界线；2—古陆或隆起区；3—砂岩-泥岩-泥灰岩组；4—砂岩-泥岩-砂砾岩组；5—砂岩-砾岩组；

6—砂岩-泥岩-砂砾岩-白云质灰岩组；$E_s$—河口湾相；$L_s$—浅湖相；$R-L_c$—河流-滨湖相；$R$—河流相

（据云南省区域地质志，1999）

怒江以西的腾冲地块一带更为明显，与密度较大的前寒武纪基底变质岩系下壳隆
起和高黎贡山巨型推覆构造体系的时空定位相重合，同时也与爆破地震剖面的结
果（见图 4-13）相一致。

4）航磁测量是我国区域性物探方法中应用最为广泛且快速、高效的地球物
理勘探方法，是各类矿产资源勘查、建造类型的厘定、构造格局-构造层-大地构
造单元分析研究的重要地球物理手段，为滇西腾冲地块地质-地球物理及其与成

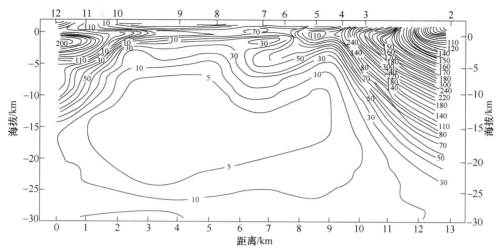

图 4-8　腾冲地块热田大地电磁测探（MT）电阻率等值线图

（MT 剖面上的电阻率等值线分布曲线上的数字为电阻率值，单位：Ωm）

（据 1994 科学通报 39 卷 4 期，白登海、廖志杰、赵国泽、王绪本）

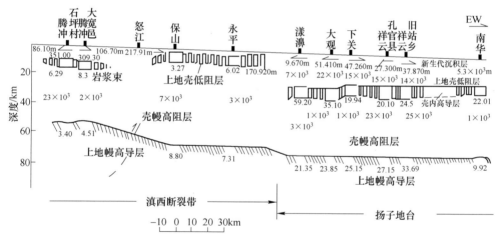

图 4-9　腾冲-南华地壳上地幔电性结构剖面

（据 1989 年，地震地质 11 卷 1 期，孙洁、徐常芳、江铃、单克林、王绪本、何洁资料）

矿关系的综合研究，提供了重要的地质-地球物理信息与依据。其表现为：

①腾冲地块主要由数条显示格架性 SN 至 SW 向弧形或半环状区域性壳断裂、岩石圈断裂和超岩石圈断裂的线性异常带，与由 NW 至 SE 向，向南（西）收敛，向 NW 撒开的串珠状弧形异常带叠置异常带所组成。前者长百余千米至数百千米，宽十余千米至数十千米，是中-新时代强烈活动的高黎贡山巨型推覆构造体系与主推覆断裂带和各类建造（变质建造、岩浆岩建造和沉积建造）的直接反映；后者长百余千米，宽数千米（见图 4-14），直接控制着喜山期（上新世-

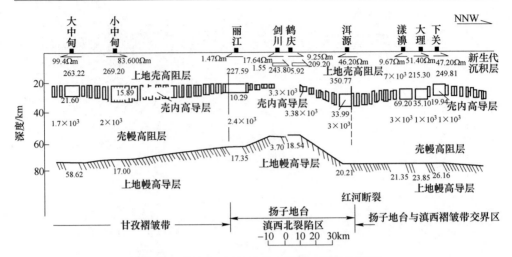

图 4-10　大中甸-下关地壳上地幔电性结构剖面

（据 1989 年，地震地质 11 卷 1 期，孙洁、徐常芳、江铃、单克林、王绪本、何洁资料）

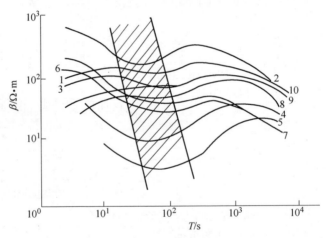

图 4-11　滇西地区部分大地电磁测深纵向视电阻率曲线

1—大理；2—漾濞；3—下关；4—永平；5—保山；6—腾冲石坪；

7—腾冲大宽邑；8—南华；9—祥云孔官营；10—祥云旧站乡

（据 1989 年，地震地质 11 卷 1 期，孙洁、徐常芳、江铃、单克林、王绪本、何洁资料）

第四系）的火山喷溢活动与不同岩类（橄榄玄武岩、安山玄武岩、安山岩、英安岩和部分酸性-中酸性侵入岩）的空间定位与时空演变。由帚状旋扭构造的 SW 收敛端转变为 NW 撒开端，火山喷溢活动有早到晚（上新世→更新世→全新世），岩浆岩也由橄榄岩向安山玄武岩、安山岩、英安岩按序定向演化。

②两者的复合叠置部位，既是各巨型高黎贡山弧形推覆构造带内拗弯曲部位，也是各成矿元素高异常和各类矿产资源（Fe、Au、W、Sn、Mo、Bi、Cu、

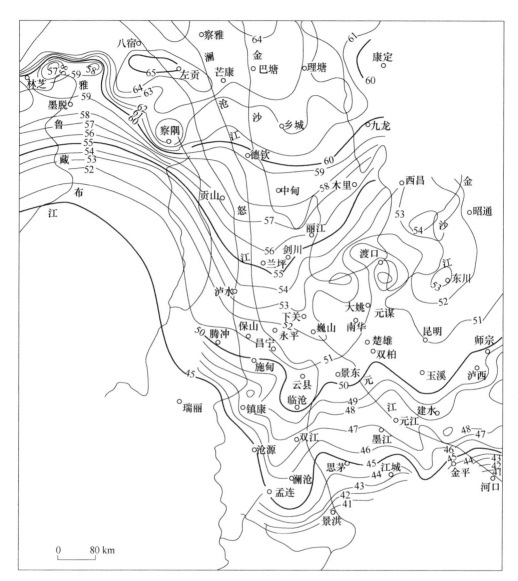

图 4-12　滇西莫霍面等深线图
（据朱成男等）

Pb、Zn、Ag、Nb、Ta 等）的弧形或半环状集中产出部位，同时也客观地揭示了
航磁测量成果对地幔柱及成矿地质现象的反映（见图 4-15）。

综上可知，腾冲地块及其周边地区地幔热柱的活动与演化，对控岩、控矿的
地质、地球物理、地球化学、遥感信息等综合特征显示是明显的，时空演化是有
序的，为腾冲地块及其周边地区成岩、成矿提供了新的科学理念与信息依据，且
深化了研究程度，扩大了视域与成矿背景。

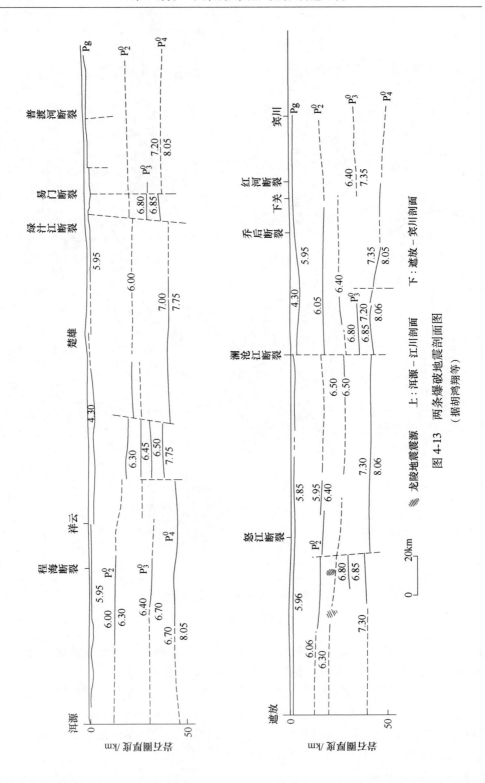

图 4-13　两条爆破地震剖面图

上：洱源 – 江川剖面　　下：遮放 – 宾川剖面

（据胡鸿翔等）

≋ 龙陵地震震源

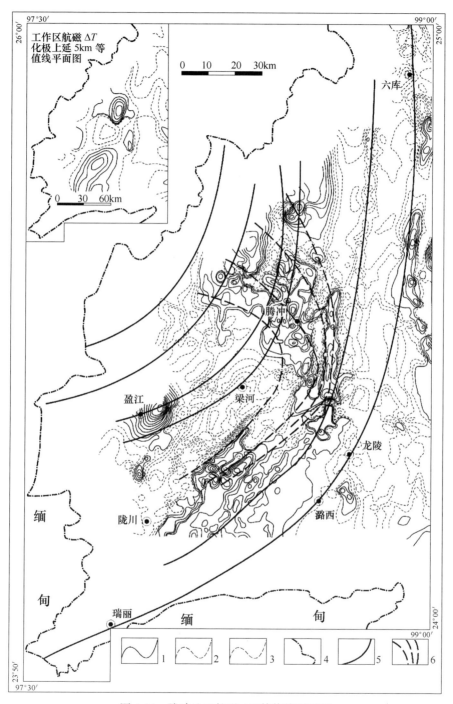

图 4-14　腾冲地区航磁 $\Delta T$ 等值线平面图

1—正等值线；2—负等值线；3—零等值线；4—国界；5—岩石圈断裂带；6—帚状断裂构造束
（据全国 1∶25 万航磁系列图修编）

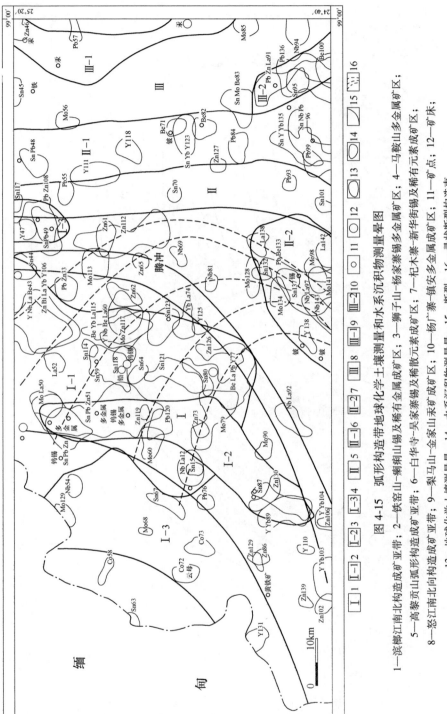

图 4-15　弧形构造带地球化学土壤测量和水系沉积物测量晕图

1—滨椰江南北构造成矿亚带；2—铁窑山—蒴猁山锡及稀有金属矿亚带；3—狮子山—杨家寨锡多金属矿区；4—马鞍山多金属矿区；5—高黎贡山弧形构造成矿亚带；6—白华寺—吴家寨锡及稀散元素成矿区；7—杞木寨—新华街锡华稀有元素成矿区；8—怒江南北向构造成矿亚带；9—梨马山—金家山汞矿成矿区；10—杨广寨—镇安多金属成矿区；11—矿点；12—矿床；13—地球化学土壤测量晕；14—水系沉积物测量晕；15—断裂；16—帚状断裂构造束

## 4.2.2 黑龙江依兰地区幔枝构造活动与成矿

黑龙江依兰地区晋宁期幔枝构造活动所控制的超基性岩群 Cu、Ni、PGE 硫化物矿是 1999~2001 年期间，在开展《黑龙江省矿产资源调查、评价与开发利用目标矿种优选》课题研究过程中首次发现的，后历经三年的地质、地球化学、地球物理和遥感等多学科、多方法、多技术手段的综合研究及与国内外典型 Cu、Ni、PGE 硫化物矿床对比分析，认为该矿成矿前景大，有望构成具有一定规模的工业 Cu、Ni、PGE 硫化物矿床和矿田。

### 4.2.2.1 区域成矿地质背景

依兰地区超基性岩群 Cu、Ni、PGE 硫化物矿与国内外典型的大型、超大型 Cu、Ni、PGE 硫化物矿床（加拿大 Sudbury、南非 Bushveld、澳大利亚 Kambalda、俄罗斯 Norisk、中国金川、杨柳坪）一样，均产于太古宙-元古宙克拉通或克拉通化地台或地体中，富硫（S）、高铁族、铂族、金元素的下地壳变质结晶基底是壳-幔混染、幔源含矿岩浆熔离、分异并富集成矿最有利的构造-建造环境与条件。

A 区域围岩建造特征与成矿

黑龙江依兰地区晋宁期超基性岩群无例外的侵位于下地壳结晶变质基底的上太古界（$Ar_2$）麻山群、下元古界（$Pt_1$）兴东群，最上定位于中元古界黑龙江群下亚群（$Pt_2^3hl^a$）。

（1）上太古界麻山群（$Ar_2ms$）变质建造特征。麻山群由麻粒岩、变粒岩、片岩、片麻岩和大理岩组成，原岩为超基性-基性-中性火山岩、镁质灰岩和黏土质岩石，形成于缺氧富硫、富铁族元素的火山岛海雏形地槽。

（2）下元古界兴东群（$Pt_1xd$）变质建造特征。兴东群由石英片岩、变粒岩、大理岩、混合岩等组成，原岩自上而下为黏土页岩，碳酸盐岩，黏土页岩，钙碱性火山岩，碎屑岩，钙碱性火山岩，碳酸盐岩、铁硅质岩，夹火山岩复理石建造序列，形成于富硫、富多金属的大陆边缘地槽环境。

（3）中元古界黑龙江群下亚群（$Pt_2^3hl^a$）变质建造特征。黑龙江群下亚群（$Pt_2^3hl^a$）所获全岩 U-Pb 等时线年龄为 992Ma。主要分布于牡丹江市、依兰县、桦南县、萝北县和嘉荫县一带，总体呈南北向断续带状分布，其出露和变质明显受长期活动的南北向嘉荫-牡丹江和北东向依兰-舒兰深大断裂带系统所复合控制。

下亚群为黑龙江群的主体部分，在萝北-嘉荫河中下游、牡丹江、依兰三处出露面积最大，在地球物理场上，反映了高阻地质体的物理特性。

黑龙江群下亚群变质岩系由韧性变形岩石组成（曹熹、刘静兰，1992 年），变质矿物组合以绿片岩相为主。常见的岩石类型有长英质糜棱岩、石英糜棱片岩、绿色糜棱岩、黑云变粒岩和斜长角闪岩及大理岩（见图 4-16）。

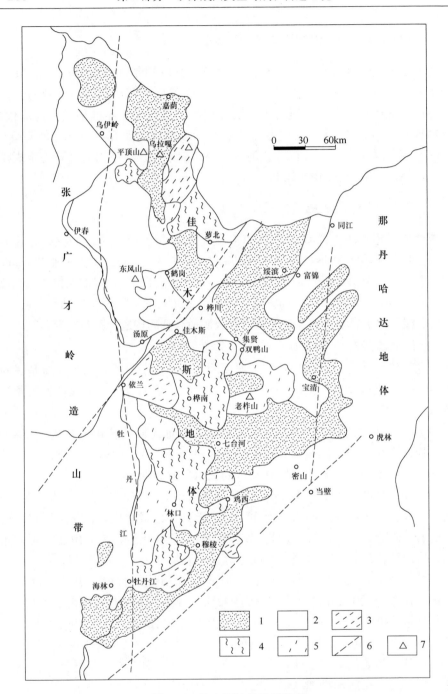

图 4-16　佳木斯地块地质简图

1—中新生代盆地沉积；2—古生代地层、花岗岩；3—黑龙江群下亚群变质岩系糜棱岩；

4—麻山岩系变质岩；5—前寒武纪花岗质岩石；6—区域性断裂；7—金矿

（引自曹熹等，1992）

长英质糜棱岩是黑龙江群下亚群岩系的主体，其分布普遍，多数遭受过强烈的韧性变形改造，但在变形晚期又经历了较完全的动态重结晶。金的丰度值与岩石的变形程度关系密切（见表4-1，曹熹等，1992年），强韧性变形形成的糜棱片岩中，金含量明显高于其他岩石。

**表4-1 不同变形程度的韧性变形-变质岩石中的金含量**

| 序号 | 岩 石 | 变形-变质程度 | 样品数 | 金含量/×10⁻⁶ | |
|---|---|---|---|---|---|
| | | | | 平均 | 范围 |
| 1 | 黑云斜长变粒岩 | 未变形、角闪岩相 | 5 | 1.3 | 0.3~2.6 |
| 2 | 斜长角闪岩 | 未变形、角闪岩相 | 6 | 1.8 | 0.3~4.2 |
| 3 | 糜棱岩化斜长角闪岩 | 轻微变形、角闪岩相 | 12 | 3.9 | 0.3~4.2 |
| 4 | 糜棱岩化黑云变粒岩 | 轻微变形、角闪岩相 | 10 | 2.0 | 0.3~7.4 |
| 5 | 绿泥绿帘钠长糜棱岩 | 强变形、绿片岩相 | 22 | 4.5 | 0.7~47.4 |
| 6 | 白云（石英）钠长糜棱岩 | 强变形、绿片岩相 | 33 | 9.9 | 1.0~62.5 |
| 7 | 石英糜棱片岩 | 强变形、绿片岩相 | 4 | 39.6 | 16.7~77.8 |
| 8 | 石英（钠长）糜棱（片）岩 | 陡倾带，强变形、绿片岩相 | 27 | 172.0 | 5.0~1310.0 |

研究区黑龙江群下亚群变质岩系为韧性剪切作用的产物，为含矿超基性岩在不同的岩浆分异-矿化阶段和部位金的富集成矿提供了重要的物源。

黑龙江群下亚群变质岩系原岩主要为基性拉斑玄武岩和碱性橄榄玄武岩和少量酸性火山岩、硅质岩、泥质岩。

从世界不同地区各类岩浆岩中 Ni、Pt、Pa、Os、Ir、Ru、Rh 的平均含量（见表4-2）可知，基性-超基性岩是 Ni、Pt、Pa、Os、Ir、Ru、Rh 的主要含矿岩体与岩石组成，这也客观地揭示了黑龙江群下亚群变质岩系同时也是 Ni（Pt族）元素富集成矿的重要来源。

**表4-2 各类不同岩浆岩中 Ni、Pt、Pa、Os、Ir、Ru、Rh 的平均含量** （×10⁻⁶）

| 元素 | 超基性岩 | 基性岩 | 中性岩 | 酸性岩 |
|---|---|---|---|---|
| Ni | 2000 | 160 | 55 | 8 |
| Pt | 20~40 | 20~30 | <3 | <3 |
| Pd | 20~30 | 15 | | <3 |
| Os | 2~4 | 7.6 | | |
| Ir | 1~2 | | | |
| Ru | 5~8 | | | |
| Rh | 1~2 | | | |

B 区域构造格局及其控岩、控矿

a 区域构造特征

研究区在区域上位于区域南北向嘉荫–牡丹江深大断裂带与依兰–舒兰北东向深大断裂带的交接部位，不但控制着含矿黑龙江群下亚群（$Pt_2^3hl^a$）韧性剪切活动糜棱岩带的发育，而且还直接控制着依兰地区含矿超基性岩的侵位与规律分布。

（1）嘉荫–牡丹江南北向深大断裂带。

该断裂带呈近南北走向，大体沿牡丹江河谷延伸，向北经依兰、汤原、嘉荫过黑龙江进入俄罗斯境内，研究区内长约 500km。

断裂在航卫片上显示为线性影像带，在重力场和航磁场（见图 4-17 和图 4-18）断裂东西两侧强烈反差。

沿断裂东侧边缘，分布有大量的中、晚元古代基性岩、超基性岩、蛇绿混杂岩、高压蓝片岩，反映出古俯冲带的特征。

燕山期以后，断裂仍有继承性活动，沿断裂带有燕山期和喜山期岩浆活动。断裂带上发育较早期形成的糜棱岩带和较晚期形成的断裂破碎带，反映了断裂带的长期活动历史，属深切地幔的深大断裂系统。

（2）依兰–舒兰深大断裂带。位于省内中部，由吉林省境内的伊通、舒兰向北东进入本省，经尚志、依兰、萝北延入俄罗斯，向南西经吉林、沈阳与郯城–庐江断裂相连，省内长度约 560km，总长达 2000 余千米，走向北东 40°~50°，直接控制着我国东部幔源 Cu、Ni、PGE 硫化物矿床和金刚石矿床的沿带分布。区域重力场图上断裂显示为大面积正场与负场的分界线，沿断裂带分布有一系列串珠状局部重力正异常和负异常，两侧梯度变化较大，区域磁场表现为北东向的负磁异常带，具有明显的"地堑式"断裂带特点。在依兰地区与区域重力场一致呈辐射状分布，暗示着深部柱状幔体活动的特点。

b　控岩、控矿构造型式的厘定

在地壳演化过程中，构造活动，不但控制着地层、岩石的变形，而且还决定着岩石矿物发生相应的物理、化学的系列变化，即形变、相变与化学元素的迁移聚散。含矿地质体在压力、温度及流体变化条件下，在岩石塑性流动阶段含矿组分首先向高应变区初步聚集，形成高丰度背景区，当岩石向碎裂流动阶段转变时，成矿组分进一步向应力集中区迁移富集成矿。与此同时，塑性变形高应变区表现为原岩向糜棱岩、片状糜棱岩转变，脆性变形的应力集中区，即为矿化蚀变区。

（1）研究区构造变形特征（见图 4-19）。

研究区超基性岩群明显受由中元古界黑龙江群下亚群（$Pt_2^3hl^a$）各组段地层所组成的依兰背斜带所控制，在区域上其属于依兰–桦南东西向构造带的组成部分。

依兰背斜为一弧形南凸的向西侧伏收敛，向 E-NE-NNE 撒开的弧形背斜带，

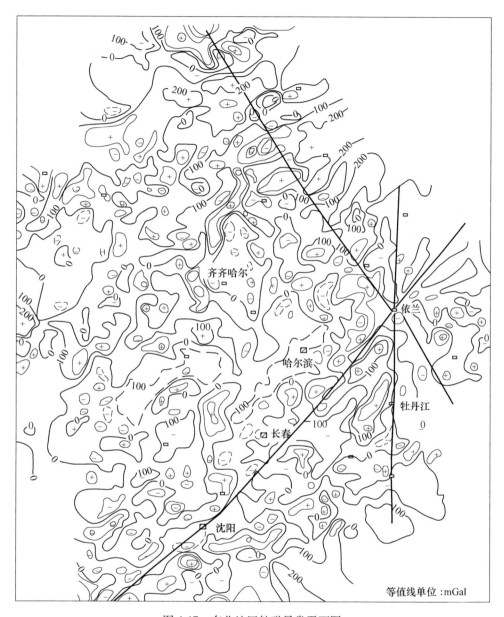

图 4-17　东北地区航磁异常平面图

轴面弧形南凸，倾向北。在背斜顶部虚脱和背斜弧形弯曲地段、地层厚度明显加宽（见图 4-19），客观地揭示了含矿变质岩系在宽缓近东西背斜带转变为弧形背斜带的背斜再变形过程中，地层岩石塑性流动的特征，同时，背斜在三维空间再变形过程中，上侵岩浆受构造旋扭应力控制，相应地发生了地球化学分异，并决定着离子半径大的元素向引张区和低应力区迁移，离子半径小的元素则相对富集

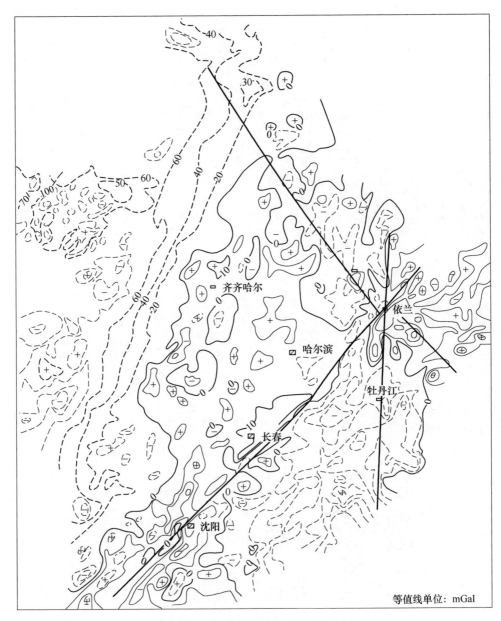

等值线单位: mGal

图 4-18　东北地区布格重力异常平面图

于挤压区和强应力区, 从而形成不同成分的岩浆岩在褶皱构造中的三维有序分带, 属控岩、控矿前构造, 但其对其后控岩、控矿断裂系统的发生与发展和含矿超基性岩的空间定位及成矿组分迁移、聚散起着重要的控制作用。

　　（2）控岩、控矿构造型式的厘定。在旋扭变形过程中, 当地层岩石及其岩

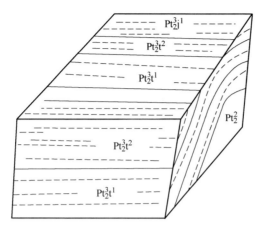

图 4-19 早期东西向依兰背斜形态特征

石组合超过破裂强度时就产生了一系列与背斜弧形轴面同倾向、同走向、同性质、同步弯曲的，向北东撒开，外旋指向撒开方向，内旋指向收敛方向的，由压扭性断裂、背斜轴面作为旋回面组成的帚状旋扭构造。它们控制着含矿超基性岩群的产出与空间分带及成矿组分的定向迁移与聚散，属成岩、成矿期构造，为布岩、布矿构造系统。

（3）帚状旋扭构造不同部位的变形特征与规律。

西侧的北东至北北东向深切地幔的依兰-舒兰深大断裂带，属导岩断裂构造。由于其反时针活动的挤压-走滑，不但导致了先成东西向依兰背斜的再度旋扭变形和帚状旋扭构造的形成（见图 4-20），决定着外旋的主动旋扭和内旋回绕某一几何中心的被动的向收敛方向旋扭的旋扭受力特征，控制着含矿超基性岩群在强变形带的外旋层和收敛端发育的这一空间展布规律。

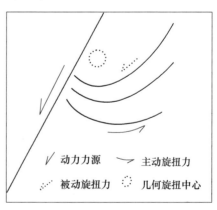

图 4-20 控岩、控矿帚状旋扭
构造形成的力学机理

但由于该帚状旋扭构造形成的力学机理的特定性，决定了控岩、控矿帚状旋扭构造由收敛端变为撒开端；变形强度由强变弱；变形特征由塑性变形转变为脆性变形；构造力学性质由以压为主兼扭性转变为压扭性的演变特征与规律，控制着收敛端部分超基性岩体，不但规模相对较大，且多有以岩床产出、岩体相对密集等特征。其弧形弯曲部分则岩体多以扁豆状产出为主，至撒开端则多以穿切层理的压扭性裂面侵位的透镜状小岩体为主。这一规律的呈现显然决定于控岩、控矿期各旋回层的构造变形特征与规律，同时，还控制着其后超基性岩浆的侵位高度、分异和成矿组分的时空富集规律。

C　区域超基性岩浆活动及其时空分布特征与成矿

依兰地区超基性岩体成群展布明显受控于帚状旋扭构造的三条弧形断裂带，并由北而南可划分为三个一级的超基性亚带，即祥顺屯-山音屯亚带、珠山-阿木达亚带、小哈蜚屯-团子山亚带（见图 4-21 和表 4-3）。

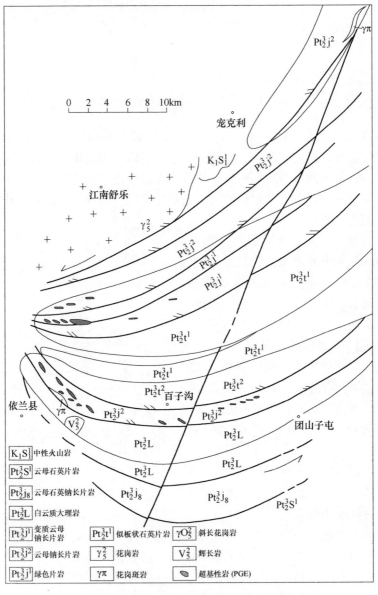

图 4-21　依兰地区超基性岩岩带分布图

表 4-3 依兰地区超基性岩体发育特征

| 岩带 | 岩带特征 | 岩体数量 | 主要岩体名称 | 岩体产状 | 岩体规模/m | 岩石类型 | 备 注 |
|---|---|---|---|---|---|---|---|
| 祥顺屯-山音屯亚带 | NE-NNE 向展布、延长 14km，宽 3km | 5 | 奋斗山 | NE20°左右延伸，单斜状 | 小 | 单斜辉石岩、蛇纹岩 | 蛇纹石化、铬铁矿化等 |
| | | | 庆安屯 | NE20° | 长 100 宽 30 | 滑石化橄榄岩 | |
| | | | 山音屯 | （不明） | 小 | 蛇纹石 | 蛇纹石化、绿泥石化等 |
| | | | 东大碴子 | （不明） | 长 30 宽 15 | 蛇纹岩 | |
| 珠山-阿木达亚带 | 近 EW 向展布，延长 25km，宽达 10km | 10 | 珠山 | EW 向，透镜状 | 长 1200 宽 300 | 透辉岩、蛇纹岩 | 蛇纹岩矿 Ni 矿化 |
| | | | 哈蜚屯 | EW 向延伸 | 长 450 宽 200 | 辉石岩、蛇纹岩 | （2 个岩体）Cr、Ni 矿化 |
| | | | 双丫山 | NWW 向延伸 | 长 300 宽 200 | 蛇纹岩 | Cu、Ni 矿化 |
| | | | 西兴屯 | NE 向延伸 | 长 200 宽 200 | 蛇纹岩 | |
| | | | 羊角沟 | NNE 向延伸 | 长 340 宽 100 | 蛇纹岩 | 石棉矿化、Ni 矿化 |
| | | | 阿木达 | NW 向延伸 | 长 700 宽 100 | 蛇纹岩 | （2 个岩体）、Ni 矿化 |
| | | | 大顶子山 | EW 向延伸 | 长和宽均 100 余米 | 蛇纹岩 | |
| 小哈蜚屯-团山子亚带 | NW 向-近 EW 向展布，延长 25km，宽 4km | 18 | 马鞍山 | NW 向延伸 | 小 | 蛇纹岩 | Ni 矿化 |
| | | | 马鞍山村 | NW 向延伸 | 长 670 宽 290 | 蛇纹石化橄榄岩 | 石棉矿化、磁铁矿化 |
| | | | 西沟 | NW 向延伸 | 长大于 300 宽大于 100 | 蛇纹石化辉石岩、蛇纹岩 | 蛇纹岩矿 Ni、Pt、Pd、Au 矿化 |
| | | | 273 高地 | EW 向延伸 | 小 | 蛇纹岩 | （4 个岩体）Cu、Ni 矿化 |

| 岩带 | 岩带特征 | 岩体数量 | 主要岩体名称 | 岩体产状 | 岩体规模/m | 岩石类型 | 备　注 |
|---|---|---|---|---|---|---|---|
| 小哈蜇屯-团山子亚带 | NW 向-近 EW 向展布，延长 25km，宽 4km | 18 | 园艺农场 | （不明） | 小 | 蛇纹石化橄榄岩 | Ni、PGE 矿化 |
| | | | 百子沟 | NE60°WE105° | 长 880宽 100 | 蛇纹岩 | （3 个岩体）Ni 矿化 |
| | | | 四个顶子 | NNE 向延伸 | 长 300宽 150 | 蛇纹石化辉长岩 | |
| | | | 庙岭 | NE 向延伸 | 长 250宽 150 | 蛇纹石化辉长岩 | |
| | | | 团山子 | （不明） | 长 330宽 190 | 辉石岩、纯橄榄岩质蛇纹岩、蛇纹岩 | 蛇纹岩矿Cu、Ni 矿化 |
| | | | 永胜屯 | （不明） | 长、宽均 200 | 蛇纹岩 | |

　　上述三条控岩次级构造带的空间演变规律，不但控制着含矿超基性岩各岩带由收敛端至撒开端、由辉石岩、橄榄岩和蛇纹石化逐次减弱的空间分布规律及岩体规模、形态、产状、埋藏深度的相应变化，而且还控制着成矿组分迁移、聚散和时空三维富集规律，是成矿预测和综合评价的重要依据。

### 4.2.2.2　依兰地区超基性岩群的地质特征及其成矿远景评价

**A　区域超基性岩侵入活动与成矿**

据物源分析依兰地区超基性岩群均统一地来自于深部地幔，成矿组分含量高；就时间系列而言，黑龙江省基性-超基性侵入体尽管各地质时期均有发育，但与其有关的金属矿化（Cu、Ni、Pt、Pd、Co、Cr、V、Ti、Fe，尤其是 Cu、Ni、Pt、Pd、Co）主要发育于晋宁期、张广才岭期、加里东期、印支期、燕山期等；从空间分布特征而论，与成矿密切相关的晋宁期超基性岩明显受控于嘉荫-牡丹江、依-舒、敦-密各深大断裂带的多方向变切复合部位，各含矿超基性岩群严格地受地幔热柱三级构造-幔枝构造所控制，成矿应多属深熔-贯入型，时、空、因三维结构特征明显。

**B　超基性岩岩石类型及成矿远景评价**

根据地表出露的超基性岩岩石组合及其发育特征，依兰地区超基性岩体归划三类：一是由单一岩相组成的岩体，如永胜屯岩体，哈蜚屯2号岩体等，这类岩体多呈蚀变很强的蛇纹岩，原岩难以恢复；二是由两种岩相组成的岩体，如奋斗山、哈蜚屯1号、西沟、珠山等，岩体由蛇纹岩和蚀变单斜辉石岩类组成；三是由三种岩相组成的岩体，如团山子岩体等，由单斜辉石岩、纯橄榄岩质蛇纹岩和难以恢复原岩的蛇纹岩组成。这一现象实际上是各岩带中岩体侵位高度和剥蚀深度及岩浆演化特征的客观反映，辉石岩-橄榄岩是超基性岩最主要的含矿岩石-岩相组合，蛇纹岩化属后期热液蚀变岩。但根据依兰地区超基性岩群同时、同源、相似分异特征和强蛇纹石化这一特征分析，尽管因各地岩体侵位高度和剥蚀程度的差异，及强蛇纹石化等绿色蚀变掩盖原岩特征等原因，所见者仅为辉石岩和橄榄岩，但作为含矿超基性岩最主要的赋矿岩石-岩相组合-辉石-橄榄岩相这一过渡岩相带应客观存在。尤其是与其下的橄榄岩带的接触带及其上的辉石-橄榄岩应是 Cu、Ni（Pt 族）硫化物工业主矿体主要的赋存岩带，这已为国内外大量的成矿事实所证明，客观地揭示了各超基性岩体不同深度良好的成矿潜力与找矿前景。

C 目标超基性岩岩石学、岩石化学特征及成矿远景评价

现仅将本次重点研究的珠山、西沟两岩体的岩石组成特征概述如下：

a 超基性岩体岩石学特征

（1）西沟岩体。该岩体近地表浅部出露部分，蛇纹石化强烈，Cu、Ni、Pt、Pd 矿化明显，但原岩特征多数难以恢复，根据剖面样系统薄片鉴定，西沟岩体现出露部分可大体分为蛇纹岩和强蛇纹石化单辉辉石岩两类（见图 4-22 和图 4-23）。

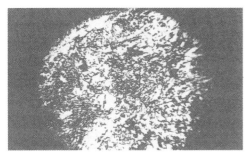

图 4-22 蛇纹岩

（岩石由叶蛇纹石和少量纤维蛇纹石等组分共同构成。岩石被角砾化后沿角砾间有叶蛇纹石（Ant）脉和较晚的白云石（Dol）团粒、脉体出现，且后者有交代前者的现象（×10（+）））

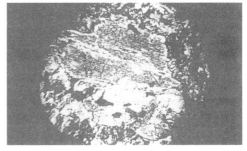

图 4-23 强蛇纹岩化单辉辉石岩

（岩石由叶蛇纹石、纤维蛇纹石及少许绿泥石等组分构成；岩石被碎裂角砾化后角砾间有微晶-隐晶-显微晶状的蛇纹石分布（叶蛇纹石（Ant）；纤维蛇纹石（Chr）；绿泥石（Che））（×25(+)）））

蛇纹岩和强蛇纹石化单辉辉石岩 Cu、Ni、PGE、Au 含量普遍增高，属岩浆期后热液期，构造-矿化叠加阶段的产物。

（2）珠山岩体。珠山岩体岩石蚀变强烈，岩体浅部出露均为蛇纹岩类，其发育特征严格受该期断裂破碎带岩石破碎程度所控制（见图 4-24～图 4-26）。

 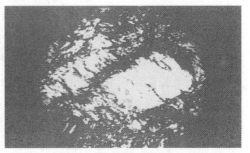

图 4-24　角砾岩化蛇纹岩

（岩石具角砾岩化特征。角砾形态为大小不等的眼斑状、透镜状，沿长轴有定向分布特征，角砾组分由叶蛇纹石、纤维蛇纹石及少许绿泥石组成；角砾内有纤维蛇纹石（Chr）和少量叶蛇纹石不透明矿物分布。图中黑色部分为不透明矿物（×10(+)））

图 4-25　碎粒岩化蛇纹岩

（照片中为岩石碎粒化后由纤维蛇纹石（Chr）和叶蛇纹石各自形成的碎斑；在碎斑内出现的雏晶～微晶状蛇纹石和纤维蛇纹石。Ant-叶蛇纹石（×25（+）））

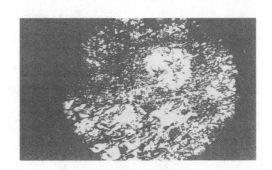

图 4-26　糜棱岩化蛇纹岩

（岩石具糜棱岩化特征。照片中构成岩石碎斑组分以叶蛇纹石为主，纤维蛇纹石次之，另有含量不等的不透明矿物。照片下部的碎斑残渣有类似辉石的解理特征，碎斑有圆化和定向展布特征。碎基组分由雏晶～显微晶状蛇纹石、纤维蛇纹石和少许叶蛇纹石组成，并见有斑点状，断续脉状的不透明矿物分布（×25(+)　样号 $Z_3$-10））

b　目标超基性岩体岩石化学与岩浆系列

对西沟、珠山两岩体的岩石化学分析表明（见表 4-4）：

**表 4-4　依兰地区西沟-珠山超基性岩体岩石化学成分**　　　　　($\times 10^{-2}$)

| 岩体 | 样号 | $SiO_2$ | $Al_2O_3$ | CaO | MgO | $K_2O$ | $Na_2O$ | MnO | $TiO_2$ | $P_2O_5$ | $Fe_2O_3$ | FeO | LOI | $H_2O$ |
|---|---|---|---|---|---|---|---|---|---|---|---|---|---|---|
| 西沟<br>岩体 | XI-1 | 40.25 | 0.90 | 0.72 | 38.37 | 0.023 | 0.039 | 0.089 | 0.017 | 0.027 | 5.32 | 2.51 | 11.10 | 0.69 |
| | XI-2 | 37.49 | 1.11 | 2.37 | 36.45 | 0.022 | 0.087 | 0.11 | 0.035 | 0.022 | 4.95 | 2.99 | 13.73 | 0.46 |
| | XI-3 | 40.79 | 0.56 | 0.82 | 38.67 | 0.024 | 0.064 | 0.091 | 0.025 | 0.017 | 4.41 | 3.06 | 10.88 | 0.42 |
| | XI-4 | 40.29 | 0.78 | 0.93 | 38.26 | 0.025 | 0.087 | 0.12 | 0.026 | 0.017 | 5.09 | 2.80 | 10.45 | 0.64 |
| | XI-7 | 40.12 | 0.95 | 0.52 | 38.48 | 0.023 | 0.093 | 0.11 | 0.042 | 0.019 | 5.40 | 2.58 | 10.86 | 0.48 |
| | XI-8 | 39.32 | 1.11 | 0.98 | 38.11 | 0.026 | 0.24 | 0.11 | 0.042 | 0.015 | 6.31 | 1.62 | 11.47 | 0.59 |
| | XI-9 | 38.68 | 0.32 | 1.44 | 38.37 | 0.024 | 0.079 | 0.12 | 0.035 | 0.022 | 5.29 | 2.53 | 12.65 | 0.60 |
| | XI-10 | 38.44 | 1.41 | 1.86 | 37.15 | 0.022 | 0.11 | 0.15 | 0.080 | 0.015 | 5.19 | 2.07 | 12.11 | 0.59 |
| | XI-11-9 | 36.57 | 1.00 | 1.80 | 36.45 | 0.023 | 0.073 | 0.14 | 0.042 | 0.027 | 7.98 | 3.34 | 11.87 | 0.54 |
| | XI-12 | 40.49 | 0.90 | 1.80 | 38.30 | 0.021 | 0.11 | 0.11 | 0.044 | 0.015 | 3.61 | 2.01 | 12.24 | 0.48 |
| | XI-14 | 37.20 | 1.00 | 0.72 | 36.78 | 0.023 | 0.073 | 0.12 | 0.070 | 0.034 | 9.49 | 3.73 | 10.17 | 0.26 |
| | XI-15 | 39.60 | 1.18 | 0.93 | 37.89 | 0.022 | 0.061 | 0.11 | 0.044 | 0.019 | 5.68 | 2.21 | 11.32 | 0.46 |
| | XI-16 | 38.22 | 0.95 | 2.58 | 38.41 | 0.026 | 0.036 | 0.11 | 0.042 | 0.015 | 4.16 | 1.70 | 13.23 | 0.23 |
| | XI-17 | 39.84 | 0.78 | 1.34 | 38.00 | 0.020 | 0.13 | 0.11 | 0.026 | 0.017 | 5.97 | 2.49 | 11.20 | 0.40 |
| | XI-20 | 39.65 | 1.23 | 1.65 | 38.48 | 0.025 | 0.11 | 0.12 | 0.035 | 0.049 | 4.55 | 2.29 | 11.61 | 0.27 |
| | XI-21 | 40.04 | 0.88 | 1.70 | 38.89 | 0.022 | 0.11 | 0.12 | 0.035 | 0.019 | 4.43 | 2.12 | 11.24 | 0.30 |
| | XI-22 | 39.73 | 1.36 | 1.13 | 37.56 | 0.034 | 0.14 | 0.13 | 0.026 | 0.017 | 5.77 | 2.45 | 11.05 | 0.55 |
| | XI-23 | 39.88 | 1.26 | 1.96 | 37.89 | 0.068 | 0.13 | 0.12 | 0.070 | 0.044 | 4.49 | 2.01 | 11.63 | 0.82 |
| | XI-24 | 39.40 | 1.17 | 3.25 | 38.67 | 0.034 | 0.13 | 0.11 | 0.053 | 0.053 | 5.08 | 1.96 | 11.47 | 0.53 |
| | XI-25 | 39.03 | 1.13 | 2.16 | 36.71 | 0.020 | 0.13 | 0.12 | 0.053 | 0.024 | 7.09 | 1.96 | 11.19 | 0.52 |
| | XII-4 | 40.02 | 1.81 | 1.96 | 35.71 | 0.016 | 0.13 | 0.12 | 0.040 | 0.052 | 4.49 | 3.86 | 11.13 | 0.32 |
| | XII-7 | 38.77 | 1.96 | 0.72 | 36.56 | 0.014 | 0.13 | 0.11 | 0.050 | 0.024 | 6.24 | 3.69 | 11.56 | 0.48 |
| | XII-10 | 39.60 | 1.71 | 2.99 | 34.89 | 0.014 | 0.13 | 0.13 | 0.045 | 0.017 | 4.78 | 3.04 | 13.30 | 0.78 |
| | XII-16 | 37.43 | 1.66 | 3.09 | 34.08 | 0.013 | 0.13 | 0.12 | 0.030 | 0.034 | 6.21 | 3.30 | 13.08 | 0.36 |
| | XII-19 | 38.83 | 1.91 | 0.72 | 35.78 | 0.11 | 0.11 | 0.11 | 0.035 | 0.053 | 6.25 | 3.65 | 11.97 | 0.41 |
| | XII-23 | 39.89 | 1.51 | 1.13 | 38.15 | 0.020 | 0.13 | 0.10 | 0.017 | 0.027 | 4.45 | 2.45 | 12.10 | 0.23 |
| | XII-25 | 39.39 | 1.41 | 1.75 | 37.67 | 0.016 | 0.086 | 0.12 | 0.025 | 0.034 | 4.31 | 2.58 | 12.46 | 0.20 |
| | XII-28 | 40.03 | 2.01 | 0.72 | 37.11 | 0.013 | 0.13 | 0.13 | 0.040 | 0.034 | 3.79 | 2.73 | 12.55 | 0.36 |
| 西沟<br>岩体 | XII-33 | 39.03 | 1.11 | 2.37 | 36.15 | 0.013 | 0.064 | 0.11 | 0.021 | 0.009 | 5.88 | 2.27 | 12.23 | 0.07 |
| | XII-36 | 36.45 | 0.70 | 2.53 | 37.11 | 0.0087 | 0.13 | 0.12 | 0.017 | 0.012 | 6.09 | 2.21 | 14.45 | 0.14 |
| | XII-39 | 39.32 | 1.21 | 0.62 | 38.00 | 0.031 | 0.12 | 0.11 | 0.035 | 0.017 | 6.20 | 2.66 | 11.59 | 0.32 |

| 岩体 | 样号 | $SiO_2$ | $Al_2O_3$ | CaO | MgO | $K_2O$ | $Na_2O$ | MnO | $TiO_2$ | $P_2O_5$ | $Fe_2O_3$ | FeO | LOI | $H_2O$ |
|---|---|---|---|---|---|---|---|---|---|---|---|---|---|---|
| | Z3-1 | 40.37 | 1.61 | 0.31 | 37.48 | 0.018 | 0.11 | 0.11 | 0.025 | 0.014 | 5.78 | 2.10 | 11.67 | 0.27 |
| | Z3-2 | 40.65 | 1.46 | 0.15 | 37.67 | 0.014 | 0.11 | 0.095 | 0.025 | 0.012 | 6.00 | 1.59 | 11.64 | 0.44 |
| | Z3-3 | 40.68 | 1.21 | 0.31 | 38.30 | 0.011 | 0.10 | 0.14 | 0.017 | 0.027 | 5.09 | 1.99 | 11.81 | 0.23 |
| | Z3-4 | 41.16 | 1.21 | 0.21 | 39.78 | 0.013 | 0.12 | 0.090 | 0.042 | 0.034 | 3.33 | 1.25 | 11.84 | 0.06 |
| | Z3-5 | 40.56 | 1.36 | 0.21 | 38.67 | 0.0064 | 0.062 | 0.11 | 0.013 | 0.024 | 4.66 | 1.96 | 12.03 | 0.35 |
| | Z3-6 | 39.82 | 1.66 | 0.21 | 38.63 | 0.0075 | 0.089 | 0.12 | 0.033 | 0.024 | 5.35 | 1.81 | 11.92 | 0.43 |
| | Z3-7 | 40.58 | 1.06 | 0.10 | 38.23 | 0.0047 | 0.091 | 0.11 | 0.013 | 0.024 | 5.63 | 2.07 | 11.94 | 0.52 |
| | Z3-8 | 42.28 | 0.85 | 0.82 | 38.52 | 0.0083 | 0.062 | 0.090 | 0.013 | 0.024 | 3.26 | 1.70 | 12.04 | 0.43 |
| | Z3-9 | 41.79 | 0.80 | 0.10 | 38.89 | 0.0071 | 0.11 | 0.10 | 0.017 | 0.022 | 4.15 | 1.92 | 11.99 | 0.34 |
| | Z3-10 | 40.87 | 0.80 | 0.62 | 37.78 | 0.013 | 0.14 | 0.13 | 0.017 | 0.022 | 5.06 | 1.92 | 11.68 | 0.43 |
| | Z3-11 | 41.09 | 1.01 | 0.72 | 37.11 | 0.017 | 0.14 | 0.12 | 0.013 | 0.024 | 5.12 | 2.36 | 11.56 | 0.41 |
| 珠山岩体 | Z3-12 | 39.82 | 0.90 | 0.62 | 36.97 | 0.0091 | 0.11 | 0.11 | 0.017 | 0.027 | 6.31 | 2.44 | 11.97 | 0.45 |
| | Z3-13 | 41.33 | 0.95 | 0.21 | 38.23 | 0.0094 | 0.085 | 0.11 | 0.013 | 0.014 | 4.90 | 2.29 | 11.73 | 0.40 |
| | Z3-14 | 40.63 | 1.21 | 0.06 | 38.4 | 0.0047 | 0.075 | 0.11 | 0.013 | 0.027 | 5.85 | 2.21 | 11.72 | 0.43 |
| | Z3-15 | 40.48 | 1.06 | 0.41 | 38.23 | 0.0043 | 0.11 | 0.11 | 0.013 | 0.017 | 5.10 | 2.88 | 12.28 | 0.53 |
| | Z3-16 | 38.28 | 1.21 | 0.62 | 36.89 | 0.0083 | 0.084 | 0.13 | 0.017 | 0.024 | 7.39 | 2.62 | 12.14 | 0.60 |
| | Z3-17 | 39.59 | 1.11 | 0.88 | 37.15 | 0.0067 | 0.078 | 0.11 | 0.021 | 0.019 | 6.23 | 1.96 | 12.18 | 0.53 |
| | Z3-18 | 39.63 | 1.11 | 0.72 | 38.45 | 0.0091 | 0.062 | 0.11 | 0.017 | 0.032 | 5.42 | 2.12 | 12.15 | 0.51 |
| | Z3-19 | 41.19 | 0.85 | 0.88 | 38.85 | 0.0028 | 0.055 | 0.087 | 0.013 | 0.034 | 3.76 | 1.62 | 11.98 | 0.20 |
| | Z3-20 | 40.94 | 0.80 | 0.82 | 38.00 | 0.0055 | 0.073 | 0.097 | 0.013 | 0.009 | 4.62 | 2.21 | 11.99 | 0.44 |
| | Z3-21 | 39.56 | 1.11 | 0.93 | 36.97 | 0.0035 | 0.071 | 0.10 | 0.017 | 0.022 | 7.05 | 1.86 | 12.06 | 0.53 |
| | Z3-22 | 40.75 | 1.01 | 0.15 | 38.48 | 0.0028 | 0.046 | 0.11 | 0.013 | 0.024 | 5.69 | 2.07 | 11.88 | 0.36 |
| | Z3-23 | 41.32 | 1.06 | 0.10 | 39.93 | 0.0087 | 0.079 | 0.11 | 0.021 | 0.027 | 4.16 | 1.48 | 12.03 | 0.25 |
| | Z3-24 | 40.97 | 1.16 | 0.10 | 38.74 | 0.0024 | 0.055 | 0.085 | 0.025 | 0.029 | 5.22 | 1.55 | 11.99 | 0.35 |

（1）本区超基性岩体均以富镁为特征。一般，MgO 含量为 34.08% ~ 39.93%，其中，西沟岩体平均含 MgO36.88%，珠山岩体平均含 MgO38.16%；CaO 含量为 0.06% ~ 3.25%，西沟岩体平均含 MgO1.93%，珠山岩体平均含 MgO0.43%；$Fe_2O_3$+FeO 含量为 4.58% ~ 13.22%，西沟岩体平均 $Fe_2O_3$+FeO 含量为 8.20%，珠山岩体平均 $Fe_2O_3$+FeO 含量为 7.17%。在 FMC 图解（见图 4-27）上可见，它们均集中分布于镁质超基性岩区（贫钙）。

（2）本区超基性岩体，$SiO_2$ 含量变化范围为 36.45% ~ 42.28%；西沟岩体 $SiO_2$ 平均含量为 39.12%，珠山岩体 $SiO_2$ 平均含量为 40.61%；$K_2O$、$Na_2O$ 含量

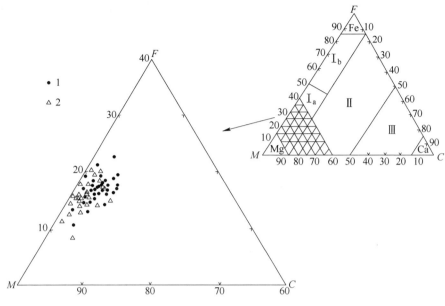

图 4-27 西沟-珠山岩体 FMC 图解

Fe—铁质区；Mg—镁质区；Ca—钙质区；Ⅰ—贫钙质区：Ⅰ$_a$—贫钙的镁铁质区，

Ⅰ$_b$—贫钙的铁镁质区；Ⅱ—低钙质区；Ⅲ—适度钙质区；1—西沟岩体；2—珠山岩体

低，其中，$K_2O$ 含量：西沟岩体 0.0087% ~ 0.068%，平均 0.02%；珠山岩体 0.0024% ~ 0.018%，平均 0.02%；$Na_2O$ 含量：西沟岩体 0.036% ~ 0.24%，平均 0.11%；珠山岩体 0.046% ~ 0.14%，平均 0.09%。在（$K_2O+Na_2O$）/$SiO_2$ 变异图（见图 4-28）上可见，它们均位于贫碱质岩区，且投影点也较集中。

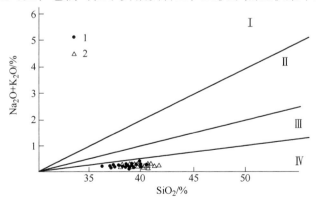

图 4-28 （$Na_2O+K_2O$）/$SiO_2$ 变异图

Ⅰ—强碱质区；Ⅱ—碱质区；Ⅲ—弱碱质区；Ⅳ—贫碱质区；

1—西沟岩体；2—珠山岩体

（3）西沟、珠山两超基性岩体的 $Al_2O_3$ 含量均较低，西沟岩体含 $Al_2O_3$ 0.32%~2.01%，平均 1.19%；珠山岩体含 $Al_2O_3$ 0.80%~1.66%，平均 1.11%。在 $Al_2O_3/SiO_2$ 变异图（见图 4-29）上可见，它们均集中投影于贫铝质岩区。

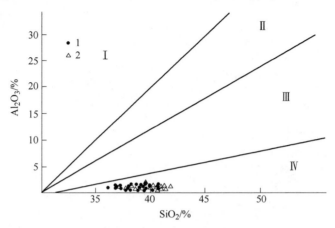

图 4-29　$Al_2O_3/SiO_2$ 变异图

Ⅰ—高铝质区；Ⅱ—铝质区；Ⅲ—低铝质区；
Ⅳ—贫铝质区；1—西沟岩体；2—珠山岩体

（4）在 $TFeO-MgO-Al_2O_3$ 三角图解上，西沟、珠山两岩体的投影点均集中于较狭小的范围内（见图 4-30），而且分布区位于 Pearce 等人确定的洋中脊火山岩的趋势范围内。

（5）在 ATK 图解上（见图 4-31），本区两岩体投影点分布于大洋玄武岩及岛弧区范围内。

（6）根据麦克唐纳（1964 年）的 MFA 图解（见图 4-32），本区两岩体投影点集中分布于三角图的 TH 与 CA 两区分界弧形虚线外的右下处，全部投点均可归入 TH 区，即其岩浆系列属拉斑玄武岩岩浆系列。

综上研究表明，依兰地区西沟、珠山等超基性岩体，属大洋拉斑玄武岩岩浆系列，并且均以富镁、贫钙、贫铝以及贫碱为基本特征，显示了含矿-成矿超基性岩的基本特征。

c　目标超基性岩体岩石化学特征及成矿远景评价

（1）超基性岩体岩石化学特征及其含矿性对比分析。超基性岩体的成矿专属性与岩石类型尤其是岩石化学组成密切相关。

1）对比国内外有关含矿超基性岩体的岩石化学资料可知，依兰西沟、珠山等岩体岩石化学组成特征，与俄罗斯 Norilsk、西澳 Kambalda、中国甘肃金川、四川杨柳坪、云南墨江金厂等岩体（Cu-Ni-Pt-Pd 组合）十分相似。从岩石化学角度分析，西沟、珠山和上述各含矿岩体均以富镁、贫钙、贫铝、贫碱和贫硫为特

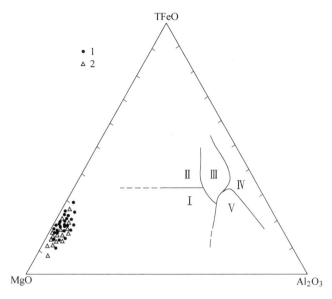

图 4-30　TFeO-MgO-Al$_2$O$_3$图解

Ⅰ—洋中脊火山岩；Ⅱ—洋岛火山岩；Ⅲ—大陆火山岩；Ⅳ—岛弧扩张中心火山岩；
Ⅴ—造山带火山岩；1—西沟岩体；2—珠山岩体

（参照 J. A. Pearce，1977）

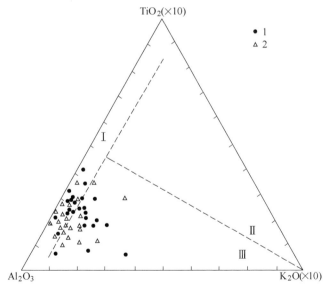

图 4-31　ATK 图解

Ⅰ—大洋玄武岩；Ⅱ—大陆玄武岩；Ⅲ—岛弧、造山带玄武岩；
1—西沟岩体；2—珠山岩体

（据赵崇贺，1983）

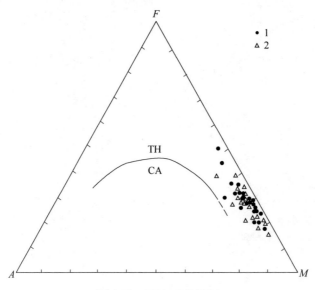

图 4-32　MFA 三角图解

TH—拉斑玄武系列；CA—钙碱性系列；

1—西沟岩体；2—珠山岩体

（据麦克唐纳，1964）

征，属镁铁质超基性岩系列。从岩体宏观特征也可见，西沟、珠山岩体均以强蛇纹石化甚至以难恢复原岩的蛇纹岩发育为特征，岩浆晚期或岩浆期后的热液作用强烈。含矿岩体，均属岩浆后期分异的幔枝构造控制的超基性岩，是地幔岩浆经多次分异的超基性岩，其深部应有熔离型和熔离贯入型矿体的存在。

2）一般认为，在镁质超基性岩中（$m/f>6.5$）铁的氧化物同 $Cr_2O_3$ 发生熔离易形成铬铁矿；在镁铁质超基性岩中（$m/f=6.5\sim2$），Ni 含量相对较高，Fe、Ni、Cu 易以硫化物的形式从硅酸盐的熔体中熔离出来，形成 Fe-Ni-Cu-PGE 硫化矿床；而在富铁超基性岩-基性岩中（$m/f=0.2\sim0.5$），$Ti^{4+}$、$V^{3+}$ 不易进入硅酸盐的晶格，而同 Fe 形成 V-Ti 磁铁矿。对于铂族元素的矿化而言，镁质超基性岩浆以富镁、贫铁、贫硫为特征，它代表地幔源的难溶部分，以富含高熔点的铂族元素 Os、Ir、Ru、Rh 为特征（据 H. J. Rosier，H. Lange，1975），且主要形成 Os、Ir、Ru、Pt 的自然元素及金属互化物（少部分硫化物及砷化物）的矿物组合；相反，在铁质超基性岩中，往往以相对富熔点低的 Pt、Pd 并同时富硫及亲硫阴离子，多形成铂族元素的 S、Te、As、Sb、Bi 化物和 Sn、Sb 化物等矿物组合。

对比西沟、珠山两岩体岩石化学组成可见，尽管二者均属镁铁质超基性岩类，但 MgO 含量：西沟岩体 36.88%、珠山岩体 38.16%；$TFe_2O_3$ 含量：西沟岩体 8.20%，珠山岩体 7.17%；Mg/$\Sigma$Fe 比值：西沟岩体 3.73、珠山岩体 4.41；是形成 Cu、Ni、PGE 硫化物矿床的理想岩体，有利于 Cu-Ni-Pt-Pd 系列矿化富集。这从两岩体岩石的含矿性分析资料也可得以体现：西沟岩体平均含 Ni 0.16%、Cu72×10⁻⁶、Pt4.37×10⁻⁹、Pd6.63×10⁻⁹；珠山岩体平均含 Ni0.14%、Cu26×10⁻⁶、Pt2.35×10⁻⁹、Pd6.49×10⁻⁹。

（2）超基性岩岩石化学组分与矿化元素相关规律分析。研究区超基性岩体的岩石组合类型及岩石化学分析资料均揭示，本区岩体主要化学组分由 $SiO_2$、$MgO$、$TFeO$、$CaO$、$Al_2O_3$ 等构成，其他组分（如 $TiO_2$、$MnO$、$K_2O$、$Na_2O$、$P_2O_5$、$S$ 等）均属微量。其中，Mg、Fe 是橄榄岩、蛇纹石类矿物的主要组分，而 Ca、Al 等是辉石、长石等矿物的重要组分。因此，岩石中 $SiO_2$、$MgO$、$TFeO$、$CaO$、$Al_2O_3$等组分含量的变化，都可作为基性–超基性岩类岩石基性程度的判析标志。另一方面，对研究区超基性岩体而言，由于它们均属强蚀变岩体，原岩在蛇纹石化过程中又存在明显的组分变化，因此，岩石化学组成的差异变化还间接地反映了岩石蚀变强度的变化。

综上可知，研究区超基性岩岩石化学组分与矿化元素组分的测试分析资料及其相关规律，是对其原始岩浆或岩石的含矿性以及蚀变过程中矿化元素组分迁移富集特征等方面的综合性规律揭示。

1）岩体蚀变过程中岩石化学组分的变化特征。

由于西沟、珠山两岩体蚀变程度均较高，其 Ni、PGE 矿化也较强，多呈浸染状产于蛇纹岩中。现将西沟岩体中相对蚀变较弱的蛇纹石化单辉石岩与蚀变强烈（原岩特征不显）的蛇纹岩这两组岩石化学分析结果列于表4-5 中。

表 4-5　研究区蚀变强弱两类岩石化学组分特征对比　　　　（%）

| 岩石 | 样号 | $SiO_2$ | $Al_2O_3$ | $CaO$ | $MgO$ | $Fe_2O_3$ | $FeO$ | $K_2O$ | $Na_2O$ |
|---|---|---|---|---|---|---|---|---|---|
| 蛇纹石化单辉石岩 | X2-1 | 41.92 | 1.21 | 8.14 | 28.52 | 7.56 | 3.99 | 0.018 | 0.14 |
| | X2-4 | 40.02 | 1.81 | 1.96 | 35.71 | 4.49 | 3.86 | 0.016 | 0.13 |
| | X2-7 | 38.77 | 1.96 | 0.72 | 36.56 | 6.24 | 3.69 | 0.014 | 0.13 |
| | X2-13 | 34.50 | 1.41 | 6.39 | 30.52 | 7.90 | 4.11 | 0.04 | 0.11 |
| 平　均 | | 38.80 | 1.60 | 4.30 | 32.82 | 6.55 | 3.91 | 0.022 | 0.13 |
| 蛇纹石 | X2-16 | 37.43 | 1.66 | 3.09 | 34.08 | 6.21 | 3.30 | 0.013 | 0.13 |
| | X2-19 | 38.83 | 1.91 | 0.72 | 35.78 | 6.25 | 3.65 | 0.014 | 0.11 |
| | X2-23 | 39.89 | 1.51 | 1.13 | 38.15 | 4.45 | 2.45 | 0.02 | 0.13 |
| | X2-25 | 39.39 | 1.41 | 1.75 | 37.67 | 4.31 | 2.58 | 0.016 | 0.09 |
| | X2-28 | 40.03 | 2.01 | 0.72 | 37.11 | 3.79 | 2.73 | 0.013 | 0.13 |
| | X2-33 | 39.03 | 1.11 | 2.37 | 36.15 | 5.88 | 2.27 | 0.013 | 0.06 |
| | X2-36 | 36.45 | 0.70 | 2.53 | 37.11 | 6.09 | 2.21 | 0.009 | 0.13 |
| | X2-39 | 39.32 | 1.21 | 0.62 | 38.00 | 6.20 | 2.66 | 0.031 | 0.12 |
| 平　均 | | 38.80 | 1.44 | 1.62 | 36.76 | 5.40 | 2.73 | 0.016 | 0.11 |

　　对比研究表明：本区超基性岩石蛇纹石化过程中，$SiO_2$ 组分变化不大或无明显变化，MgO 在蚀变岩石中明显富集，而 $Al_2O_3$、CaO、$Fe_2O_3$、FeO、$K_2O$、$Na_2O$ 等组分相应减少。

　　2) 岩石化学组分与矿化元素相关规律及其指示意义。

　　①Cu、Ni、Pt、Pd 与 $SiO_2$ 相关规律。一般认为，超基性岩石（辉石岩、辉橄岩类）蛇纹石化过程中迁出 $SiO_2$，$SiO_2$ 组分与矿化元素相关性研究表明，Cu、Ni、Pt、$SiO_2$ 之间均呈较明显的反消长关系，这应属本区超基性岩体含矿专属性的客观反映。根据超基性岩浆侵位及结晶分异的基本特征，可以预测，由岩体浅部往深部，随着岩性、岩相的变化，岩石基性程度增高，$SiO_2$ 含量降低，相应 Cu、Ni、Pt、Pd 等矿化组分将在岩体较深部位相对富集。

　　②Cu 与 $Al_2O_3$、CaO、MgO、FeO 相关规律。研究表明，Cu 与 $Al_2O_3$、CaO、$Fe_2O_3$、MgO、FeO 之间均呈较明显的正消长关系，但与 MgO 之间呈较明显的反消长关系。结合本区蛇纹石化蚀变过程中 $Al_2O_3$、CaO、$Fe_2O_3$、FeO 组分降低和 MgO 组分相应增加变化规律，它们共同揭示了：本区超基性岩体蚀变（蛇纹石化）过程中，原岩中 Cu 含量趋于贫化，也即蚀变过程是明显从原岩中"萃取"而带出了 Cu 元素。

　　由此可见，本区的蛇纹石化岩石自身难成为 Cu 矿，Cu 则可能通过蚀变过程从岩石中带出而迁移至有利构造部位富集，预测岩体较深部位相对富 $S^{2-}$ 和还原环境尤其是岩体接触带等断裂隙发育部位，就是 Cu 矿化富集的有利部位，沿断裂破碎 Cu 矿化的孔雀石、铜蓝等的发育就属其例。

　　③Ni 与 $Al_2O_3$、CaO、MgO、TFeO 相关规律。研究表明：本区 Ni 与 $Al_2O_3$、CaO、MgO、$Fe_2O_3$、TFeO 之间的相关性，总体表现出 Ni 与 $Al_2O_3$、FeO 之间略具正消长关系，而与 CaO、MgO 之间略具反消长关系。结合蚀变岩石化学组分变化规律，总体揭示 Ni 与上述 Cu 具有相似的迁移富集特征。

　　④Pt 与 $Al_2O_3$、CaO、MgO、TFeO 相关规律。研究表明，本区 Pt 与 $Al_2O_3$、CaO、MgO、FeO 之间总体具有反消长关系，而与 MgO 之间表现出正消长关系，这一现象似与前述 Cu、Ni 组分变化规律正好相反，根据岩石蚀变过程中相关岩石化学组分变化趋势，即揭示 Pt 元素是在蛇纹石化过程中相对富集，也即本区超基性岩岩浆晚期或期后热液蚀变作用，有利于 Pt 元素的富集，岩浆期后热液活动强烈的糜棱岩化构造部位应是同期 Pt（Au）矿化的富集部位。

　　⑤Pd 与 $Al_2O_3$、CaO、MgO、TFeO 相关规律。由于 Pt、Pd 元素地球化学习性颇为相似，它们在岩浆期后气液活动中的迁移富集行为也很相近。研究表明，本区 Pd 与 $Al_2O_3$、CaO、$Fe_2O_3$ 之间均呈反消长关系，而与 FeO、MgO 之间呈正消长关系，总体反映了 Pd 与 Pt 共同在蛇纹石化岩浆期后构造-气化热液活动过

程中趋于相对富集之变化规律。

⑥Au 与 $SiO_2$、$Al_2O_3$、CaO、MgO 及 TFeO 的相关规律。对 Au 元素与岩石化学组分的相关性研究表明，Au 与 $SiO_2$、MgO、$Fe_2O_3$、FeO 之间总体呈正消长趋势，而与 $Al_2O_3$、CaO 之间呈反消长关系，同属岩浆熔离期的产物。对比 Cu、Ni、Pt、Pd 与岩石化学组分的相关特征，Au 的变化规律相对复杂，但总体表现为 Au 与 Pt、Pd 元素的聚集特征较为相似，即在蛇纹石化构造-热液蚀变过程中，Au 是趋于相对富集的。

根据依兰地区超基性岩群的地质特征可得到以下结论：

（1）尽管研究区珠山、西沟两岩体均属镁质超基性岩，但二者的岩石化学组成以及含矿性等均存在一定的差异，但两者均属含矿岩体。其中，西沟岩体的含矿性与成矿潜力（Cu、Ni、Pt、Pd 等）略优于珠山岩体。

（2）本区超基性岩体的蛇纹石化蚀变强烈，原岩蚀变过程中伴随岩石化学组分的变化，也即在水岩作用过程中，Cu、Ni、Pt、Pd 及 Au 等元素组分存在较明显的带入或带出。其中，Cu、Ni 以及 $Al_2O_3$、CaO 等组分呈带出至其有利部位再富集之趋势，而 Pt、Pd（Au）以及 MgO 等组分呈直接带入与相对富集之变化特征。因此，研究区超基性岩体具备热液期矿化组分迁移富集的基本特征。从 Cu、Ni 组分迁出特征分析，预测在本区超基性岩体与太古界-中元古界变质岩系接触带，尤其在外接触带附近富集成矿的前景更大。

（3）从研究区岩体强蛇纹石化以及普遍见有镁铁质矿物（辉石、橄榄石等）在产生上述蚀变过程中是相伴迁出 $SiO_2$ 的，如：

$$3MgSiO_3（顽火辉石）+2H_2O \longrightarrow H_4Mg_3Si_2O_9（蛇纹石）+SiO_2$$

$$Mg_2SiO_4（橄榄石）+2CO_2 \longrightarrow 2MgCO_3（菱镁矿）+SiO_2$$

$$H_4Mg_3Si_2O_9（蛇纹石）+3CO_2 \longrightarrow 3MgCO_3（菱镁矿）+2SiO_2+2H_2O$$

也即相伴发育硅化，并多在岩体边部及外接触带围岩中发育石英脉等。在依兰西沟岩体上覆黑龙江群变质岩系中均见有石英脉发育，其深部接触带有着良好的成矿富集前景。

### 4.2.2.3　依兰地区超基性岩微量元素和成矿组分的相关性与成矿远景评价

超基性岩体微量元素及矿化组分的空间分布特征（见图 4-33）如下：

研究区珠山、西沟等岩近地表浅部均显示不同强度的矿化特征，因埋藏较深而未出露金属矿工业富矿体，因此对岩体空间不同部位含矿性及相关元素组分含量变化特征的系统分析与规律认识，无疑是指导隐伏矿找矿预测的重要依据。

对研究区珠山、西沟岩体系统取样分析的结果表明（见表 4-6）。

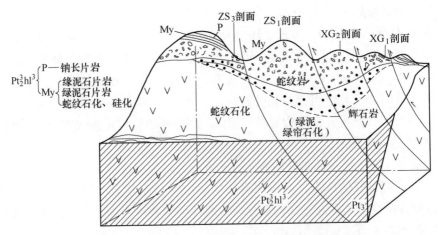

图 4-33　西沟、珠山超基性岩体地质剖面位置图

表 4-6　珠山、西沟岩体剖面样微量元素分析结果

| 编号 | Cu/% | Ni/% | Pt/$10^{-9}$ | Pd/$10^{-9}$ | Au/$10^{-9}$ | Se/$10^{-6}$ | B/$10^{-6}$ | S/$10^{-2}$ | F/$10^{-2}$ | I/$10^{-6}$ |
|---|---|---|---|---|---|---|---|---|---|---|
| XI-1 | 0.0034 | 0.19 | 12 | 20 | 7.9 | 0.030 | 20 | 0.02 | 0.0097 | <1 |
| XI-2 | 0.0028 | 0.16 | 8.7 | 11 | 3.3 | 0.036 | 8.2 | 0.04 | 0.010 | <1 |
| XI-3 | 0.0015 | 0.17 | 10 | 17 | 7.9 | 0.040 | 11 | <0.01 | 0.015 | 12 |
| XI-4 | 0.0022 | 0.17 | 2.7 | 7.3 | 3.2 | 0.039 | 4.7 | 0.01 | 0.0060 | 18 |
| XI-0 | 0.0027 | 0.17 | 8.9 | 28 | 3.6 | 0.047 | 8.9 | 0.01 | 0.012 | 2 |
| XI-5 | 0.0008 | 0.18 | 10 | 24 | 2.8 | 0.023 | 13 | 0.01 | 0.012 | <1 |
| XI-6 | 0.0016 | 0.18 | 6.2 | 9.3 | 1.8 | 0.053 | 17 | 0.02 | 0.013 | <1 |
| XI-13 | 0.0020 | 0.16 | 4.3 | 11 | 5.6 | 0.022 | 14 | 0.02 | 0.0023 | <1 |
| XI-18 | 0.009 | 0.16 | 4.9 | 6.2 | 7.5 | 0.049 | 12 | 0.02 | 0.0023 | <1 |
| XI-19 | 0.0016 | 0.21 | 5.8 | 8.5 | 5.6 | 0.034 | 24 | 0.01 | 0.0027 | <1 |
| XI-7 | 0.0019 | 0.18 | 6.3 | 8.7 | 7.2 | 0.022 | 5.3 | 0.01 | 0.0042 | <1 |
| XI-8 | 0.0033 | 0.20 | 11 | 10 | 1.3 | 0.025 | 21 | 0.03 | 0.0042 | 12 |
| XI-9 | 0.0012 | 0.19 | 7.4 | 12 | 5.6 | 0.034 | 15 | 0.01 | 0.0020 | 7 |
| XI-10 | 0.0055 | 0.18 | 4.9 | 11 | 4.6 | 0.069 | 24 | 0.02 | 0.0018 | 8 |
| XI-11-9 | 0.0030 | 0.16 | 8.8 | 14 | 3.3 | 0.034 | 30 | 0.02 | 0.00009 | <1 |
| XI-12 | 0.0029 | 0.16 | 6.7 | 7.2 | <1.8 | 0.040 | 4.8 | 0.04 | 0.0006 | <1 |
| XI-14 | 0.0015 | 0.19 | 3.1 | 6.1 | 6.7 | 0.034 | 8.9 | 0.01 | 0.0011 | 7 |
| XI-15 | 0.0043 | 0.16 | 5.4 | 7.9 | 2.6 | 0.033 | 8.4 | 0.04 | 0.0009 | <1 |
| XI-16 | 0.0021 | 0.21 | 8.2 | 6.8 | 2.4 | 0.022 | 6.2 | 0.04 | 0.007 | 7 |
| XI-17 | 0.0032 | 0.16 | 1.9 | 3.7 | 2.3 | 0.044 | 15 | 0.05 | 0.0009 | <1 |

| 编号 | Cu/% | Ni/% | Pt/10⁻⁹ | Pd/10⁻⁹ | Au/10⁻⁹ | Se/10⁻⁶ | B/10⁻⁶ | S/10⁻² | F/10⁻² | I/10⁻⁶ |
|---|---|---|---|---|---|---|---|---|---|---|
| XI-20 | 0.0044 | 0.21 | 4.1 | 11 | 3.6 | 0.19 | 7.3 | 0.03 | 0.0006 | 12 |
| XI-21 | 0.0024 | 0.17 | 7 | 16 | <2.5 | 0.042 | 14 | 0.03 | 0.0009 | <1 |
| XI-22 | 0.0020 | 0.20 | 4.7 | 8.9 | 7 | 0.064 | 5.3 | 0.03 | 0.0007 | <1 |
| XI-23 | 0.0034 | 0.21 | 6.8 | 14 | 6.8 | 0.12 | 11 | 0.03 | 0.0046 | 2 |
| XI-24 | 0.0041 | 0.16 | 5.4 | 9.8 | <2.0 | 0.071 | 21 | 0.02 | 0.0007 | <1 |
| XI-25 | 0.0012 | 0.15 | 7.3 | 12 | 4.6 | 0.14 | 34 | <0.01 | 0.0006 | <1 |
| XII-1 | 0.038 | 0.090 | 4.9 | 5.6 | 6.6 | 0.039 | 20 | 0.06 | 0.009 | <1 |
| XII-4 | 0.0041 | 0.15 | 1.4 | 2.3 | 6.2 | 0.099 | 11 | 0.08 | 0.0017 | 24 |
| XII-7 | 0.0049 | 0.16 | 0.9 | 2.4 | 15.6 | 0.060 | 18 | 0.01 | 0.0029 | 19 |
| XII-10 | 0.0046 | 0.14 | 1.2 | 1.7 | 3.0 | 0.040 | 9.2 | 0.01 | 0.0016 | 18 |
| XII-13 | 0.0071 | 0.14 | 1.7 | 1.5 | <2.6 | 0.064 | 12 | 0.01 | 0.0012 | 7 |
| XII-16 | 0.012 | 0.16 | 5.2 | 3.1 | 10110 | 0.054 | 8.6 | <0.01 | 0.0012 | 12 |
| XII-19 | 0.111 | 0.16 | 2.3 | 3.6 | 3.9 | 0.055 | 15 | 0.02 | 0.0020 | 6 |
| XII-23 | 0.0041 | 0.12 | 6.9 | 7.1 | 4.6 | 0.090 | 7.5 | 0.02 | 0.0013 | 9 |
| XII-25 | 0.0051 | 0.13 | 3.4 | 4.2 | 3.8 | 0.070 | 9.2 | 0.01 | 0.0010 | 18 |
| XII-2 | 0.0041 | 0.17 | 3.1 | 4.1 | 6.1 | 0.12 | 13 | 0.02 | 0.0017 | <1 |
| XII-3 | 0.0029 | 0.12 | 20 | 6.4 | 5.4 | 0.048 | 18 | 0.02 | 0.0027 | 1 |
| XII-5 | 0.0061 | 0.14 | 1.7 | 2.1 | 3.4 | 0.046 | 22 | 0.05 | 0.0039 | <1 |
| XII-6 | 0.0056 | 0.15 | 3.4 | 7.3 | 8.3 | 0.060 | 7.8 | 0.06 | 0.0044 | 1 |
| XII-8 | 0.014 | 0.11 | 1.9 | 5.9 | 6.9 | 0.018 | 9.2 | 0.01 | 0.0032 | 3 |
| XII-9 | 0.027 | 0.084 | 3.2 | 7.8 | 24.8 | 0.013 | 11 | 0.06 | 0.0013 | <1 |
| XII-11 | 0.032 | 0.067 | 16 | 12 | 3.2 | 0.019 | 16 | 0.02 | 0.0011 | <1 |
| XII-12 | 0.031 | 0.052 | 0.8 | 3.6 | 2.3 | 0.028 | 5.3 | 0.04 | 0.0015 | 1 |
| XII-14 | 0.021 | 0.060 | 2.9 | 8.7 | <3.0 | 0.015 | 16 | 0.02 | 0.0019 | <1 |
| XII-15 | 0.0068 | 0.15 | 1.8 | 5.3 | <3.0 | 0.027 | 8.4 | <0.01 | 0.0020 | <1 |
| XII-17 | 0.0077 | 0.14 | 3.2 | 12 | 12.6 | 0.091 | 14 | 0.01 | 0.0037 | <1 |
| XII-18 | 0.020 | 0.15 | 3.7 | 6.7 | 2.9 | 0.085 | 15 | 0.04 | 0.0044 | <1 |
| XII-20 | 0.0062 | 0.11 | 1.1 | 2.4 | 1.8 | 0.054 | 17 | 0.03 | 0.0037 | <1 |
| XII-21 | 0.0041 | 0.15 | 2.0 | 2.9 | 4.7 | 0.088 | 7.8 | 0.03 | 0.0037 | 1 |
| XII-22 | 0.0033 | 0.17 | 1.8 | 3.9 | 3.9 | 0.15 | 13 | 0.01 | 0.0044 | <1 |
| XII-24 | 0.0058 | 0.15 | 3.1 | 3.1 | 4.2 | 0.13 | 12 | 0.12 | 0.0071 | 2 |
| XII-26 | 0.0073 | 0.19 | 2.2 | 2.2 | 1.6 | 0.033 | 15 | 0.05 | 0.0044 | <1 |
| XII-27 | 0.0086 | 0.15 | 1.2 | 1.4 | 21 | 0.058 | 8.4 | 0.01 | 0.0037 | <1 |

| 编号 | Cu/% | Ni/% | Pt/$10^{-9}$ | Pd/$10^{-9}$ | Au/$10^{-9}$ | Se/$10^{-6}$ | B/$10^{-6}$ | S/$10^{-2}$ | F/$10^{-2}$ | I/$10^{-6}$ |
|---|---|---|---|---|---|---|---|---|---|---|
| XII-29 | 0.011 | 0.14 | 1.9 | 0.9 | <2.0 | 0.027 | 6.5 | 0.04 | 0.0044 | <1 |
| XII-30 | 0.0056 | 0.12 | 3.3 | 7.3 | 5.6 | 0.077 | 12 | 0.04 | 0.010 | 1 |
| XII-31 | 0.0073 | 0.13 | 2.4 | 2.3 | 42.4 | 0.062 | 19 | 0.07 | 0.0064 | <1 |
| XII-28 | 0.020 | 0.18 | 1.8 | 2.1 | 2.4 | 0.039 | 14 | 0.01 | 0.0011 | 18 |
| XII-33 | 0.0034 | 0.15 | 6.2 | 7.9 | 3.6 | 0.078 | 14 | 0.05 | 0.0009 | 5 |
| XII-36 | 0.0081 | 0.17 | 3.1 | 5.3 | 5.8 | 0.047 | 16 | 0.04 | 0.0011 | 2 |
| XII-39 | 0.0064 | 0.17 | 2.8 | 4.6 | 7.6 | 0.10 | 9.3 | 0.06 | 0.0011 | <1 |
| XII-32 | 0.0040 | 0.19 | 3.8 | 5.8 | 9.9 | 0.071 | 23 | 0.01 | 0.0051 | <1 |
| XII-34 | 0.098 | 0.14 | 3.0 | 6.7 | 10.6 | 0.098 | 16 | 0.01 | 0.0077 | <1 |
| XII-35 | 0.054 | 0.16 | 5.3 | 8.9 | 13.0 | 0.080 | 13 | <0.01 | 0.0065 | <1 |
| XII-37 | 0.011 | 0.17 | 1.2 | 0.8 | 3.4 | 0.050 | 11 | 0.01 | 0.0065 | <1 |
| XII-38 | 0.0064 | 0.11 | 0.8 | 1.6 | 6.6 | 0.15 | 17 | 0.01 | 0.0060 | <1 |
| XII-40 | 0.0077 | 0.15 | 3.6 | 7.4 | 29.2 | 0.099 | 12 | 0.02 | 0.0071 | <1 |
| XII-41 | 0.0093 | 0.15 | 1.4 | 1.3 | <3 | 0.058 | 8.9 | 0.07 | 0.0051 | <1 |
| Z1-1 | 0.0020 | 0.16 | 3.8 | 5.2 | <3 | 0.036 | 32 | 0.01 | 0.0077 | <1 |
| Z1-4 | 0.0029 | 0.19 | 1.1 | 2.7 | 2.9 | 0.028 | 40 | 0.01 | 0.0060 | <1 |
| Z1-7 | 0.0012 | 0.17 | 3.6 | 5.8 | 4.4 | 0.031 | 28 | 0.02 | 0.0071 | <1 |
| Z1-10 | 0.0014 | 0.15 | 2.1 | 4.7 | 2.4 | 0.030 | 9.1 | 0.01 | 0.0077 | 3 |
| Z1-13 | 0.0018 | 0.17 | 0.9 | 1.1 | 3.1 | 0.011 | 18 | 0.01 | 0.0065 | <1 |
| Z1-16 | 0.0033 | 0.20 | 2.3 | 2.8 | 1.7 | 0.012 | 20 | 0.01 | 0.0068 | 1 |
| Z1-19 | 0.0006 | 0.21 | 3.2 | 3.0 | 2.7 | 0.014 | 13 | 0.01 | 0.0077 | <1 |
| Z1-22 | 0.0039 | 0.22 | 2.7 | 1.3 | <2.0 | 0.015 | 15 | 0.01 | 0.0044 | <1 |
| Z1-25 | 0.0024 | 0.22 | 1.9 | 1.1 | 2.3 | 0.020 | 17 | 0.01 | 0.0060 | <1 |
| Z1-1-28 | 0.0026 | 0.22 | 1.3 | 0.9 | 1.5 | 0.010 | 21 | 0.02 | 0.0065 | <1 |
| Z1-2-31 | 0.0008 | 0.19 | 1.5 | 1.0 | 1.8 | 0.012 | 27 | 0.03 | 0.0065 | <1 |
| Z3-1 | 0.0024 | 0.18 | 4.3 | 7.1 | — | 0.038 | 5.8 | 0.05 | 0.0032 | 6 |
| Z3-2 | 0.0031 | 0.19 | 1.5 | 5.6 | — | 0.023 | 19 | 0.02 | 0.0012 | 5 |
| Z3-3 | 0.0024 | 0.18 | 1.2 | 2.0 | — | 0.041 | 12 | 0.03 | 0.0007 | 6 |
| Z3-4 | 0.0026 | 0.16 | 2.1 | 4.7 | — | 0.030 | 7.2 | 0.02 | 0.0007 | 3 |
| Z3-5 | 0.0017 | 0.14 | 3.3 | 11 | — | 0.010 | 11 | 0.05 | 0.0007 | 5 |
| Z3-6 | 0.0017 | 0.19 | 0.7 | 2.8 | — | 0.019 | 25 | 0.03 | 0.0008 | 9 |
| Z3-7 | 0.0027 | 0.20 | 2.8 | 5.1 | — | 0.025 | 13 | 0.03 | 0.0006 | 9 |
| Z3-8 | 0.0026 | 0.18 | 3.2 | 6.3 | — | 0.024 | 17 | 0.05 | 0.007 | 5 |

| 编号 | Cu/% | Ni/% | Pt/10⁻⁹ | Pd/10⁻⁹ | Au/10⁻⁹ | Se/10⁻⁶ | B/10⁻⁶ | S/10⁻² | F/10⁻² | I/10⁻⁶ |
|---|---|---|---|---|---|---|---|---|---|---|
| Z3-9 | 0.0023 | 0.17 | 1.6 | 4.2 | — | 0.029 | 21 | 0.03 | 0.0007 | 2 |
| Z3-10 | 0.0026 | 0.13 | 1.3 | 7.8 | — | 0.035 | 7.2 | 0.04 | 0.0008 | <1 |
| Z3-11 | 0.0034 | 0.13 | 2.4 | 13 | — | 0.054 | 11 | 0.05 | 0.0005 | 6 |
| Z3-12 | 0.0027 | 0.19 | 0.9 | 1.2 | — | 0.019 | 16 | 0.02 | 0.0006 | 5 |
| Z3-13 | 0.0035 | 0.15 | 1.1 | 2.5 | — | 0.025 | 28 | 0.03 | 0.0009 | 13 |
| Z3-14 | 0.0022 | 0.14 | 4.3 | 18 | — | 0.025 | 20 | 0.03 | 0.0007 | <1 |
| Z3-15 | 0.0020 | 0.092 | 1.3 | 8.1 | — | 0.025 | 23 | 0.03 | 0.0006 | 9 |
| Z3-16 | 0.0035 | 0.13 | 2.4 | 7.4 | — | 0.015 | 13 | 0.04 | 0.0006 | 5 |
| Z3-17 | 0.0026 | 0.13 | 3.2 | 11 | — | 0.036 | 17 | 0.02 | 0.0009 | <1 |
| Z3-18 | 0.0040 | 0.16 | 3.5 | 6.1 | — | 0.024 | 20 | 0.02 | 0.0009 | 28 |
| Z3-19 | 0.0021 | 0.091 | 1.4 | 4.9 | — | 0.075 | 16 | 0.03 | 0.0007 | 24 |
| Z3-20 | 0.0021 | 0.085 | 1.6 | 5.4 | — | 0.032 | 25 | 0.04 | 0.0006 | 15 |
| Z3-21 | 0.0033 | 0.12 | 3.4 | 8.9 | — | 0.030 | 8.8 | 0.03 | 0.0006 | 15 |
| Z3-22 | 0.0020 | 0.11 | 2.7 | 4.4 | — | 0.036 | 11 | 0.03 | 0.0042 | 8 |
| Z3-23 | 0.0020 | 0.090 | 4.8 | 5.8 | — | 0.094 | 27 | 0.05 | 0.0018 | 19 |
| Z3-24 | 0.0020 | 0.087 | 1.4 | 2.4 | — | 0.020 | 12 | 0.02 | 0.0018 | 15 |

（1）珠山岩体微量元素及矿化元素的空间分布特征。

珠山岩体呈单斜状发育，倾 N。对岩体地表横剖面取样分析结果，不但揭示了岩体在横向上的元素分布特征，同时也是岩体出露部分由下至上之间元素差异变化特征的反映。对该岩体中段-东段实测剖面两条，相关矿化元素含量变化总体揭示有如下基本特征：

1）在横向上由岩体顶面至底面，岩体中 Au、Co、Cr、Fe 等元素含量无明显的变化规律，分布相对均一。

2）Cu、Ni 含量，在两条剖面上共同揭示有近岩体顶面（顶面接触带）含量较高，而往岩体底面（底面接触带）方向逐渐降低之变化规律。

3）Pt、Pd 含量，在 ZS₁ 号剖面上总体表现有由顶面接触带往下逐渐增高的变化规律，并且 Se、B 等元素组分表现有同步变化趋势。

4）在 ZS₃ 号剖面上，Pt、Pd 含量变化特征不甚明显，其中，Pt 似有往岩体顶、底面接触带双向富集之势，而 Pd 则似有在岩体上部相对富集的特征。与 ZS₁ 号部面特征相比，本剖面上 B 含量的变化规律也不甚明显，略具往中下部-下部方向增高之势；而 Se 含量往深部相对富集的特征十分清楚。另外，I

和 F 元素也有相应的、较明显的富集特征。

由上可见，在珠山岩体近地表浅部，Cu、Ni、Pt、Pd 以及部分指示性阴离子元素（多属岩浆晚期或期后气液组分）Se、B、F、I 等，它们均分别趋向于往岩体顶、底面方向附近较富集的基本特征，并显示有近岩体顶面接触带聚集 Cu、Ni，往岩体底面接触带聚集 Pt、Pd 之势，客观地揭示了 Cu、Ni、PGE 矿矿化元素与微量元素空间富集定位的规律性。

（2）西沟岩体微量及矿化元素的空间分布特征。

地面地质及物探异常特征揭示，西沟岩体也呈单斜状（或岩床状）产出，倾向南西（SW）且倾角较缓。实测剖面（2 条），分析结果揭示其相关元素空间分布特征如下：

1）在 $XG_1$ 剖面上，Ni、Co、Cr、Fe 等元素分布较均一，其含量无明显的变化。Cu、Au 在岩体内分布不均，但无明显的规律性变化，局部富集。

Pt、Pd 元素含量在 $XG_1$ 剖面上总体表现有由岩体中部往岩体顶、底面接触带方向渐趋增高之势，尤其往岩体顶面接触带方向 Pt、Pd 元素富集特征更明显。在横剖面上，I 元素与 Pt、Pd 之间具有相似的变化特征，尤其是 F 元素具有近岩体顶面接触带明显富集之规律。而 Se、B 元素的富集特征与珠山岩体颇为相似，均有往岩体底面接触带方向富集之势。

2）$XG_2$ 剖面因受岩体出露条件局限，其为一斜交岩体长轴方向的短剖面（线长 30m），该部面上元素含量分布特征揭示：Fe、Cr、Co、Ni 分布较为均一，一般含 Fe6% 左右、Cr2500×$10^{-6}$ 左右、Co100×$10^{-6}$ 左右、Ni0.15% 左右；Pt、Pd、Au、Cu、Sb 等元素含量变化较大，其中，Pd 元素含量一般小于 6×$10^{-9}$，在剖面中部发育低值区（一般小于 4×$10^{-9}$），两侧发育相对富集区（6×$10^{-9}$~12×$10^{-9}$），但未见明显 Pd 矿化异常带出现；Pt 元素含量一般均小于 5×$10^{-9}$，部分样品达 15×$10^{-9}$~20×$10^{-9}$，个别最高者为 310×$10^{-9}$；Cu 元素含量一般在 0.005% 左右，但在剖面 NE 段发育一较明显的相对富集异常带，含量在 0.01~0.04 之间，个别可高达 0.14%，应属 Cu 矿化异常显示；Au 元素含量一般小于 5×$10^{-9}$，少量样品大于 20×$10^{-9}$ 甚至个别样品可高达 10110×$10^{-9}$；值得重视的是，对比剖面上 Pt、Pd、Cu、Au、Sb 等元素含量变化特征，便会发现这些元素的高异常点主要集中于剖面 NE 段的 2~19 号测点之间约 6cm 宽度范围内，而在其两侧则为发育 F 的相对高异常带，尤其往 SW 段（即往岩体顶面方向）F 异常特征更明显。

3）$XG_2$、$XG_2$ 两剖面相对位置而言，$XG_2$ 剖面位于岩体北（西）段，$XG_1$ 剖面位于岩体南（东）段，二者间距为 200m 左右。对比两剖面上 Ni、Cu、Pt、Pd、Au 等元素的含量总体特征（见表 4-7），则具有 NW 段相对富 Cu、Au，往 SE 段相对富 Ni、Pt、Pd 的差异变化特征。

表 4-7 西沟岩体不同地段 Cu、Ni、Pt、Pd、Au 含量特征

| 岩体部位 | | Cu/% | Ni/% | Au/×10$^{-9}$ | Pt/×10$^{-9}$ | Pd/×10$^{-9}$ |
|---|---|---|---|---|---|---|
| NW 段至 SE 段 | XG$_2$剖面（41 件样） | 0.01 | 0.04 | 7.76①（个别达 10110） | 3.43 | 4.69 |
| | XG$_1$剖面（26 件样） | 0.0025 | 0.18 | | 6.63（个别达 10110） | 11.59 |

① XG$_2$剖面中含 Au 达 10110×10$^{-9}$样品未作统计。

（据徐㼆章、张寿庭，2000）

（3）元素相关性特征与成矿远景评价。

研究区超基性岩中微量元素进行相关规律分析结果表明：

1）Pt/Pd 元素相关性，在珠山、西沟两岩体均呈明显的正消长关系，反映 Pt、Pd 元素地化行为的相似性，以及二者在超基性岩体中具有共同的富集规律。

2）我国超基性岩含铂铜镍矿床成矿特征的已有研究成果表明，岩浆期矿化中 Cu/Ni 之间具有较明显的正相长关系，而热液期叠加改造成矿 Cu/Ni 之间则呈现反相长关系，甘肃金川等 Cu-Ni 矿床便是其例。对珠山、西沟两岩体 Cu/Ni 元素相关性分析表明，在珠山岩体中 Cu/Ni 呈明显的正消长关系；但在西沟岩体中 Cu/Ni 相关性有两种趋势，在 Cu 元素低含量地段，Cu/Ni 之间也略呈正消长关系，而在 Cu 元素相对富集地段，Cu/Ni 之间则呈较明显的反消长关系。这可能正是岩浆期和热液期 Cu/Ni 元素组成特征的分别体现。Cu 含量相对富集地段这种 Cu/Ni 反消长关系，则可能较多地反映有热液作用改造的特点，这使西沟岩区岩浆期后热液脉体较发育，并见有 Cu 矿化等特征也可予以佐证。

3）岩浆熔离过程中，Os、I、Ru、Rh 矿化趋向于岩浆结晶作用的相对较早阶段，伴随 Ni 析出；而 Pt、Pd 主要发生于相对晚期并伴随 Cu 沉淀析出。因此，在岩浆型矿床中常见形成两个成矿元素的共生组合，早期成矿作用元素为 Ni、Co、Os、Ru、Ir、Ph；晚期矿化元素为 Cu、Te、Au、Ag、Pt、Pd（据刘英俊等人，1987 年）。在珠山、西沟两岩体中，Ni/Fe、Ni/Co 之间均具正消长关系；Ni/Pt、Ni/Pd、Ni/Au 在珠山和西沟岩体中均呈反消长关系。

上述事实客观地表明了成矿的多期、多阶段性特征，标志着含矿超基性岩浆分异的彻底性与完整性，预示着依兰地区超基性岩体（群）良好的成矿前景与找矿潜力。

### 4.2.2.4 目标超基性岩体矿石学特征及成矿远景评价

从矿石学角度对西沟、珠山两岩体进行系统取样（浅部矿化岩石）、光片

鉴定、电镜扫描及电子探针分析等综合研究结果（见图 4-34～图 4-72，表 4-8
和表 4-9）表明：两岩体浅部已见金属矿物可分三类，共九种（见表 4-10）。
其中，含 Ni 矿物以六方硫镍矿和针镍矿为主，并出现部分新矿物或新变种
矿物。

### 表 4-8　金属矿物成分电子探针分析结果　　　　　　（%）

| 序号 | 原号 | 矿物名称 | S | Fe | Co | Ni | Cu | As | Sb | 总量 |
|---|---|---|---|---|---|---|---|---|---|---|
| 1 | XI-13 | 六方硫铁镍矿 | 34.90 | 20.27 | 3.04 | 41.60 | 0.13 | 0.00 | 0.06 | 100.00 |
| 2 | XI-10 | 六方硫镍矿 | 38.34 | 1.53 | 0.27 | 59.86 | 0.00 | 0.00 | 0.00 | 100.00 |
| 3 | XI-22 | 六方硫镍矿 | 27.32 | 0.24 | 0.02 | 72.42 | 0.00 | 0.00 | 0.00 | 100.00 |
| 4 | XI-24 | 六方硫镍矿 | 27.51 | 0.10 | 0.00 | 72.39 | 0.00 | 0.00 | 0.00 | 100.00 |
| 5 | XI-23 | 六方硫镍矿 | 27.58 | 0.13 | 0.00 | 72.29 | 0.00 | 0.00 | 0.00 | 100.00 |
| 6 | XI-11 | 六方硫镍矿 | 27.65 | 0.09 | 0.06 | 72.08 | 0.08 | 0.00 | 0.00 | 100.00 |
| 7 | XI-23 | 六方硫镍矿 | 27.82 | 0.11 | 0.12 | 71.95 | 0.00 | 0.00 | 0.00 | 100.00 |
| 8 | XI-11 | 六方硫镍矿 | 28.04 | 0.04 | 0.07 | 71.85 | 0.00 | 0.00 | 0.00 | 100.00 |
| 9 | Z3-23 | 六方硫镍矿 | 28.13 | 0.11 | 0.00 | 71.76 | 0.00 | 0.00 | 0.00 | 100.00 |
| 10 | Z3-11 | 六方硫镍矿 | 28.06 | 0.09 | 0.05 | 71.66 | 0.14 | 0.00 | 0.00 | 100.00 |
| 11 | XI-22 | 六方硫镍矿 | 28.11 | 0.09 | 0.11 | 71.70 | 0.00 | 0.00 | 0.00 | 100.00 |
| 12 | Z3-11 | 六方硫镍矿 | 28.26 | 0.04 | 0.07 | 71.63 | 0.00 | 0.00 | 0.00 | 100.00 |
| 13 | XI-20 | 六方硫镍矿 | 28.40 | 0.03 | 0.02 | 71.56 | 0.00 | 0.00 | 0.00 | 100.00 |
| 14 | Z3-11 | 六方硫镍矿 | 28.76 | 0.04 | 0.13 | 71.07 | 0.00 | 0.00 | 0.00 | 100.00 |
| 15 | XI-20 | 六方硫镍矿 | 28.84 | 0.21 | 0.00 | 70.95 | 0.00 | 0.00 | 0.00 | 100.00 |
| 16 | Z3-11 | 六方硫镍矿 | 28.88 | 0.09 | 0.02 | 70.90 | 0.11 | 0.00 | 0.00 | 100.00 |
| 17 | XI-20 | 六方硫镍矿 | 28.90 | 0.20 | 0.07 | 70.83 | 0.00 | 0.00 | 0.00 | 100.00 |
| 18 | XI-22 | 六方硫镍矿 | 29.01 | 0.07 | 0.04 | 70.88 | 0.00 | 0.00 | 0.00 | 100.00 |
| 19 | XI-20 | 六方硫镍矿 | 29.61 | 0.12 | 0.00 | 70.27 | 0.00 | 0.00 | 0.00 | 100.00 |
| 20 | Z3-23 | 六方硫镍矿 | 30.16 | 0.05 | 0.01 | 69.78 | 0.00 | 0.00 | 0.00 | 100.00 |
| 21 | XI-20 | 硫镍铜矿 | 29.81 | 0.95 | 2.54 | 30.08 | 36.63 | 0.00 | 0.00 | 100.00 |
| 22 | XI-24 | 针镍矿 | 30.45 | 0.17 | 0.14 | 69.24 | 0.00 | 0.00 | 0.00 | 100.00 |
| 23 | Z3-19 | 针镍矿 | 31.10 | 0.08 | 0.00 | 68.82 | 0.00 | 0.00 | 0.00 | 100.00 |
| 24 | XI-23 | 针镍矿 | 32.23 | 0.08 | 0.00 | 67.68 | 0.00 | 0.00 | 0.00 | 100.00 |
| 25 | XI-23 | 针镍矿 | 32.30 | 0.06 | 0.03 | 67.61 | 0.00 | 0.00 | 0.00 | 100.00 |
| 26 | XI-22 | 针镍矿 | 32.86 | 0.13 | 0.06 | 66.94 | 0.01 | 0.00 | 0.00 | 100.00 |

| 序号 | 原号 | 矿物名称 | S | Fe | Co | Ni | Cu | As | Sb | 总量 |
|---|---|---|---|---|---|---|---|---|---|---|
| 27 | XI-20 | 针镍矿 | 32.72 | 0.33 | 0.00 | 66.94 | 0.10 | 0.00 | 0.00 | 100.00 |
| 28 | XI-20 | 针镍矿 | 33.28 | 0.72 | 0.07 | 65.94 | 0.00 | 0.00 | 0.00 | 100.00 |
| 29 | XI-20 | 针镍矿 | 33.56 | 0.00 | 0.00 | 66.44 | 0.00 | 0.00 | 0.00 | 100.00 |
| 30 | Z3-19 | 针镍矿 | 33.82 | 0.09 | 0.05 | 66.04 | 0.00 | 0.00 | 0.00 | 100.00 |
| 31 | XI-24 | 针镍矿 | 34.07 | 0.20 | 0.09 | 65.64 | 0.00 | 0.00 | 0.00 | 100.00 |
| 32 | Z3-19 | 针镍矿 | 34.62 | 0.10 | 0.03 | 65.25 | 0.00 | 0.00 | 0.00 | 100.00 |
| 33 | Z3-19 | 针镍矿 | 35.32 | 0.08 | 0.06 | 64.54 | 0.00 | 0.00 | 0.00 | 100.00 |
| 34 | XI-23 | 针镍矿 | 35.74 | 0.07 | 0.00 | 64.19 | 0.00 | 0.00 | 0.00 | 100.00 |
| 35 | XI-20 | 二硫镍钴矿 | 37.72 | 3.84 | 33.43 | 25.01 | 0.00 | 0.00 | 0.00 | 100.00 |
| 36 | XI-7 | 砷镍矿 | 0.19 | 0.20 | 0.32 | 41.12 | 0.00 | 56.98 | 1.19 | 100.00 |
| 37 | XI-7 | 砷镍矿 | 0.17 | 0.18 | 0.29 | 43.19 | 0.00 | 54.48 | 1.20 | 100.00 |

### 表 4-9 矿物结晶化学式计算结果

| 序号 | 原号 | 矿物名称 | 计算结晶化学式 | S : Ni (Co, Fe) |
|---|---|---|---|---|
| 1 | XI-13 | 六方硫镍矿 | $(Ni_{2.37}Fe_{0.66}Co_{0.09})_{3.12}S_2$ | 2 : 3 |
| 2 | XI-10 | 六方硫镍矿 | $(Ni_{3.38}Fe_{0.05})_{3.43}S_2$ | 2 : 3 |
| 3 | XI-22 | 六方硫镍矿 | $Ni_{2.88}S_2$ | 2 : 3 |
| 4 | XI-24 | 六方硫镍矿 | $Ni_{2.85}S_2$ | 2 : 3 |
| 5 | XI-23 | 六方硫镍矿 | $Ni_{2.84}S_2$ | 2 : 3 |
| 6 | Z3-11 | 六方硫镍矿 | $Ni_{2.83}S_2$ | 2 : 3 |
| 7 | XI-23 | 六方硫镍矿 | $Ni_{2.81}S_2$ | 2 : 3 |
| 8 | XI-22 | 六方硫镍矿 | $Ni_{2.78}S_2$ | 2 : 3 |
| 9 | Z3-23 | 六方硫镍矿 | $Ni_{2.77}S_2$ | 2 : 3 |
| 10 | Z3-11 | 六方硫镍矿 | $Ni_{2.77}S_2$ | 2 : 3 |
| 11 | XI-22 | 六方硫镍矿 | $Ni_{2.76}S_2$ | 2 : 3 |
| 12 | Z3-11 | 六方硫镍矿 | $Ni_{2.75}S_2$ | 2 : 3 |
| 13 | XI-20 | 六方硫镍矿 | $Ni_{2.73}S_2$ | 2 : 3 |
| 14 | Z3-11 | 六方硫镍矿 | $Ni_{2.68}S_2$ | 2 : 3 |
| 15 | XI-20 | 六方硫镍矿 | $Ni_{2.67}S_2$ | 2 : 3 |
| 16 | Z3-11 | 六方硫镍矿 | $Ni_{2.66}S_2$ | 2 : 3 |
| 17 | XI-20 | 六方硫镍矿 | $Ni_{2.66}S_2$ | 2 : 3 |

| 序号 | 原号 | 矿物名称 | 计算结晶化学式 | S∶Ni（Co，Fe） |
|---|---|---|---|---|
| 18 | XI-22 | 六方硫镍矿 | $Ni_{2.58}S_2$ | 2∶3 |
| 19 | XI-20 | 六方硫镍矿 | $Ni_{2.51}S_2$ | 2∶3 |
| 20 | Z3-23 | 六方硫镍矿 | $Ni_{2.51}S_2$ | 2∶3 |
| 21 | XI-20 | 六方硫镍矿 | $Ni_{2.51}S_2$ | 2∶3 |
| 22 | XI-24 | 针镍矿 | $Ni_{2.47}S_2$ 简化式 NiS | 1∶1 |
| 23 | Z3-19 | 针镍矿 | $Ni_{2.40}S_2$ 简化式 NiS | 1∶1 |
| 24 | XI-23 | 针镍矿 | $Ni_{2.28}S_2$ 简化式 NiS | 1∶1 |
| 25 | XI-23 | 针镍矿 | $Ni_{2.26}S_2$ 简化式 NiS | 1∶1 |
| 26 | XI-22 | 针镍矿 | $Ni_{2.21}S_2$ 简化式 NiS | 1∶1 |
| 27 | XI-20 | 针镍矿 | $Ni_{2.22}S_2$ 简化式 NiS | 1∶1 |
| 28 | XI-20 | 针镍矿 | $Ni_{2.15}S_2$ 简化式 NiS | 1∶1 |
| 29 | XI-20 | 针镍矿 | $Ni_{2.15}S_2$ 简化式 NiS | 1∶1 |
| 30 | Z3-19 | 针镍矿 | $Ni_{2.12}S_2$ 简化式 NiS | 1∶1 |
| 31 | XI-24 | 针镍矿 | $Ni_{2.09}S_2$ 简化式 NiS | 1∶1 |
| 32 | Z3-19 | 针镍矿 | $Ni_{2.15}S_2$ 简化式 NiS | 1∶1 |
| 33 | Z3-10 | 针镍矿 | $Ni_{1.90}S_2$ 简化式 NiS | 1∶1 |
| 34 | XI-23 | 针镍矿 | $Ni_{1.95}S_2$ 简化式 NiS | 1∶1 |
| 35 | XI-20 | 二硫镍钴矿 | $(Ni_{0.78}Co_{0.96}Fe_{0.12})_{1.80}S_2$ | 1∶1 |
| 36 | XI-7 | 砷镍矿 | $(Ni_{0.82}Fe_{0.05}Co_{0.01})_{0.935}As$ | As∶Ni=1∶1 |
| 37 | XI-7 | 砷镍矿 | $(Ni_{1.01}Co_{0.007}Fe_{0.004})As$ | As∶Ni=1∶1 |

## 表 4-10　研究区矿物组合

| 类　别 | 金属矿物名称 | 备注 |
|---|---|---|
| 氧化物 | 铬铁矿 $(Cr，Fe，Al)_3O_4$ | 常见 |
| | 磁铁矿 $(Fe_3O_4)$ | 常见 |
| 硫化物 | 六方硫镍矿 $(Ni_3S_2)$ | 常见 |
| | 六方硫铁镍矿[1] $[(Ni_2Fe)_3S_2]$ | 偶见 |
| | 针镍矿 $(NiS)$ | 常见 |
| | 二硫镍钴矿[1] $[(Ni，Co)S]$ 或 $[(Ni，Co)_2S_2]$ | 偶见 |
| | 磁黄铁矿 $(FeS)$ | 偶见 |
| | 硫镍铜矿[1] $[(Ni，Cu，Fe)_2S_2]$ 或 $[(Ni，Cu，Fe)S]$ | 偶见 |
| 砷化物 | 砷镍矿[1] $(NiAs)$ | 偶见 |

[1]新矿物及新变种矿物。

图 4-34  二硫镍钴矿（暂名）及外围
磁黄铁矿的二次电子像（×200）

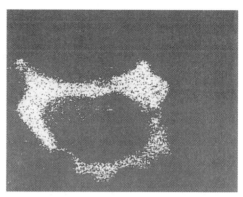

图 4-35  二硫镍钴矿及外围磁黄铁矿中
Fe 的 X 射线像（×200）

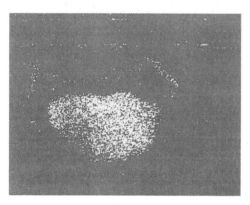

图 4-36  二硫镍钴矿中 Ni 的
X 射线像（×200）

图 4-37  二硫镍矿中 Co 的
X 射线像（×200）

图 4-38  二硫镍钴矿及磁黄铁矿中 S 的
X 射线像（×200）

图 4-39  硫镍铜矿（暂名）的
二次电子像（×1500）

图 4-40　硫镍铜矿中 S 的 X 射线像（×1500）

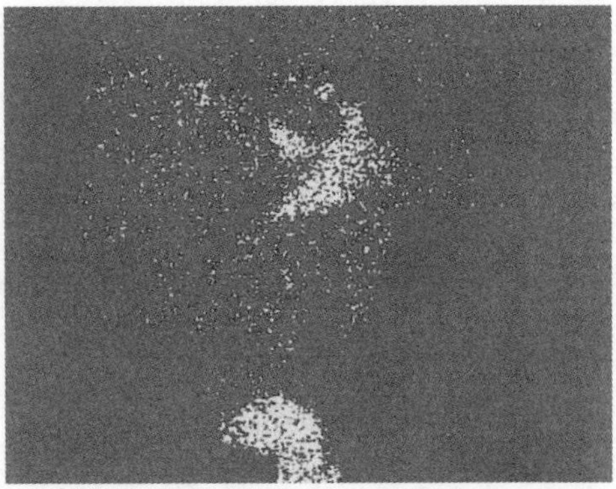

图 4-41　硫镍铜矿中 Co 的 X 射线像（×1500）

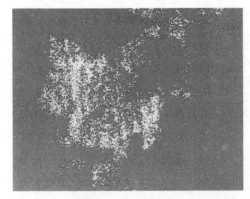

图 4-42　硫镍铜矿中 Ni 的 X 射线像（×1500）

图 4-43　硫镍矿中 Cu 的 X 射线像（×1500）

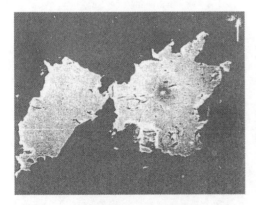

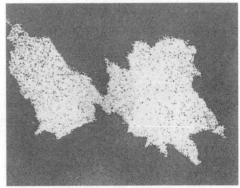

图 4-44　六方硫镍矿的二次电子像（×860）

（大粒中心白点为电子探针冲击穴点）

图 4-45　六方硫镍矿中 Ni 的
X 射线像（×860）

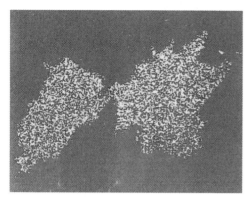

图 4-46　六方硫镍矿中 S 的
X 射线像（×860）

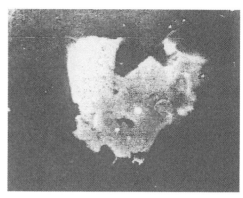

图 4-47　六方硫铁镍矿的二次
电子像（×3000）

图 4-48　六方硫铁镍矿中 S 的
X 射线像（×3000）

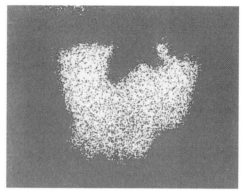

图 4-49　六方硫铁镍矿中 Ni 的
X 射线像（×3000）

图 4-50　六方硫铁镍矿中 Co 的
X 射线像（×3000）

图 4-51　六方硫铁镍矿中 Fe 的
X 射线像（×3000）

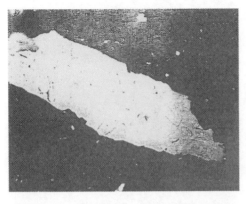

图 4-52　六方硫镍矿的二次电子像（×660）

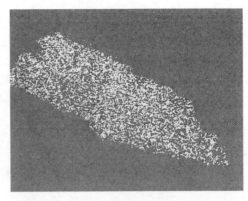

图 4-53　六方硫镍矿中 S 的 X 射线像（×660）

图 4-54　六方硫镍矿中 Ni 的
X 射线像（×660）

图 4-55　铬铁矿及周围磁铁矿的
二次电子像（×480）

图 4-56　铬铁矿中 Cr 的 X 射线像（×480）

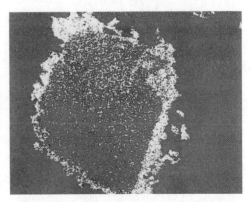

图 4-57　铬铁矿及周围磁铁矿中 Fe 的
X 射线像（×480）

（铬铁矿稀疏密集）

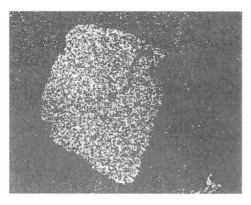

图 4-58　铬铁矿中 Al 的 X 射线像（×480）

图 4-59　蛇纹石中 Mg 的 X 射线像（×480）

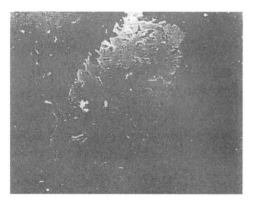

图 4-60　铬铁矿及边缘的磁铁矿的
二次电子像（×480）

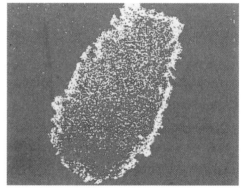

图 4-61　铬铁矿及边缘的磁铁矿中 Fe 的
X 射线像（×480）
（虽然都含 Fe，但有量的区别，故有稀疏和稠密之分）

图 4-62　铬铁矿中 Cr 的 X 射线像（×480）

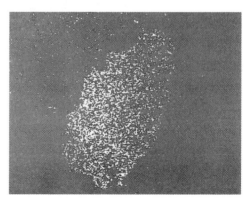

图 4-63　铬铁矿中 Al 的 X 射线像（×480）

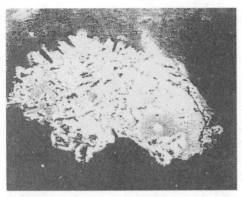

图 4-64　砷镍矿（白灰）及磁铁矿（灰白）
二次电子像（×780）

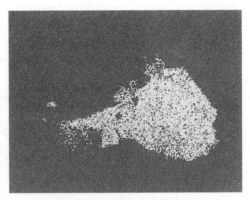

图 4-65　砷镍矿中 Ni 的
X 射线像（×780）

图 4-66　砷镍矿中 As 的
X 射线像（×780）

（磁铁矿未分析 Fe 的 X 射线像，×780）

图 4-67　六方硫镍矿（灰白）及砷镍矿
（灰白）的二次电子像（×946）

图 4-68　六方硫镍矿及砷镍矿中 Ni 的
X 射线像（×946）

图 4-69　砷镍矿中 As 的
X 射线像（×946）

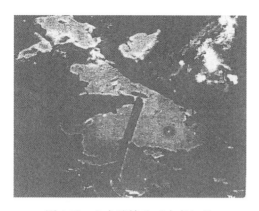

图 4-70　六方硫镍矿（白色）的
二次电子像（×1100）

（暗灰黑色为蛇纹石）

图 4-71　六方硫镍矿中 Ni 的 X 射线
像（白点）（×1100）

　　通过研究，结合研究区西沟、珠山两岩体的实际情况（金属矿物的发育程度），以及现有金属矿物组合及成分特征所提供的信息标志，可对本区超基性岩体成矿特征初步评价如下：

　　（1）尽管西沟、珠山两岩体目前所见部分均属岩体浅部矿化带产物，但从样品中金属矿物尤其是含镍矿物的出现频次分析，西沟岩体更显发育。并且现已发现的金属矿物类型也以西沟岩体更显复杂，珠山岩体含 Ni

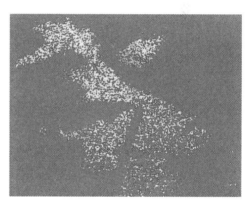

图 4-72　六方硫镍矿中 S 的
X 射线像（×1100）

矿物以六方硫镍矿和针镍矿为主，西沟岩体除二者外还发现多种含 Ni 变种矿物或新矿物（如六方硫铁镍矿、硫镍铜矿、二硫镍钴矿、砷镍矿等），预示着西沟岩体的成矿潜力更优于珠山，标志着深部良好的成矿前景。

　　（2）自然界含 Ni 矿物类型众多（见表 4-11），研究区西沟、珠山两岩体浅部，含 Ni 矿物均以六方硫镍矿和针镍矿为主，包括西沟岩体中所见的砷镍矿物，它们均属富 Ni 矿物，六方硫镍矿含 Ni 达 70% 左右，针镍矿和砷镍矿均含 Ni50% 左右，若原始矿液或矿浆中 Ni 的相对含量低，则难形成此类高 Ni 矿物。例如，著名的甘肃金川镍矿，其主要含 Ni 矿物是镍黄铁矿（矿物含 Ni37% 左右）。由此可以预见，本区超基性岩体原始岩浆或气液中是相对富 Ni 的，或 Ni 的相对含量较高（矿化组分之间的离子浓度比高）。从这一角度推断，预测深部有工业矿体存在，且金属矿应属富 Ni 矿物系列。

### 表 4-11　部分镍矿物含 Ni 含量对比

| 矿物类别 | 镍矿物名称 | 化学式 | N：S（As 等） | Ni/% | 晶系 | 备注 |
|---|---|---|---|---|---|---|
| 自然元素矿物 | 自然镍 | Ni | Ni 为主，少许杂质 | 100± | | |
| 硫化物 | 六方硫镍矿 | $Ni_3S_2$ | Ni：S=3：2 | ≥70 | 六方晶系 | 本区已见 |
| | 针镍矿 | NiS | Ni：S=1：1 | 50± | 六方晶系 | 本区已见 |
| | 辉镍矿 | $Ni_3S_4$ | Ni：S=3：4 | <50 | 等轴晶系 | |
| | 硫镍钴矿 | $(Ni,Co)_3S_4$ | (Ni,Co)：S=3：4 | <50 | 等轴晶系 | |
| | 方硫铁镍矿 | $(Ni,Co,Fe)_9S_8$ | (Ni,Fe,Co)：S=1：2 | <50 | 等轴晶系 | |
| | 镍黄铁矿 | $(Ni,Co,Fe)_9S_8$ | (Ni,Co,Fe)：S=9：8 | <50 | 等轴晶系 | |
| | 钴镍黄铁矿 | $(Co,Ni,Fe)_9S_8$ | (Co,Ni,Fe)：S=9：8 | <50（Co 高） | 等轴晶系 | |
| | 锑硫镍矿 | NiSbS | Ni：Sb：S=1：1：1 | <50 | 等轴晶系 | |
| | 紫硫镍矿 | $(Ni,Fe)_3S_4$ | (Ni,Fe)：S=3：4 | <50 | 等轴晶系 | |
| 砷化物 | 砷镍矿 | $Ni_3As_2$ | Ni：As=3：2 | >70± | 正方晶系 | |
| | 红砷镍矿 | NiAs | Ni：As=1：1 | 50± | 六方晶系 | |
| | 砷镍钴矿 | (Ni,Co)As | (Ni,Co)：As=1：1 | <50 | 六方晶系 | |
| | 砷铁镍矿 | $Ni_2FeAs_2$ | Ni：Fe：As=2：1：2 | <50 | 六方晶系 | |
| | 砷镍铁钴矿 | (Fe,Ni,Co)As | (Fe,Ni,Co)：As=1：1 | <50 | 斜方晶系 | |
| | 褐砷镍矿 | $Ni_2As$ | Ni：As=2：2 | <50 | 六方晶系 | |
| 锑化物 | 红锑镍矿 | NiSb | NiSb | ≈50 | | |
| 硫砷化物 | 辉砷镍矿 | (Ni,Co,Fe)AsS | (Ni,Co,Fe) | <50 | 等轴晶系 | |
| | 辉砷锑镍矿 | Ni(As,Sb)S | Ni(As,Sb)S | <50 | 等轴晶系 | |

### 4.2.2.5　物探测量与成矿预测评价

为综合开展隐伏矿体的预测评价，本次研究在结合地面地质调查的基础上，综合应用了 VLF-EM 和 EH4 两种浅层和深地球物勘探方法，以更好地揭示地下金属低阻异常体（尤指隐伏矿体）的空间产出特征。现分别把测量成果概述如下。

A　甚低频电磁测量成果分析与评价

a　技术条件概述

甚低频电磁测量（VLF-EM）是利用世界上海军用通讯台或导航台发射的 15~25kHz 波段的无线电波作场源，并把发射台天线当作位于地表的一个垂直电偶极子。该法基于电磁感应原理，既可利用磁分量测量（磁倾角法），也可利用电分量测量（电阻率法或波阻抗法）。在隐伏矿体预测中，尤其当电极接地条件受限时，多采用磁倾角法。

在依兰西沟、珠山超基性岩区应用 VLF 方法测量的技术措施如下：

（1）仪器型号：DDS-I 型甚低频仪；

（2）测线布置：与待测地质体走向近于垂直，确定珠山岩区测线方位为近 SN 向；西沟岩区测线方位为 NE-SW 向；

（3）观测点距：10m；

（4）选台频率：$F = 17.4$kHz；

（5）测量方法：磁倾角（$D$）测量；

（6）资料处理：磁倾角 Fraser 滤波、线性滤波等。

b  测量成果与初步评价

本次研究，对珠山和西沟两超基性岩区布测物探甚低频剖面三条。其中，西沟、珠山主剖面各一条，分别控制两岩体出露的主体部位，另在珠山岩体东段近倾伏端控制一短剖面。现分述如下：

（1）珠山岩体 VLF 测量成果与评价。

珠山岩体主剖面 VLF 磁倾角测量成果（见图 4-73），在测线 180cm 左右磁倾角 $D$ 出现真零交点，Fraser 滤波后倾角值（F）峰值区位于测线中部 150m 左右，该部位为一明显的低阻异常带发育部位。从地面地质特征分析，对应部位属超基性岩体与围岩（黑龙江群变质岩）的接触分界地带，是一物性明显差异的构造薄弱带，无疑也是岩浆分异晚期和岩浆期后热液活动有利成矿的构造部位。在地势上，异常带位于现今珠山岩体（呈近 EW 向山体展布）南侧陡坡与平缓山地（黑龙江群变质岩分布区）的分界过渡区。更值得重视的是，与 VLF 剖面对应的岩体出露段系统取样测试分析结果揭示，在岩体横剖面上，岩体与围岩分界地带尤其是与上述 VLF 异常带对应部位，存在明显的 F-I-Se 等元素组合异常，客观地反映了这些部位是岩浆期后热液期相关矿化剂（F、I、Se 等）元素组分的重要活动场所，它们是隐伏-半隐伏矿体预测的间接指示元素。

对 VLF 测量成果的线性滤波处理，所获得的电流密度等值线剖面图进一步揭示了该低阻异常带的空间产状发育特征，总体呈北倾，倾角 50°左右。

对该岩体东延至近倾伏端进行的 VLF 测量成果（见图 4-74）揭示，在上述低阻异常带走向延伸对应地段，VLF 低阻异常也客观存在（即位于测线 50m 左右，因森林密集，VLF 测线长度受限，线性滤波资料未能获得）。总体表明，珠山岩体底面接触带低阻异常发育特征是相对稳定延伸的。

综上研究可知，无论从超基性岩型矿床的矿化富集基本规律分析，还是从珠山岩体 VLF 实测成果所揭示的强低阻异常带的空间产状与发育部位，以及相关

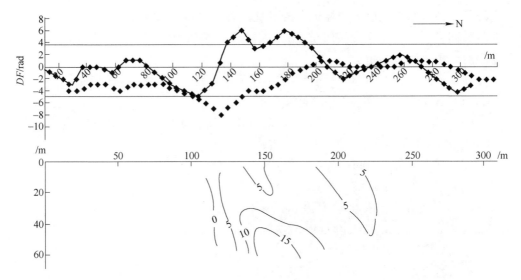

图 4-73　珠山岩体中段 VLF 主剖面磁倾角测量及 Fraser 滤波、线性滤波剖面图

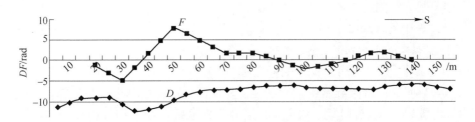

图 4-74　珠山岩体东段 VLF 短剖面磁倾角测量及 Fraser 滤波剖面图

指示元素（F-I-Se 等）的异常发育特征分析，均揭示了珠山超基性岩体南接触带应为其深部隐伏矿体找矿预测的有利部位。

（2）西沟岩体 VLF 测量成果与初步评价。

西沟岩体 VLF 电磁测量剖面线方位 45°，剖面穿越该岩体主体出露段（测线 150~300m 之间为现今岩体地表出露段及采石场分布区）。测量结果（见图 4-75）表明，在测线 50m 左右和 310m 左右出现磁倾角 D 真零交点 2 处；磁倾角 Fraser 滤波处理后，F 峰值体 3 处分别位于测线 50m、150m 和 320m 左右，揭示测线范围内所控物探低阻异常带有 3 处，其中，异常强度规模最大的低阻异常带位于测线 320m 左右。现结合地面地质特征与元素异常特征，将上述 3 处 VLF 低阻异常体予以综述。

1）测线 50m 左右的 VLF 低阻异常体，位于西沟岩体 SW 侧，地面出露为黑龙江群变质岩系，在该异常体对应部位，地表见有石英脉体发育，据此推断其为一含石英脉体的构造破碎带，对其含矿性特征尚待进一步查证，尤其是否存在超基性岩体外接触带的石英脉型矿体（如云南金厂超基性岩体外接触带的石英脉型金矿等）值得查证。

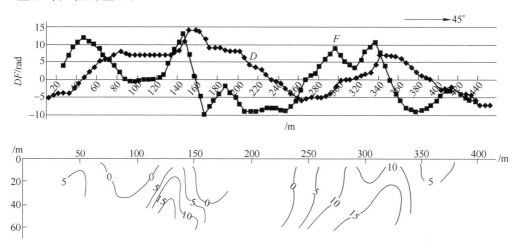

图 4-75  西沟岩体 VLF 磁倾角测量及 Fraser 滤波和线性滤波剖面图

2）测线 150m 左右的 VLF 低阻异常体，位于西沟岩体可见岩体露头的 SW 缘，从岩体展布区的地形地貌特征与地表残坡积物的分布情况分析，该异常带对应段是岩体 SW 侧的接触分界带部位。线性滤波处理的电流密度等值线剖面图揭示，该异常带（破碎）产状倾向 SW，倾角较陡（60° 左右）。根据对应岩体系剖面取样测试分析结果进一步揭示，在横剖面上，岩体近上述异常部位的元素异常特征，表现为 F、I 元素的相对富集异常，并且 Pt-Pd 元素也相对趋于明显富集，间接预示上述 VLF 低阻异常带应属构造破碎带，是岩浆期后热液活动和相关元素组分富集的有利地段。

3）测线 320m 左右的 VLF 低阻异常带，其不但为本剖面揭示的异常强度规模最大者，且异常体发育特征与前述珠山岩体剖面上所揭示的 VLF 异常体特征颇为相似，结合岩体展布区地形地貌和地表出露特征分析，推断其即为西沟岩体 NE 缘的断层接触分界带部位（具体位置：在岩体采石场东侧公路一带）。线性滤波处理的电流密度等值线剖面揭示：该异常带产状倾向 SW，与上述顶板接触带产状倾向一致，倾角 40° 左右，并有浅部较陡往深部渐趋变缓之势。系统剖面取样（岩体部分）分析结果表明，在接触带部位，存在 Se-B-I 渐趋富集的元素组合异常。另外，野外调研还见有铜矿化（孔雀石化）产出，并且岩体内晚期碳酸盐化（菱镁矿化或白云石脉）相对发育。综上异常组合信息，西沟岩体深部应是隐伏矿找矿预测的重要目标。

B  EH4 毛电磁测深成果分析与评价

a  技术条件概述

　　EH4 电磁测深，是采用美国 EMI 电化仪器公司生产的 Stratag™ EH4 系统装备，它的工作原理类似于常规超声频大地电磁测深法（AMT），并为克服天然场源频谱的某些空洞，EH4 仪器附加了高、低频发射机，可以选频连续发射多种频率的电磁信号，以弥补天然场源之不足，使观测结果信噪比大为提高，资料更为可靠。该仪器具灵敏度高、频带宽、采样密度大，不但对地下低阻体反应灵敏，且对高阻体具有穿透强度大等特点。其中，EH4 配备有高频、低频、宽频带电磁感应器，各自频率范围分别为：0.1~10kHz、100~10kHz 和 $1 \times 10^7$~0.1Hz；前者可以探测地下数米至一千米深度以内的电阻率分布特征，后者可以探测深达 1000m 以下的地质体电性变化情况。

　　本次研究重点对依兰西沟超基性岩进行了 EH4 电磁测量工作，技术条件如下：

　　（1）测线方位 45°，与岩体走向近于垂直，而与前述 VLF-EM 剖面方位一致，同时便于对比研究。

　　（2）频率选择，鉴于本次探测目标为超基性岩区隐伏金属矿体，预测目标深度一般均在 1000m 范围之内，故选择高频进行测量（100~10kHz）。

　　（3）测点间距为 20m。

　　b　测量成果初步评价

　　西沟岩区 EH4 电磁测量主剖面穿越岩体采石场北侧，与前述 VLF 剖面方位一致，二者间距约 30m 左右，因此，两种物探方法的测量成果一浅一深可作较好的对比分析。EH4 电磁测量成果如图 4-76 所示，现结合地质及 VLF 测量成果予以综合分析与预测评价。

　　（1）EH4 电磁测量所揭示的强低阻异常带，在地面上对应部位位于剖面线 550~600m，横剖面上显示其产状倾向南西（SW），倾角很明显地呈浅陡至深缓变化特征，深度约 300m，低阻带产状近水平往南西（SW）方向延展，总体在剖面上呈一"铲式"形态，客观地揭示了岩体与变质岩系接触带为一构造接触带。并且，低阻异常带系由若干呈透镜状的次级低阻异常体组合而成，剖面上具左行斜列之组合形式。其中，低阻异常最明显的异常体位于测线 550m 左右，垂深约 200m。

　　（2）EH4 剖面线 550m 即位于公路边，与前述 VLF 电磁测量所揭示的强低阻异常带（VLF 测线 320m 左右）位置相吻合，可以预见 EH4 电磁测量所揭示的上述低阻带即为 VLF 所揭示的浅层低阻带的深部延伸。EH4 剖面线 400~500m 左右即为西沟岩体现今地面出露段，该部位在 EH4 剖面上呈现为一相对高阻异常体，其与测线 550m 左右的低阻异常带呈现较鲜明的差异对比。EH4 电磁测量所揭示的低阻带也是应属西沟岩体与变质岩地层的断层接触带的客观反映。

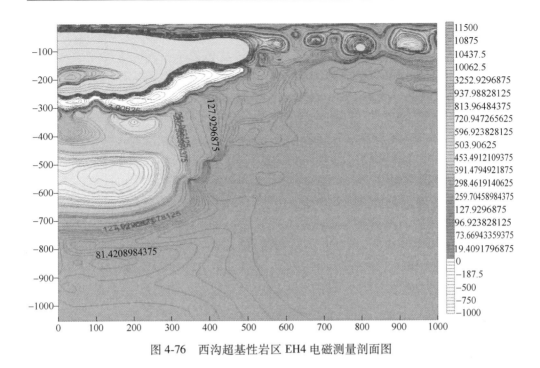

图 4-76　西沟超基性岩区 EH4 电磁测量剖面图

（3）从低阻异常带发育特征分析，推断该接触带并非为一简单的侵入接触构造，而显示有断裂构造叠加型接触带之特征。从西沟岩体矿化蚀变特征可知，本区岩浆期后热液活动特征明显，矿化富集特征明显，而断裂构造叠加型接触带构造是有利的控矿构造形式。因此，从构造控矿条件分析，预测上述低阻体部位为本区成矿-找矿的有利部位。尽管对上述物探低阻异常带尤其是呈透镜状的低阻异常体的属性（矿致异常或非矿致异常）尚待深化勘探验证，但本区 EH4 剖面所揭示的含矿超基性岩体异常结构模式，无疑对本区超基性岩型矿床找矿预测提供了重要的地球物理依据。

综上可见，西沟超基性岩体，无论从成矿地质背景，岩浆来源，岩石学、岩石化学特征，矿石学特征与矿化关系的系统研究，还是从不同深度地球物理测量成果，均统一地揭示了西沟超基性岩体应是一分异完整的含矿岩体，在岩体深部应有具有一定规模和工业价值的铜镍（铂族）硫化物矿体的存在（见图 4-77）。

### 4.2.2.6　结论

笔者对依兰地区超基性岩群，尤其是西沟、珠山目标岩体，在地质、地球物理、地球化学、遥感等综合勘查、研究的基础上，根据已获成果，对比圈内外典型 Cu、Ni（PGE）硫化物矿床的成矿特征与规律，对依兰、西沟、珠山超基性岩（群）的成矿前景与找矿潜力综合评述于下。

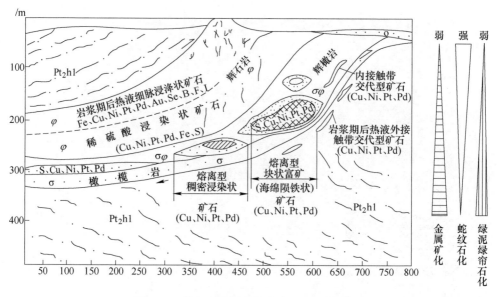

图 4-77　依兰西沟超基性岩成矿预测模式图

(据徐旃章, 2012)

**A　优越的 Cu、Ni（PGE）硫化物矿成矿条件与地质环境**

（1）依兰地区含矿（Cu、Ni、PGE、Au 等）超基性岩群与国内外著名 Cu、Ni（PGE）硫化物矿床的超基性成矿母岩一样，同产于克拉通或克拉通化地台或地体中，其基底-变质结晶岩系（上太古界麻山群，下元古界兴东群，中元古界黑龙江群下亚群）不但为壳-幔混染、岩浆熔离成矿提供了丰富的硫（S）源，而且也为 Cu、Ni（PGE）硫化物矿的形成提供了部分物源。

（2）依兰地区超基性岩岩石类型主要为辉石岩和橄榄岩，同属国内外 Cu、Ni（PGE）硫化物矿床的主要含矿、赋矿岩石类型，m/f 比值在 3.73～4.14 之间，是 Cu、Ni（PGE）硫化物矿床成矿重要的岩石化学信息与标志。

（3）世界上工业 Cu、Ni（PGE）硫化物矿床均无例外地，严格的受深切地幔（上地幔、下地幔）大型、超大型深大断裂构造系统所控制，尤其是上述不同方向构造系统的复合地段或部位常导致幔源成矿超基性岩体和矿床的成群产出与分布，依兰地区超基性岩群和浅表矿化体群均属其例。

依兰超基性岩群位处 NE 向依兰-舒兰深大断裂带（SN）嘉荫-牡丹江深大断裂和 NW 向区域性大断裂带的交切复合部位。其中，尤其是前者，向 NE 延入俄罗斯境内，向 SE 与郯庐深大断裂带相接，总长 2000 余千米（见图 4-78），控制着中国东部的基性-超基性岩群和幔源 Cu、Ni（PGE）硫化物矿床和金刚石矿床的沿带分布。并示由 NE 至 SW，由 Cu、Ni（PGE）硫化物矿床向金刚石矿床逐渐过渡的演化趋势与规律。

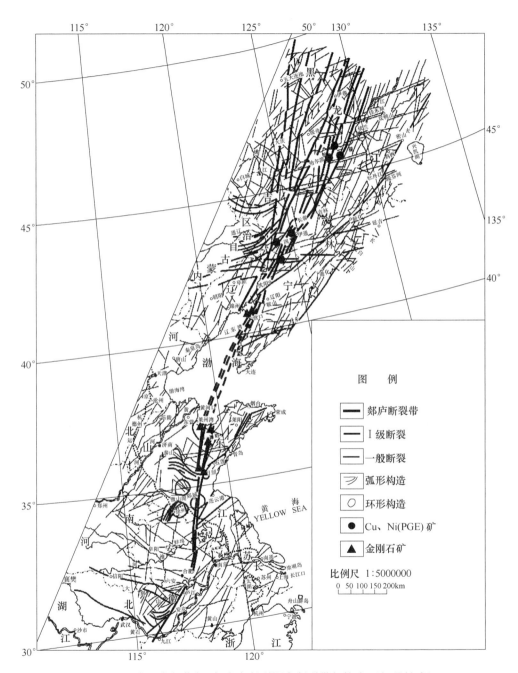

图 4-78 中国东部依舒-郯庐大断裂深大断裂带与控岩（超基性岩）、
控矿（Cu、Ni、PGE）矿床和金刚石矿床

此外，依兰地区成矿超基性岩群分布区段与周边地区，布伽重力异常和航磁异常均呈辐射状分布，暗示着深部地幔热柱的存在，表征着依兰地区成矿超基性岩群受控于地幔热柱三级构造-幔枝构造（见图 4-1），具有良好的成矿前景与找矿潜力。

（4）根据目标区超基性岩体微量元素与矿化组分相关性分析，成矿多期、多阶段特征明显，标志着含矿基性岩浆分异的彻底性与完整性，预示着超基性岩体良好的成矿和找矿潜力。

B　依兰地区超基性岩群矿石学特征与成矿

（1）地表超基性岩体的强蛇纹石化，表征着含矿岩浆分异-熔离的彻底性和优越的成矿前景。

（2）成矿元素含量高（Ni、Pt、Pd、Au 等），其中 Ni 接近边界品位，Pt+Pd 含量高（0.01~0.03g/t 至 0.1~0.3g/t）部分接近边界品位（热液期），Au 个别高于 10.1g/t，标志着深部成矿富集前景。

（3）矿石学研究已发现，三大类 9 种金属矿，7 种镍矿，并在-165m，普查钻孔中见极高含量的磁黄铁矿，其深度与 EH4 测量异常深度近于一致，暗示着深部工业矿体的存在。

C　中国 Cu、Ni（PGE）硫化物矿床的实际成矿地质事实

中国 Cu、Ni（PGE）硫化物矿床的实际成矿地质事实表明：成矿均与幔源岩浆分异晚期富矿小岩体有关（见图 3-30）。依兰成矿超基性小岩体群，地表成矿围岩蚀变（蛇纹石化等）普遍发育强烈，矿化显著，特征明显，应属 Cu、Ni（PGE）硫化物矿成矿超基性小岩体群、范围广、前景大。

D　依兰地区浅表超基性小岩体群

依兰地区浅表超基性小岩体群综合研究表明：该小岩体群应属成矿超基性岩体群，其中控岩旋扭构造收敛端的目标岩体-西沟岩体和珠山岩体，成矿特征尤显清晰、规律。为进一步查明岩体深部成矿特征，进行了西沟岩体浅层 VF-EM 和深层 EH4 地球物理勘查，结果显示出不同类型 Cu、Ni（PGE）硫化物矿体的低阻高值异常体的空间定位规律、有序，客观地揭示了深部工业矿体的存在与空间定位的地球物理依据。

综上可见，研究坚持以屡取找矿成效的三维时、空、因动态研究的新思路为指导，并综合地应用现代遥感地质学、构造动力学-运动学-矿床学、岩石学、矿石-矿相学-地球化学、地球物理学等的最新信息和研究成果，以实践调查事实为基础，系统地论证了西沟岩体深部成矿的可能性。应当说论证和预测是科学的，成矿特征是明显的，深部成矿定位特征较可靠，成矿前景较好。

# 5　结　　语

通过撰写《构造-矿床地质学理论与实践》一书，收获甚众，现叙述如下，供参考。

（1）构造地球化学是研究构造作用过程中化学元素的时空分布、演化规律和成因联系的学科，使构造地质学的研究步入了化学组分演化的微观世界，从而成为构造地质学与矿床学之间的桥梁。

当前新技术革命的浪潮冲击着各个科学领域，它迫使地质科学工作者去思考、去探索。20世纪90年代以来，苏、美和各国地质学家一致认为，数百年来广大地质工作者所付出的巨大劳动，只是查明了广阔范围和漫长地质时期中地质现象的特征、变化，并使之系统化，所用的方法乃是定性-描述性的，而未进入理性的自然科学领域。

20世纪以来，随着量子理论（1900年）和相对论的诞生，自然科学，尤其是物理学的惊人进展，使其从以牛顿（I. Newton，1642~1727年）为代表的宏观-常速-线性为特征的科学时代，步入了以普朗克（M. Planck，1858~1947年）和爱因斯坦（A. Einstein，1879~1955年）为代表的微观-高速-非线性为特征的新的科学时代。人们的科学观和方法论也由原来的机械的、还原的和封闭的所谓机械还原论，转变为系统的、整体的、动态的和开放式的系统整体论的轨道上来，特别是到了20世纪30年代后，这种观念和方法得到了迅猛发展，产生了科学学，形成了系统科学论的思想体系。此时，地质科学也逐步汇入到这一思想体系中，尽管融入是初步的，但构造地球化学的提出与发展就是其中的一个部分。

构造地球化学是构造变形或动力变质过程中，岩石或岩层中物质组分的再调整、再分配、再组合的过程，它不但揭示了构造变形过程中物质组分的有序演化，而且也同步从组分变化反映了构造演变的微观机理及成矿富集的基本原理与地球化学前提。构造控制建造（包括成矿建造），建造反映改造或构造，是一毋庸置疑的客观地质事实与规律。在特定的成矿地质背景条件下，成矿组分或有用元素浓聚到一定程度时，则可富集成矿。因此，构造变动-构造地球化学-成矿富集过程，既是各类矿产资源形成的三个重要环节与阶段，也是各类矿床形成的地质-地球化学统一演化连续整体与过程。

（2）矿床如按成因分类，尽管分类方法和分类前提与原则甚众，但归其所综，仍以沉积矿床、岩浆和岩浆期后热液矿床、变质矿床和层控矿床四类或其延伸类型为主。但实际的成矿地质事实表明，各类矿产资源随着时间的推移，无论是成矿概率，还是矿产资源种类与规模，抑或后者对前者成矿叠加改造的频率均随之而增高。早期形成的矿床和矿床类型，受后期不同性质、不同成因的成矿作用叠加-改造后而形成了新的矿床成因类型。这时，对具体矿床成因类型的厘定与命名，必须考虑时序的因素，否则就会出现对具体矿床成因类型判析和命名的重叠与误导，对此应引起关注与重视。

（3）地幔柱学说是现代大地构造学和成矿学的热点，而地幔柱又是幔源成矿物质直接提供者（Fe、V、Ti、Mn、Cr、Cu、Ni、PGE、Au、W、Sn、Mo 等）和成矿物质富集成矿的热动力来源，实际的地质事实——地壳部分花岗岩类岩浆活动是硅铝-硅镁层地壳在地幔热柱影响或参与下地壳重熔的产物，花岗岩带岩体不但富 W、Sn、Mo、Bi、Au、Ag 等核幔元素，且富集成矿，就是一个有力的佐证。这里值得指出的是：通过数年的研究，认为滇西南腾冲地块的中-新生代地壳重熔型各含矿 A 型花岗岩群（带）即是地幔热柱与巨型高黎贡山推覆构造体系联合控岩、控矿的一个典型实例（见图 2-81）。无论在成矿理论上，还是找矿与成矿预测、矿产资源远景评价上，都是一个值得深入研究的地质构造单元。

（4）由太古宙至显生宙是地壳运动的漫长演化-演变过程，随着时间的推移，构造动力场也由斜方对称型的单向挤压动力场，逐渐转化为东西向单向挤压和南北向直扭联合动力场的演化过程与趋势，加之先成构造又使受力岩块内部的几何边界条件变复杂，导致后继构造均不同程度兼扭。

因此，各方向构造带或构造在不同程度上兼具扭性的特征，揭示压扭或张扭的普遍规律性。但实际的地质事实表明：地壳上主构造带或主控矿构造带多显示压扭为主的力学属性，这就决定了各控矿构造带的矿体在三维空间上均显示左列或右列的斜列空间定位特征与规律（见图 5-1），这一控矿特征与规律不是偶然的，而是地壳运动和构造动力场有序演化或变化所决定的，其无疑是构造-矿床学研究、生产实践过程中必须注目和重视的问题与内容。这一矿体定位与三维展布规律，是成矿-找矿预测和勘探工程部署与设计的重要而直接的地质-构造依据。

（5）地壳上各类矿体、矿带和矿床作为三维地质实体，在成矿过程中由于三维空间的不同部分、成矿地质-物理-化学环境的有序变化，必然导致矿体或矿带在三维空间上矿石特征（元素与元素组合、矿物与矿物组合、矿石结构-构造、矿石品位等）、成矿围岩蚀变、成矿温度、成矿介质等的有序的系列变化（见图 5-2）。

因此，矿体或矿带三维空间分带现象，是一种普遍的成矿现象与规律，也是不争的客观事实，而这一研究又是矿体-矿带三维评价，尤其是矿体-矿带的垂向

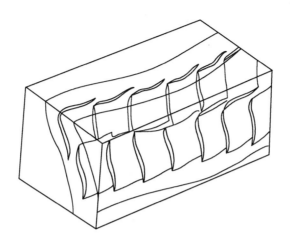

图 5-1 矿带中矿体的三维斜列特征

（据徐旃章，2013）

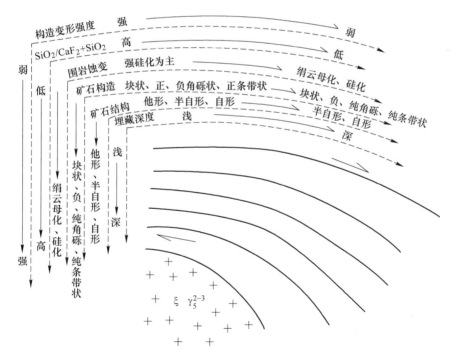

图 5-2 浙江省缙云县萤石矿田矿石结构、构造特征及时空演化示意图

（据徐旃章，2013）

分带特征与规律，更是矿体或矿带深部评价的直接依据。笔者迫于生产实践所急，数十年来，始终把矿体、矿带三维分带特征研究，尤其是垂向分带特征与规

律的研究作为矿床研究的前沿内容，并在生产实践过程中多见成效，其是基础理论与生产实践密切结合的科学尝试，是构造-矿床学研究的重要内容。

（6）成矿热流体是地球组成物质中最为活跃的部分，是一种将地球内部各个系统相互联系、沟通的基本媒介。流体不仅包括水，还包含挥发组分系统的 $CO_2$、C、H、S、N、卤素等。从地球表层、地壳深部至地幔深处，流体可以说无处不在，并导致地壳与地幔物质和能量的转换与迁移及成矿组分的再调整、再分配及成岩、成矿作用的发生与发展，成矿流体按其来源可分为：1）岩浆及岩浆期后热液；2）变质热液；3）热卤水；4）地热水；5）地下水-大气降水等。

其中 1）、2）、3）、4）对热流体成矿，尤其是对大量金属矿成矿起着极为重要的作用，这是众所公认的成矿地质事实，但这里值得指出的是，大气降水是一种跨越多构造运动旋回，从太古宙到显生宙持续的、普及全球的水流体，当由地表下渗到地壳深部时，则呈成矿热流体，且随着下渗深度的增大，温度升高，对有用组分的溶解度也依次增高，在其流经过程中不断萃取围岩和含矿层的成矿组分，汇聚到构造破碎程度大、高渗透率、高孔隙度的区域角度不整合带，尤其在区域向形拗陷地带往往形成了大面积的区域成矿热流体场。浙江省萤石矿成矿热流体的演化与成矿就是一典型实例（见图 5-3）。

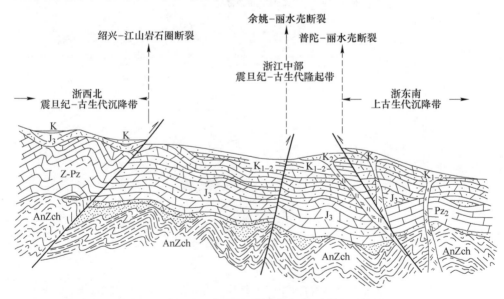

图 5-3　浙江省一级构造单元建造-构造特征示意图
（据徐旆章，2013）

成矿热流体演化特征的研究，既是萤石矿成矿基础理论研究的重要组成部分，也为成矿热流体场的时空定位和萤石矿贫富规律研究提供了依据，拓宽了视域。

（7）矿床学属于经济地质学的范畴，矿床学研究最终是为拓展各类工业建设和发展矿业经济服务的。因此，不同成因类型矿床成矿-找矿标志的厘定，意义与重要性是不言而喻的，其既是矿床学基础理论研究对找矿生产实践的总结，又是现代矿床学的一个薄弱环节。

矿床作为地质-地球物理-地球化学三维实体，并有别于围岩，又显示了矿体、矿带在三维空间上地质特征、物理-化学性状的差异性，这就为地质、地球物理、地球化学、遥感信息技术等综合找矿标志的厘定和矿体、矿带三维空间部位的判别提供了科学的信息与标志，使隐伏矿体（带）的寻找与预测及资源远景评价成为可能，是各类矿产资源成矿-找矿的必要内容与前提。但值得注意的是，各类矿产资源和不同成因的各类矿床及含矿、赋矿建造，无不受不同构造运动性质、程式和不同尺度、不同类型构造所控制，因此，构造无疑是各类矿床成矿的直接控制因素和成矿-找矿的直接信息与标志。

1）不同级别控矿构造单元的成矿构造控制条件是区域成矿预测的重要信息与标志。

严格地受不同级次、不同力学性质、不同复合特征的构造所控制的矿产资源，它们控制着不同级别的矿带、矿田、矿床和工业矿体的时空分布及贫富的有序变化，是成矿-找矿的重要信息与标志，尤其是隐伏-半隐伏矿床、矿田、矿带预测与评价的直接的基础性依据。例如浙江萤石矿（见表5-1和表5-2）。

表 5-1 浙江省北东向一级构造单元与萤石矿成矿概率

| 一级构造单元名称 | 成 矿 概 率 | | | | | | | | | | |
|---|---|---|---|---|---|---|---|---|---|---|---|
| | 特大型 | | 大 型 | | 中 型 | | 小 型 | | 矿（化）点 | | 合 计 | |
| | 个数 | 百分比/% | 个数 | 百分比/% | 个数 | 百分比/% | 个数 | 百分比/% | 个数 | 百分比/% | 个数 | 百分比/% |
| 浙西北震旦纪-古生代沉降带 | 2 | 11.7 | 1 | 2.7 | 10 | 8.6 | 16 | 11.1 | 48 | 13 | 77 | 11.12 |
| 浙中震旦纪-古生代隆起带 | 15 | 88.3 | 36 | 97.3 | 106 | 90.5 | 127 | 86.1 | 308 | 82.1 | 585 | 85.78 |
| 浙东南上古生代沉降带 | | | | | 1 | 0.9 | 3 | 2.0 | 18 | 4.9 | 22 | 3.1 |

（据徐旃章、张寿庭，1991）

**表 5-2　浙江省不同级别控矿构造单元与控矿中生代构造-火山沉积盆地关系**

<table>
<tr><th colspan="3" rowspan="2">构造单元名称</th><th colspan="2">上叠型盆地</th><th colspan="3">继承型盆地</th><th colspan="3">过渡型盆地</th><th colspan="2">火山洼地型盆地</th><th colspan="2">合计</th></tr>
<tr><th>个数</th><th>百分比/%</th><th>个数</th><th colspan="2">百分比/%</th><th>个数</th><th colspan="2">百分比/%</th><th>个数</th><th>百分比/%</th><th>个数</th><th>百分比/%</th></tr>
<tr><td rowspan="3">一级控矿构造单元</td><td colspan="2">浙西北<br>安吉-常山成矿带</td><td>7</td><td>70</td><td>1</td><td colspan="2">9</td><td></td><td colspan="2"></td><td></td><td></td><td>8</td><td>26</td></tr>
<tr><td colspan="2">浙中<br>宁波-龙泉成矿带</td><td>3</td><td>30</td><td>10</td><td colspan="2">91</td><td>7</td><td colspan="2">100</td><td></td><td></td><td>20</td><td>65</td></tr>
<tr><td colspan="2">浙东南<br>临海-文成成矿带</td><td></td><td></td><td></td><td colspan="2"></td><td></td><td colspan="2"></td><td>3</td><td>100</td><td>3</td><td>10</td></tr>
<tr><td rowspan="10">二级复合控矿构造单元</td><td colspan="2">安吉-杭州<br>复合控矿构造单元</td><td>5</td><td>50</td><td></td><td colspan="2"></td><td></td><td colspan="2"></td><td></td><td></td><td>5</td><td>16</td></tr>
<tr><td colspan="2">临安-浦江<br>复合控矿构造单元</td><td>2</td><td>20</td><td></td><td colspan="2"></td><td></td><td colspan="2"></td><td></td><td></td><td>2</td><td>6</td></tr>
<tr><td colspan="2">龙游-常山<br>复合控矿构造单元</td><td>2</td><td>20</td><td></td><td colspan="2"></td><td></td><td colspan="2"></td><td></td><td></td><td>2</td><td>6</td></tr>
<tr><td colspan="2">上虞-宁波<br>复合控矿构造单元</td><td>1</td><td>10</td><td>1</td><td colspan="2">9</td><td>1</td><td colspan="2">14</td><td></td><td></td><td>3</td><td>10</td></tr>
<tr><td rowspan="2">武义-新昌二级控矿构造单元</td><td>东阳-武义三级控矿构造单元</td><td>2</td><td>20</td><td>5</td><td>45</td><td rowspan="2">54</td><td></td><td></td><td rowspan="2">100</td><td></td><td></td><td rowspan="2">15</td><td rowspan="2">48</td></tr>
<tr><td>新昌-缙云三级控矿构造单元</td><td></td><td></td><td>1</td><td>9</td><td>7</td><td>100</td><td></td><td></td></tr>
<tr><td colspan="2">遂昌-龙泉<br>复合控矿构造单元</td><td></td><td></td><td>4</td><td colspan="2">36</td><td></td><td colspan="2"></td><td></td><td></td><td>4</td><td>13</td></tr>
<tr><td colspan="2">象山-普陀<br>复合控矿构造单元</td><td></td><td></td><td></td><td colspan="2"></td><td></td><td colspan="2"></td><td></td><td></td><td></td><td></td></tr>
<tr><td colspan="2">三门-温岭<br>复合控矿构造单元</td><td></td><td></td><td></td><td colspan="2"></td><td></td><td colspan="2"></td><td>1</td><td>33</td><td>1</td><td>3</td></tr>
<tr><td colspan="2">泰顺-文成<br>复合控矿构造单元</td><td></td><td></td><td></td><td colspan="2"></td><td></td><td colspan="2"></td><td>2</td><td>67</td><td>2</td><td>6</td></tr>
</table>

（据徐旃章、张寿庭，1991）

2）控矿-赋矿断裂系统的定向性规律是成矿-找矿的方向性信息与标志。例如，浙江省萤石矿和川东南重晶石-萤石矿，鉴于成矿期南北向主控矿构造体系，系属以纬向挤压为主，兼具经向顺时针直扭联合受力条件下，形成的主控矿构造带。此间，先成的 NW-NWW、NE-NNE 向构造带均处破裂强度较低或最低的剪切面或最大剪切面的位置上；所以，不但导致上述先成构造带的集中沿带定向发育，而且由于成矿期压扭变形的再次叠加，促使了上述构造带构造变形的进一步加剧与增强，不同级次的控矿构造密集发育、定向延伸。决定着 NE-NNE 向控矿构造-火山沉积盆地中，各级次 NW-NWW 和 NE-NNE 向控矿构造带或次级矿带的定向按序发育与空间定位，是成矿-找矿重要的构造信息与标志。

3）不同级次控矿断裂破碎带中，矿体（带）错落式、叠片状的产出特征与规律，是成矿期特定构造应力场与变形场的产物与标志。

大量的成矿地质事实表明：各类矿产资源，尤其是受区域格架性、压扭性断裂系统控制的热液交代-充填型矿产资源，多受 NW-NWW 向或 NE-NNE 向压扭性断裂所控制，它们大多历经了前印支期的南北向挤压应力场、印支期 $p_1 = p_2 > p_1$ 应力场、燕山期 $p_{1-1} = p_{1-2} > p_2 > p_3$ 应力场、喜山期东西向挤压兼南北向直扭应力场的多次变形叠加与改造，压扭构造破碎带变形强烈、构造间距小、密度大，且各次级控矿构造破碎带宽度常可达百余米，为萤石矿体的密集产出与分布，提供了重要的构造前提。而成矿期 NW-NWW、NE-NNE 向各控矿构造带均显示以压为主兼扭性的压扭性的力学特征，这就决定了它们所控制的矿体在空间上的斜列分布和单斜对称型产出。其中，尤其是 NWW-NW 向控矿构造带的反时针扭动特征，不但控制着矿体在空间上的雁列展布，而且还制约着控矿构造破碎带中矿体的错落式、叠片状产出特征与规律（见图 5-4~图 5-6）。

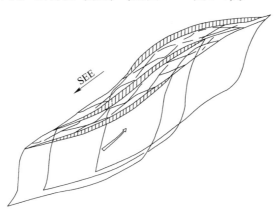

图 5-4　缙云萤石矿段错落式、叠片状萤石矿体空间展布特征示意图

（据徐旆章，2013）

4）各类矿体（带）的纵向侧伏规律性，是矿体（带）深部评价和隐伏-半隐伏矿体（带）预测与评价的重要信息与标志（见图 5-7）。

矿体和矿带的纵向（或走向）侧伏现象是各类矿（带）体，尤其是受构造

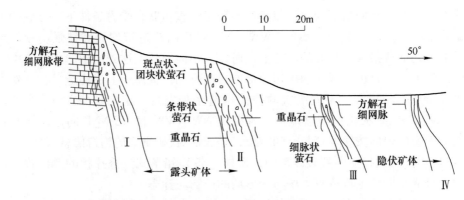

图 5-5 川东南鞍子乡冯家重晶石-萤石矿带次级错落式、叠片状产出特征示意图

（据徐旃章、邹灏、方乙，2012）

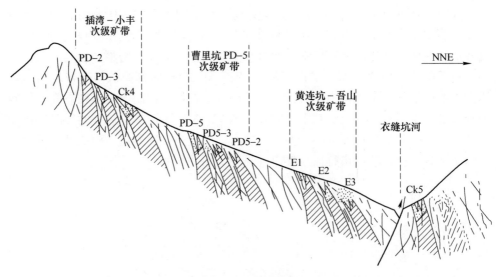

图 5-6 黄连坑-骨洞坑-猪栏坳萤石矿带错落式、叠片状萤石矿体示意图

（据徐旃章、邹灏、方乙，2010）

控制的脉状、似脉状、透镜状、扁豆状矿（带）体形态特征空间定位的一种普遍现象，是控矿构造系统在其发生、发展、定型过程中，随着时间的推移，构造活动强度、变形强度逐次变弱的结果。通常侧伏角在 10°～12°，导致同一矿带和矿体，在同一水平高程上，矿体垂向出露部位（蚀变顶盖、头部矿体、上部矿体、中部矿体、下部矿体、尾部矿体）和成矿围岩蚀变的相应变化，其对隐伏-半隐伏矿体的预测和探矿工程的合理部署，有着重要的指导意义。

5）控矿构造和矿体、矿带、矿床、矿田的等距分布规律性，是成矿预测的重要构造信息与标志。

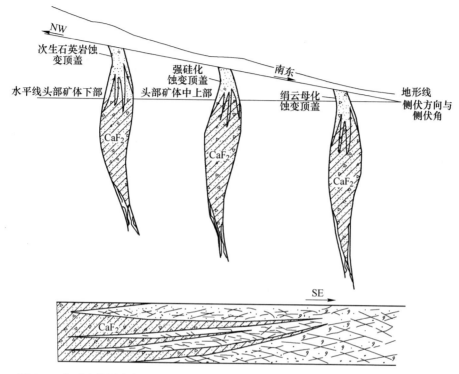

图 5-7　萤石矿体纵向侧伏条件下，矿体垂向和水平方向出露特征渐变规律示意图
（据徐旃章，2013）

控矿构造带和矿体、矿带、矿床、矿田的等距分布规律性是自然界中的一种普遍现象，其是均质岩块在压应力或压扭应力作用下，由于应力传递的正弦曲线状的波动性，并沿应力轨迹网络发育所致，也可是不同方向等距构造复合控矿所产生。例如，中国的湖南永兴-临武矿带（见图 5-8）、江西大吉山钨矿（见图 5-9）、豫西成矿岩体预测（见图 5-10）、浙江遂昌湖山萤石矿（见图 5-11）等均取得了显著的成矿预测-找矿效果。

6）构造-成矿围岩蚀变信息与标志。

成矿围岩蚀变是热液矿床成矿过程中，与构造变动、含矿热流体演化密切相关、相互依存的统一的有机整体。

成矿围岩蚀变是热液矿床成矿过程中，控矿构造破碎带不同部位和矿体顶、底板围岩普遍发育的一种热液交代蚀变现象。但在成矿热流体沿控矿构造破碎带上涌，成矿组分先后结晶、沉淀过程中，由于温度、压力、pH 值、Eh 值及成矿组分等物理、化学条件的改变，不同围岩蚀变类型及相应的蚀变带、蚀变体分别发育于矿体不同成矿（亚）阶段和矿体三维空间的不同部位。因此，成矿围岩蚀变带的时空发育特征，无疑是矿（化）体深部评价和隐伏-半隐伏矿体（带）

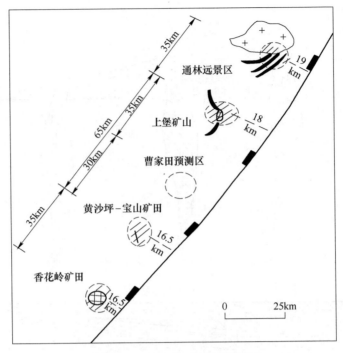

图 5-8　永兴-临武矿带示意图

（据湖南地质研究所，转引自熊成云等，1987）

预测的重要蚀变信息与找矿标志。

　　①硅化是萤石矿成矿热流体沿控矿构造破碎带上涌、侵位的成矿主阶段（I-1）$SiO_2$ 组分渗滤交代控矿构造破碎带上部破碎围岩组分和顶、底板围岩的一种交代蚀变现象。但当含矿热流体 $SiO_2/CaF_2+SiO_2$ 比值高或 $SiO_2$ 容量显著增大，并强烈交代围岩时，则形成含矿次生石英岩或萤石矿体的硅质蚀变顶盖。尽管原岩特征已基本消失，但自上而下含星点状、斑点状萤石和细-网脉状萤石特征，是萤石矿体硅质蚀变顶盖区别其他含矿（Mo、Sb、Au、Ag、Cu、Pb、Zn 多金属）或无矿石英脉和硅质脉的重要识别标志。

　　值得注意的是，控矿断裂系统，尤其是北北东（北东）向、北西西（北西）向布矿-容矿构造系统的时空有序发生和发展与成矿热流体的定向迁移和演化，有着明显的相关性与同步性。

　　控矿北北东（北东）向、北西西（北西）向构造带，由西向东、由北向南、由早到晚依次发展和含矿热流体 $SiO_2/CaF_2+SiO_2$ 比值相应递减的变化趋势与规律，决定着沿带（控矿构造带或萤石矿带）矿（化）体露头硅质组分和硅化强度由强变弱的按序变化（见图 5-12）。如各矿（化）体露头出现高程依次递减的条件下，则是厘定矿带（体）侧伏方向和矿体（带）贫、富规律的直接依据和

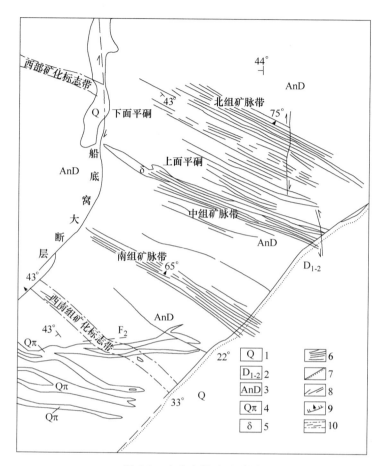

图 5-9　大吉山钨矿地质图

1—第四系；2—中下泥盆系；3—前泥盆系；4—石英斑岩；5—闪长岩；

6—含钨石英脉；7—不整合线；8—平移断层；9—正断层；10—矿化标志带

（据江西冶金地质勘探公司，1978）

标志。

②绢云母化成矿围岩蚀变同属成矿 I -1 阶段的产物。随着 $SiO_2$ 的大幅度析出，成矿热流体 Eh 值的相应变化，长石类铝硅酸盐中钾不易被热液带走或热液中带入钾而引起的萤石矿成矿围岩蚀变现象-绢云母化 $[(OH)_2KAl_2(AlSi_3)O_{10}]$。

绢云母化是萤石矿成矿的主要围岩蚀变现象，通常发育于强硅化带和硅质蚀变顶盖（次生石英岩）之下，在成矿热流体低 $SiO_2$ 条件下，也可直接形成萤石矿体绢云母化蚀变顶盖，是萤石矿体蚀变顶盖头部矿体、上部矿体部位的标志性围岩蚀变现象。绢云母化的发育程度，既决定于岩石的破碎程度和蚀变岩石的类型，又受控于萤石矿体硅质蚀变顶盖、头部矿体、上部矿体的中上部的硅化强

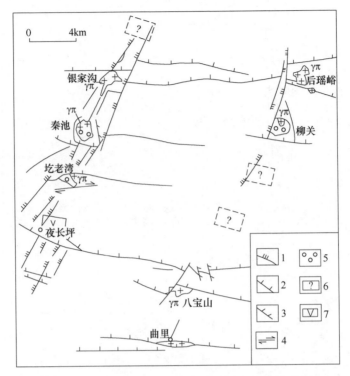

图 5-10　豫西某地区等距离构造与成矿小岩体关系略图

1—压扭性断层；2—张性断层；3—张扭性断层；4—扭性断层；5—火山角砾岩；

6—隐伏矿床预测区；7—已验证有矿的隐伏矿床预测区；γπ—花岗斑岩

（据谭忠福等，1974）

度，两者呈反相关关系（见图 5-13 和图 5-14）。

因此，向侧伏方向，同一矿带（体）在大致同高程的条件下，依次被绢云母化（绢云母化主脉带、粗脉带、细脉带、细-网脉带）所取代，揭示了萤石矿带由 NWW→SEE 方向侧伏的这一纵向变化趋势与规律，是隐伏-半隐伏萤石矿带预测及其深部远景评价的重要依据与标志。浙江省萤石矿各成矿（亚）区及其各矿带，侧伏规律清晰、有序，构成了一幅井然有序的成矿蚀变的时空图像。

③绿泥石化特征及其成矿-找矿信息与标志。

在萤石矿成矿过程中，绿泥石化是一种广为发育的成矿围岩蚀变现象，常与绢云母化、多金属矿化、碳酸盐化相伴生，是萤石矿体成矿主阶段（Ⅰ-1）萤石主矿体（上部矿体、中部矿体、下部矿体）的主要成矿围岩蚀变类型，构成了与矿体垂向分带相对应的萤石矿成矿热液蚀变的垂向分带（见图 5-15），是矿体空间部位厘定和深部萤石资源评价的重要依据与标志。

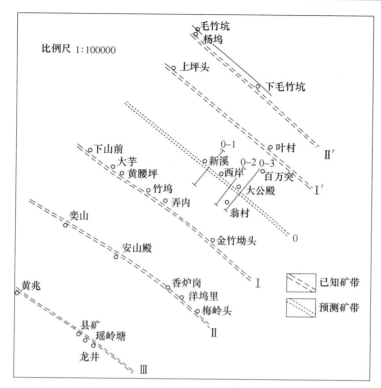

图 5-11 湖山萤石矿田北西向萤石矿带空间分带特征示意图

（据徐旆章，1998）

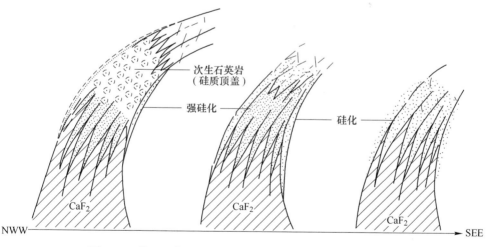

图 5-12 萤石矿体顶部硅质蚀变顶盖、强硅化、硅化（弱）

三维（垂、横、纵向）变化特征示意图

（据徐旆章，2010）

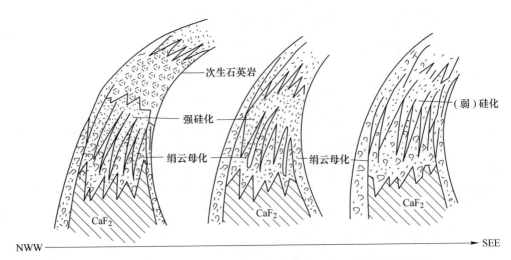

图 5-13　萤石矿体 I -1 阶段硅化强度与绢云母相关关系示意图

（据徐旃章，2010）

　　萤石矿成矿的实际地质调查和综合研究结果表明：萤石矿成矿围岩蚀变是成矿期控矿构造系统发生、发展过程与相应成矿热流体对赋矿围岩三维空间的物理-化学有序反映的结果。不但决定着成矿热流体同步沿成矿期控矿构造系统三维空间的定向侵位与成矿组分（$CaF_2$-$SiO_2$）先后有序分异、结晶、沉淀、并富集成矿，而且成矿热流体由早到晚、由深部到浅部侵位过程中，由于物理-化学环境的规律变化，还导致萤石矿体三维空间的不同部位围岩蚀变和蚀变组合特征的变更及萤石矿体成矿围岩蚀变空间分带特征的呈现（见图 5-14 和图 5-15），为萤石矿体深部评价提供了极为重要的信息与依据。

　　无论是区域 I 级萤石矿成矿带（上虞-龙泉北东向成矿带），还是 II 级萤石矿战略目标区（新昌-武义萤石矿战略目标区），抑或各萤石矿田和次级萤石矿带与矿体，由于成矿期区域构造活动构造动力场和构造应力场的统一性，它们由北西向南东、由北东向南西，由早到晚（燕山晚期至喜山期）依次发生、发展与演变，并相应地决定着成矿热流体 $SiO_2$/$CaF_2$+$SiO_2$ 比值的按序递减和萤石矿矿石品位逐次提高的变化趋势与规律（见图 5-15），是厘定不同级别萤石矿带（体）侧伏方向和萤石矿贫富变化规律的直接依据与标志。

　　7）成矿-找矿地球化学信息与标志。

　　鉴于构造与成矿直接的依控关系，成矿地球化学场信息不但客观地揭示了控矿构造空间定位特征与规律，而且一定程度上还为控矿构造体系或控矿构造形式的厘定提供了重要的地球化学信息与依据。浙江省武义断陷盆地萤石矿的 F·CaO 水系沉积物（见图 2-108 和图 2-109）和水化学 F 元素地球化学场（见图 2-110）就属其例。

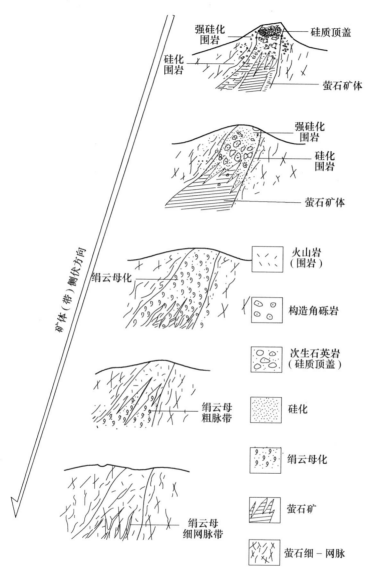

图 5-14　萤石矿体蚀变顶盖特征的纵向变化趋势与规律示意图
（浙江省缙云盆地黄连坑-骨洞坑-柿坑萤石矿田次
级 NW-NWW 向萤石矿带由 NW（NWW）至 SE（SEE）侧伏方向）
（据徐旆章，2010）

8）成矿-找矿的地球物理信息与标志。

①甚低频（VLF）测量与标志。物探甚低频（VLF）是 20 世纪 60 年代发展

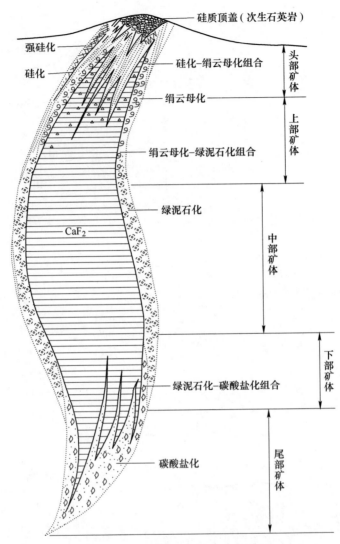

图 5-15　浙江萤石矿成矿围岩蚀变空间分带特征示意图

（据徐旃章、张寿庭，2013）

起来的一种浅层电磁波法。对于属浅层成矿并严格受断裂控制、电性差异特征明显的萤石矿而言，在圈定低阻控矿构造破碎带和萤石矿（化）体时，是一种轻便、快捷、有效的方法。笔者们在嵊县黄双岭萤石矿、武义盆地萤石矿、丽水盆地萤石矿、遂昌湖山盆地萤石矿、宁波凤岙萤石矿等各萤石矿田、矿床、矿体和四川、云南、黑龙江等地的金属矿开展了系统的甚低频（VLF）地球物理勘查工作，并均取得了可喜的找矿成果（见图 5-16～图 5-19）。物探甚低频是萤石矿等浅成矿床勘查中，一种行之有效的地球物理方法。

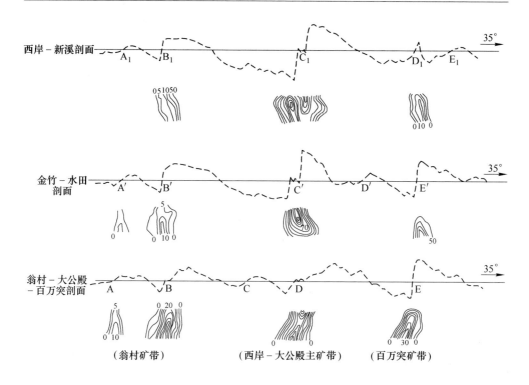

图 5-16 西岸-大公殿隐伏-半隐伏萤石矿带甚低频电磁测量剖面
（据张寿庭，1983）

②伽马能谱测量与标志。GS-512 伽马能谱仪，是一种浅层地球物理测量仪，是用于测量伽马射线光谱的快捷、轻便数字化便携式仪器，在浙江、川东南地区明显受断裂构造控制的萤石矿和重晶石-萤石矿（化）体及相应成矿围岩蚀变露头和隐伏-半隐伏萤石矿、重晶石-萤石矿体的空间定位预测与研究中，取得了显著的效果（见图 5-20 和图 5-21）。伽马能谱的高异常部位是成矿围岩蚀变和蚀变

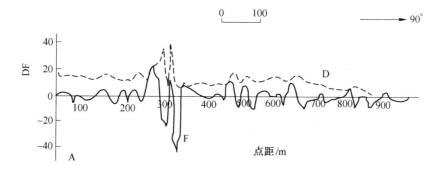

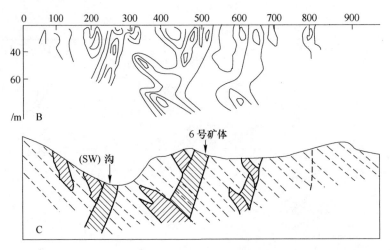

图 5-17　团宝山铅锌矿区物探甚低频电磁测量 VLF₁ 线剖面图

（据张寿庭、徐旆章，1993）

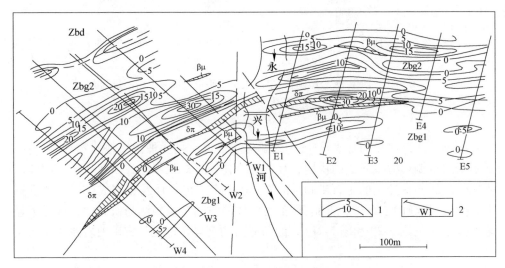

图 5-18　龙塘铅锌矿区甚低频磁测倾弧 Fraser 滤波等值线剖面图

1—磁倾角 Fraser 滤波等值线；2—甚低频测量剖面线及编号

（据徐旆章、沈军辉，2002）

顶盖及隐伏-半隐伏萤石矿体空间定位的标志性伽马能谱异常曲线特征，也是预测、寻找隐伏-半隐伏萤石矿体重要的地球物理-地球化学标志与依据。而当萤石矿（化）体直接出露地表时，由于萤石矿体铀（U）、钍（Th）、钾（K）等元素的相对低含量特征，伽马能谱异常曲线系中，其则以相对低值或同步低谷曲线形

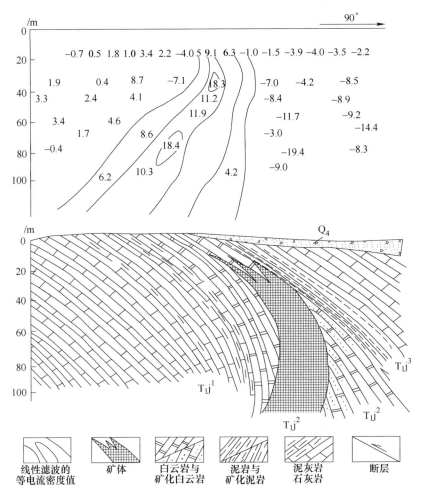

图 5-19  华蓥山锶矿带拱桥坝锶矿床甚低频 VLF-Ⅶ线综合地质剖面图

（据杜朝阳，1991）

式存在或显示。

上述特征与规律也是利用伽马能谱仪测量所获得的伽马能谱异常曲线判析和高效预测、寻找、评价隐伏-半隐伏萤石矿体的主要原因。

9）成矿-找矿构造遥感信息特征与标志。

遥感信息对严格受断裂构造控制的浅成热液矿床而言，是一种快捷而有效的间接找矿方法手段。它不但清晰地展示了控矿构造格局信息，而且还直观地显示了各类成矿建造和控矿构造盆地的时空分布特征与规律（见图 5-22～图 5-24），是萤石矿成矿-找矿的一种重要信息标志。

（8）地壳的演化-演变历史表明，从太古宙到显生宙，随着地壳运动和动力

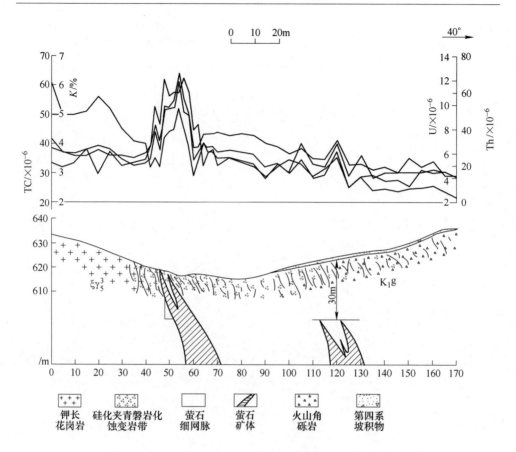

图 5-20 浙江缙云插湾 J2 剖面伽马能谱异常图（$\xi\gamma$-$K_1g$）

（据邹灏、方乙、陈远巍，2013）

场的演化，各方向构造系统无不带有扭性的特点，尤其是中生代以来更为清晰而普遍。在特定的受力状态和特定的几何边界条件下（侵入体及其弧形边界，穹窿或向形坳陷，强烈的剪切或压扭、张扭活动带等），构造动力及其合力，通常都不通过受力岩块的质量中心失稳而导致旋扭构造的产出，其在低强度的大气圈、水圈中更为发育、常见。其主要由如图 5-25 所示的几个部分组成，应力分布-不同力学性质旋回面排列特征-旋扭运动方向的关系如下（见图 5-26）。

旋扭运动是促成成矿热流体运移、汇聚的最佳受力方式，旋扭构造是控岩、成矿的重要控矿构造形式。例如，黑龙江依兰县控制含矿（Cu、Ni、PGE）超基性岩空间定位的帚状旋扭构造、云南宁蒗地区控岩-控矿的帚状旋扭构造（见图5-27）、浙江武义剃刀畈-陈岗萤石型金矿控矿帚状旋扭构造、浙江武义盆地控制萤石矿时空分布的帚状旋扭构造（见图5-28）、浙江嵊州控矿（萤石-多金属矿）帚状旋扭构造、缙云盆地萤石矿田的帚状旋扭控矿构造形式等等，不胜枚举，是

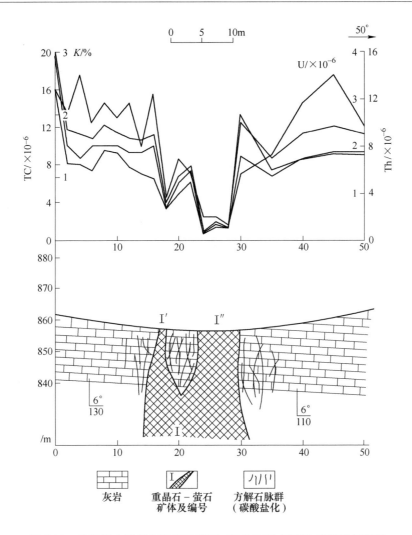

图 5-21   重庆彭水鞍子乡冯家重晶石-萤石矿 P2 剖面伽马能谱异常图

（据邹灏、方乙、陈远巍等，2012）

今后工作中应当重视的问题。

综上可知，构造活动和成矿作用是物质运动的一种重要形式，地壳物质的时空演化与相应成矿组分的富集成矿，无不直接、间接地受发展着的地壳运动、运动着的构造活动程式所控制、所制约，两者相互依存、互相关联，这就是构造-矿床地质学研究的理论前提与基础。

各类矿产资源的形成过程，实质上是相互依控、互相制约的成矿控制因素与成矿组分三维动态的时空演化-演变过程。因此，在开展构造-矿床学研究时，必须严格遵循动态研究的基本准则，从成矿地质特征和成矿控制条件的调查、研究

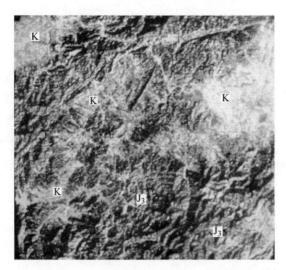

图 5-22　武义、永康、金衢盆地控矿构造-建造格局遥感信息图
（据徐旆章，1991）

图 5-23　丽水、老竹盆地控矿构造-建造格局遥感信息图
（据徐旆章，1991）

入手，从宏观到微观，从区域到局部的建造与构造、时间与空间、先成与后成的彼此关联、综合统一的三维时空演化-演变的地质事实与理念，总结成矿规律，厘定成矿机理，进行系统的、科学的综合研究与实践，才能使研究成果更贴近于成矿的实际过程与结果，才能使得出的认识与结论更接近于实际的地质事实，并用于实践，指导实践。

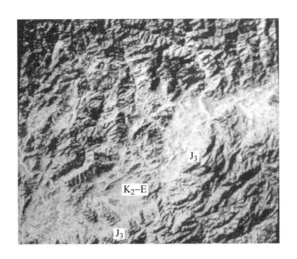

图 5-24 金衢盆地控矿构造-建造格局遥感信息图

(据徐俰章, 1991)

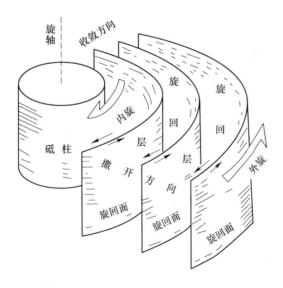

图 5-25 旋扭构造的组成示意图

(据乐光禹, 1978)

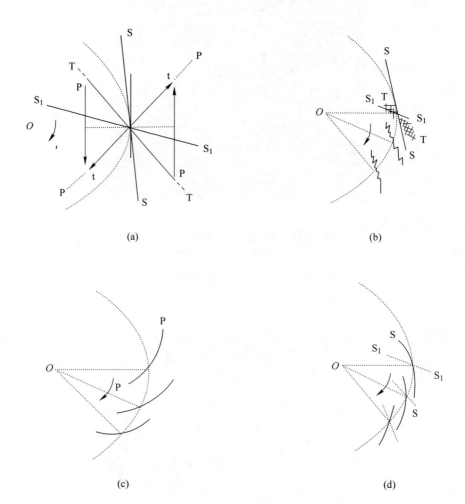

图 5-26    旋回面的排列、应力分布与旋扭运动方向的关系示意图
（a）旋回带上一点的应力状态和各种结构面的方位；（b）张性旋回面的排列；
（c）压性旋回面的排列，PP—压应力（p）作用面，SS 及 $S_1S_1$—两组扭裂面；
（d）扭性旋回面的排列，TT—张应力（t）作用面
（据李四光，1954）

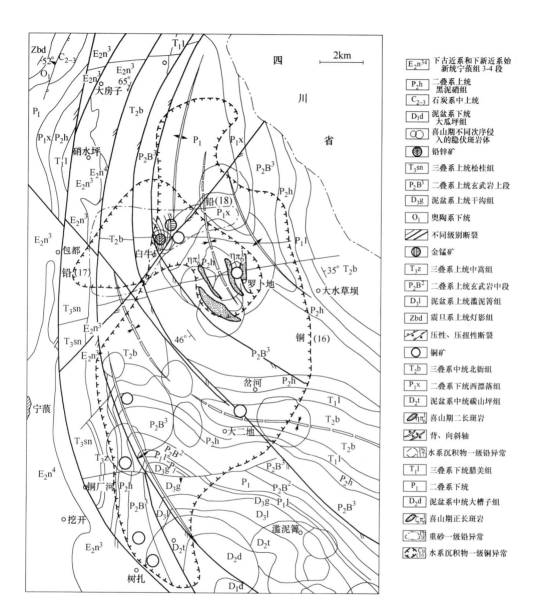

图 5-27　云南宁蒗地区控岩（萝卜地 $\eta\pi_6^1$）、
控矿（白牛厂银金铅锌矿）帚状旋扭构造形式
（据徐旆章、张寿庭，1991）

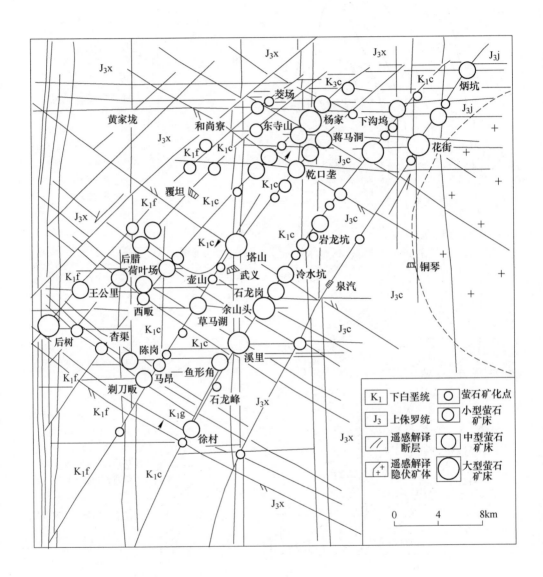

图 5-28 武义盆地萤石矿控矿构造格局与帚状控矿构造形式

（据徐旆章、张寿庭，1992）

## 参 考 文 献

[1] 涂光炽, 等. 分散元素地球化学及成矿机制 [M]. 北京: 地质出版社, 2003.

[2] 翟裕生, 等. 成矿系统论 [M]. 北京: 地质出版社, 2010.

[3] 翟裕生, 姚书振, 蔡克勤. 矿床学 [M]. 北京: 地质出版社, 2014.

[4] 翟裕生, 林新多. 矿田构造学 [M]. 北京: 地质出版社, 1993.

[5] 翟裕生, 王建平, 彭润民, 等. 叠加成矿系统与多成因矿床研究 [J]. 地学前缘, 2009, 16 (6): 282~290.

[6] 翟裕生, 彭润民, 向运川, 等. 区域成矿研究法 [M]. 北京: 中国地大出版社, 2004: 1~183.

[7] 翟裕生, 邓军, 汤中立, 等. 古陆边缘成矿系统 [M]. 北京: 地质出版社, 2002: 1~416.

[8] 翟裕生, 彭润民, 邓军, 等. 成矿系统分析与新类型矿床预测 [J]. 地学前缘, 2000, 7 (1): 123~132.

[9] 翟裕生. 21 世纪矿床学研究展望——矿床学为可持续发展服务的几个领域 [J]. 中国地质, 2000 (3).

[10] 翟裕生, 石准立, 曾庆丰, 等. 矿田构造与成矿 [M]. 北京: 地质出版社, 1981: 29~44.

[11] 翟裕生, 邓军, 李晓波. 区域成矿学 [M]. 北京: 地质出版社, 1999: 1~287.

[12] 翟裕生, 张湖, 宋鸿林, 等. 大型构造与超大型矿床 [M]. 北京: 地质出版社, 1997: 1~180.

[13] 翟裕生, 姚书振, 崔彬, 等. 成矿系列研究 [M]. 武汉: 中国地质大学出版社, 1996: 1~198.

[14] 王登红, 林文蔚, 杨建民, 等. 试论地幔柱对于我国两大金矿集中区的控制意义 [J]. 地球学报: 中国地质科学, 1999.

[15] 王登红. 地幔柱的概念、分类、演化与大规模成矿——对我国西南部的探讨 [J]. 地质前缘, 2001, 8 (3): 67~72.

[16] 王登红, 付小方, 应汉龙. 四川西部现代热泉型金矿的发现与初步研究 [J]. 地质论评, 2003, 49 (3): 311~315.

[17] 王登红. 地幔柱及其成矿作用 [M]. 北京: 地震出版社, 1998: 162.

[18] 任纪舜, 陈廷愚, 牛宝贵, 等. 中国东部及邻区大陆岩石圈的构造演化与成矿 [M]. 北京: 科学出版社, 1990.

[19] 毛景文. 云南腾冲的地区火成岩系列和锡多金属矿床成矿系列的初步研究 [J]. 地质学报, 1988, 62 (4): 342~352.

[20] 罗君烈. 云南矿床的成矿系列 [J]. 云南地质, 1955, 14 (4).

[21] 刘袂. 大雪山-锦屏山推覆带花岗岩地球化学特征及其成因机制 [J]. 四川地质学报, 1990.

[22] 刘英俊, 等. 元素地球化学 [M]. 北京: 科学出版社, 1983.

[23] 汤中立, 等. 金川铜镍硫化物 (含铂) 矿床成矿模式及地质对比 [M]. 北京: 地质出

版社，1995.

[24] 蔡学林，等. 武当山推覆构造的形成与演化 [M]. 成都：成都科技大学出版社，1995.

[25] 何龙庆，陈开旭. 云南兰坪盆地推覆构造及其控矿作用 [J]. 地质与勘探，2004，40
（2）.

[26] 穆志图，佟伟. 腾冲火山活动的时代和岩浆来源问题 [J]. 地球物理学报，1987，30：
261~270.

[27] 汤中立. 中国的小岩体岩浆矿床 [J]. 中国工程科学，2000，4（6）.

[28] 岳克芬. 中国东部地幔岩中金、钼、钨、锡含量与成矿关系比较研究 [D]. 陕西：西北
大学，2006.

[29] 徐旃章. 浙江省内生铜铅锌多金属矿成矿规律研究 [R]. 成都：成都地质学院，1981.

[30] 徐旃章. 试论浙江省构造体系的共轭规律 [J]. 成都地质学院学报，1982.

[31] 徐旃章. 浙江省武义-永康一带萤石矿成矿规律研究报告 [R]. 成都：成都地质学
院，1982.

[32] 徐旃章，张寿庭. 嵊县黄双岭萤石矿成矿规律研究 [R]. 成都：成都地质学院，1984.

[33] 徐旃章，张惠堂，等. 浙江省遂昌县萤石矿床资源调查与评价 [R]. 成都：成都地质学
院，1985.

[34] 徐旃章，张惠堂. 遂昌县湖山-金竹盆地萤石矿成矿规律与成矿预测 [R]. 成都：成都
地质学院，1986.

[35] 徐旃章，张寿庭. 丽水市萤石矿产资源调查与远景评价 [R]. 成都：成都地质学
院，1986.

[36] 徐旃章. 浙江省武义-永康萤石矿田控矿构造机制 [J]. 成都地质学院学报，1986，13
（1）：15~30.

[37] 徐旃章，吴志俊. 浙江省萤石矿成矿规律与成矿预测 [M]. 成都：四川科学技术出版
社，1991.

[38] 徐旃章，张惠堂，张寿庭. 鄞县凤峦萤石矿田成矿规律与成矿预测 [R]. 成都：成都地
质学院，1987.

[39] 徐旃章，张寿庭. 矿产资源评价 [M]. 成都：成都科技大学出版社，1993.

[40] 徐旃章，张寿庭. 矿产资源综合评价与开发利用引论 [M]. 成都：成都科技大学出版
社，1994.

[41] 徐旃章，张寿庭. 浙江省武义地区萤石矿成矿规律与隐伏-半隐伏矿体预测 [R]. 成都：
成都理工大学，1995.

[42] 徐旃章. 浙江省缙云县岭后骨洞坑萤石矿资源调查与评价 [R]. 成都：成都理工大
学，2007.

[43] 徐旃章，方乙，邹灏，等. 浙江省缙云县黄连坑-骨洞坑-柿坑萤石矿田——萤石资源调
查与评价 [R]. 成都：成都理工大学，2011.

[44] 徐旃章，方乙，邹灏，等. 浙江省天台县王长墓——下陈萤石矿田萤石资源调查与评价
[R]. 成都：成都理工大学，2011.

[45] 徐旃章，张寿庭. 浙江省萤石矿时空演化序列与典型萤石矿田的剖析及评价 [M]. 北
京：地质出版社，2013.

[46] 徐旃章, 王绪本. 川渝地区华蓥山锶矿带成矿时空演化序列与资源评价 [M]. 北京: 地质出版社, 2015.

[47] 乐光禹, 徐旃章. 地质力学在矿产资源勘查中的应用 [M]. 北京: 地质出版社, 1998.

[48] 徐旃章, 邹灏, 方乙, 等. 川东南地区重晶石-萤石矿成矿控制条件及其时空演化特征与资源评价 [R]. 成都: 成都理工大学, 2012.

[49] 徐旃章, 张寿庭. 云南宁蒗地区矿产资源综合调查与评价 [M]. 成都: 成都科技大学出版社, 1991.

[50] 徐旃章, 张寿庭. 四川汉源团宝山铅锌矿资源调查与评价 [M]. 成都: 成都科技大学出版社, 1993.

[51] 徐旃章, 等. 四川大竹县仰天窝锶矿带成矿规律与成矿预测 [M]. 成都: 成都科技大学出版社, 1991.

[52] 徐旃章, 等. 四川盐边龙塘铅锌矿资源调查与评价 [M]. 成都: 成都科技大学出版社, 1993.

[53] 徐旃章, 张寿庭. 黑龙江省矿产资源优选与开发利用 [R]. 成都: 成都理工大学, 2003.

[54] 徐旃章, 邹灏, 方乙, 等. 腾冲老象坑铁矿成矿时空演化序列与资源评价 [R]. 成都: 成都理工大学, 2014.

[55] 徐旃章. 四川省盐边县红宝一带重晶石矿产资源调查与综合研究 [R]. 成都: 成都理工大学, 1999.

[56] 徐旃章, 张寿庭. 黑龙江省依兰地区超基性岩带 Cu、Ni、PGE 矿成矿前景研究 [R]. 成都: 成都理工大学, 2002.

[57] 徐旃章, 张寿庭. 黑龙江省勃利-穆棱一带沸石矿成矿规律与开发利用研究 [R]. 成都: 成都理工大学, 2002.

[58] 徐旃章, 张寿庭. 云南省宁蒗地区喜山期斑岩带岩石化学特征和岩浆来源与成矿 [R]. 成都: 成都理工大学, 1995.

[59] 徐旃章. 试论褶皱横跨、重褶的力学机理 [J]. 四川地质学报, 1978.

[60] 邹灏, 方乙, 徐旃章, 等. 云南省腾冲地区老象坑铁多金属矿地球化学特征和成矿物质来源分析 [R]. 成都: 成都理工大学, 2014.

[61] 徐旃章. 浙江省丽水市泉树钼矿调查与评价 [R]. 成都: 成都理工大学, 2008.

[62] 邹灏, 徐旃章, 方乙, 等. 重庆市彭水火石垭重晶石-萤石矿控矿因素与成因 [J]. 成都理工大学学报, 2013, 40 (1): 87~96.

[63] 徐旃章. 四川会理黎溪地区 Cu、Ni、PGE 成矿远景评价 [R]. 成都: 成都理工大学, 2002.

[64] 徐旃章. 浙江省金华岭上地区沸石资源调查与开发利用综合评价 [R]. 成都: 成都理工大学, 2001.

[65] 徐旃章. 云南省宁蒗铜厂河铜矿资源调查与评价 [R]. 成都: 成都理工大学, 1992.

[66] 徐旃章. 浙江省武义萤石矿田金 (银) -萤石矿控矿构造形式 [J]. 成都理工大学学报, 1999.

[67] 徐旃章, 章永加. 我国沸石资源及其开发利用 [J]. 国外地质科技, 1999 (1).

[68] 徐旃章, 张寿庭. 黑龙江省沸石矿开发利用可行性研究 [R]. 成都: 成都理工大学, 1999.

[69] 徐旃章, 方乙, 邹灏, 等. 腾冲箐口钼矿 (MoS₂) 成矿远景与评价 [R]. 成都: 成都理工大学, 2013.

[70] 徐旃章, 邹灏, 方乙, 等. 滇西腾冲地块铁 (多金属) 矿资源评价 [R]. 成都: 成都理工大学.

[71] 徐旃章. 中国矿情 (锶矿) [M]. 北京: 科学出版社, 1999.

[72] 胡授权, 徐旃章. 滇西北宁蒗地区喜马拉雅期斑岩带形成的构造机制 [J]. 火山地质与矿产, 1995, 16 (1).

[73] 徐旃章. 矿床、矿田地质力学 [R]. 成都: 成都地质学院, 1978.

[74] 徐旃章. 浅析我国南北向构造体系成生发育的基本规律 [J]. 成都地质学院学报, 1979.

[75] 赵振华. 微量元素地球化学原理 [M]. 北京: 科学出版社, 1977.

[76] 上官志冠, 白春华. 腾冲热海地区现代幔源岩浆气体释放特征 [J]. 中国科学 (D 辑), 2000, 30 (4).

[77] 云南省地质矿产局. 滇西特提斯的演化及主要金属矿床成矿作用 [R]. 云南省地质矿产局, 1990.

[78] 许志琴. 陆内俯冲及滑脱构造 [J]. 地质论评, 1985, 32 (1).

[79] 罗君烈. 云南铂、铜镍、铬矿床的成矿模式 [J]. 云南地质, 1995, 14 (4): 311~318.

[80] 石凤仙, 阮王一. 腾冲县滇滩铁矿地质特征 [J]. 大众科技, 2012, 14 (3): 100, 101.

[81] 潘中华, 范德廉. 川东南脉状萤石–重晶石矿床同位素地球化学 [J]. 岩石学报, 1994, 12 (1): 127~136.

[82] 杨振德. 云南临沧花岗岩的冲断叠瓦构造与推覆构造 [J]. 地质科学, 1996, 31 (2): 130~139.

[83] 斯米尔诺夫 BN. 矿床地质学 [M]. 翻译组译. 北京: 地质出版社, 1982.

[84] 朱上庆, 郑明华. 层控矿床学 [M]. 北京: 地质出版社, 1991: 1~201.

[85] 朱裕生, 肖克炎, 等. 成矿预测法 [M]. 北京: 地质出版社, 1997.

[86] 袁见齐, 朱上庆, 翟裕生. 矿床学 [M]. 2 版. 北京: 地质出版社, 1985: 1~345.

[87] 张文淮, 张志坚, 伍刚. 成矿流体及成矿机制 [J]. 地学前缘, 1996, 3 (3, 4): 245~252.

[88] 张理刚. 成岩成矿理论与找矿 [M]. 北京: 北京工业大学出版社, 1989.

[89] 朱训, 黄崇轲, 芮宗耀. 德兴斑岩铜矿 [M]. 北京: 地质出版社, 1983.

[90] 韩文彬, 等. 萤石矿床及地球化学特征, 以武义萤石矿为例 [M]. 北京: 地质出版社, 1991.

[91] 江苏省地质局. 《苏州福》1/20 万区域地质矿产调查报告 [R]. 南京: 江苏省地质局, 1976.

[92] 乐光禹. 应力叠加和联合构造 [J]. 中国科学, 1986, (8): 867~877.

[93] 黎彤. 我国金属矿成矿理论的若干进展 [J]. 地质与勘探, 1979: 36~40.

[94] 黎彤. 中国陆壳及其沉积层和上陆壳的化学元素丰度 [J]. 地球化学, 1994, 23 (1): 140~145.

[95] 李长江. 浙江武义—东阳地区萤石矿床的锶同位素地球化学研究 [J]. 矿床地质, 1989, 8 (3): 65~74.

[96] 李培铮. 浙江金矿及其形成机制 [M]. 北京: 地质出版社, 1990.

[97] 梁子豪, 朱清涛, 韩梦合, 等. 浙江治岭头金-银矿床成矿条件的研究 [J]. 地质论评, 1985 (4): 330~340.

[98] 刘英俊, 曾励明, 等. 元素地球化学导论 [M]. 北京: 科学出版社, 1987.

[99] 刘英俊, 季峻峰, 孙承辕, 等. 湖南黄金洞元古界浊积岩型金矿床的地质地球化学特征 [J]. 地质找矿论丛, 1991 (1): 99~109.

[100] 南京大学地质系. 地球化学 [M]. 北京: 科学出版社, 1979.

[101] 南京大学地质系. 中国东南部花岗岩类的时空分布、岩石演化、成因类型和成矿关系的研究 [J]. 南京大学学报: 地质专刊, 1980.

[102] 施实. 浙江中生代酸性火山岩同位素地质年龄研究 [J]. 地球化学, 1982 (1): 1~12.

[103] 水涛, 徐步台, 等. 中国东南边缘大陆: 浙闽变质基底年代学和古构造格局研究 [R].

[104] 涂光炽. 中国层控矿床地球化学 [M]. 北京: 科学出版社, 1988.

[105] 徐步台. 浙江陈蔡群变质岩系的氢、氧、碳及锶同位素研究 [J]. 地球化学, 1988 (2): 174~182.

[106] 杨经绥, 白文吉, 方青松, 等. 西藏罗布莎豆荚状铬铁矿中发现超高压矿物柯石英 [J]. 地球科学中国地质大学学报, 2004, 29 (6): 651~660.

[107] 杨敏之. 胶东绿岩带金矿地质地球化学 [M]. 北京: 科学出版社, 1981.

[108] 杨岳清, 倪云详, 郭永泉, 等. 福建西坑花岗伟晶岩成岩成矿特征 [J]. 矿床地质, 1987, 6 (3): 10~21.

[109] 姚书振, 周宗桂, 吕新彪, 等. 秦岭成矿带成矿特征和找矿方向 [J]. 西北地质, 2006, 39 (2): 156~178.

[110] 叶锦华, 王保良, 梅燕雄, 等. 我国主要固体矿产时空分布若干统计特征 [J]. 中国地质, 1998, (7): 25~32.

[111] 姚书振, 丁振举, 周宗桂, 等. 秦岭造山带金属成矿系统 [J]. 地球科学中国地质大学学报, 2002, 27 (5): 599~604.

[112] 叶庆同. 四川呷村含金富银多金属矿床地质特征和成因 [J]. 矿床地质, 1991, 10 (2): 107~118.

[113] 於崇文, 岑况, 龚庆杰, 等. 湖南郴州柿竹园超大型钨多金属矿床的成矿复杂性研究 [J]. 地学前缘, 2003, 10 (3): 15~39.

[114] 於崇文. 成矿作用动力学 [M]. 北京: 地质出版社, 1998.

[115] 於崇文. 成矿作用动力学——理论体系和方法论 [J]. 地学前缘, 1994, 1 (3, 4): 54~82.

[116] 胡瑞忠, 陶琰, 钟宏, 等. 地幔柱成矿系统: 以峨眉山地幔柱为例 [J]. 地学前缘, 2005, 12 (1): 44~56.

[117] 胡受奚, 周顺之, 刘孝善, 等. 矿床学 (上、下) [M]. 北京: 地质出版社, 1983.

[118] 胡受奚, 季寿元. 南岭钨矿田中钨铁锰矿石英脉两旁围岩蚀变研究 [J]. 地质学报,

1962, 42 (2): 236~254.

[119] 华媚春. 鄂西黑色页岩型银钒矿床的相控制 [J]. 湖北地质, 1988, 2 (1): 26~40.

[120] 黄典豪. 陕西金堆城斑岩铜钼矿床地质特征及成因 [J]. 矿床地质, 1987, 6 (1): 352~360.

[121] 裴荣富, Rundquist D V, 梅燕雄, 等. 1∶25000000 世界大型超大型矿床成矿图 [M]. 北京: 地质出版社, 2009.

[122] 裴荣富. 中国特大型矿床成矿偏在性与异常成矿构造聚敛场 [M]. 北京: 地质出版社, 1998.

[123] 陈毓川, 李兆鼎, 毋瑞身, 等. 中国金矿床及其成矿规律 [M]. 北京: 地质出版社, 2001.

[124] 陈毓川. 中国主要成矿区带矿产资源远景评价 [M]. 北京: 地质出版社, 1999.

[125] 陈毓川, 裴荣富, 宋天锐. 中国矿床成矿系列初论 [M]. 北京: 地质出版社, 1998.

[126] 陈毓川. 矿床的成矿系列研究现状与趋势 [J]. 地质与勘探, 1997, 33 (1): 21~25.

[127] 陈毓川, 朱裕生, 李文祥. 中国矿床成矿模式 [M]. 北京: 地质出版社, 1993.

[128] 朱上庆, 等. 层控矿床地质学 [M]. 北京: 冶金工业出版社, 1988.

[129] 何启祥. 沉积岩和沉积矿床 [M]. 北京: 地质出版社, 1978.

[130] 胡受奚, 周顺之, 等. 矿床学 [M]. 北京: 地质出版社, 1983.

[131] 孙岩, 徐仕进, 刘德良, 等. 断裂构造地球化学导论 [M]. 北京: 科学出版社, 1998.

[132] 孙岩, 戴春森. 论构造地球化学研究 [J]. 地球科学进展, 1993 (3): 1~6.

[133] 吴学益. 构造地球化学研究方法 [J]. 地质地球化学, 1988 (2): 69~72.

[134] 陈国达. 成矿构造研究法 [M]. 北京: 地质出版社, 1978: 1~413.

[135] 陈国达, 杨瑞华. 关于构造地球化学的几个问题 [J]. 大地构造与成矿学, 1984 (4): 7~18.

[136] 俞鸿年, 卢华复. 构造地质学原理 [M]. 北京: 地质出版社 1986: 83~123.

[137] 郭令智, 施央申, 等. 下扬子区前陆盆地逆冲推覆构造研究 [J]. 南京大学学报 (自然科学版), 1988 (1): 1~9.

[138] 涂光炽. 构造与地球化学 [J]. 大地构造与成矿学, 1984 (1): 1~6.

[139] 别乌斯 A A. 花岗伟晶岩带的成因问题 [J]. 地质译丛, 1957 (1).

[140] 大本洋. 海底破火山口: 火山成因块状硫化物矿床形成的一个关键 [J]. 国外地质科技, 1980 (3).

[141] 武内寿久称. 斑岩铜矿的流体包裹体和矿化流体 [J]. 地质地球化学, 1979 (7).

[142] 服部惠子, 荣开平. 日本晚第三纪脉型和黑矿型矿床成矿流体的 D/H 比值、成因和演化 [J]. 地质地球化学, 1980 (8).

[143] 谢家荣. 成矿理论与找矿 [J]. 中国地质, 1961 (12).

[144] 孟宪民, 等. 矿床分类与成矿作用 [M]. 北京: 科学出版社, 1960.

[145] 涂光炽. 矿床的多成因问题 [J]. 地质与勘探, 1980 (6).

[146] 黎彤. 我国金属成矿理论的若干建造 [J]. 地质与勘探, 1980 (6).

[147] 戴问天. 矿床成因理论: 回顾与展望 [J]. 地质与勘探, 1980 (6).

[148] 陈衍景. 造山型矿床成矿模式及找矿潜力 [J]. 中国地质, 2006, 33 (6): 1181~

1196.

[149] 杜乐天．地壳流体与地幔流体的关系 [J]．地学前缘，1996，3（4）：172~180.

[150] 吴根耀．滇西北地区第三纪的逆冲推覆构造 [J]．大地构造与成矿学，1994，18：331~338.

[151] 卢焕章．论成矿流体 [J]．矿物学报，2009，29（2）：230~231.

[152] 刘建民，赵善仁，刘伟，等．成矿地质流体体系的主要类型 [J]．地球科学进展，1998，13（2）：161~165.

[153] 硌凤香．深部地幔及深部流体 [J]．地学前缘，1996，3（4）：181~186.

[154] 裴荣富．中国特大型矿床成矿偏在性与异常成矿构造聚敛场 [M]．北京：地质出版社，1998.

[155] 沈保丰，翟安民，陈文明，等．中国前寒武纪成矿作用 [M]．北京：地质出版社，2006：1~362.

[156] 任英枕，张英臣，张宗清．白云鄂博稀土超大型矿床的成矿时代及主要地质热事件 [J]．地质学报，1994，1，2：95~101.

[157] 杨开庆．动力成岩成矿中的地球化学作用 [J]．矿物岩石地球化学通报，1984，1：5，6.

[158] 赵振华．沉积—改造型层控矿床的元素及元素组合 [J]．中国科学（B辑），1983，5：466~473.

[159] 赵振华．中国超大型矿床 [M]．北京：科学出版社，2003.

[160] 周济元，徐旃章．川滇南北向构造带及钒钛磁铁矿分布规律的初步探讨 [C] //中国地质学会构造地质专业委员会．第二届全国构造地质学术会议论文选．北京：地质出版社，1981.

[161] 徐开礼，朱志澄．构造地质学 [M]．北京：地质出版社，1989.

[162] Billings M P．构造地质学 [M]．张炳熹，等译，北京：地质出版社，1965.

[163] Davis G H．区域和岩石构造地质学 [M]．张樵英，等译．北京：地质出版社，1988.

[164] Hobbs B E, et al．构造地质学纲要 [M]．刘和甫，等译．北京：石油工业出版社，1982.

[165] Mattauer, M．地壳变形 [M]．孙坦，等译．北京：地质出版社，1984.

[166] Park R G．构造地质学基础 [M]．李东旭，等译．北京：地质出版社，1988.

[167] Spencer E W．地球构造导论 [M]．朱志澄，等译、北京：地质出版社，1981.

[168] 汤中立，李文渊．中国与基性—超基性岩有关的 Cu-Ni-(Pt) 矿床成矿系统类型 [J]．甘肃地质学报，1996，5（1）：50~64.

[169] 罗铭玖，张辅民，等．中国钼矿床 [M]．郑州：河南科学技术出版社，1991.

[170] 吴云高，李继亮，樊敬亮．造山带逆冲推覆构造研究的主要新进展 [J]．地球科学进展，2000，15（4）：426~433.

[171] 肖荣阁，刘敬党，费红彩，等．岩石矿床地球化学 [M]．北京：地震出版社，2008：1~414.

[172] 谢鸿森．地球深部物质科学导论 [M]．北京：科学出版社，1997：1~297.

[173] 谢学锦，邵跃，王学求，等. 走向 21 世纪矿产勘查地球化学 [M]. 北京：地质出版社，1999.

[174] 徐国风. 矿相学教程 [M]. 武汉：武汉地质学院出版社，1986.

[175] 徐晓春，陆三明，谢巧勤，等. 安徽铜陵狮子山矿田岩浆岩锆石 SHRIMP 定年及其成因意义 [J]. 地质学报，2008，82（4）：70~79.

[176] 徐义刚. 地幔柱构造、大火成岩省及其地质效应 [J]. 地学前缘，2002，9（4）：341~353.

[177] 薛步高. 超大型会泽富锗铅锌矿复合成因 [J]. 云南地质，2006，25（2）：143~159.

[178] 任启江，胡志宏，严正富，等. 矿床学概论 [M]. 南京：南京大学出版社，1993：1~220.

[179] 任英枕，程敏清，王存昌. 江西盘古山石英脉型钨矿床钨铋矿物特征及矿物的垂直分带 [J]. 矿床地质，1986，5（2）：63~74.

[180] 芮宗姚，叶锦华，张立生，等. 扬子克拉通周边及其隆起边缘的铅锌矿床 [J]. 中国地质，2004，31（4）：337~346.

[181] 芮宗姚，黄宗轲，齐国明，等. 中国斑岩铜（钼）矿床 [M]. 北京：地质出版社，1984.

[182] 萨玛玛 J C. 矿田与大陆风化 [M]. 章锦统，译. 武汉：中国地质大学出版社，1991.

[183] 尚俊，卢静文，彭晓蕾，等. 矿相学教程 [M]. 北京：地质出版社，1987.

[184] 沈保丰. 中国前寒武纪成矿作用 [M]. 北京：地质出版社，2006.

[185] 沈保丰，李俊建，翟安民，等. 与花岗岩有关的绿岩带再生型金矿床特征——以华北陆块北缘中为例 [J]. 前寒武纪研究进展，2001，24（6）：65~74.

[186] 沈保丰，毛德宝. 中国绿岩带型金矿床类型和地质特征 [J]. 前寒武纪研究进展，1997.

[187] 梁详济. 中国矽卡岩和矽卡岩矿床形成机理的实验研究 [M]. 北京：学苑出版社，2000：1~265.

[188] 刘喜方，郑绵平，齐文. 西藏扎布耶盐湖超大型 B、Li 矿床成矿物质来源研究 [J]. 地质学报，2007，81（12）：1709~1715.

[189] 刘喜山，李树勋，刘俊来. 变形变质作用及成矿 [M]. 北京：中国科学技术出版社，1992：151~171.

[190] 刘源骏，金光富，谢发鹏，等. 一个大型黑色岩系银钒矿床成矿作用及成矿环境讨论 [J]. 湖北地质，1996，10（2）：22~37.

[191] 卢焕章. 现代海底烟囱中流体包裹体的研究 [J]. 岩石学报，2003，19（2）：235~241.

[192] 卢焕章，王中刚，李院生. 岩浆—流体过渡和阿尔泰三号伟晶岩脉之成因 [J]. 矿物学报，1996，16（1）：1~7.

[193] 卢焕章. 典型金属矿床的成因及其构造环境 [M]. 北京：地质出版社，1995.

[194] 赖特 J B. 矿床、大陆漂移和板块构造 [M]. 北京：地质出版社，1980.

[195] 李碧乐，金巍，吕健生．吉林省夹皮沟金矿成因研究［J］．世界地质，1998，17（1）：22~25．

[196] 李春昱，郭令智，朱夏，等．板块构造基本问题［M］．北京：地震出版社，1986：1~493．

[197] 李红阳，侯增谦．初论幔柱构造成矿体系［J］．矿床地质，1998，17（3）：247~255．

[198] 冯钟燕．矿床学原理［M］．北京：地质出版社，1984．

[199] 杜乐天．烃碱流体地球化学原理——重论热液作用和岩浆作用［M］．北京：科学出版社，1996：1~552．

[200] 范德廉，杨秀珍，王连芳，等．某地下寒武统含镍钼多元素黑色岩系的岩石地球化学特点［J］．地球化学，1973，2（3）：143~164．

[201] 冯本智，卢静文，邹日，等．中国辽吉地区早元古代大型—超大型硼矿床的形成条件［J］．长春科技大学学报，1998，28（1）：512~515．

[202] Barnes H L．热液矿床地球化学（上、下册）［M］．北京：地质出版社，1985．

[203] 冯本智，曾志刚．辽东海城—大石桥超大型菱镁矿矿床的地质特点及成因［J］．长春地质学院学报，1995，25（2）：121~124．

[204] Cox D P，Singer D A．矿床模式［M］．北京：地质出版社，1990．

[205] Evans A M．金属矿床学导论［M］．北京：北京大学出版社，1985：1~275．

[206] Wolf K H．层控矿床和层状矿床［C］//Meylan M A．含金属深海沉积物．北京：地质出版社，1986．

[207] Wolf K H．层控矿床（六卷）［C］//Jung W，Knitzchke G．德国的含铜页岩．北京：地质出版社，1980．

[208] Rona P A．中大西洋洋脊的黑烟囱、块状硫化物和火山口生物群［J］．国外矿床地质，1989（3）．

[209] 云南省地矿局区调队．1/50万云南省地球化学图说明书［R］．云南：云南省地矿局调队，1982．

[210] 云南省地矿局区调队．1/50万云南省布伽重力异常图说明书［R］．云南：云南省地矿局调队，1982．

[211] 云南省地矿局地球物理、地球化学勘查大队．1/50万航磁异常查证编图技术说明书［R］．云南：云南省地矿局地球物理．地球化学勘查大队，1985．

[212] 云南省地勘局区域地质矿产调查大队．腾冲幅地球化学说明书［R］．云南：云南省地勘局区域地质矿产调查大队，1998．

[213] 王涛．花岗岩混合成因研究及大陆动力学意义［J］．岩石学报，2000（2）．

[214] 董方浏，侯增谦．滇西腾冲新生代花岗岩成因类型及构造意义［J］．岩石学报，2006，22（4）．

[215] 朱元清，石耀霖．剪切生热与花岗岩部分熔融——关于喜马拉雅地区逆冲断层与地壳热结构分析［J］．地球物理学报，1990，33（4）．

[216] 蔡学林，袁学诚．推覆构造与花岗岩成因问题［J］．地质科技通报，1990（5）．

[217] 中国科学院贵阳地球化学研究所. 华南花岗岩类的地球化学 [M]. 北京：科学出版社，1979.

[218] 陈广浩，张湘柄. 滇西地区线性断裂构造格局与金矿成矿特征及找矿方向 [J]. 大地构造与成矿学，2000 [24（增）].

[219] 云南省地质矿产局. 滇西特提斯的演化及主要金属矿床成矿作用 [R]. 云南：云南省地质矿产局，1990.

[220] 陈吉琛，等. 腾冲-梁河地区含锡花岗岩形态特征、含矿性及分布规律研究 [R] 云南：云南省地质科研所，1989.

[221] 施琳，等. 腾冲-梁河地区原生锡矿床类型及成矿机理 [R]. 云南：云南省地质科研所，1989.

[222] 岳克芬. 中国东部地幔岩中金、钼、钨、锡含量及其与成矿关系比较研究 [D]. 陕西：西北大学，2006.

[223] 赵振华. 微量元素地球化学原理 [M]. 北京：科学出版社，1977.

[224] 朱永峰. 硫在岩浆熔离体中的溶解行为综述 [J]. 地质科技情报，1998，17（3）.

[225] 罗君烈. 对云南区域成矿的几点认识 [J]. 云南地质，1984，3（2）.

[226] 地质部地磁科学技术情报研究所. 国外小构造研究.

[227] 王小凤，等.《岩石的流动与元素的聚散》地质力学开放实验室 1991~1992 年报 [J]. 北京：地震出版社，1994.

[228] 罗君烈，杨荆州. 滇西特提斯的演化及主要金属矿床成矿作用 [R]. 云南：云南省地震矿产局，1990.

[229] Ramsasy JG. Folding and fracturing of Yocks [M]. New York：New Mcgraw hill，1967.

[230] Taylas S Retal. The continental Curst：its composition and evolution blackwell scientific [M]. Oxford，1985.

[231] Holsor W T，Schneer C J. Hydrothermal magnetite [J]. bull. Geol. Soc. Amer. Vol. 72，1961.

[232] Chou l-ming，Eugster H P. Solubility of magnetite in supercritical chloride solutions [J]. Amer. J. Sei. 1997，Vol. 227，No. 10.

[233] Klein C，Bricker O P. Some aspects of sedimentary and diagentic environment of proferozoic banded iron-formation [J]. Ecom. Geol. 1977，Vol. 77. No. 8.

[234] Matsumoto T. Press temperature conditions for the formation of Peridotite inclusions：An application of a regular solution model to partitioning of Mg. Fe and Co between coexisting olivne and orthopy zoxene [J]. Geochen J. No3，1971.

[235] Balsiger H，Geiss J. Vanadium isotropic composition meteoritic and terrestial matter [J]. Earth planer，Sci. Letters. 1969，6，117.

[236] Buddington A F，Lindsley D H. Lrontitanium Oxide minerals symthetic equivalents [J]. J. Petrd. 1964，Vol. 253.

[237] Callemder E，Bowser C J. Handbook of stratabound and stratiform ore deposits [J]. 1976，Vol. T 341~389.

[238] Spencer D W, Brewer P G. Aspects of the distribution and tracc element composition of suspended mattey in the Black Sea [J]. Geochim et Cosmochim Acta, 1972, Vol. 36. No. 1.

[239] Decate J G. Tungsten occurrencesin India and their genesis [M]. Nagpur, 1966.

[240] Bertine K K, Turekian K K. Molybdenum in marine deposits Geochim et Cosmochim [J]. Acta. 1973, Vol. 37. No. 6.

[241] Haffty J, Noble D C. Release and migration of Molybdenum during the Primary Crystallization of peralkaline sillicic Volcanic rocks [J]. Ecom. Geol. 1972, Vol. 67. No. 6.

[242] Agterberg F P. Calculation of the Variance of mean Values for blocks in regional resource evaluation Studies Nonrenewdble Resources [J]. 1993, 2 (4).

[243] Barley M E, Groves D L. Supercontinent cyeles and the disty bution of metal deposits through time [J]. Geology, 1992, 20 (4).

[244] Faure G. Principles of lsotope Geology [M]. New York: John Wiley & Sone, 1986: 302~315.

[245] Fielding E J. Tibet uplift and erosion Tectonophysice [M]. 1996, 260: 55~84.

[246] Goldfarb R J, Groves D L, Gardoll D. Orogenic gold and Geologic time: A global synthesis. Ore Geology Reviews, 2001, 18: 1~75.

[247] Harrison TM, Copeland P, Kidd WSF, et al. Raising Tibet [J]. Science, 1992, 255: 1663~1670.

[248] Hofstra A H, Cline T S. Characteristics and models for Carlin type gold deposits [J]. Reviews in Economic Geology, 2000, 13: 163~220.

[249] Rollinson HR. Using Geochernical Data: Evaluation Presentation Interpretation [M]. New York: John Wiley&sone, 1993: 1~352.

[250] Zartman R E, Doe B R. Plumbotectonics-the model [J]. Tectonophysics, 1981, 76: 135~162.

[251] Alan R Gillespie, Anne B Rahle, Frank D. Palluconi Mapping alluvial fans in Death Valley, California, using multichannel thermal infraved image [J]. Geophysical Research Letters, 1984, 11 (11): 1153~1156.

[252] Arnaud N, Vidal P, Tapponnier P, et al. The high $K_2O$ volcanism of nornthwestern Tibet: Geochemisty and tectonic implicationsk [J]. Earth Planetary Science Letters, 1992, 111: 351~367.

[253] Chung S L, Chu M F, Zhang Y, et al. Tibetan tectonic evolution inferred form spatial and temporal variations in post-collisional magmatism [J]. Earth-Scienec Reviews, 2005, 68: 173~196.

[254] Chung S, Lo C, Lee T, et al. Diachronous uplift of the Tibetan plateau starting 40 Myr ago [J]. Nature, 1998, 394: 769~771.

[255] Coulon C, Maluski H, Bollinger C, et al. Mesozoic and Cenozoic volcanic rocks from central and southern Tibet: $^{39}Ar/^{40}Ar$ dating, petrological characterstics and geodynamical significance

[J]. Earth Planetary Science Letters, 1986, 79: 281~302.

[256] Deniel C. Geochemical and isotopic (Sr, Nd, Pb) evidence for plume-lithosphere interaction in the genesis of Grande Comore magmas (Indian Ocean) [J]. Chemical Geology, 1998, 144: 281~303.

[257] Ding L, Kapp P, Zhong D L, et al. Cenozoic volcanism in Tibet: Evdence for a transition form oceanic to continental subduction [J]. Journal of Petrology, 2003, 44: 1835~1865.

[258] Dong G C, Mo X X, Zhao Z D, et al. Magma mixing in middle part of Gangdese magma belt: Evidences form granitoid complex [J]. Acta Petrologica Sinica, 2006, 22 (4): 835 ~ 844 (in Chinese with English abstract) .

[259] Foley S F, Barth M G, Jenner G A. Rutile/melt partition coeffcients for trace elements and an assessment of the influence of rutile on the trace element characteristics of subduction zone magmas [J]. Geochimica Cosmochimica Acta, 2000, 64: 933~938.

[260] Gao S, Luo T C, Zhang B R, et al. Chemical composition of the continental crust as revealed by studies in East China [J]. Geochimica et Cosmochimica Acta, 1998, 62: 1959~1975.

[261] Rmes I, Zhou G Z, Xiong B C. Geochronology and isotopic charactey of ultrahigh-pyeessure metamorphism with implications for cellision of the sino-Korean and yangtze cartons central China [J]. Tectonies, 1996, 15 (2) .

[262] Hacker BR, Wang QC. $^{40}Ar/^{39}Ar$ geochronology of ultra-hige pressure metamorphism in central China [J]. Tectonics, 1995, 14 (4): 994~1006.

[263] Ckay A L, Xu S, Snegor A M O. Coesite from the Dzbie-Shaineclogites, Central China [J]. Eur J, 1989, Mineral (1): 595~598.

[264] Naldrett A J. Would-class Ni-Cu-PGE deposits: key factors in their genesie [J]. Mineralium Deposita, 1999, 34: 227~240.

[265] Lightfoot P C, Hawkesworth C J. Flood basalts and magmatic Ni, Cu, and PGE sulfide mineralization: comparitive geochemistry of the Noril, sk (Siberian traps) and west Greenland sequences. In: Large Ibneous Province: Continental, Oceanic and Planetary Flood Basalt Volcanism [M]. Edited by Mahoney J and Coffin M. The American Geophysical Union, Monograph, WA, 1997, 100: 357~380.

[266] Naldrett A J, Libhtfoot P C. Ni-Cu-PGE deposits of the Noril, sk region, Siberian: their formation in conduits for flood basalt volcanism, Dynamic Processes in Magmatic Ore Deposits and their Application to Mineral Exploation [M] . Edited by R. R Keays, C. M. Lesher, P. C. Lightfoot, and C. E. G. Farrow, Geological Association of Canada, Canada, 1999: 195~250.

[267] Lightfoot P C, Naldrett A J. Geological and geochemical relationships in the Voisey's Bay intrusion, Nain Plutonic Suite, Labrador, Canada, Dynamic Processes in Magmatic Ore Deposits and Their Application to Mineral Exploation [M]. Edited by Keays R. R. , Lesher C. M. , Lightfoot Czamanske, G. K. , Zen'ko T. E. , Fedorenko V. A. , Calk L. C. , Budahn

J. R. , Bullock J. H. , Fried T. L. , King B. S. W. , and Siems D. F. Petrography and geo-chemical characterization of ore-bearing intrusions of the Noril'sk Type, Sibrian: with discus-sion of their origin [J], Res. Geol. , 1995, 18: 1~48.

[268] Peate D W. The Parana-Etendeka Province, Large Igneous Provinces-Continental, Oceanic, and Planetary Flood Volcanism, Gwophysical Monograph 100 [M]. edited by Mahoney J. J and Coffin M. F. , American Geophysical Union, 1997.

[269] Sun S S, McDonough W F. Chemical and isotopic systematics of oceanic basalts: Implications for mantle composition and processes, in Mamatism in Oceanic Basins [J]. Spec. Publ. , 42, edited by A. D. Saunders and M. J. Norry, London: The Geological Society, 1989: 313~345.

[270] McDonough W F. Constrains on the composition of the continental [J]. Earth Planet. Sci. Lett. , 1990, 101: 1~18.

[271] Crocket J H, Kabir. PGE in Hawaiian Basalt: Implications of hydrothermal alteration on PGE mobility in volcanic fluids, In Geo-platium 87 [M]. Edited by H. M. Prichard, P. J. Potts, J. F. W. owles, and S. J. Cribb, London: Elsevier, 1988: 259.

[272] Brugman G E, Naldrett A J. Asif M, et al. Siderophile and chalcophile metals as tracers of the evolution of the Siberian Trap in the Noril'sk region, Russia [J]. Geochimica Cosmochimica Acta, 1993, 57: 2001~2018.